UTB 8568

Eine Arbeitsgemeinschaft der Verlage

Böhlau Verlag · Wien · Köln · Weimar
Verlag Barbara Budrich · Opladen · Toronto
facultas.wuv · Wien
Wilhelm Fink · Paderborn
A. Francke Verlag · Tübingen
Haupt Verlag · Bern
Verlag Julius Klinkhardt · Bad Heilbrunn
Mohr Siebeck · Tübingen
Nomos Verlagsgesellschaft · Baden-Baden
Ernst Reinhardt Verlag · München · Basel
Ferdinand Schöningh · Paderborn
Eugen Ulmer Verlag · Stuttgart
UVK Verlagsgesellschaft · Konstanz, mit UVK/Lucius · München
Vandenhoeck & Ruprecht · Göttingen · Bristol
vdf Hochschulverlag AG an der ETH Zürich

Silke Rautenschlein
Martin Ryll

Erkrankungen des Nutzgeflügels

212 Abbildungen
9 Zeichnungen
49 Tabellen

Verlag Eugen Ulmer Stuttgart

Prof. Dr. Silke Rautenschlein, 1986-1991 Studium der Tiermedizin an der Tierärztlichen Hochschule Hannover, 1992–1994 Promotion. 1994 Mitarbeiterin am Staatlichen Veterinäruntersuchungsamt Hannover. 1995–1998 PhD-Studium an der University of Minnesota, Department of Veterinary Pathobiologie, USA. 1998–2001 Postdoc an der University of Minnesota, Department of Veterinary Pathobiologie, USA. 2004 Habilitation, 2001–2004 Wissenschaftliche Mitarbeiterin an der Klinik für Geflügel der Tierärztlichen Hochschule Hannover; 2004–2007 Juniorprofessorin. Seit 2007 Universitätsprofessorin an der Klinik für Geflügel der Tierärztlichen Hochschule Hannover. Fachtierärztin für Geflügel, Mikrobiologie und Diplomate des ECPVS.

Dr. Martin Ryll, 1973–1981 Studium der Biologie, 1981–1986 Studium der Veterinärmedizin, 1989 Promotion, 1991 Fachtierarzt für Mikrobiologie, 1994 Fachtierarzt für Geflügel. 1998–2002 Akademischer Rat. Seit 2002 Akademischer Oberrat an der Tierärztlichen Hochschule Hannover.

Bibliografische Information der Deutschen Nationalbibliothek
Die Deutsche Nationalbibliothek verzeichnet diese Publikation in der Deutschen Nationalbibliografie; detaillierte bibliografische Daten sind im Internet über http://dnb.d-nb.de abrufbar.

Wollgrasweg 41, 70599 Stuttgart (Hohenheim)
E-Mail: info@ulmer.de
Internet: www.ulmer.de
Lektorat: Dr. med. vet. Martina Lackhoff, Sabine Mann
Herstellung: Jürgen Sprenzel
Umschlagbild: Silke Rautenschlein, Martin Ryll
Umschlaggestaltung: Atelier Reichert, Stuttgart
Satz, Zeichnungen und Repro: Bernd Burkart; www.form-und-produktion.de
Druck und Bindung: Graphischer Großbetrieb Friedr. Pustet, Regensburg
Printed in Germany

UTB-Band-Nr. 8568
ISBN 978-3-8252-8568-5

Inhalt

6 Labordiagnostische Methoden

Spezieller Teil: Erkrankungen des Nutzgeflügels

11 Differenzialdiagnosen

Vorwort

Das vorliegende Buch zu den Erkrankungen des Nutzgeflügels soll die bislang publizierten nationalen und internationalen Standardwerke zur Nutzgeflügelmedizin ergänzen. Ziel des Buchs ist es, die Grundlagen der Nutzgeflügelhaltung und Nutzgeflügelmedizin so objektiv und real wie möglich darzustellen, ohne auf die aktuellen Diskussionen über bestehende Probleme einer industriellen Lebensmittelproduktion einzugehen, welche mit diesem Bereich der Veterinärmedizin zweifellos eng verknüpft sind.

Ein deutlicher Schwerpunkt liegt im infektionsmedizinischen Bereich; in Bezug auf eine Vertiefung von Fütterungs-, Haltungs- und tierzüchterischen Aspekten wird auf weiterführende Spezialliteratur verwiesen. Ein besonderes Anliegen war uns die Veranschaulichung und Visualisierung der Schritte der Diagnosefindung, was anhand von entsprechendem Bildmaterial unterstützt wird. Diese Diagnosefindung gestaltet sich nicht immer ganz einfach, muss aber für die Etablierung einer Prophylaxe- und Interventionsstrategie in der Nutzgeflügelmedizin als essenziell angesehen werden.

Das Werk richtet sich gleichermaßen an Studierende der Veterinärmedizin und assoziierter Disziplinen sowie auch an praktizierende Tierärzte, die sich in diese Form der Nutztiermedizin einarbeiten möchten.

Wir, die Autoren, haben uns bemüht, das aktuelle State-of-the-Art-Wissen der Nutzgeflügelmedizin übersichtlich und kompakt darzustellen. Es liegt in der Natur der kontinuierlich und immer rascher sich weiterentwickelnden Naturwissenschaften, aber auch der gesellschaftlichen Entwicklungen, dass Inhalte bei der Drucklegung dieses Buches möglicherweise bereits durch neue Erkenntnisse abgelöst wurden und daher den aktuellen Stand der neuesten wissenschaftlichen Erkenntnisse oder gesetzlichen Vorgaben nicht mehr widerspiegeln.

Wir freuen uns über Ihre Meinung, Anregungen und Rückmeldungen an den Verlag oder die UTB.

Hannover, im Juli 2014

Silke Rautenschlein
Martin Ryll

Abkürzungsverzeichnis

AE	Aviäre Enzephalomyelitis
AEV	Aviäres Enzephalomyelitis-virus
AGP	Agargelpräzipitationstest
AHV	Anatid Herpesvirus
AIV	Aviäres Influenzavirus
ALV	Aviäres Leukosevirus
aMPV	Aviäres Metapneumovirus
ANV	Aviäres Nephritisvirus
APEC	Aviär-pathogene *Escherichia (E.)-coli*-Stämme
BfR	Bundesinstitut für Risiko-bewertung
BPLS-Agar	Brillantgrün-Phenolrot-Lactose-Saccharose-Agar
CAM	Chorioallantoismembran
CCDA	Charcoal-Cephoperazone-Desoxycholate-Agar
CELO	Chicken Embryo Lethal Orphan Virus
CIAV	Chicken Infectious Anemia Virus
CLED-Agar	Cystine-Lactose-Electrolyte-Deficient-Agar
CRD	Chronic Respiratory Disease
DAV	Duck Adenovirus
DIVA	Differentiating Infected From Vaccinated Animals
DON	Deoxynivalenol
DuCV	Duck Circovirus
DVH	Duck Viral Hepatitis
EAA	Eggshell Apex Abnormalities
EDS (EDS-76)	Egg-drop-Syndrome-1976
EIEC	Enteroinvasive *E.-coli*-Stämme
EHEC	Enterohämorrhagische *E.-coli*-Stämme
EK	Elementarkörperchen
ELISA	Enzyme Linked Immunosorbent Assay
EPEC	Enteropathogene *E.-coli*-Stämme
ETEC	Enterotoxigene *E.-coli*-Stämme
EU-Öko-VO	EU-Öko-Verordnung
ExPEC	Extraintestinal Pathogenic *E.-coli*-Stämme
FAV	Fowl-Adenovirus
FSBA	Frischblutschnellagglutination
gag	gruppenspezifisches Antigen
ggl.	gelegentlich
ggr.	geringgradig
GoCV	Goose Circovirus
GPV	Goose-Parvovirus
HA	Hämagglutinin
HAH	Hämagglutinationshemmungs-test
HE	Hämatoxylin-Eosin
HEV	Hämorrhagische Enteritis-Virus der Pute
hgr.	hochgradig
HNEG	Hämorrhagische Nephritis und Enteritis der Gänse
HPAIV	Highly-Pathogenic Avian Influenza Virus
HVT	herpes virus of turkeys
IBDV	Infektiöse Bursitisvirus
IBH	Einschlusskörperchen-Hepatitis (Inclusion Body Hepatitis)
IBV	Infektiöse Bronchitisvirus
ICPI	Intrazerebraler Pathogenitäts-index
i.d.R.	in der Regel
ILT	Infektiöse Laryngotracheitis
IMG	Infektiöse Myokarditis des Gössels
IVPI	Intravenöser Pathogenitäts-index
kb	Kilo-Basenpaare
KBE	Kolonie-bildende Einheit
LAMP-PCR	Loop-Mediated Isothermal Amplification PCR
LL	Lymphoide Leukose
LPAIV	Low-Pathogenic Avian Influenza Virus

LPD	Lymphoproliferative Krankheit (disease) der Pute
LW	Lebenswoche
MALDI-TOF	Matrix-unterstützte Laser-Desorption/Ionisation und Massenspektrometrie mit Flugzeitanalyse (matrix-assisted laser desorptions/ionization time of flight)
MDCK	Madin Darby Canine Kidney-Zellen
MD	Marek Disease
MDV	Marek-Disease-Virus
MOMP	Major Outer Membrane Protein
MRSA	Methicillin-resistente *S.-aureus*-Stämme
MSD	Marmormilzerkrankung (Marble Spleen Disease)
MDPV	Moscovy-Duck-Parvovirus
MLST	Multi-Locus-Sequenz-Typisierung
Mo	Monat
MSRV-Medium	Modified-Semi-Solid-Rappaport-Vassiladis-Medium
NDV	Newcastle Disease Virus
OIE	Weltorganisation für Tiergesundheit (historisches Akronym: Office International des Epizooties)
ompA	Outer Membran Protein-A
PAI	Pathogenicity Islands
PAS	Perjod-Acid-Schiff-Reagenz / Perjodsäure-Schiffsches-Reagenz
PBL	Periphere Blutleukozyten
PCR	Polymerase Kettenreaktion
PEMS	Poult-Enteritis-Mortality-Syndrom
p.i.	Post Infectionem
PFU	Plaque Forming Units
PMV-1	Paramyxovirus-1
PNS	Peripheres Nervensystem
PSP	Poultry-Services-Processor-Gerät
qRT-PCR	Quantitative Real-Time Reverse Transkriptase Polymerase Kettenreaktion
REV	Retikuloendotheliosevirus
RFLP	Restriktionsfragmentlängen-polymorphismus
RK	Retikularkörperchen
RSS	Runting and Stunting Syndrom
RT-PCR	Reverse-Transkriptase-Polymerase-Kettenreaktion
SHS	Swollen-Head-Syndrom
SPF	Spezifisch-Pathogen-Frei
SSA	Serumschnellagglutination
TAsV	Astrovirus der Pute
TCoV	Coronavirus-Enteritis der Puten (Turkey Coronavirus)
Tg	Tag
TierSchNutztV	Tierschutz-Nutztierhaltungs-verordnung
TRT	Turkey Rhinotracheitis
TuASV	Turkey-Avisivirus
VNT	Virusneutralisationstest
vv	very virulent
Wo	Woche
XLD-Agar	Xylose-Lysine-Desoxycholate-Agar
ZNS	Zentrales Nervensystem
ZPE	zytopathogener Effekt

Allgemeiner Teil
Propädeutik der Nutzgeflügelmedizin

1 Einleitung

Die Erzeugung und Vermarktung von Geflügelprodukten hat weltweit eine große wirtschaftliche Bedeutung. Eier stellen eine wichtige Protein-, Vitamin- und Mineralstoffquelle für den Menschen dar. Dies gilt ebenso für das Geflügelfleisch, welches auf Grund eines geringeren Fettgehaltes und einer günstigen Zusammensetzung der Fettsäuren einen diätetischen Vorteil gegenüber dem Schweine- und Rindfleisch hat. Insbesondere in Schwellenländern und auch den Ländern, in denen aus religiösen Gründen kein Schweine- oder Rindfleisch verzehrt wird, sind Geflügelprodukte wichtige Proteinlieferanten für die Bevölkerung. Die Produktion wird in diesen Regionen zukünftig noch ansteigen. In der EU, in Russland, China, den USA und Brasilien wurden im Jahr 2012 insgesamt etwa 41 Millionen Tonnen Eier und etwa 66 Millionen Tonnen Geflügelfleisch produziert. Prognostiziert wird ein Anstieg der Weltproduktion in den nächsten Jahren auf 66 Millionen Tonnen Eier und auf 103 Millionen Tonnen Geflügelfleisch pro Jahr.

Im Jahr 2012 wurden in Deutschland etwa 824 000 Tonnen Eier sowie 1,7 Millionen Tonnen Geflügelfleisch, davon 1,1 Millionen Tonnen Hühnerfleisch, 390 000 Tonnen Putenfleisch, 64 000 Tonnen Entenfleisch und 5 000 Tonnen Gänsefleisch produziert. In diesem Zeitraum sind pro Kopf der Bevölkerung 217 Eier und 18,5 kg Geflügelfleisch verzehrt worden. Deutschland liegt mit diesem Verbrauch im Mittelfeld der EU-Staaten (→ Abb. 1.1). Der Selbstversorgungsgrad in

Abb. 1.1:
Pro-Kopf-Verbrauch von Geflügelfleisch und Eiern in der EU für das Jahr 2012.

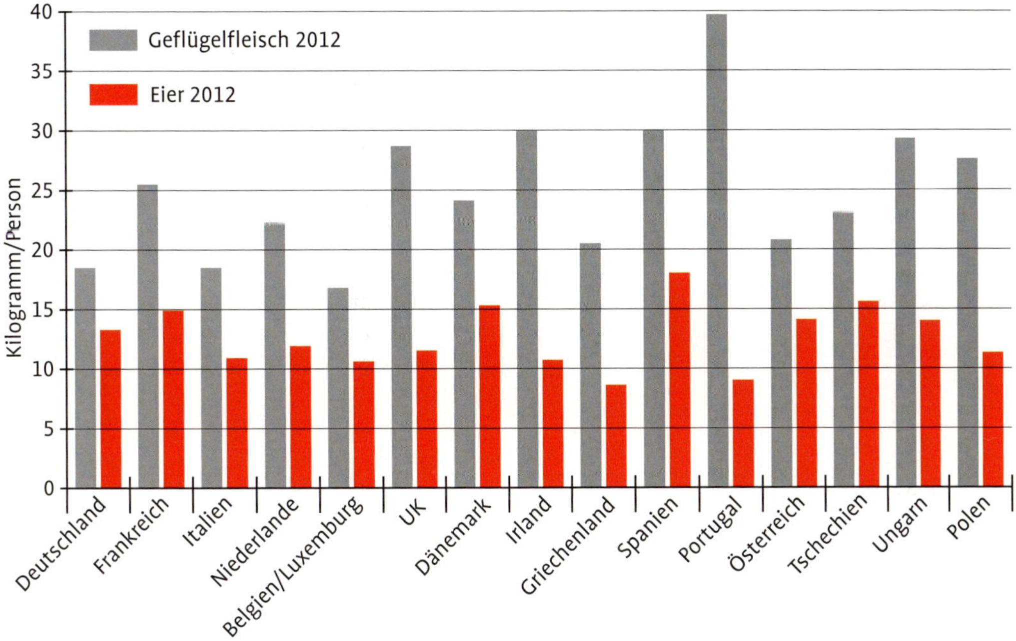

Deutschland lag im Jahr 2012 bei der Eierproduktion bei 68,1 % und für Geflügelfleisch bei 110,6 %. Der Produktionswert der deutschen Geflügelwirtschaft betrug 4,1 % des Gesamtproduktionswertes der deutschen Landwirtschaft und 9 % der tierischen Erzeugung (Quelle: Geflügeljahrbuch des ZDG 2014, Verlag Eugen Ulmer, Stuttgart).

Durch intensive Selektionsmaßnahmen in den letzten 70 Jahren wurden Lege- sowie Masthybriden für die Nutzgeflügelhaltung gezüchtet, die unter optimalen Haltungsbedingungen bei geringem Futterverbrauch eine sehr hohe Lege- oder Mastleistung zeigen. Die Verlagerung des größten Teils der deutschen Geflügelproduktion in Intensivhaltungen mit hohen Tierzahlen sowie die Empfindlichkeit von Hochleistungstieren gegenüber Schwankungen in den Haltungsbedingungen stellen eine große Herausforderung für die veterinärmedizinische Betreuung dieser Tierbestände dar.

2 Nutzgeflügelarten

Wie alle Haustierarten sind auch die Nutzgeflügelarten aus ursprünglich wild vorkommenden Tierarten domestiziert worden. Legt man die Verordnung zum Schutz gegen die Geflügelpest zur Definition zu Grunde, so zählen zu den Nutzgeflügelarten im eigentlichen Sinne: Hühner, Puten (Truthühner), Perlhühner, Rebhühner, Fasane, Laufvögel, Wachteln, Enten und Gänse. Die Nutzgeflügelmedizin unterscheidet dabei grundsätzlich zwischen kommerziell genutzten Hybridlinien und den als Liebhabertieren gehaltenen Nutzgeflügelrassen. Während bei den Nutzgeflügelhybriden die Bestandsdiagnostik und Bestandsbehandlung im Vordergrund stehen, fällt die Behandlung von Rassegeflügel auch oft unter die Einzeltiermedizin.

Das **Huhn** ist mit großem Abstand die meist genutzte Nutzgeflügelart. Alle Hühnerrassen und Hühnerlinien stammen von einer südostasiatischen Dschungelhuhnart, dem Bankivahuhn *(Gallus gallus)*, ab. Gesicherte Nachweise der Domestikation stammen aus der Zeit von 2500 bis 2100 v. Chr. Die seit dieser Zeit gezüchteten zahlreichen Hühnerrassen liefern die genetische Grundlage für die heute weltweit genutzten Hühnerhybridlinien (→ Abb. 2.1 a–c).

Abb. 2.1:
Hühner.
(a) Bankivahühner *(Gallus gallus)*;
(b) Braune Legehennen;
(c) Masthühner (Broiler).

Abb. 2.2:
Männliche Mastputen *(Meleagris gallopavo)*.

Es werden dabei Hybride der Legerichtung und Hybride für die gemischt geschlechtliche Mast (Broiler) kommerziell genutzt. Um das Töten von männlichen Eintagsküken der Legelinien zu vermeiden, wird in der Zukunft, zumindest im ökologischen Landbau, möglicherweise auch das Zweinutzungshuhn wieder eine größere Bedeutung erlangen. In der Hobbyhaltung existiert eine große Anzahl an verschiedenen Hühnerrassen und deren Farbschläge.

Die **Mastpute** stammt vom südmexikanischen Truthuhn *(Meleagris gallopavo gallopavo)* ab. Die Domestikation fand in Nordamerika vor etwa 2500 Jahren statt, und die Pute wurde im 16. Jahrhundert nach Europa eingeführt. Zur Nutzung werden Puten als Masthybriden getrennt geschlechtlich aufgezogen und gemästet (→ Abb. 2.2). Weiterhin werden Masthybriden und sogenannte „Bronzeputen" kommerziell als „Bio-Puten" gemästet und vermarktet.

Abb. 2.3:
Pekingenten *(Anas platyrhynchos)*.

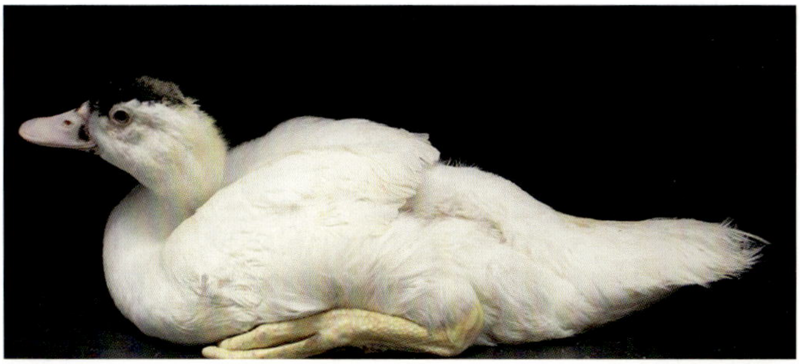

Abb. 2.4:
Moschusente *(Cairina moschata)*.

Die **Pekingente** stammt ursprünglich von der Stockente *(Anas platyrhynchos)* ab. Die Domestikation der Enten begann in China vor unserer Zeitrechnung, daher rührt auch der Name „Pekingente". In Europa begann die Entenhaltung etwa 1000 v. Chr. in Griechenland. Pekingenten werden als Masthybriden gemischt geschlechtlich gemästet (→ Abb. 2.3). Zudem sind Enten als Hobbytiere verbreitet und werden in zahlreichen Rassen und Farbschlägen gezüchtet und gehalten.

Die Stammform der **Moschus- oder „Barbarie-Ente"** ist die Warzenente *(Cairina moschata)*. Diese Wassergeflügelart ist in Südamerika beheimatet und wurde im 16. Jahrhundert nach Europa eingeführt. Auch hier gibt es Masthybride für die Nutzgeflügelhaltung (→ Abb. 2.4). Beliebt ist diese Ente aber auch in der Hobbygeflügelhaltung. Diese Tiere werden getrennt geschlechtlich gemästet. Es gibt in Deutschland nicht sehr viele kommerzielle Moschusentenhalter, zum einem bedingt durch die anspruchsvolle Haltung und zum anderen durch tierschutzbedingte Einschränkungen.

Mularden sind Kreuzungsprodukte aus einer Pekingente und einem Moschusentenerpel. Sie sind nicht fortpflanzungsfähig und werden in Deutschland selten gehalten.

Die Domestikation der **Hausgans** begann wahrscheinlich im 3. Jahrtausend v. Chr. in Ägypten. Die Graugans *(Anser anser)* ist die Stammform aller Gänserassen (Ausnahme: Höckergans), so auch der wirtschaftlich genutzten Mastgänse. Wirtschaftlich genutzt werden Hybridzuchtlinien

Abb. 2.5:
Mastgänse *(Anser anser)*.

Abb. 2.6:
Strauß *(Struthio camelus australis)*.

(→ Abb. 2.5), die in Deutschland häufig gemischt geschlechtlich extensiv gemästet werden.

Zu den Nutzgeflügelarten, die in Mitteleuropa von ökonomisch geringerer Bedeutung sind, zählen der **Strauß**, die **Wachtel** und das **Perlhuhn**. Die kommerzielle Straußenhaltung begann Mitte des 18. Jahrhunderts in Südafrika. In Deutschland werden seit etwa 1990 Strauße zur Gewinnung von Fleisch, Federn und Leder (Haut) gehalten. Der **„Farmstrauß"** (→ Abb. 2.6) ist eine Kreuzung des nordafrikanischen *(Struthio camelus camelus)* und des südafrikanischen Straußes *(Struthio camelus australis)*.

Die Stammform der kommerziell gehaltenen Wachteln ist die **japanische Wachtel** *(Coturnix japonica)*. Die Tiere werden seit dem 11. Jahrhundert in Japan als Haustiere gehalten und zur Eier und Fleischproduktion verwendet. Die Japanwachtel gelangte erst in den 50iger Jahren des 20. Jahrhunderts nach Europa. Hier werden sie vornehmlich in Frankreich und Italien gehalten.

Das Perlhuhn wurde aus dem **afrikanischen Helmperlhuhn** *(Numida meleagris)* domestiziert (→ Abb. 2.7). Perlhühner wurden bereits in der Antike gehalten. Es ist zu berücksichtigen, dass diese Tiere sehr laute Stimmlaute von sich geben, sehr scheu und flüchtig sind. Dies schränkt die Freilandhaltung in dichter besiedelten Regionen erheblich ein.

Der **Fasan** *(Phasianus colchicus)* wurde bereits von den Römern nach Mitteleuropa eingeführt. Fasane werden entweder 16 bis 20 Wochen gemästet oder etwa 8 Wochen aufgezogen und noch gelegentlich als „Jagdfasan" im Jagdrevier ausgewildert. Der Fasan ist für die Nutzgeflügelmedizin von Interesse, da er als Reservoir und Überträger zahlreicher für das Nutzgeflügel bedeutsamer Krankheitserreger in Frage kommt.

Abb. 2.7:
Helmperlhühner *(Numida meleagris)*.

3 Aufbau der Geflügelwirtschaft

Der Aufbau der Geflügelwirtschaft hat sich in den letzten 60 Jahren grundlegend gewandelt. Stand zunächst die kleinbäuerliche Produktion mit überwiegender Selbstvermarktung im Vordergrund, so wird die Produktion und die Weiterverarbeitung von Geflügel heute im großindustriellen Maßstab durchgeführt. Die grundsätzliche Struktur der Geflügelwirtschaft bildet sich in der strikten Trennung der Produktionsebenen ab. Man kann dies auch als Produktionspyramide darstellen (→ Abb. 3.1). Die Spitze der Pyramide bilden dabei die Tierzuchtunternehmen mit den Reinlinien- oder Pedigree-Tieren und den Urgroßeltern. Auf der Ebene der Urgroßelterntierhaltung findet die Basiszucht statt. Das sehr hohe Leistungsniveau mit dem erheblichen finanziellen und materiellen Aufwand hat hier zu einer starken Konzentration der Anbieter geführt. So sind weltweit zurzeit im Putensektor nur noch zwei Zuchtunternehmen und im Legehennensektor nur drei Zuchtunternehmen auf dem Markt vertreten. Auf die Basiszuchten folgen die Großelterntierherden und Elterntierherden, die die Vermehrungsstufen darstellen. Elterntiere haben die Aufgabe, befruchtete Eier für die Endproduktherden zu produzieren. Die Basis der Pyramide wird durch die Endproduktherden repräsentiert. Eine Generationsfolge von der reinen Linienzucht bis zu den Endprodukttieren beansprucht 2 bis 5 Jahre. Die Breite der Pyramide entspricht dabei der Anzahl der Tiere, die auf jeder Ebene gehalten werden. Der ökonomische Wert des Einzeltieres nimmt dabei ausgehend von den Basiszuchten bis zu den Endprodukten deutlich ab. Eine Therapieentscheidung ist bei gleicher Diagnose je nach Produktionsstufe auf Grund der Bedeutung unterschiedlich zu treffen.

Abb. 3.1:
Die „Produktionspyramide" der Geflügelwirtschaft.

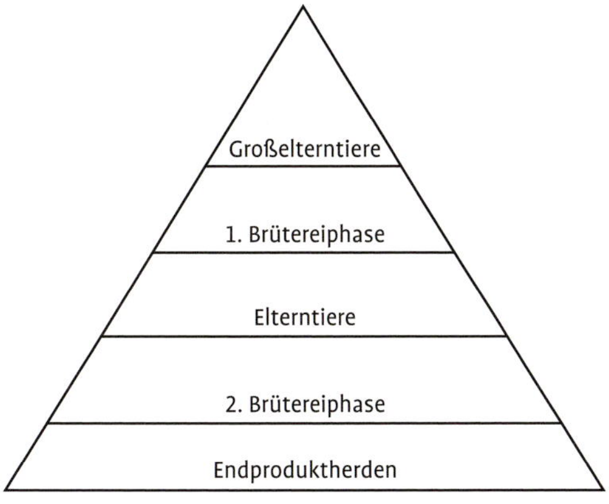

Die Kunstbrut ist eine der wichtigsten Voraussetzungen für die Durchführung der industriellen Nutzgeflügelhaltung. Mit Hilfe der Kunstbrut ist die Geflügelindustrie in der Lage, zu fast jedem Zeitpunkt die gewünschte Anzahl Küken für den weiteren Produktionsablauf zur Verfügung zu stellen. Der Vorteil der Kunstbrut liegt dabei in der Unabhängigkeit vom Brutrhythmus, der Brutintensität, Brutkapazität der Tiere und den äußeren Umweltbedingungen. Sie wurde um das Jahr 1900 in den USA entwickelt und kam nach dem ersten Weltkrieg nach Europa. Aber erst Ende der 50iger Jahre bekam die Kunstbrut in Zusammenhang mit Einführung der Produktionstrennung in der Geflügelerzeugung den Stellenwert, den sie heute hat.

Eine Brüterei wird in eine hygienisch reine Seite und eine hygienisch unreine Seite unterteilt. Die gesammelten und gelagerten Bruteier werden an die Brüterei geliefert, dort sortiert und, je nach Methode, gewaschen und/oder desinfiziert. Bei der sogenannten Vorbrut werden die Eier mit dem stumpfen Pol nach oben auf der reinen Seite eingelegt. Die Temperatur beträgt bei der Vorbrut der Hühner 37,5 °C und die Luftfeuchte 60 %. Die Bruteier müssen mehrmals täglich gewendet werden. Während der Bebrütung von Eiern des Wassergeflügels sind diese regelmäßig abzukühlen und mit Wasser zu besprühen. Einen Über-

Tab. 3.1: Durchführung der Kunstbrut

Nutzgeflügelart	Brutdauer (Tage)	Vorbrutdauer (Tage)	Schiertermin (Bruttag)
Huhn	21	18	(6) und 17
Pute	28	24	9 und 24
Pekingente	28	24	15
Moschusente	33–35	32	10 und 33
Gans	33–36	32	30

blick über die Dauer und den Ablauf der Kunstbrut für die verschiedenen Nutzgeflügelarten gibt → Tabelle 3.1.

Nach Ablauf der Vorbrutzeit werden die Bruteier vom Vorbrüter in den Schlupfbrüter (unreine Seite) umgelegt. Dabei werden die Eier durchleuchtet (geschiert), um nicht befruchtete Eier oder abgestorbene Embryonen auszusortieren. Die Temperatur liegt in der Schlupfbrut des Huhnes bei 37 °C, die Luftfeuchte bei 80 % und die Luftumwälzrate bei etwa 50 m^3. Nach der genetisch determinierten Brutzeit schlüpfen die Küken gleichzeitig möglichst innerhalb von 24 Stunden. Die Küken werden dann umgesetzt, kranke und schwache Tiere aussortiert, und nach Bedarf wird das Geschlecht bestimmt. Der Erfolg der Kunstbrut hängt von der strikten Einhaltung der Bruttechnik, der Bruthygiene und der damit verbundenen Personalhygiene ab. Einen Überblick über mögliche Fehler und die entsprechenden Folgen für die Küken während der Kunstbrut gibt → Tabelle 3.2.

Die Geschlechtsbestimmung (Sexen) erfolgt bei Hühnern der Legerichtung durch die japanische Methode (Bestimmung der Unterschiede im Bereich des Geschlechtshöckers nach Ausstülpen der Kloake), bei pigmentierten Hühnerlinien auf Grund der Gefiederkennfarbigkeit oder -dichte. Die männlichen Eintagsküken der Legerichtung werden bisher aussortiert, tierschutzgerecht euthanasiert und beispielsweise als Futtermittel für Zoofachhandlungen oder Zoos eingesetzt. Da dies aus Tierschutzgründen rechtlich umstritten und ethisch fragwürdig ist, werden zurzeit verschiedene Methoden wissenschaftlich untersucht, die es ermöglichen, das Geschlecht der Hühnerembryonen bereits so früh wie möglich im Ei festzustellen. Außerdem werden in einzelnen Projekten die Hähne von Legehybridlinien gemästet und vermarktet. Weiterhin wird die Möglichkeit einer Züchtung auf „Zweinutzungshühnerlinien" diskutiert. Da Puten getrennt geschlechtlich aufgezogen und gemästet werden, werden sie ebenfalls nach der japanischen Methode gesext. Anschließend wird bei Legehennen (je nach späterer Haltungsform) und bei Puten in der Regel noch in der Brüterei die Spitze des Oberschnabels gekürzt. Dabei wird mit Hilfe eines Poultry-Services-Processor-Geräts (PSP) im automatisierten Verfahren ein Infrarotstrahl senkrecht auf die Spitze der Schnabeloberseite gelenkt. Es kommt durch die Hitzeeinwirkung zur Koagulationsnekrose der betroffenen Zellen mit der Folge des Abfallens der Schnabelspitze nach ein paar Tagen. Der Oberschnabel und die Zehenkrallen von Moschusenten werden in den ersten Lebenswochen mit Hilfe einer Schere gekürzt. Das Kürzen des Oberschnabels ohne Betäubung ist ein schmerzhafter Eingriff, der nach dem Tierschutzgesetz verboten ist. Deshalb muss die Unerlässlichkeit nachgewiesen und für die Durchführung eine zeitlich befristete Erlaubnis von der zuständigen Veterinärbehörde eingeholt werden. Aktuell anstehende Tierschutzvorhaben (z. B. Niedersächsischer Tierschutzplan Stand 2013) planen für Legehennen bis zum Jahr 2016 und für Puten bis zum Jahr 2018 den Ausstieg aus dem Schnabelkürzen. Speziell für Moschusenten werden ab dem Jahr 2014 in Niedersachsen hierfür keine Ausnahmegenehmigungen mehr erteilt.

Tab. 3.2:
Störungen der Kunstbrut und ihre Folgen

Störung	Ursache
Unbefruchtete Eier	Genetik, schlechte Zuchtkondition, ungünstiges Geschlechterverhältnis, Inseminationsfehler (Puten), Fehler bei Transport und Lagerung (Temperatur, Luftfeuchte usw.)
Abgestorbene Embryonen	Fehler bei der Lagerung, mangelnde Bruthygiene, Fehler in der Bruttechnik, vertikal übertragbare Infektionen
Ungleichmäßiger Schlupf	Fehler in der Lagerung, ungleichmäßige Brutschranktemperatur
Steckengebliebene und spät abgestorbene Küken	ungleichmäßiger Luftwechsel, mangelnde Wendung, zu niedrige Luftfeuchte, Infektionskrankheiten
Feuchte, schwammige Küken	zu hohe Luftfeuchte, zu niedrige Bruttemperatur
Missbildungen	Genetik der Elterntiere, Mangelernährung der Elterntiere, zu kalte Bruteilagerung

Anschließend werden die Tiere je nach Nutzungsrichtung noch geimpft und in die entsprechend vorbereiteten Aufzucht- und Mastställe transportiert. Dies sollte möglichst innerhalb der ersten 24 Stunden geschehen. Nach den Vorgaben der Verordnung zum Schutz von Tieren beim Transport müssen die Eintagsküken innerhalb von 60 Stunden den Empfänger erreichen. Da Eintagsküken sich in den ersten Lebenstagen vorwiegend über die Resorption des Dottersacks ernähren, braucht den Küken in dieser Zeit auch kein Futter und Wasser angeboten zu werden , jedoch kommt es bei zeitnahem Angebot zu einer besseren Entwicklung der Tiere..

Um die Produktivität zu steigern, zur Verbesserung und der Erhaltung des Hygiene- und des Qualitätsmanagements sowie aus Gründen der Produktsicherheit für den Verbraucher sind die meisten Unternehmen im Nutzgeflügelbereich als vertikale Integrationen strukturiert. Somit sind, ausgehend von den Elterntieren bis zur Lebensmittelweiterverarbeitung, einschließlich der Futtermühlen, die einzelnen Elemente in einem Unternehmensverbund zusammengefasst. Die einzelnen Mäster oder Legehennenhalter sind entweder in diesen Verbund mit integriert oder sie stehen als eigenständige Lebensmittelproduzenten in Erzeugergemeinschaften oder Erzeugerringen der Integration als Handelspartner gegenüber. Die tierärztliche Betreuung ist mit den entsprechenden Spezialisierungen diesen Produktionsstufen zugeordnet und häufig mit integriert. Die Gewinnmargen von Geflügel sind unabhängig von dem erzeugten Produkt oft so minimal, dass zur Gewinnmaximierung unter den aktuellen ökonomischen Rahmenbedingungen fast ausschließlich Intensivhaltungsformen genutzt werden. Die Selbstvermarktung von Eiern und Geflügelprodukten ist in Mitteleuropa nur regional bedeutsam und ökonomisch interessant. Der starke Preisdruck der Lebensmittelketten auf die Produzenten und die auf sehr hohem Niveau liegenden Hygiene- und Qualitätsanforderungen bei Geflügelprodukten (z. B. durch die nationale und EU-weite Bekämpfung des Eintrages von Zoonoseerregern in die Lebensmittelkette) werden dazu führen, dass es zu weiteren Konzentrationsprozessen der produzierenden Unternehmen kommen wird.

4 Haltungssysteme

4.1 Haltungssysteme im Großeltern- und Elterntierbereich

Es muss grundsätzlich zwischen den Haltungssystemen auf den verschiedenen Produktionsebenen differenziert werden. Die Haltung im Großeltern- und Elterntierbereich unterscheidet sich von der Haltung des Nutzgeflügels im Endproduktbereich und ist nur bedingt damit zu vergleichen. Da die Tierhaltung einen sehr großen Einfluss auf die Tiergesundheit hat und der Wert des Einzeltieres im Großeltern- und Elterntierbereich erheblich höher ist als im Endproduktbereich, wird auf optimierte Haltungsbedingungen in dieser Produktionsstufe größten Wert gelegt. Dies gilt für die baulichen Gegebenheiten, die Besatzdichte, die Versorgung der Tiere und die absolute Abschirmung (Biosecurity) gegen Einflüsse von außen. Diese Hygienemaßnahmen schließen den Tierarzt ein. Neben einer Hygieneschleuse mit Dusche und betriebseigener oder Einmalschutzkleidung wird darauf geachtet, dass keine Geflügelbestände vor dem Besuch des Großeltern- oder Elterntierbetriebs betreut worden sind. Die Ställe in diesen Produktionsebenen sind sämtlich strikt geschlossene Haltungsformen und im Elterntierbereich meistens Bodenhaltungssysteme (→ Abb. 4.1). Um unkontrollierte Verpaarungen zu vermeiden, werden Urgroßeltern- und Großelterntiere getrennt geschlechtlich in Käfigsystemen (auch in kleineren „Familienkäfigen") gehalten. Durch die ständige diagnostische Überwachung der Herden wird garantiert, dass die Elterntiere frei von bestimmten Erkrankungen und Erregern wie z. B. Salmonellen, Mykoplasmen, Retroviren, Circoviren oder dem aviären Enzephalomyelitisvirus sind, bei denen der vertikale Übertragungsweg eine bedeutsame Rolle spielt.

Abb. 4.1:
Mastelterntierhaltung.

4.2 Haltungssysteme im Endproduktbereich

4.2.1 Haltung von Legehennen

Mit der EU-Richtlinie 1999/74/EG des Rates zur „Festlegung von Mindestanforderungen zum Schutz von Legehennen“ (1999) wurden neue Maßstäbe in der Legehennenhaltung gesetzt. Mit der Umsetzung dieser Richtlinie in nationales Recht mit der „Zweiten Verordnung zur Änderung der Tierschutz-Nutztierhaltungsverordnung“ (TierSchNutztV, zuletzt geändert am 01.10.2009) sind diese Vorgaben rechtsverbindlich. Für das Nutzgeflügel sind in der TierSchNutztV lediglich Bestimmungen zur Haltung von Legehennen und Masthühnern abgefasst. Die Haltungen von Großelterntieren und Elterntieren sind darin nicht berücksichtigt. Die Vorgaben der TierSchNutztV haben zur Entwicklung der Kleingruppenhaltung geführt. Das Bundesverfassungsgericht hat jedoch 2010 die besondere Regelung zur Kleingruppenhaltung von Legehennnen (§13b TierSchNutztV)

Tab. 4.1:
Anforderungen an Legehennenhaltungssysteme

Haltungssystem	In Deutschland zugelassen	In der EU zugelassen	Mindestanforderungen* an Ausstattung u. a.
Freiland	ja	ja	4 m^2/Tier Freilandauslauffläche mit uneingeschränktem Zugang tagsüber; größtenteils bewachsene Fläche; mit Wintergarten (Bauten ab 8/2006); Zugangsöffnungen mind. 35 cm hoch und 40 cm breit
Bodenhaltung	ja	ja	max. 7 Hennen/Einzelnest oder mind. 1 m^2 für max. 120 Tiere bei Gruppennestern; Sitzstangen: 15 cm/Tier, 30 cm waagerechter Abstand zwischen den Stangen; Scharrfläche mind. 1/3 der Stallgrundfläche; mind. 3 % der Grundfläche als Lichtöffnung; Mindestluftraten, max. 20 ppm Ammoniak dauerhaft im Tierbereich; max. Gruppengröße 6000 Tiere
– einetagig			9 Tiere/m^2 nutzbare Fläche
– mehretagig (Voliere)			max. 18 Tiere/m^2 Stallgrundfläche max. 4 Ebenen übereinander
– mit Kaltscharraum (Wintergarten)			eingestreuter Bereich; Abschirmen von Schadnagern u. Wildvögeln durch feinmaschigen Draht
Kleingruppenhaltung	ja	ja	800 cm^2 Fläche/Tier; 90 cm^2 Einstreufläche/Tier und mind. 90 cm^2 Nestfläche mit geringerer Ausleuchtung/Tier; Anordnung von Sitzstangen in unterschiedlicher Höhe; Mindesthöhe Trogseite 60 cm ansonsten 50 cm; Mindestfläche/pro Haltungseinheit von 2,5 m^2
Ausgestalteter Käfig	nein	ja	nicht anwendbar für Deutschland
Käfig	nein	Verbot ab 2012	nicht anwendbar für Deutschland

* Weitere Details sind der Tierschutz-Nutztierhaltungsverordnung sowie der EU-Vermarktungsnorm für Eier (EG 557/2007) zu entnehmen.

für ungültig erklärt. Bestehende Anlagen genießen Bestandsschutz und gelten momentan noch als eine Alternative zur Boden- und Freilandhaltung (→ Tabelle 4.1).
Legehennen werden grundsätzlich ca. 18 Wochen aufgezogen und dann mit Beginn der Legetätigkeit zwischen der 18. und 20. Woche an den Legehennenhalter abgegeben. Die Haltung in der Aufzucht sollte an die späteren Haltungsbedingungen angepasst sein. Legehennen werden in Kleingruppen (Kleinvoliere) (→ Abb. 4.2 a–d) und in Bodenhaltungssystemen mit oder ohne Kaltscharraum (Wintergarten) und mit oder ohne Auslauf gehalten. Die Haltung von Legehennen im Legebetrieb umfasst etwa 1 Jahr. Gelegentlich erfolgt eine Verlängerung um etwa 6 Monate, nachdem eine sogenannte induzierte Legepause durch Futter- und ggf. Lichtumstellung eingeleitet wurde, um die Legeleistung wieder zu verbessern.

Die Mindestfläche bei Hühnern unter 2 kg Körpermasse liegt in der Kleingruppenhaltung bei 800 cm^2/Tier + 90 cm^2 Nestfläche. Wiegen die Hühner über 2 kg sind 900 cm^2 + entsprechende Nestfläche anzubieten. Die frühere Trennung zwischen Bodenhaltung und Volierenhaltung wurde nach der EU-Tierschutzrichtlinie aufgehoben. Es werden ein- oder mehretagige Bodenhaltungssysteme unterschieden (→ Abb. 4.3 a, b). Die Gruppengröße umfasst dabei maximal 6000 Tiere ohne räumliche Trennung mit 9 Tieren/m^2 nutzbarer Fläche. Es gibt weiterhin Vorgaben bezüglich der Troglängen, der Sitzstangen, der Legenester und der Einstreu. Wird ein Auslauf ganzjährig angeboten mit mindestens 4 m^2 Fläche pro Henne, so können die Eier als Freilandeier vermarktet werden (→ Abb. 4.3 c).
Die Haltung von Legehennen in Bodenhaltungssystemen in größeren Gruppen erfordert häufig

Abb. 4.2:
Die Kleinvoliere, hier dreietagig **(a)**; mit Nippeltränken und Auffangschale **(b)**; Astroturf-Matte **(c)**; durch einen Vorhang abgetrennter Nestbereich **(d)**.

das Touchieren der Schnabelspitze als Prophylaxe gegen das Zufügen von Pickverletzungen. Dies erfolgt bei Hühnern bereits am Eintagsküken in der Brüterei.
In Deutschland wurden im Jahr 2012 Legehennen zu 63,8 % in Bodenhaltung, zu 14,8 % in Freilandhaltung, zu 13 % in Kleingruppenhaltung und zu 8,0 % in Biohaltung gehalten. Es ist eine klare Tendenz der Zunahme der Haltungsformen in Richtung Bodenhaltungssysteme festzustellen. Ab dem 01.07.2012 ist in allen Mitgliedsstaaten der EU die konventionelle Käfighaltung endgültig verboten worden. Für die Legehennenhaltung sind dann EU-weit nur noch ausgestaltete Käfiganlagen und Bodenhaltungssysteme zugelassen.

Abb. 4.3:
Bodenhaltungssysteme von Legehennen. **(a)** Wintergarten; **(b)** mehretagige Bodenhaltung; **(c)** Freilandhaltung.

4.2.2 Haltung von Masthühnern

Die Haltung wird durch die EU-Richtlinie 2007/43/EG des Rates vom 28.06.2007 mit „Mindestvorschriften zum Schutz von Masthühnern" EU-einheitlich geregelt. Diese Richtlinie ist national in der TierSchNutztV von 2009 umgesetzt worden. Nach diesen Vorgaben werden Masthühner ausschließlich in Bodenhaltungssystemen in konventionellen geschlossen Ställen mit Zwangslüftung (→ Abb. 4.4) oder Offenställen mit natürlicher Lüftung gehalten. Der Mäster hat einen Sachkundenachweis zu erbringen. Die Besatzdichte darf 39 kg Lebendgewicht pro m² nutzbarer Stallfläche nicht überschreiten. Der Halter von Masthühnern hat sicherzustellen, dass im Durchschnitt von drei aufeinander folgenden Mastdurchgängen die Masthühnerbesatzdichte von 35 kg Lebendgewicht pro m² nutzbarer Stallfläche nicht überschritten wird, soweit das durchschnittliche Gewicht der Masthühner weniger als 1600 g beträgt. Die Mastdauer beträgt bei der Kurzmast meistens 32 bis 34 Tage. Im Splittingverfahren werden zwischen dem 30. und 32. Masttag 20 bis 30 % der Tiere herausgefangen, durch das sogenannte „Vorgreifen", sodass die restlichen Tiere auf Grund des größeren Platzangebots 38 bis 40 Tage gemästet werden können. Bei der getrennt geschlechtlichen Langmast (Roastermast) erfolgt ein „Vorgreifen" der Hennen am 39. Tag, während die übrigen Hennen mit

Abb. 4.4:
Masthuhn (Broiler)-haltung.

den Hähnen bis zum 46. Tag gemästet werden. Die Broiler oder Roaster weisen dann je nach Länge der Mastperiode ein Lebendgewicht zwischen 1,5 und 3,3 kg auf.
Alternative Haltungssysteme sind in Bio-Betrieben gemäß den entsprechenden Vorgaben der Verordnung (EG) Nr. 834/2007 (EU-Öko-Verordnung) bzw. der jeweiligen Bio-Verbände oder auch durch konventionelle Produzenten realisiert. Die Unterschiede zur herkömmlich praktizierten Mast liegen dabei in anderen genetischen Linien, verringerter Bestandsdichte, niedrigeren täglichen Zunahmen und der Ausgestaltung der Mastställe mit beispielsweise Außenklimabereichen, Sitzstangen, Picksteinen und Strohballen als Beschäftigungsmaterial.

4.2.3 Haltung von Puten

Puten werden ausschließlich in Bodenhaltungssystemen gehalten. Die Haltungsbedingungen von Puten in Deutschland sind in den „Bundeseinheitlichen Eckwerten für eine freiwillige Vereinbarung zur Haltung von Mastputen" festgelegt worden. Diese „bundeseinheitlichen Eckwerte" zur Putenhaltung hat der Verband Deutscher Putenerzeuger gemeinsam mit den Landesministerien und verschiedenen Tierschutzorganisationen unter Mitarbeit des Bundesverbraucherschutzministeriums neu überarbeitet und sie sind ab dem 01.10.2013 gültig. In diesen Eckwerten wird unter anderem vorgeschrieben, dass die Besatzdichte in der Endphase der Haltungsperiode bei Putenhennen (Mastdauer 16 Wochen) 45 kg Lebendgewicht und bei Putenhähnen (Mastdauer 22 Wochen) 50 kg Lebendgewicht pro m² nutzbarer Stallgrundfläche nicht überschritten werden darf. Nur bei der Erfüllung besonderer Zusatzanforderungen, wie der verpflichtenden Teilnahme an Gesundheitskontrollprogrammen, können bei Putenhennen bis zu 52 kg und bei Putenhähnen bis zu 58 kg Lebendgewicht pro m² nutzbarer Stallgrundfläche akzeptiert werden. Diese Gesundheitskontrollprogramme umfassen die bestandsbezogene Auswertung tierbasierter Indikatoren (unter Einschluss der Parameter Fußballengesundheit, Brusthautveränderungen, Tierverluste), um vergleichende Rückschlüsse auf den Gesundheitsstatus und das Wohlbefinden der

Abb. 4.5:
Mastputenhaltung.

Puten zu ermöglichen. Die Haltung (→ Abb. 4.5) erfolgt dabei meist in sogenannten Offenställen mit natürlicher Wind- oder Schwerkraftlüftung oder in geschlossenen Ställen mit Zwangslüftung auf Einstreumaterial. In Abhängigkeit der nutzbaren Stallkapazitäten kann die Anzahl der Mastdurchgänge im Jahr variieren. Es wird zwischen einem 22-Wochen-Rhythmus in einer Stallanlage, einem 18-Wochen-Rhythmus mit zwei Stallanlagen und einem 13-Wochen-Rhythmus mit drei Stallanlagen unterschieden. Bei dem 8-Wochen-Rhythmus werden die Puten in separaten Ställen aufgezogen und nach 8 Wochen auf die Mastställe verteilt. Die Aufzuchtställe können dann zeitnah wieder belegt werden. Die Hennen wiegen nach der Mastperiode von 16 Wochen etwa 10 kg und die Hähne nach 21 Wochen etwa 21 kg. Bei allen Haltungsformen wird bisher zur Vermeidung von Federpicken und Kannibalismus die Spitze des Oberschnabels kupiert (s. o.). Auslaufhaltungen von Puten sind selten (ggf. in Bio-Haltungen). Ist der Auslauf überdacht und der Boden befestigt, haben solche Haltungen durchaus positive Auswirkungen auf die Tiergesundheit. Puten aus Bio-Haltungen darf die Oberschnabelspitze nicht kupiert werden. Für die übrigen Haltungsbedingungen gelten die Vorgaben der jeweiligen Bio-Produzenten.

4.2.4 Moschusentenhaltung

Grundlage der Moschusentenhaltung ist die Empfehlung des Europarates vom 07.02.2000 in Bezug auf Moschusenten *(Cairina moschata)* und Hybriden von Moschusenten und Pekingenten *(Anas platyrhynchos)*. Diese Empfehlung ist für alle neuen und umgebauten Ställe ab dem 31. Dezember 2010 rechtsverbindlich. Zusätzlich wurde im Jahr 2000 zwischen der Niedersächsischen Geflügelwirtschaft und dem Niedersächsischen Ministerium für Ernährung, Landwirtschaft und Verbraucherschutz eine „Vereinbarung für die Mindestanforderungen an die Haltung für Moschusenten" unterzeichnet, die im Jahr 2005 ausgelaufen ist und 2013 als „Weiterentwicklung für die Mindestanforderungen an die Haltung für Moschusenten" aktualisiert wurde. Hierbei werden bestimmte Auflagen bezüglich der Stalleinrichtung und der Besatzdichte gemacht. Moschus-

Abb. 4.6:
Moschusentenhaltung. **(a)** Haltung auf Kunststoffspaltenboden im abgedunkelten Stall; **(b)** Moschusente mit kupiertem Oberschnabel.

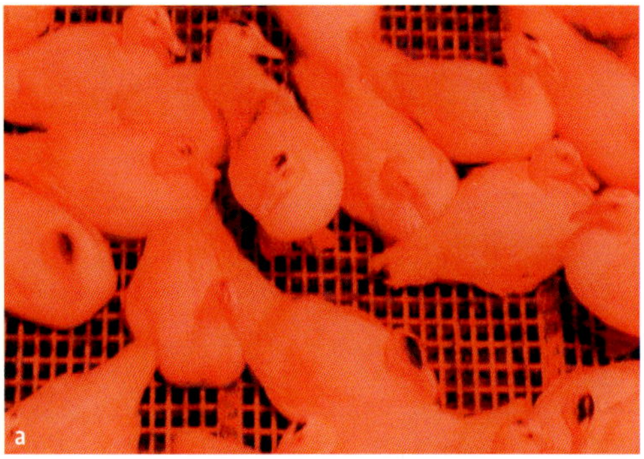

enten werden getrennt geschlechtlich gemästet. Die Mastdauer beträgt dabei etwa 10 Wochen für die Enten und 11 bis 13 Wochen für die Erpel. Das Lebendgewicht der Moschusenten liegt am Ende der Mastperiode abhängig vom Geschlecht bei etwa 3,5 bis 4,5 kg. Die Tiere sind mit zunehmendem Alter bei Haltung in großen Gruppen sozial unverträglich und neigen auch aus Langeweile gegen Ende der Haltungsperiode zu ausgeprägtem Federpicken/Kannibalismus, was zu schwerwiegenden Verletzungen der Tiere führen kann. Deshalb werden in der Regel in den ersten 10 Lebenstagen die Schnabelspitze und die Zehenkrallen, jedoch nur die Hornanteile, zur Vermeidung von Kannibalismus gekürzt (→ Abb. 4.6 b) und die Tiere gegebenenfalls bei tierärztlicher Indikation vorübergehend unter reduzierter Lichtintensität (Rotlicht) gehalten. Moschusenten sollen auf festem Grund, der mit geeignetem Material eingestreut ist, gehalten werden. Da Moschusenten sich nur unzureichend mit Wasser aus Nippeltränken versorgen können, werden oft Rundtränken angeboten. Mit diesem daraus angebotenen Wasser gehen sie naturgemäß sehr verschwenderisch um, sodass es bei möglicher Einstreuhaltung zu schwerwiegenden hygienischen Problemen und einer daraus folgenden Gesundheitsgefährdung der Tiere, vor allem durch die Aspergillose, kommen kann. Aus diesem Grunde werden Moschusenten häufig auf Spaltenböden aus Kunststoff gehalten. Da die Ausnahmegenehmigung für das Schnabelkürzen zumindest in Niedersachsen ab dem Jahr 2014 voraussichtlich nicht mehr erteilt werden wird und eine kommerzielle Moschusentenhaltung ohne diese Maßnahmen unmöglich erscheint, wird die Haltung dieser Nutzgeflügelart zukünftig in Deutschland an Bedeutung verlieren.

Die Besatzdichte sollte 35 kg Lebendgewicht pro m^2 nutzbarer Stallgrundfläche nicht überschreiten.

4.2.5 Haltung von Pekingenten

Grundlage ist eine Vereinbarung über „Mindestanforderungen für die Haltung von Pekingmastenten", die zwischen Niedersachsen, Brandenburg und Sachsen-Anhalt und dem Wirtschaftsverband Eier und Geflügelfleisch ausgehandelt wurde. Pekingenten werden gemischt geschlechtlich in Bodenhaltung mit Einstreu gemästet (→ Abb. 4.7). Die Mastdauer beträgt je nach Masthybrid 5 bis 7 Wochen. Das Lebendgewicht der Pekingenten beträgt am Ende der Mastperiode etwa 3,5 kg. Die Besatzdichte sollte dabei 20 kg Lebendgewicht pro m^2 nutzbarer Stallgrundfläche nicht überschreiten. Der Einstreuanteil sollte 75 % der Stallgrundfläche ausmachen. Den Tieren sind Duschanlagen oder ein Zugang zu Rinnen- und Rundtränken oder Bademöglichkeiten zur Gefiederpflege anzubieten.

Abb. 4.7:
Pekingentenhaltung auf Stroheinstreu.

4.2.6 Haltung von Gänsen

Die einzigen Anforderungen zur Haltung von Hausgänsen werden in der „Empfehlung des Ständigen Ausschusses des europäischen Übereinkommens zum Schutz von Tieren in landwirtschaftlichen Tierhaltungen“ von 1999 gegeben. Die Vorgaben sind hierbei allgemein gehalten, und schreiben keine genauen Haltungsrichtlinien vor. Gänse werden meistens extensiv gehalten, Zuchtgänse auch in Ställen mit Auslaufmöglichkeit. Um die Befruchtungsrate zu erhöhen, sollten Bademöglichkeiten angeboten werden, da die Paarung der Gänse vorwiegend im Wasser stattfindet. Es wird zwischen Frühmast (8 bis 10 Wochen; etwa 5,0 kg Schlachtgewicht), Mittelmast (16 Wochen; etwa 6,5 kg Schlachtgewicht) und Spätmast (18 bis 33 Wochen; etwa 7,5 kg Schlachtgewicht) unterschieden. Die Gänse werden dann als Ganzkörper oder in Teilen vermarktet. Eine weitere Nutzungsmöglichkeit ist, ohne die Gans dabei zu verletzen, die Gewinnung von locker abgehenden Federn oder Daunen während der Mauser durch das sogenannte „Lebendraufen“. Überwiegend werden aber Daunen und Federn als Nebenprodukt der Schlachtung von Gänsen und Enten genutzt. Die Haltung von Stopfgänsen sowie das Rupfen lebender Tiere zur Gewinnung von Daunen und Federn für die Kissenherstellung sind in Deutschland aus Tierschutzgründen verboten.

4.2.7 Haltung von Straußen, Wachteln, Perlhühnern und Fasanen

Der „Ständige Ausschuss des europäischen Übereinkommens zum Schutz von Tieren in landwirtschaftlichen Tierhaltungen“ gibt Empfehlungen über die Haltung von Straußen, Emus und Nandus (Mindestanforderungen an die Haltung von Straußenvögeln aus dem Jahr 1997). Ferner geben die Haltungsrichtlinien des „Bundesverbands Deutscher Straußenzüchter“ (BDS-Richtlinien), 2002 und die Haltungsrichtlinien „artgerecht e.V.“, „Berufsverband Deutsche Straußenzucht“, 2003 genauere Hinweise zur Haltung dieser Tiere. Schlachtreif sind Strauße im Alter von 12 bis 16 Monaten. Genutzt werden in Europa das Fleisch, die Federn und das Leder. Die Haltung von Straußen ist aufwendig, da sie nur extensiv möglich ist und für diese großen Laufvögel sehr viel Platz erforderlich ist. Eine ganzjährige Stallhaltung ist für Strauße ungeeignet.

Für die Haltung von Japanwachteln gibt es zurzeit keine Vorschriften. Die Japanwachtel wird als „Legewachtel“ zur Eierproduktion oder als „Mastwachtel“ zur Fleischproduktion gehalten. Japanwachteln können dabei in Bodenhaltung, in Flatdeckkäfigen oder Legebatterien gehalten werden. Der Platzbedarf in der Käfighaltung beträgt 150 bis 200 cm^2 pro Legewachtel. Ein Gehege für Wachteln sollte mindestens 5000 cm^2 Fläche bei einer Mindesthöhe von 40 cm haben. Einem Tier ab einem Alter von 6 Wochen sollten mindestens 450 cm^2 zur Verfügung stehen. Mindestens 50 % der Fläche sollten eingestreut sein.

Für die Haltung von Perlhühnern gibt es bisher ebenfalls keine Vorschriften oder besondere Anforderungen. Perlhühner werden kommerziell vor allem in wärmeren Regionen wie Frankreich, Italien oder Ungarn gehalten. Die Tiere werden dort zur Mast 6 Wochen (Perlhuhnküken) oder 10 bis 12 Wochen als Mastperlhuhn in Bodenhaltungs- oder Volierensystemen gehalten.

Auch für die Fasanenhaltung existieren keine Haltungsvorschriften. Fasane werden extensiv in Kükenringen aufgezogen und in Freilandvolieren gemästet oder zur Bejagung ausgewildert.

Soweit es keine direkten Vorschriften für die entsprechende Nutzgeflügelart gibt, gelten doch für alle Geflügelhaltungen das Tierschutzgesetz und die Vorgaben des Immissionsschutzgesetzes (vom 15.03.1974, zuletzt geändert 05/2013), die ab einer bestimmten Betriebsgröße eine Genehmigung zum Betrieb der Anlage vorschreiben.

Eine Übersicht über die verschiedenen Haltungssysteme für das Mastgeflügel gibt → Tabelle 4.2.

Tab. 4.2:
Haltungssysteme für Geflügel der Mastrichtung

Spezies	Platzangebot	Mastdauer	Endgewicht in kg	Verlustraten (%) *
Masthuhn	max. 39 kg/m^2	Kurzmast: 32–34 (40) Tg (Langmast: ♀ 40–45 Tg ♂ 50–60 Tg)	1,5–2,2 (♀: 2,0–2,3 ♂: 2,8–3,3)	2–4
Pute	max. ♂ 58 kg/m^2 max. ♀ 52 kg/m^2	♂ 19–22 Wo ♀ 15–17 Wo	18–22 9–11	10 4
Moschusente	i. d. R. 35 kg/m^2	♂ 9–12 Wo ♀ 8–10 Wo	4–5 2–3	2–3
Pekingente	20 kg/m^2	6–8 Wo	2,0–3,5	2–3
Gans	100–130 m^2/Tier	28–32 Wo (Weidemast) 10–12 Wo (Frühmastgänse)	4–8 2–3,4	2
Perlhuhn	nicht festgelegt	max. 12 Wo	1,4–1,6	1–2
Strauß	variiert stark nach Lebensalter; ab 13. Lebensmonat für 3 Tiere/1000 m^2 je weiteres Tier 200 m^2	12–16 Mo	75–100	je nach Management und Alter variierend
Japanwachtel	mind. 5000 cm^2 Grundfläche Mindesthöhe 40 cm	6 Wo (10–12 Wo)	0,10–0,15	vergleichbare Angaben liegen nicht vor

* nach momentanem Kenntnisstand akzeptable Verlustraten

5 Tierärztliche Vorgehensstrategie bei der Bestandsbetreuung

Unter tierärztlicher Bestandsbetreuung versteht man in der Veterinärmedizin jeden Ansatz, der sich nicht auf das Einzeltier, sondern auf die Tierpopulation, also auf den Tierbestand bezieht. Somit unterscheidet sich die tierärztliche Vorgehensstrategie beim Nutzgeflügel erheblich von der Einzeltiermedizin der Liebhabertiere. Unter der Bestandsbetreuung ist eine kontinuierliche, systematische, präventive und kurative, aber auch beratende Tätigkeit eines Tierarztes in einem landwirtschaftlichen Betrieb zu verstehen. Tierarzt und Landwirt verfolgen als gemeinsames Ziel, die Gesundheit und Leistungsfähigkeit der Tiere, die Qualität der tierischen Produkte und somit die wirtschaftliche Situation des Betriebes zu erhalten und gegebenenfalls zu verbessern. Bei der Betreuung von Nutzgeflügelbeständen steht demnach die Herdengesundheit im Fokus der Diagnosefindung und der Therapie. Prophylaktische Strategien in Kombination mit eingehender Beratung insbesondere in den Bereichen Tierhaltung, Tierhygiene, Fütterung und gegebenenfalls Tierzucht stehen bei der tierärztlichen Bestandsbetreuung im Vordergrund.

Um eine optimale Gesundheit der Tiere zu ermöglichen, ist es wichtig, das sensible Gleichgewicht zwischen dem genetischen Potenzial der Tiere und den durch die Umgebung bestimmten Leistungsbedingungen mit Hilfe eines optimalen Betriebshygienemanagements zu erhalten. Eine optimale Tiergesundheit ist die Voraussetzung für das Wohlbefinden der Tiere, gute Leistung und letztendlich auch für die Sicherheit der Lebensmittel tierischen Ursprungs, für die somit auch der betreuende Tierarzt verantwortlich ist. Der Wert des Einzeltieres wird dem oft erheblichen Wert des Bestandes nachgestellt. In der tierärztlichen Nutzgeflügelpraxis ist zu berücksichtigen, dass die kommerzielle Nutzgeflügelhaltung immer einen Kompromiss zwischen Tierschutz, Verbraucherschutz, Umweltschutz, Arbeitsschutz und Wirtschaftlichkeit darstellt.

Für eine erfolgversprechende tierärztliche Bestandsbetreuung von Nutzgeflügelbeständen sind viele Faktoren, die auf die Tiergesundheit Einfluss nehmen können, zu berücksichtigen. Die schnelle Diagnose der oft multikausalen Ursachen eines Krankheitsgeschehens ist für eine gute Prognose und möglichst geringe wirtschaftliche Verluste von sehr großer Bedeutung. Um alle entscheidenden Aspekte in die tierärztliche Beurteilung des Gesundheitsstatus eines Nutzgeflügelbestandes einfließen lassen zu können, ist die Erhebung der folgenden Daten von Bedeutung:

- konstante Daten, die den landwirtschaftlichen Betrieb, seine Struktur sowie das allgemeine Management, wie Fütterungs- und Tränktechnik, Futter- und Wasserbevorratung, Haltungssystem, personelle Betreuung und Hygienemaßnahmen, betreffen
- variable Daten bezüglich des momentan eingestallten Geflügelbestandes, wie beispielsweise Fütterungsaspekte, Lichtprogramm, Alter der Tiere, Herkunft, prophylaktische Strategien, Krankheitsgeschichte
- Daten bezüglich des aktuellen Krankheitsgeschehens, Wasser- und Futteraufnahme, Lege- und Mastleistung, Brut- und Schlupfergebnisse, Mortalität und auffällige Symptomatik, bisher erfolgte Maßnahmen

Die Erhebung dieser Daten, die noch vor Betreten des Stalles erfolgt, ist durch eine klinische Untersuchung des Bestandes und einzelner Tiere zu ergänzen (→ Tab. 5.1). Neben einer Untersuchung der lebenden Tiere und möglicher Probenentnahmen am Tier (→ Abb. 5.1 a–d), wird eine Bestandsbetreuung je nach Krankheitsgeschehen meist durch pathologisch-anatomische Untersuchungen ergänzt. Dafür werden verstor-

Tab. 5.1:
Tierärztliche Untersuchung eines Nutzgeflügelbestandes

Zeitpunkt	Tierärztliche Tätigkeit	Informationen / Maßnahmen	Methodenspektrum / Untersuchungsparameter / Maßnahmen
Vor Betreten des Stalles	Anamnese	• konstante Daten • variable Daten • Daten zum Krankheitsverlauf	Gespräch mit dem Betreuer der Tiere
Nach Betreten des Stalles vor dem Handling der Tiere	Untersuchung der Umgebung der Tiere	• Stallgebäude • Lüftung • Einstreu • Futtermittel • Tränkwasser • Hygienebedingungen • Licht (Farbe, Intensität, Verteilung, Schatten) • Kotmanagement	Erfassung von: • Temperatur • Luftammoniakgehalt • Luftfeuchte • Luftstaub/Luftkeimbelastung • Luftgeschwindigkeit • Lichtintensität (ggf. Gallilux-Messung) • Technische Funktionalität
Vor dem Handling einzelner Tiere	Untersuchung	Eier	Beobachtungen: • Eieranfall • Anteil Knick- und Schmutzeier • Schalenbeschaffenheit • Adspektion mit Eröffnung und Beurteilung von Eiweiß und Eigelb
	klinische Untersuchung	Herde	Beobachtungen: • Verhalten in Ruhe • Besatzdichte und Verteilung • Befiederung und Verschmutzung der Tiere • Entwicklungszustand/Uniformität • Futter- und Wasseraufnahme • Anteil kranker Tiere • Kotbeschaffenheit • Lautäußerungen (ggf. mit Achtungspfiff nach Auftreiben der Tiere)
		Einzeltier	• Ernährungszustand, Legetätigkeit, klinische Auffälligkeiten
Stichproben	pathologisch-anatomische Untersuchung	Stichproben: gesund erscheinende Tiere klinisch erkrankte Tiere verstorbene Tiere	• Makroskopische Untersuchung • Körper- und Organgewichte • Probenentnahme
Stichproben	labordiagnostische Untersuchungen	Probenmaterial: Tupferproben Blutproben (Serum/Plasma) Federproben, Organproben Futtermittelproben Wasserproben Umgebungsproben (Sockenproben, Oberflächentupfer) Stallstaub Einstreuproben, Kotproben	Labordiagnostische Maßnahmen: • Bakteriologie • Serologie • Virologie • Parasitologie • Mykologie • Toxikologie • Futtermittelanalyse • Histologie

Tab. 5.1:
Tierärztliche Untersuchung eines Nutzgeflügelbestandes (Fortsetzung)

Zeitpunkt	Tierärztliche Tätigkeit	Informationen / Maßnahmen	Methodenspektrum / Untersuchungsparameter / Maßnahmen
Herde	Therapie / Metaphylaxe	Bestand (ggf. stallbezogen)	in Abhängigkeit von zugelassenen Arzneimitteln oder nach Umwidmung, wenn möglich
Herde	Prophylaxe	Bestand ggf. Teilbestand bei Notimpfung	siehe Kapitel 12

Abb. 5.1:
Fixierung und Untersuchung von Geflügel. **(a)** Fixierung von kleineren Hühnervögeln; **(b)** Lagern auf dem Unterarm zur Palpation von Gliedmaßen und Abdomen; **(c)** Untersuchung auf Legetätigkeit bei Legehennen (dreifingerbreiter Abstand zwischen den Legebeinen (Apex pubis) und vierfingerbreiter Abstand zwischen Brustbein und Schambein weisen auf eine Legetätigkeit hin); **(d)** Fixierung von Wassergeflügel.

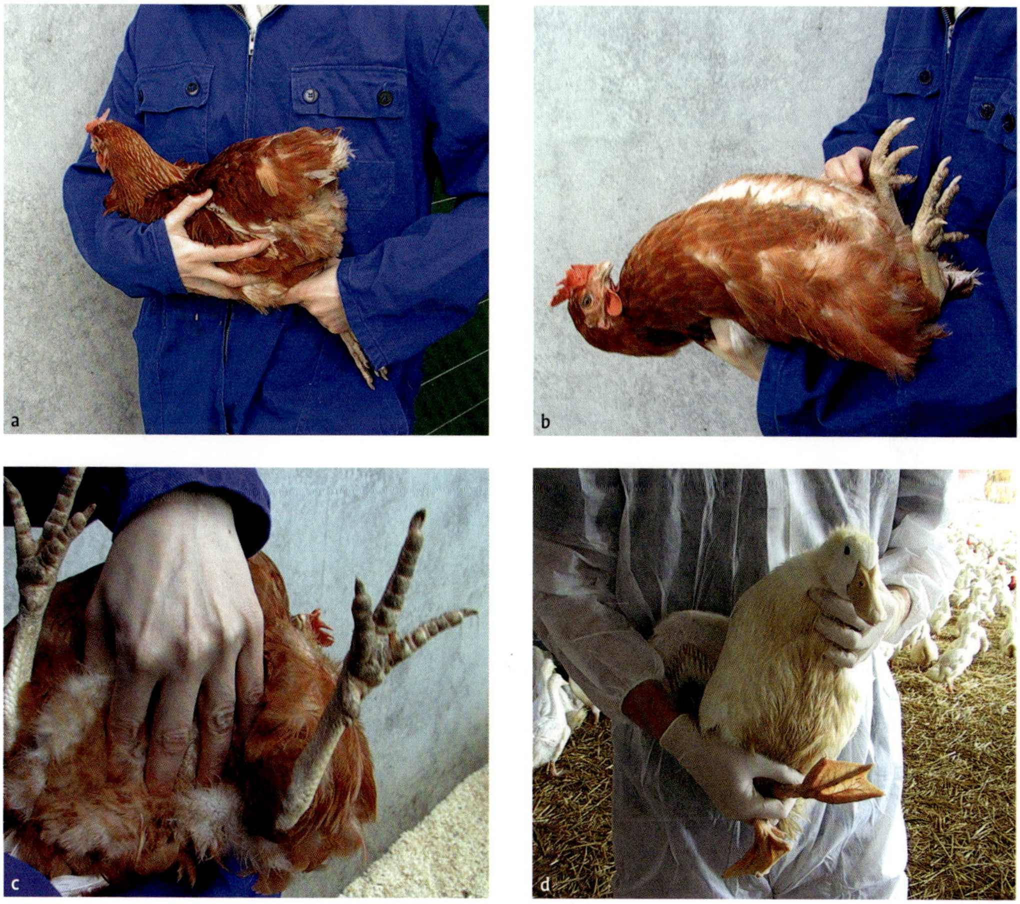

bene, erkrankte und auch stichprobenartig entnommene gesund erscheinende Tiere untersucht, um die oben erwähnten vielfältige Ursachen, die in Kombination vorliegen können, zu erfassen. Bei einem Verdacht auf infektiöse Ursachen wird in der Regel eine Untersuchung auf mögliche Erreger und eventuell auf Antikörper durchgeführt. Liegt der Verdacht auf eine bakteriell bedingte Erkrankung in Zusammenhang mit erhöhten Verlustraten vor, kann eine sofortige antibiotische Therapie angezeigt sein, die gegebenenfalls dem nachfolgenden Resitenztest entsprechend korrigiert werden muss. In bestimmten Fällen führt eine ergänzende Untersuchung von Gewebeschnitten zu einer Aufklärung der Erkrankung. Entsprechend der ermittelten Diagnose kommt es dann, soweit notwendige Medikamente zur Verfügung stehen und eingesetzt werden dürfen, zur Therapie oder zu prophylaktischen Maßnahmen. Somit umfasst die tierärztliche Bestandsbetreuung ein umfangreiches Maßnahmenbündel, ohne das die komplexen Krankheitsgeschehen in der intensiven Nutzgeflügelhaltung nicht zu kontrollieren wären.

5.1 Probenentnahme im Bestand und am lebenden Vogel

Die Probenentnahme ist ein wesentlicher Teil der tierärztlichen Untersuchung des Nutzgeflügels. Sie umfasst die Entnahme von Futterproben zur Untersuchung auf Kontaminationen mit Mikroorganismen und Mykotoxinen, falsche Mischverhältnisse, Entmischungen und die Zusammensetzung der Inhaltsstoffe. Tränkwasserproben können auf Reinheit, Rückstände und Kontaminationen untersucht werden. Ferner werden Luftstaub-, Einstreu-, Abklatschproben an Stalleinrichtungsgegenständen und sogenannte Sockentupferproben (zur Untersuchung auf Salmonellen) sowie Sammelkotproben zur Untersuchung entnommen. Beim lebenden Tier besteht die Möglichkeit Tupfer- und Blutproben sowie bei speziellen Fragestellungen auch Feder- oder Hautgeschabsel zu entnehmen (→ Tab. 5.2 und → Abb. 5.2 a–e). Die Art der Probenentnahme und die Anzahl der Proben können, wie z. B. bei der Untersuchung auf Salmonellen in Legehennenherden, gesetzlich vorgeschrieben sein.

Tab. 5.2:
Probenentnahmen am lebenden Tier

Probenart	Ort der Probenentnahme	Spezies	Häufige Untersuchungen	Abb. 5.2
Blutproben*	V. basilica	Hühnervögel	Serologie	a
	V. ulnaris	Hühnervögel		–
	V. metatarsalis plantaris superficialis	Enten, Gänse, Hühnervogelküken		b
Tupferproben	Choanentupfer	Alle Vogelspezies	Respirationserreger z. B. aMPV	e
	Rachentupfer		Respirationserreger	–
	Trachealtupfer		Respirationserreger z. B. NDV, AIV	d
	Kloakentupfer		Erreger des Magen-Darmtraktes, u. a. AIV	c
	Konjunktivaltupfer Nasentupfer		Beim Geflügel ohne klare Indikation nicht geeignet, da hohe Kontaminationsgefahr	–

aMPV = aviäres Metapneumovirus; NDV = Newcastle-Disease-Virus; AIV = aviäres Influenzavirus
* Unter experimentellen Bedingungen auch aus V. jugularis; ggf. auch andere Gefäße

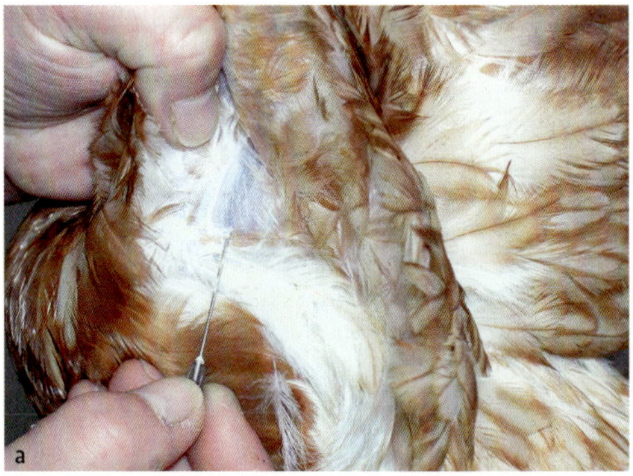

Abb. 5.2:
Entnahme von diagnostischen Proben am lebenden Geflügel zur Einleitung weiterführender Laboruntersuchungen.
(a) Blutentnahme aus der V. basilica;
(b) Blutentnahme aus der V. metatarsalis plantaris superficialis;
(c) Entnahme eines Kloakentupfers;
(d) Blick auf die Glottis zur Entnahme eines Trachealtupfers;
(e) Entnahme eines Choanentupfers.

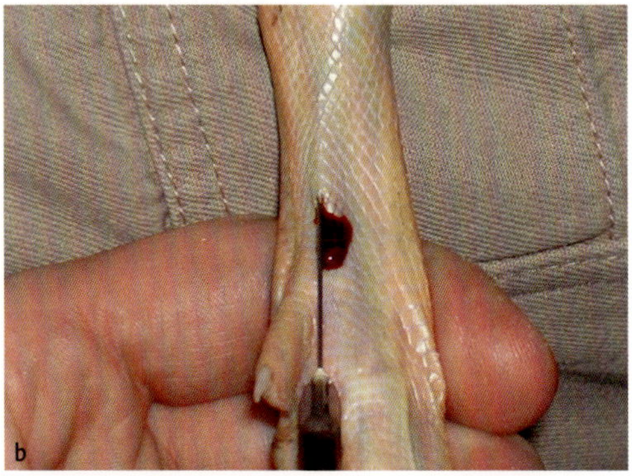

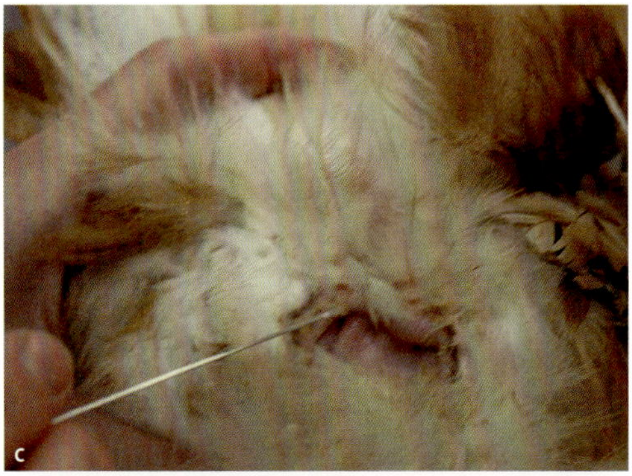

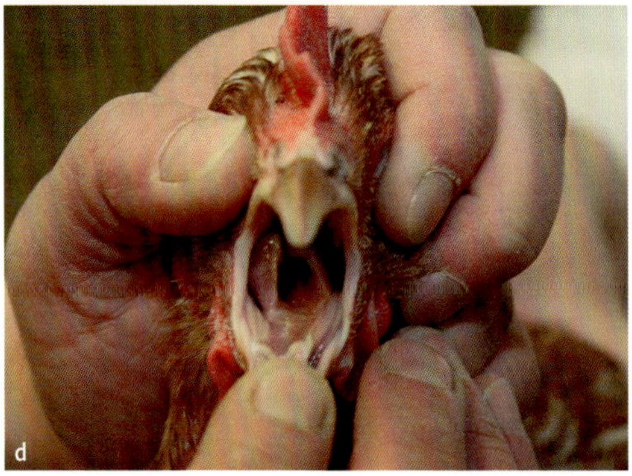

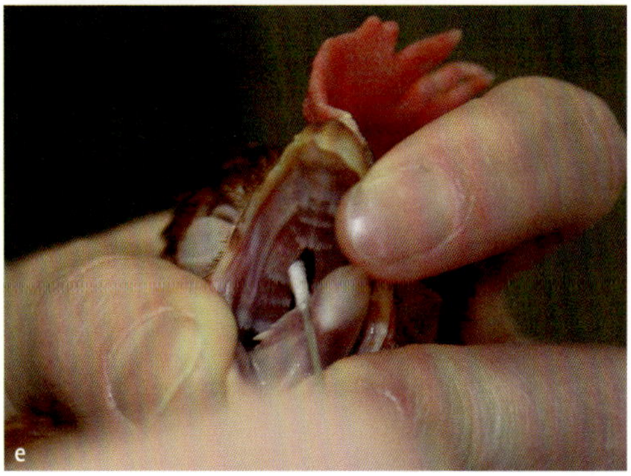

Um eine Aussage über die Verbreitung eines Krankheitserregers in einer Nutzgeflügelherde treffen zu können, muss eine stichprobenartige Probenentnahme vorgenommen werden. Diese Stichprobe sollte zufällig und repräsentativ sein und muss so durchgeführt werden, dass jedes Tier in der Herde die gleiche Chance hat, beprobt zu werden. Die Stichprobengröße richtet sich nach der Anzahl der Tiere in der Herde, nach der Aussagesicherheit (90 %, 95 % oder 99 %) und nach der vermuteten Verbreitung (Prävalenz) des Erregers in der Herde. Wird eine hohe Prävalenz vermutet, sind weniger Tiere zu beproben als bei einer niedrig angenommenen Prävalenz. Berechnungsschlüssel sind Spezialliteratur zu entnehmen.

Tab. 5.3:
Ablauf der pathologisch-anatomischen Untersuchung

Zerlegungsschritte	Untersuchungsgang	Untersuchungsparameter u. a.	Abb. 5.3
Äußere Adspektion	Bestimmung der Identität	Nutzgeflügelart Nutzungsrichtung Kennzeichnung (Fußring, Flügelmarke usw.)	a
	äußere Adspektion	• Gefieder (Befiederungszustand, Ektoparasiten) • äußere Haut (Verletzungen, Tumore, Ektoparasiten) • Bürzeldrüse • Schleimbeutel • Konjunktiven • Lider • Augen • äußeres Ohr • Kopfanhänge (Zyanosen, Verletzungen, Zubildungen) • Extremitäten (Verletzungen, Schwellungen, Ballengesundheit) • Kloake (Verletzungen, Kotreste)	
Ablösen der Haut	• Durchtrennung des linken Schnabelwinkels • Durchtrennung der Haut vom Schnabel, links am Hals bis ventraler Rumpfbereich • Entlastungsschnitte an den Schenkelinnenseiten • Exartikulation der Hüftgelenke	• Unterhaut (u. a. Blutungen) • Muskulatur (u. a. Blutungen, Ernährungszustand) • Fettgewebe (Ernährungszustand) • Bursa sternalis (Umfangsvermehrung)	b, c
Eröffnen der Körperhöhle Gesamtsitus	• beidseitige Durchtrennung der Brustmuskulatur und der Knochen des Schultergürtels • Durchtrennung der Rippen auf halber Höhe • Durchtrennung der Bauchwand • Eröffnung der Körperhöhle	• thorakale und abdominale Luftsäcke (Auflagerungen, Fibrinablagerungen, Trübung) • Leber (Farbe, Konsistenz, Zubildungen) • Körperfett • Herz/Herzbeutel (Verwachsungen, Flüssigkeit) • seröse Häute und Bauchhöhlenflüssigkeit (Menge, Farbe, Konsistenz, Zubildungen)	d, e
Entnahme des Herzens	• Entnahme von Herz und Herzbeutel nach Durchtrennung der Gefäße • Eröffnung des Herzbeutels • Eröffnung des Herzens durch Sagittalschnitt	• Herzklappen • Endokard • Epikard • Myokard	f

Tab. 5.3:
Ablauf der pathologisch-anatomischen Untersuchung (Fortsetzung)

Zerlegungsschritte	Untersuchungsgang	Untersuchungsparameter u. a.	Abb. 5.3
Entnahme des Magendarmtraktes mit Anhangsorganen	• Durchtrennung des Ösophagus kaudal der Aufteilung der Trachea in die Hauptbronchien • Herauspräparieren des Magen-Darmtraktes, dabei Durchtrennung der Luftsäcke und Bänder • Durchtrennung des Darmes vor dem Coprodaeum • Abtrennung der Leber und Milz • Ausbreitung des Magen-Darmkonvolutes	• Leberveränderungen • Milz (Schwellung, Marmorierung, Zubildungen)	g
Urogenitalsystem Plexus sacralis	• geschlechtsreife Tiere: Entnahme von Hoden bzw. Ovar und Legedarm • Eröffnung des Legedarms • Ablösung der Nieren von der Körperhöhle • Freilegung des Plexus sacralis	• Geschlechtsorgane allgemein: Zubildungen, Atrophie • Legeapparat: Ovaraktivität, Füllung des Legedarms, Eibildung • Nieren, Harnleiter (Uratablagerungen, Zubildungen) • beidseitige Beurteilung der Plexus sacrales (Verdickung, Querstreifung)	h, i, j
Endokrinium	• Aufsuchen von Nebennieren, Schilddrüse und Pankreas	• Hyperplasie, Atrophie • Nekrosen • Blutungen • Zubildungen	k, l
Immunsystem	• Entnahme und Eröffnung der Bursa cloacalis • beidseitiges Freilegen der Thymuslappen	• Zubildungen • hämorrhagische Veränderungen • Atrophie • Nekrose • Ödembildung • altersbedingte Rückbildung (Involution)	m, n
Nervensystem	• Freilegen der Nn Ischiadici, Plexus brachiales, Nn vagi • ggf. Rückenmark und Gehirn	• beidseitige Beurteilung der Nerven (Verdickung, Querstreifung) • Schwellung, Blutungen	o, p
Atmungssystem	• Eröffnung der Nasenhöhle durch Absetzen des Oberschnabels kaudal der Nasenöffnung • Eröffnung der Sinus infraorbitales • Eröffnung von Larynx, Trachea, Syrinx und Primärbronchien • stumpfes Ablösen der Lungen von der Brustwand	• Ansammlungen im Atemtrakt (Blut, Schleim, Fibrin, Parasiten) • Zubildungen • Lunge (Flüssigkeitsansammlung, Verfärbung, Konsistenz)	q, r, s, t

Tab. 5.3:
Ablauf der pathologisch-anatomischen Untersuchung (Fortsetzung)

Zerlegungsschritte	Untersuchungsgang	Untersuchungsparameter u. a.	Abb. 5.3
Bewegungsapparat, Knochenmark	• Testen der Biegsamkeit von Tibiotarsus oder Metatarsus • Freilegen und Eröffnung des Ober- oder Unterschenkelknochens längs und quer bei Bedarf • Eröffnung des Intertarsalgelenks oder veränderter Gelenke • Eröffnung von Sehnenscheiden	• Beurteilung: ◦ Kalzifikation und Ossifikationsstand der Knochen ◦ Oberfläche Gelenkknorpel ◦ Füllung der Gelenke und Sehnenscheiden ◦ Konsistenz ◦ Knochenmark ◦ Wachstumsplatte	u, v, w
Verdauungssystem	• Eröffnung von Speiseröhre, Kropf, Drüsen- und Muskelmagen sowie des Darmes einschl. der Kloake	• Inhalt, Füllungszustand • Schleimhautbeschaffenheit • Zubildungen • Blutungen • Parasiten • Chymuskonsistenz	x, y

5.2 Der Sektionsgang beim Nutzgeflügel

Die Sektion (pathologisch-anatomische Untersuchung) dient der weiterführenden Diagnosefindung und ist in vielen Fällen der labordiagnostischen Untersuchung von Proben vorangestellt. Es werden zur Beurteilung je nach Fragestellung seziert: verendete, klinisch erkrankte und klinisch gesund erscheinende Tiere. Insbesondere bei Faktorenkrankheiten und multikausalen Krankheitsgeschehen sind zur Abklärung auch klinisch gesund erscheinende Tiere einzuschließen, weil bei der Beteiligung von Viren oft damit zu rechnen ist, dass diese zum Zeitpunkt einer deutlichen Klinik nicht mehr nachweisbar sind. Lebende Tiere sind vor der Sektion klinisch zu untersuchen. Die diagnostische Tötung der zur Sektion bestimmten Tiere hat tierschutzgerecht nach einer vorhergehenden Betäubung durch Fachpersonal zu erfolgen. Bei einer Tötung durch Entbluten sollte das Blut so gewonnen werden, dass es für eine serologische Untersuchung verwendet werden kann. Allgemein ist darauf zu achten, dass bei der Sektion die Entnahme von Proben zu weiterführenden labordiagnostischen Untersuchungen mit sterilen Instrumenten vorgenommen werden muß (→ Tab. 5.3 und → Abb. 5.3 a–e).

Abb. 5.3:
Durchführung der Sektion bei Nutzgeflügel.
(a) Unterscheidung Mast- (links) und Legetyp beim Huhn;
(b) Eröffnen des Schnabels und der Haut;
(c) Blick auf die Bursa sternalis, Exartikulation der Hüftgelenke;
(d) Eröffnung der Körperhöhle;
(e) Gesamtsitusübersicht: Leber, Herz, Fettgewebe;
(f) Aufsicht auf die linke und rechte Herzkammer mit rechter Herzklappe (Pfeil);
(g) Magen-Darmtrakt vom Drüsenmagen bis zum Rektum;
(h) juvenile Hoden

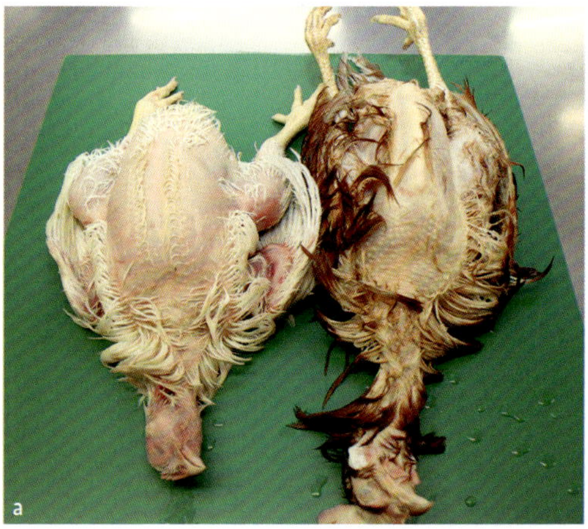
a

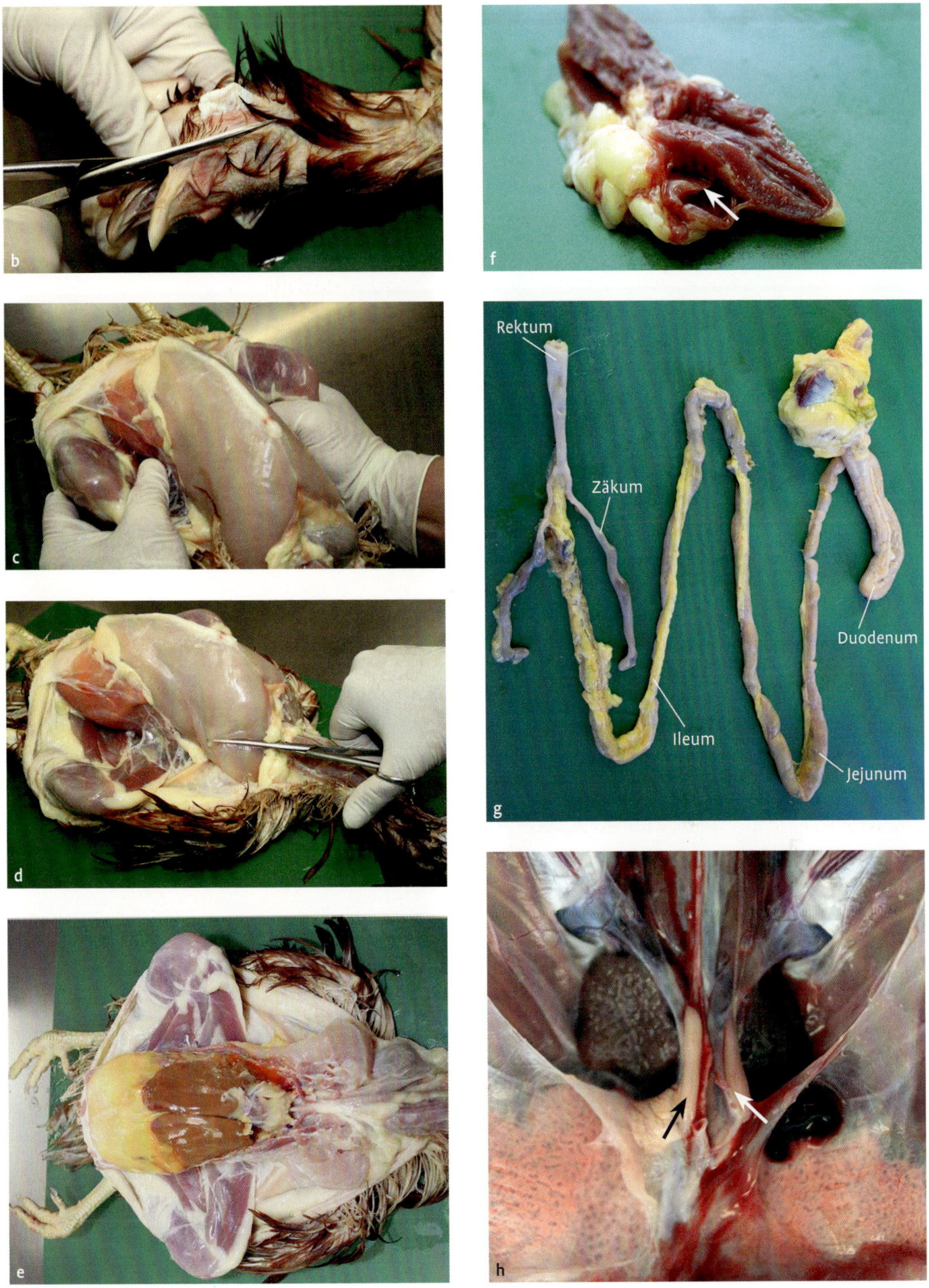
b
f
c
Rektum
Zäkum
Duodenum
Ileum
Jejunum
g
d
e
h

Abb. 5.3:
Durchführung der Sektion bei Nutzgeflügel.
(i) juveniles Ovar (Pfeil);
(j) eröffneter Legedarm einer Legehenne;
(k) Aufsuchen der Schilddrüse (Pfeil);
(l) Aufsuchen des Pankreas in der Duodenalschleife (Pfeil);
(m) Aufsuchen der Bursa cloacalis (Pfeil);
(n) Aufsuchen des mehrlappigen Thymus (Pfeile);

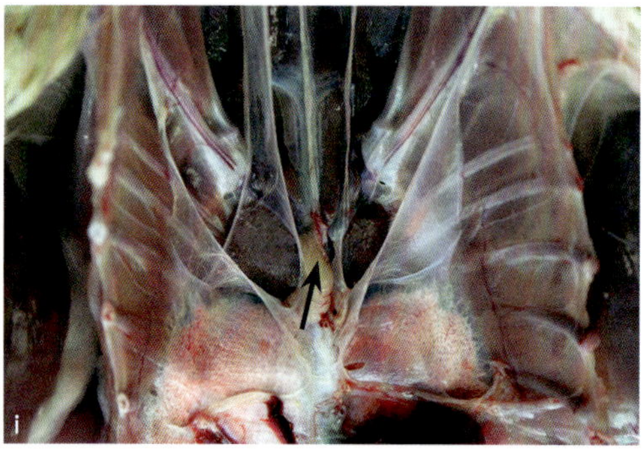

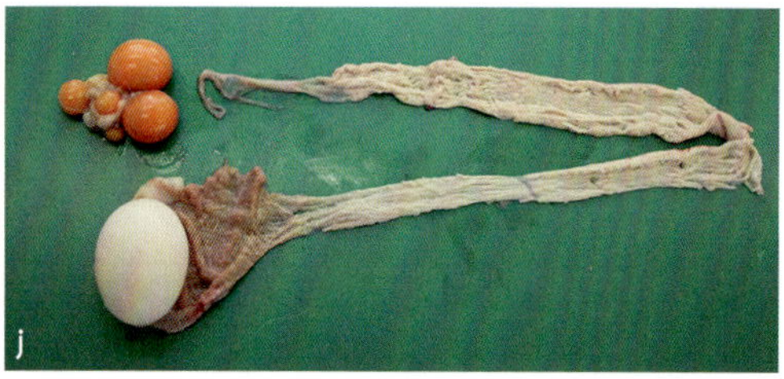

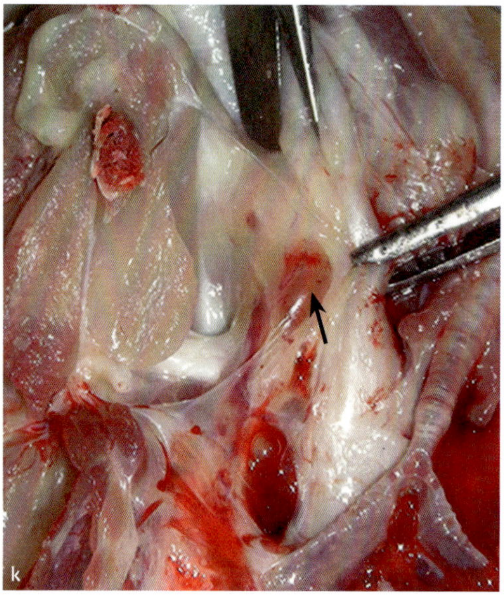

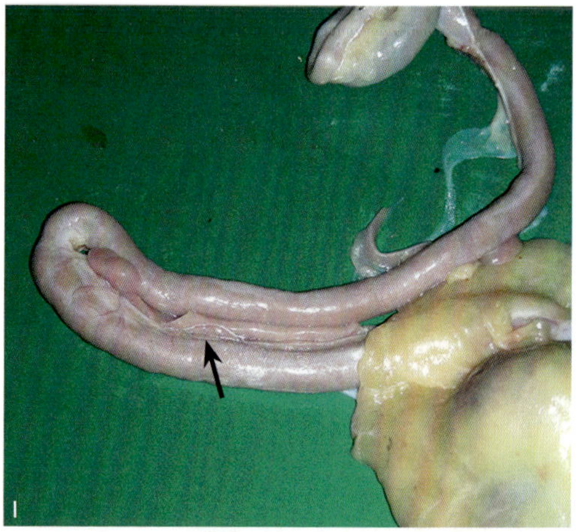

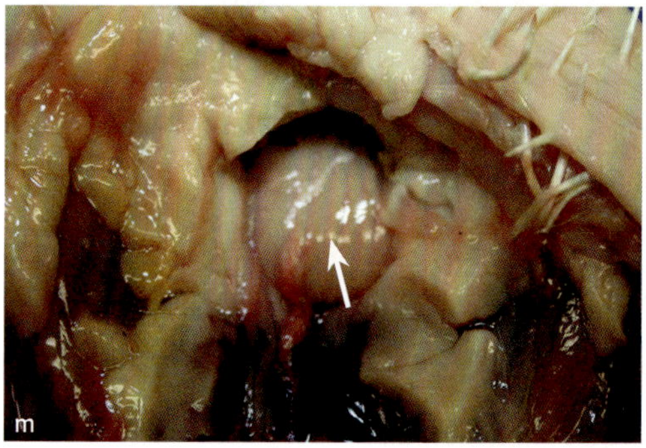

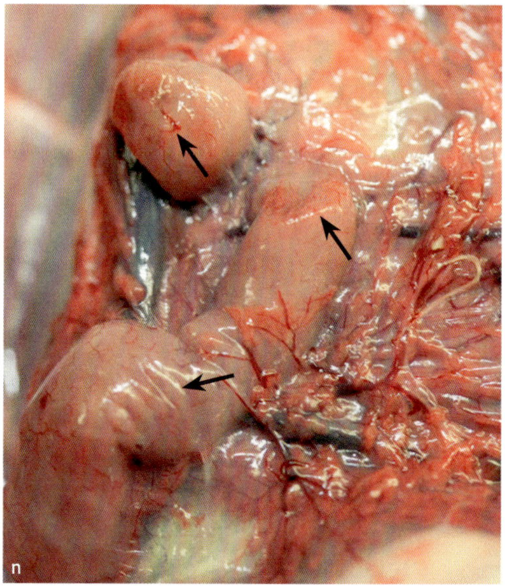

Abb. 5.3:
Durchführung der Sektion bei Nutzgeflügel.
(o) Beurteilung des Plexus brachialis (Pfeil);
(p) Beurteilung des N. ischiadicus (Pfeil);
(q) Eröffnung des Sinus infraorbitalis;
(r) Bulla syringis eines Erpels (Pfeil);
(s) Eröffnung der Trachea;
(t) stumpfes Ablösen der Lungen;
(u) Beurteilung der Gelenkoberfläche;

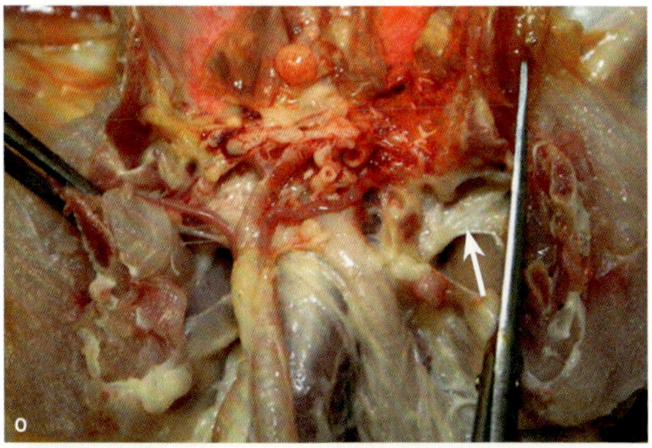

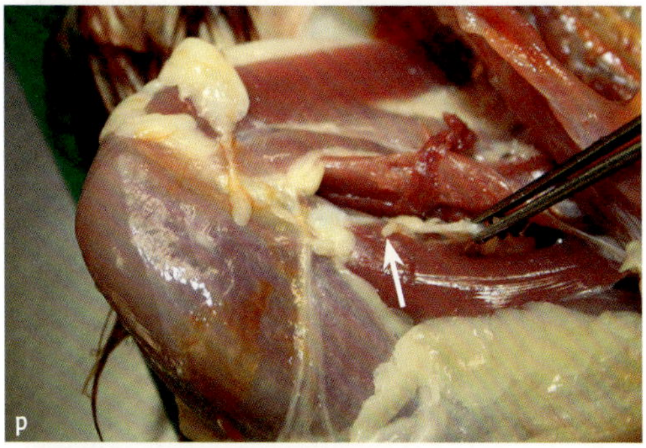

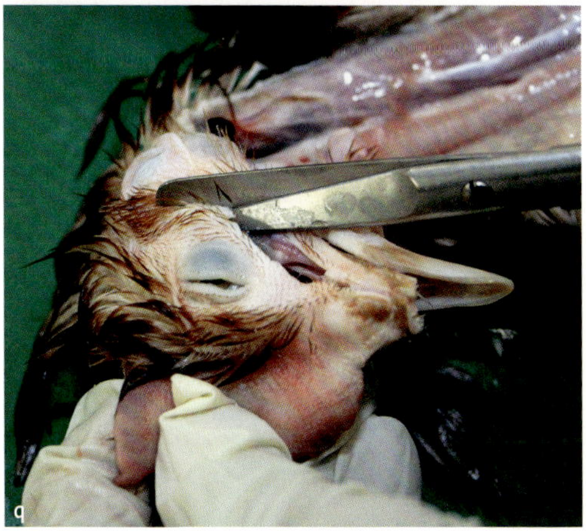

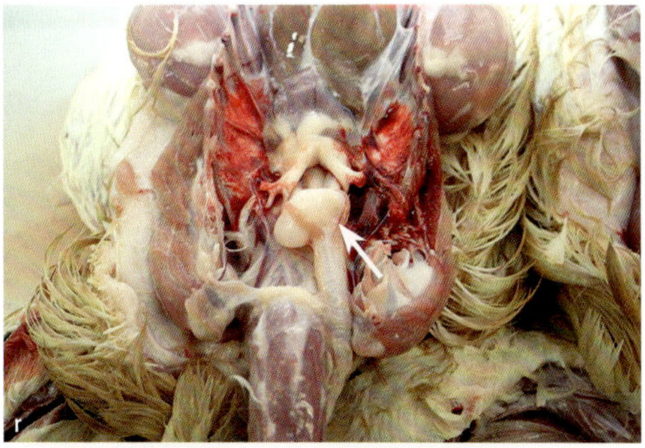

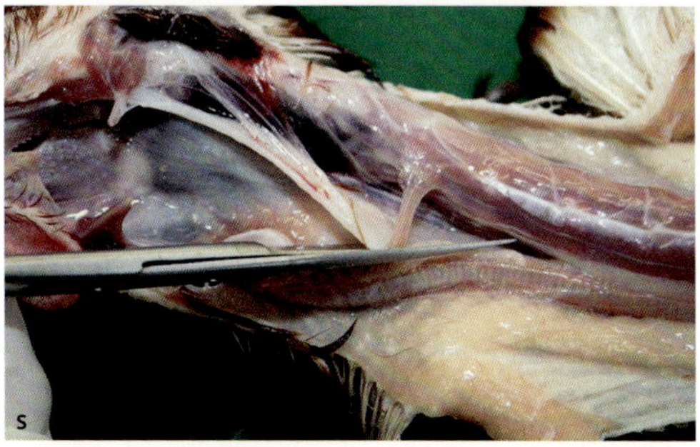

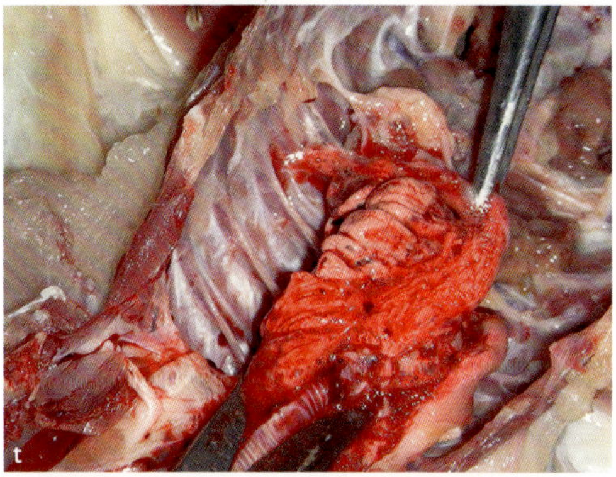

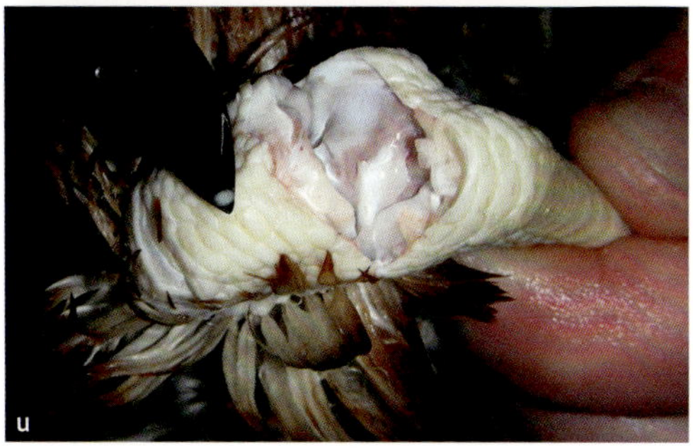

Abb. 5.3:
Durchführung der Sektion bei Nutzgeflügel.
(v) Beurteilung der Sehnenscheiden;
(w) Beurteilung des Knochenmarks;
(x) Eröffnung des Ösophagus;
(y) eröffneter Magen-Darmtrakt.

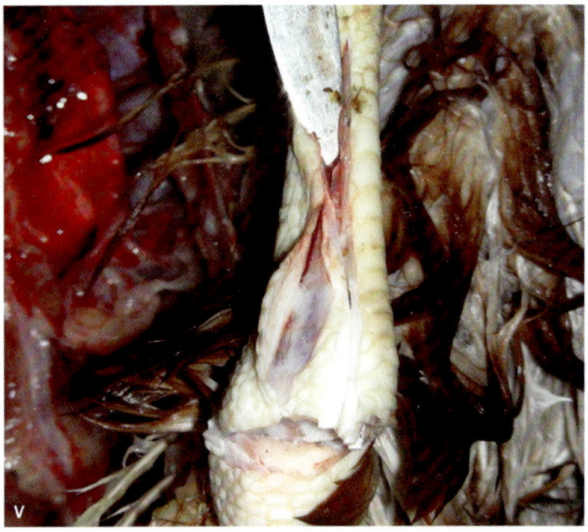

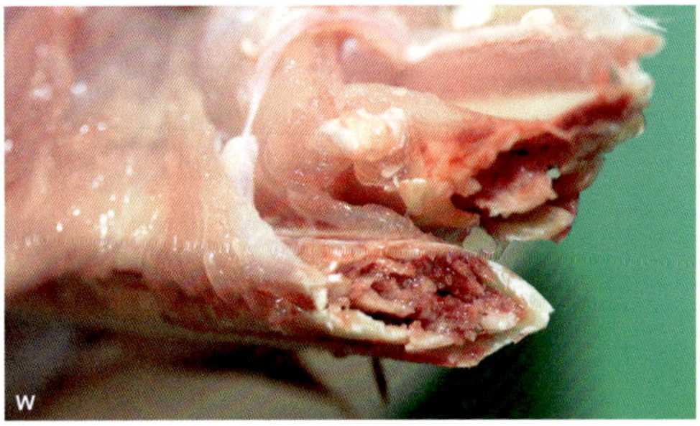

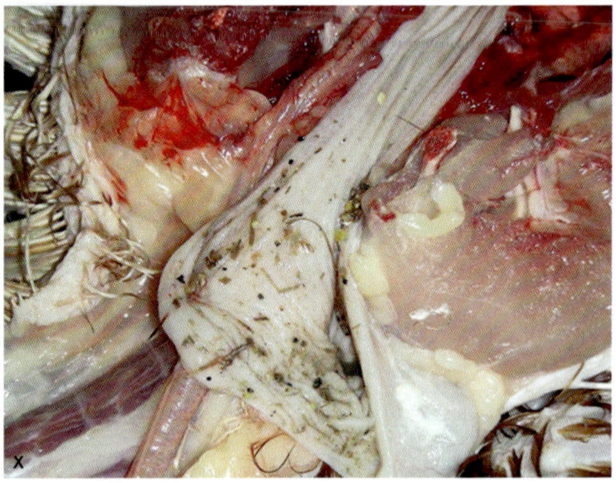

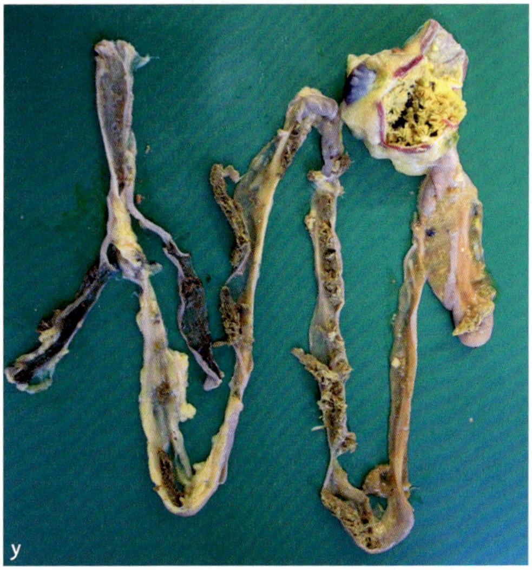

5.3 Applikationswege für Arzneimittel und Impfstoffe

Am häufigsten werden Impfstoffe und Arzneimittel über das Tränkwasser, seltener über das Futter oder durch die subkutane und intramuskuläre Injektion appliziert. Impfstoffe können auch über Sprayverfahren in der Brüterei und im Stall appliziert werden. Weltweit gesehen ist auch die „In-ovo-Vakzination“ weit verbreitet. Insbesondere bei der Impfung gegen die Mareksche Krankheit in der Masthuhnhaltung in den USA, aber auch europäischen Ländern wird dieser Applikationsweg häufig angewendet. In Deutschland werden konventionell gemästete Broiler auf Grund der kurzen Mastzeit in der Regel nicht gegen diese Krankheit geimpft, und so hat sich diese Methode bisher hier nicht durchgesetzt. Während Lebendimpfstoffe mit vermehrungsfähigen nicht-virulenten oder gering-virulenten Erregern fast ausnahmslos über Tränkwasser und Spray in der Massenapplikation eingesetzt werden können, müssen Impfstoffe mit inaktivierten nicht-vermehrungsfähigen Erregern in der Regel parenteral appliziert werden. Häufig ist diesen Inaktivatimpfstoffen ein Adjuvans zugesetzt, das den Impferfolg durch seine Depot- und immunstimulierende Wirkung verbessern soll (→ Tab. 5.4 und → Abb. 5.4 a–h).

Tab. 5.4:
Häufige Applikationswege für Impfstoffe und Arzneimittel

	Applikationswege	Impfstoffe (I) und Arzneimittel (A)	Abb. 5.4
Herde	Tränkwasser	I, A	a
	Spray/Aerosol	I	b, c
	in ovo	I	d
	Futtermittel	A, (I)	
Einzeltier	subkutan	A, I	e
	intramuskulär	A, I	f
	intradermal	I	g
	Augentropfen/Nasentropfen	I	h

Eine besondere Stellung nehmen die autogenen oder stallspezifischen Impfstoffe ein. Diese Impfstoffe müssen vom Paul-Ehrlich-Institut für Sera und Impfstoffe nicht zugelassen werden. Wohl aber wird es zukünftig nach dem neuen Tiergesundheitsgesetz einen Anforderungskatalog für die Herstellung autogener Vakzinen geben, und eine Meldung der hergestellten Mengen bestandsspezifischer Impfstoffe ist vorgesehen. Gegenüber kommerziell erhältlichen Impfstoffen haben diese den Vorteil, an die jeweilige epidemiologische Situation des Bestandes besser angepasst zu sein. Feldstämme der Viren oder Bakterien für autogene Impfstoffe werden aus den damit infizieren Tieren der betroffenen Herden isoliert, von dafür zugelassenen Laboratorien vermehrt, inaktiviert, in der Regel mit einem Adjuvans versehen und anschließend den Tieren der laufenden oder der darauffolgenden Durchgänge parenteral appliziert.

Abb. 5.4:
Applikationen von Arzneimitteln und Impfstoffen.
(a) Zumischpumpen für Applikation über das Tränkwasser;
(b) Sprayimpfung im Stall (mit freundlicher Genehmigung der Firma Merial);

Abb. 5.4:
Applikationen von Arzneimitteln und Impfstoffen.
(c) Sprayimpfsystem in der Brüterei
(mit freundlicher Genehmigung der Firma Merial);
(d) „in ovo"-Vakzinationsautomat
(mit freundlicher Genehmigung der Firma Pfizer);
(e) subkutane Applikation im Übergangsbereich vom Hals zum Rücken;
(f) intramuskuläre Applikation mit kaudo-kranialer, ventro-dorsaler Nadelführung parallel zum Sternum;
(g) intrakutane Pocken-Impfstoffapplikation in die Flügelspannhaut mit der Doppelnadel;
(h) Applikation von Augentropfen.

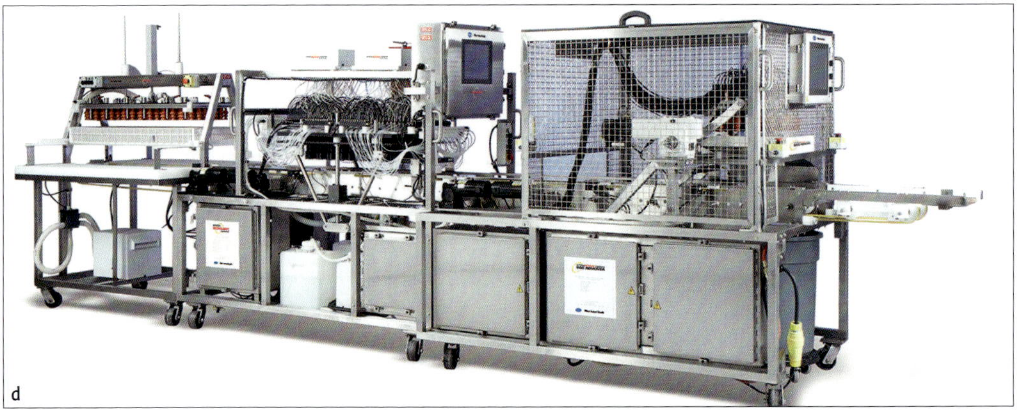

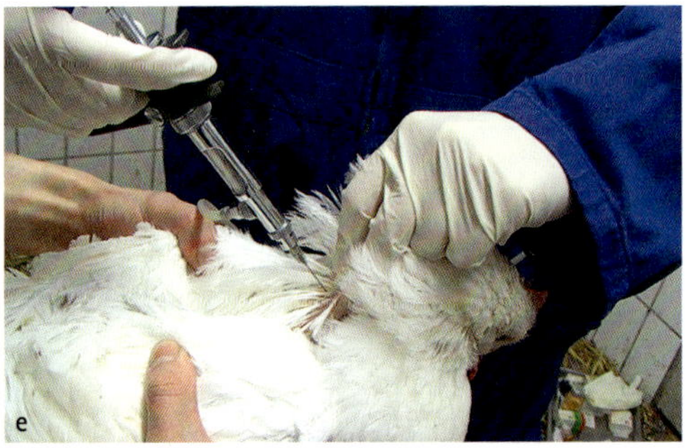

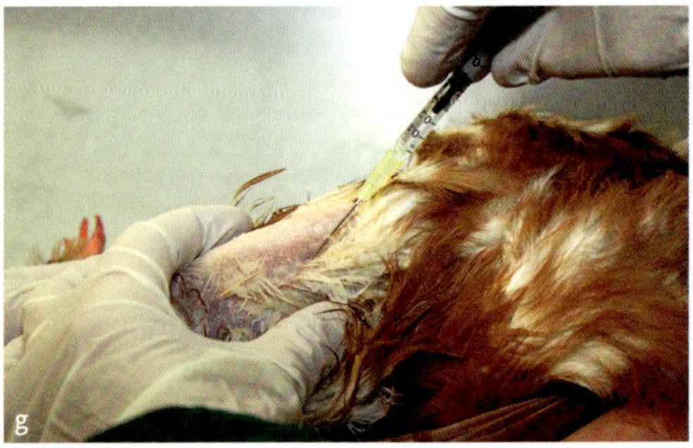

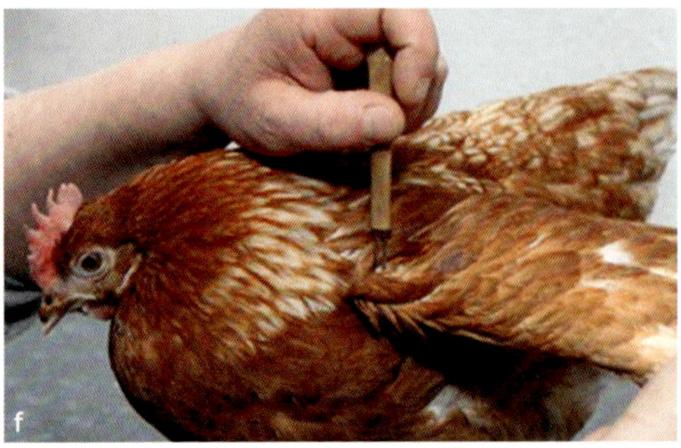

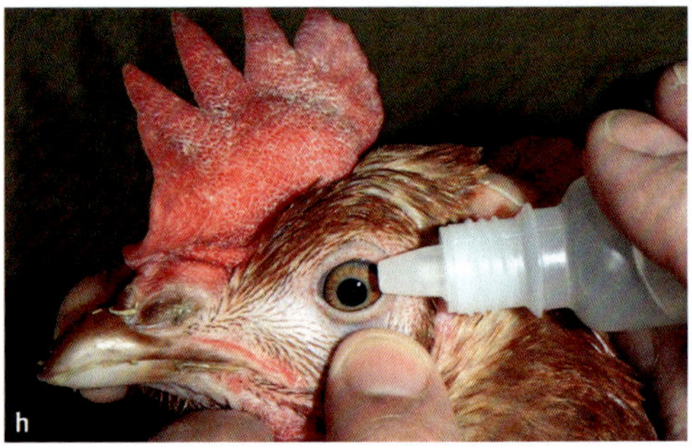

5.3.1 Tränkwasserapplikation

Die Impfstoffapplikation über das Tränkwasser erfordert eine ausreichende Wasserqualität ohne Desinfektionsmittelrückstände oder zu hohe Konzentrationen an beispielsweise Nitrit, Nitrat, Kupfer, Chlor, Rost oder Algen. Sollte das Tränkwasser aus einem betriebseigenen Brunnen kommen, so ist vor der ersten Impfung die Wasserqualität zu überprüfen und gegebenenfalls bei unzureichender Qualität die Wasserquelle für die Impfung zu wechseln. Zur Stabilisierung des Impfstoffes können Magermilchpulver (400–500 g/100 l) oder durch Impfstoffhersteller vertriebene Tränkwasserzusätze dem Tränkwasser für die Zeit der Impfung zugesetzt werden. Vor der Impfstoffverabreichung sollte die Herde in den frühen Morgenstunden für etwa 2 Stunden dursten, um so bei der anschließenden Tränkwasserimpfung eine gleichmäßige Aufnahme des Impfstoffes durch möglichst alle Tiere der Herde zu gewährleisten. Der Impfstoff sollte dem Tränkwasser in einer Konzentration zugemischt werden, die es erlaubt, dass der Impfstoff in ausreichender Dosis durch alle Tiere des Bestandes innerhalb von 2 Stunden aufgenommen wird. Sollte die Impfung im Bestand erstmalig erfolgen, ist ein Probelauf einer simulierten Impfung im Vorfeld zu empfehlen, der mit einem Farbzusatz durchgeführt werden kann, um die gleichmäßige Verteilung der Impfflüssigkeit über das Tränkwassersystem innerhalb von 2 Stunden nach Beginn der Impfung zu überprüfen (→ Abb. 5.5).

Abb. 5.5:
Eingefärbter Impfstoff vor der Tränkwasserapplikation.

Bei der Verabreichung von Arzneimitteln über das Tränkwasser im Fall einer Erkrankung der Herde ist weiterhin zu beachten, dass der Geschmack und somit die Aufnahme des Wassers durch die Tiere von dem Medikament nicht beeinflusst wird. Weiterhin muss berücksichtigt werden, dass erkrankte Tiere möglicherweise nicht so viel oder mehr Wasser aufnehmen im Vergleich zu gesunden Tieren.

5.3.2 Futtermittelapplikation

Die Applikation von Medikamenten über Futtermittel ist ebenfalls möglich, wird aber zunehmend seltener praktiziert. Sie erlaubt eine gleichmäßige Arzneimittel-Dosierung, wenn eine homogene und stabile Einmischung des Medikamentes bzw. der Vormischung in das Futtermittel erfolgt ist. Fütterungsarzneimittel werden über verschreibungspflichtige Arzneimittel-Vormischungen durch dafür eigens zugelassene Mischfutterwerke eingemischt. Der Aufwand und die zeitliche Verzögerung bringen somit für diese Form der Arzneimittelapplikation einen deutlichen Nachteil gegenüber der Gabe von Medikamenten über das Tränkwasser. Ferner ist ein Therapiewechsel nicht so schnell möglich. Es muss gewährleistet sein, dass es nicht zu einer Beeinträchtigung der Futteraufnahme durch schlechte geschmackliche Eigenschaften der Medikamente kommt und die Tiere eine ausreichende Wirkstoffmenge aufnehmen. Bei der Aufnahme von Futter ist mit geringeren individuellen Schwankungen als bei der Wasseraufnahme zu rechnen. Jedoch ist die Resorption und somit die Bioverfügbarkeit bei der Verabreichung von Arzneimitteln über das Futter nicht immer gut einschätzbar. Zudem werden Masthühner und Puten mit pelletierten Futtermitteln gefüttert. Eine Einmischung von Arzneimittel-Vormischungen in dieses pelletierte Mischfutter stellt eine erhöhte technologische Herausforderung dar und wird deshalb selten praktiziert. Eine Ausnahme stellt hier die Gabe von Futtermittelzusatzstoffen dar, deren Gabe nicht durch das Arzneimittelgesetz, sondern bisher durch das Lebensmittel- und Futtermittelgesetzbuch und

die entsprechende Futtermittelzusatzstoff-Verordnung geregelt wird.
Die Applikation von Impfstoffen über Futtermittel ist ein Sonderfall, der insbesondere in tropischen Ländern mit extensiver Geflügelhaltung praktiziert wird. In Europa kann die Applikation von Impfstoffen gegen Kokzidiosen als Spray über das Futter erfolgen.

5.3.3 Applikation über Spray

Bei einer Impfung gegen Respirationserreger wie dem Newcastle-Disease-Virus (NDV) oder dem Virus der Infektiösen Bronchitis (IBV) ist eine Applikation über den Respirationstrakt per Spray möglich, damit am Ort des Erregereintritts eine lokale Schleimhautimmunität induziert werden kann. Oft wird eine Spray-Technik analog zu Methoden zum Ausbringen von Insektiziden angewendet. Vorteilhafter sind aber Geräte, welche direkt von den Impfstoffherstellern vertrieben werden. In der Regel werden die Bestände in den frühen Morgenstunden ohne Betrieb der Lüftungsanlage (bis etwa 15 Min. nach der erfolgten Impfung) geimpft. Bei dem Einstellen der richtigen Tröpfchengröße des Sprays ist zu beachten, dass es bei hoher Stalltemperatur zu einem Verdampfen der Flüssigkeit auf dem Weg zum Tier kommen kann und somit die Tröpfchengröße erheblich abnimmt. Um eine unspezifische Irritation der Schleimhäute der tiefen Atemwege bei den Tieren zu vermeiden, sollte auf jeden Fall darauf geachtet werden, dass die Tröpfchengröße 20 µm nicht unterschreitet.
In der Brüterei und auch im Stall kann die Impfung gegen NDV, IBV, das aviäre Metapneumovirus (aMPV) und Kokzidiose durch das Sprayverfahren erfolgen. Die Küken werden in Sprayboxen eingesetzt und mit etwa 100 bis 150 µm großen Tröpfchen besprüht. Auch hier spielen bei der Berechnung der Tröpfchengröße die Lufttemperatur und Feuchtigkeit eine entscheidende Rolle. Größere Tröpfchen können neben der Aufnahme über das Auge auch oral aufgenommen werden. Die Tröpfchen bleiben auf den Dunen hängen und werden dann von den Küken durch Abpicken aufgenommen.

5.3.4 „In-ovo-Vakzination“

Diese Methode der Impfstoffapplikation wird im Ausland vor allem bei der Vakzination von Masthühnern gegen die Marieksche Krankheit angewendet. Sie ist sehr effektiv und ökonomischer als die manuelle Impfung gegen die Marieksche Krankheit am ersten Tag nach dem Schlupf in der Brüterei. Die „In-ovo-Vakzination“ erfolgt in der Regel, wenn die embryonierten Eier von der Vorbrut zur Schlupfbrut umgelagert werden. Dies erfolgt bei Hühnerembryonen um den 18. Tag der Embryonalentwicklung. In den modernen Brütereien wird die Impfung mit Hilfe von automatisierten Injektionssystemen durchgeführt, die zwischen 20 000 und 30 000 Eier pro Stunde impfen können. In jedes Ei wird am stumpfen Pol ein Loch eingestanzt, durch das der Impfstoff in die Amnionhöhle und/oder den Embryo abgesetzt wird. Nach der Impfung werden die entstandenen Löcher nicht wieder verschlossen. Dies stellt eine hohe Herausforderung an die Bruthygiene der Brüterei dar, um Schlupfverluste durch eine Kontamination mit Bakterien und Pilzen zu vermeiden.

5.3.5 Intramuskuläre und subkutane Injektion

Am Tag des Schlupfes kann die Impfung gegen die Marieksche Krankheit durch intramuskuläre oder subkutane Applikation erfolgen. Der Impfstoff wird bei Eintagsküken in die Nackenfalte oder in die Oberschenkelmuskulatur injiziert. Ein geübter Mitarbeiter kann 1600 bis 2000 Küken pro Stunde mit Hilfe eines halbautomatischen Systems impfen. Der Impferfolg und das Vermeiden von Verletzungen hängen ganz erheblich von der Erfahrung des Impfenden ab.
Auch bei älteren Legehennen und Elterntieren kann eine intramuskuläre oder subkutane Verabreichung von Arzneimitteln und Impfstoffen erfolgen. Bei Junghennen sollte diese Impfstoffapplikation 2 bis 4 Wochen vor der Legereife erfolgen, um eine Beeinträchtigung der Legeleistung zu vermeiden. Dies kann auch im Rahmen der Umstallung erfolgen. Die subkutane

Applikation erfolgt auch bei älteren Tieren im Nackenbereich mit einer kaudo-kranialen oder kranio-kaudalen Nadelführung. Auch andere Lokalisationen können ggf. in Frage kommen. Zur intramuskulären Applikation kann bei älteren Hühnern auch die Brustmuskulatur herangezogen werden. Bei kaudo-kranialer Nadelführung in einem Winkel von etwa 45 Grad wird am Übergang vom mittleren zum vorderen Drittel des Brustbeines lateral davon in den Musculus supracoracoideus injiziert. So kann vermieden werden, dass versehentlich die Leber oder andere innere Organe verletzt werden. Diese Art der Applikation wird bei der Legehenne angewandt. Es stehen auch halbautomatisierte Injektoren zur Verfügung, die eine genaue Positionierung und die gleichzeitige Applikation von mehreren Inaktivatimpfstoffen erlauben. Für Mastgeflügel ist diese Methode unüblich, da das Adjuvans von Inaktivatimpfstoffen zu Gewebsnekrosen im Brustmuskelgewebe führen kann, sodass dieser oder das ganze Tier bei der Schlachtung untauglich und verworfen wird. Daraus folgt, dass eine Applikation von Inaktivatimpfstoffen bei Masttieren so erfolgen muss, dass die Schlachtköperqualität nicht beeinträchtigt wird.

5.3.6 Intradermale Applikation

Die intradermale Applikation ist bei der Pockenvirusimpfung notwendig, um lokal in der Haut eine belastbare Immunität zu erzeugen. Sie erfordert individuelle Handhabung der Tiere und wird entweder mit einem Impfstab oder einer kurzen Doppelnadel (→ Abb. 5.3 g) im Bereich der Flügelspannhaut durchgeführt. Nach Benetzung der Impfnadel wird diese komplett durch die Flügelspannhaut gestochen und dabei der Impfstoff in der Haut abgesetzt. Nach einer Woche sollten sich Impfpocken gebildet haben, die zur Bestätigung des Impferfolges dann zu kontrollieren sind.

Die Verschreibung, Anwendung und die Abgabe von Arzneimitteln und Impfstoffen, Fütterungsarzneimitteln und Futtermittelzusatzstoffen regeln das Arzneimittelgesetz, das Tiergesundheitsgesetz und das Lebensmittel- und Futtermittelgesetzbuch mit den entsprechenden Verordnungen. Diese Verordnungen sollten im Eigeninteresse des praktizierenden Nutzgeflügeltierarztes genauestens befolgt werden.

---

6 Labordiagnostische Methoden

6.1 Probenentnahme, Probentransport und Probenversand

Der Erfolg einer Laboruntersuchung hängt stark von der Qualität des Untersuchungsmaterials ab. Deshalb ist bei der Entnahme und dem Versand von Proben auf Folgendes zu achten:

- Tupferproben:
  - die Entnahme am lebenden Tier sollte zu einer frühen Phase der Infektion erfolgen
  - möglichst steril
  - zur Untersuchung auf bakterielle Erreger von unbehandelten Tieren
  - der Gefahr der Austrocknung ist vorzubeugen durch Transportmedium ohne antibiotische Zusätze (Ausnahme: bei Verdacht auf Mykoplasmen) für den Nachweis von Anaerobieren: Anaerobiertransportmedium
  - zur Untersuchung auf virale Erreger Transportmedium notwendig, wenn ein Anzuchtversuch erfolgen soll
- Blutproben:
  - für einen Infektionsnachweis möglichst gepaarte Serumproben mit einem Zeitabstand von mindestens 2 bis 3 Wochen
  - für den Nachweis einer Impfreaktion Probenentnahme ausreichend lange nach der Impfung (meistens 10 bis 21 Tage)
  - für Plasmaproben Zusatz eines Gerinnungshemmers (z. B. EDTA)
  - für Serumproben möglichst nur Versand von Serum ohne Blutkuchen (z. B. nach Abzentrifugation)
- Histologische Proben:
  - nicht zu große Gewebsstücke (etwa 0,5 – 1,0 cm^3 Kantenlänge)
  - Übergangsbereich verändertes – unverändertes Gewebe
  - möglichst frisch und unmittelbar gut bedeckt in Formalin-Lösung fixieren
  - mindestens 24 h Formalin-fixiert (im Kühlschrank)
- Blut-, Organabklatsch- oder Tupferproben auf FTA®*-Karten
  - beim Aufbringen der Proben Handschuhe tragen
  - Probe möglichst feucht auftragen, danach bei Raumtemperatur trocknen lassen
  - für farblose Proben können Indikator-Karten verwendet werden, die erfolgreiches Auftragen markieren
  - etwa 500 µl Blut können aufgetragen werden

*FTA® = „fast technology for analysis of nucleic acids“, diese Karten enthalten Chemikalien zur Zelllyse, Denaturierung von Proteinen und zum Schutz von Nukleinsäuren.

Der Transport sollte bei den meisten Proben steril, möglichst schnell (Wochenenden sind zu vermeiden), gut gekühlt und gut verpackt erfolgen. Bei der Verpackung ist darauf zu achten, dass die Proben möglichst in mindestens zwei Plastiktütchen, eingewickelt in absorbierendem Papier, umschlossen von einem festen Plastikbehältnis und einem zusätzlichen Karton verschickt werden. Bei verschiedenen Proben ist darauf zu achten, dass sie getrennt nach Organen, insbesondere von Darmmaterial, verpackt werden. Eine ausreichende Anamnese und Verdachtsdiagnose, wenn möglich, sollten der Probe beigefügt werden. Die Proben sollten beschriftet und eindeutig zuzuordnen sein, und die Transportbestimmungen des entsprechenden Logistikdienstleisters müssen berücksichtigt werden.

6.2 Serologische Untersuchungsmethoden

Um ein Antikörperprofil zur Evaluierung des Immunstatus einer Herde zu erstellen, ist in Abhängigkeit von der Herdengröße und Fragestellung der Stichprobenumfang zu wählen, entsprechende Schlüssel sind einschlägiger Literatur zu entnehmen. Es besteht die Möglichkeit, durch die Entnahme von gepaarten Serumproben im Abstand von 2 bis 4 Wochen nach Krankheitsausbruch die Beteiligung bestimmter Erreger bei einer Erkrankung durch die erfolgte Antikörperantwort nachzuweisen. Ein deutlicher, möglichst vierfacher Titeranstieg sollte vorliegen, um auf eine vorhergehende Infektion schließen zu können. Nachfolgend werden gängige serologische Methoden, welche zur Antikörper-, aber auch zur Antigenbestimmung häufig eingesetzt werden, kurz vorgestellt, während andere wie die Komplementbindungsreaktion, Western Blot, Radioimmuntest und Immunfluoreszenztest in der Routinediagnostik selten eingesetzt werden und deshalb Spezialliteratur vorbehalten bleiben. Vor wenigen Jahren wurde weiterhin die Luminex-Technologie zur Detektion von Antikörpern entwickelt, welche eine simultane quantitative Detektion von unterschiedlichen Antikörpern innerhalb einer Probe ermöglicht und somit eine mögliche Alternative zu anderen herkömmlichen Antikörpertests auch in der Geflügeldiagnostik darstellt.

6.2.1 ELISA

Der ELISA (enzyme linked immunosorbent assay) basiert auf dem Nachweis von Antikörpern durch ihre Bindung an Antigen, welches an einen Kunststoffträger (Mikrotiterplatte) gebunden ist. Durch einen weiteren sogenannten Sekundärantikörper, der an die Immunglobuline der zu untersuchenden Nutzgeflügelart bindet und meist Enzymgekoppelt ist, kann nach Zugabe eines Substrates die Antikörper-Antigen-Bindung sichtbar gemacht werden. Dieser Test kann auch modifiziert für den Nachweis von Antigenen genutzt werden. Vorteil dieses Nachweissystems ist die Möglichkeit der Automatisierung der Durchführung der Testschritte und einer Ergebniserfassung mit Hilfe von Computerprogrammen. Inzwischen sind für den Nachweis von Antikörpern gegen zahlreiche Geflügelpathogene kommerzielle ELISA-Systeme auf dem Markt. Für den Laboreinsatz ist zu berücksichtigen, dass die Systeme unterschiedlicher Hersteller in der Regel bezüglich der gemessenen Titer nicht miteinander vergleichbar sind und es deshalb zu empfehlen ist, sich auf ein ELISA-System zu beschränken, wenn Vergleichsstudien durchgeführt werden sollen. Bei dem Einsatz verschiedener Testsysteme ist für die Einschätzung der Vergleichbarkeit das Mittesten von Referenzseren zu empfehlen. Die Hersteller der ELISA-Systeme bieten neben den eigentlichen Reagenzien auch die entsprechende Computersoftware zu Auswertung der Ergebnisse an.

6.2.2 Virus-Neutralisationstest

Durch ihre die Virusinfektiosität neutralisierenden Eigenschaften können Antikörper in Seren, Tränenflüssigkeit, Galle, Eidotter und Lavage-(Spül-)Proben nachgewiesen werden. Dies kann in einem Zellkultur- oder Eikultursystem geschehen, in dem auf durch nicht-neutralisierte Viren hervorgerufene Läsionen, Embryonentod oder zytopathogene Effekte untersucht wird. Zum einen kann mit Hilfe von Verdünnungsstufen der Antikörpertiter bestimmt werden, es können aber auch Viren identifiziert bzw. bestimmten Serotypen zugeordnet werden.

6.2.3 Agargelimmundiffusionstest

Durch Verbindung von aufeinander zudiffundierenden Antikörpern und Antigenen in einem Trägermedium, in diesem Fall Agar, kommt es zur Ausbildung von Präzipitaten, die meist als feine weiße Linien sichtbar werden und eine positive Reaktion anzeigen. Es gibt Einfach- und Doppeldiffusionstests, die zur Beantwortung unterschiedlicher Fragestellungen eingesetzt werden können.

6.2.4 Hämagglutinationstest und Hämagglutinationshemmungstest

Dieser Test kann für den Nachweis von hämagglutinierenden Viren oder Bakterien und entsprechenden Antikörpern eingesetzt werden. Der Erregernachweis erfolgt durch eine Hämagglutination und somit Vernetzung von Erythrozyten einer bestimmten Tierspezies, in diesem Fall meist vom Huhn, in z.B. einer Mikrotiterplatte als Reaktionsbehältnis. Antikörper können die Hämagglutination hemmen, sodass beim Nachweis von erregerspezifischen Antikörpern es zu keiner Antigen-vermittelten Vernetzung von Erythrozyten kommen kann.

6.3 Virusdetektionsmethoden

Bei einem Virusnachweis muss unterschieden werden, ob vermehrungsfähiges Virus, Virusantigen oder Virusgenom detektiert werden soll. Vermehrungsfähiges Virus ist meist nur in der akuten und subakuten Krankheitsphase nachweisbar, welche bei den meisten Viren weniger als 14 Tage nach erfolgter Infektion beträgt. In der chronischen und Rekonvaleszenzphase gelingt häufig noch der Nachweis von Virusantigen und in der späten Phase nur noch vom Virusgenom. Es kann unter Feldbedingungen manchmal schwierig sein, den Zusammenhang zwischen detektiertem Virusgenom und dem eigentlichen Krankheitsgeschehen zu finden, insbesondere wenn die molekularbiologischen Methoden keine Einschätzung der Virulenz des Stammes zulassen. Eine weitere mögliche Methode ist der Virusnachweis im Elektronenmikroskop, was eine Zuordnung der Isolate in bestimmte Virusfamilien ermöglichen kann.

6.3.1 Anzucht im embryonierten Hühnerei

Im embryonierten Brutei von spezifisch-pathogenfreien (SPF) Hühnern, d.h. Tieren, die frei von bestimmten Erregern und Antikörpern sind, können Viren angezüchtet werden. Je nach Virus kann es auch notwendig sein, Bruteier anderer Vogelarten für die Anzucht einzusetzen. Jedoch muss, da oft nur kommerzielle SPF-Eier vom Huhn verfügbar sind, darauf geachtet werden, dass diese Eier nicht mit dem Zielerreger infiziert sind bzw. entsprechende Antikörper aufweisen. Meistens kommt es zum Absterben der Embryonen oder Entwicklungsdefekten wie Verkrümmungen oder Verzwergungen nach erfolgter Infektion. Im Anschluss an eine mehrtägige Inkubationszeit von meist bis zu 7 Tagen oder nach Absterben werden die Embryonen auf Veränderungen wie Ödeme oder Blutungen in Organen und Unterhaut untersucht. Oft sind mehrere Blindpassagen notwendig, um das Feldvirus so weit an das embryonierte Hühnerei zu adaptieren, dass das Virus auch sichtbare bzw. nachweisbare Läsionen auslöst. Es gibt je nach Virus unterschiedliche Inokulationsrouten, wie in den Dottersack, die Allantoishöhle, die Chorioallantoismembran und auch die Amnionhöhle, welche je nach gewählter Route an 6 bis 11 Tage alten Hühnerembryonen durchgeführt werden können.

6.3.2 Anzucht in der Zell- und Organkultur

In Abhängigkeit von der Verfügbarkeit empfänglicher primärer, aber auch permanent wachsender Zelllinien oder Organkultursysteme (z.B. Trachealringkulturen) können Viren auch in vitro angezüchtet werden. Die am häufigsten verwendeten primären Zellen sind Hühnerembryofibroblasten, Hühnernierenzell- und Hühnerleberzellkulturen. Es gibt auch einige permanente Zelllinien (z.B. Marekvirus-induzierte Tumorzelllinien) vom Huhn und der Wachtel, aber auch von Säugetierarten (z.B. Verozellen), die sich zur Anzüchtung von Geflügelviren eignen. Der Nachweis einer Infektion kann zum einen durch mikroskopisch erkennbare zytopathogene Effekte (ZPE; z.B. Synzytienbildung, ballonierende Effekte, Absterben von Zellen, Plaquebildung) erfolgen, aber auch durch Erregernachweis in der Zellkultur mit Antikörpern, z.B. immunhistochemisch, aber auch elektronenmikroskopisch.

6.3.3 Detektion des Erregerantigens

Es gibt verschiedene Methoden des Virusnachweises über den Weg der Virusantigendetektion mit Hilfe von spezifischen Antiseren. Unter anderem können folgende Testsysteme genutzt werden: Antigen-ELISA, Immunfluoreszenz- oder immunhistochemische Tests, Agargelpräzipitations- und Virusneutralisationstest.

6.3.4 Pathogenitätsindices zur Bestimmung der Virusvirulenz

Durch die Erhebung von Pathogenitätsindices von Virusisolaten wird eine Einordnung der Erreger in bestimmte Pathotypen je nach Virulenz ermöglicht. Für aviäre Influenzaviren der Subtypen H5 und H7 sowie das aviäre Paramyxovirus-1 sind diese Untersuchungen vorgeschrieben, weil sich aus den Pathotypen entsprechend tierseuchenrechtliche Maßnahmen ableiten. Je nach Erreger werden Virusisolate einer bestimmten Verdünnung in das Gehirn von Eintagsküken zur Bestimmung des intrazerebralen Pathogenitätsindex (ICPI für PMV-1) oder intravenös (intravenöser Pathogenitätsindex, IVPI für AIV) bei mindestens 6 Wochen alten Hühnern (n = 10) injiziert. Über einen Zeitraum von 8 bzw. 10 Tagen werden sowohl klinische Symptome wie auch Tod dokumentiert, anschließend wird über ein Scoring der Index berechnet.

6.4 Mikrobiologische Untersuchungsmethoden

6.4.1 Methoden zum Nachweis von Bakterien

Für die klinische Anwendung sollen mit diesen Methoden für eine Erkrankung verantwortliche bakterielle Erreger identifiziert und im weiterführenden Resistenztest die Empfindlichkeit gegenüber antimikrobiellen Substanzen getestet werden, um gegebenenfalls eine Behandlung der erkrankten Tiere einleiten zu können. Dafür ist es notwendig, die bakteriellen Erreger mit klassischen Methoden kulturell zu isolieren. Ein kultureller Anzuchtversuch ist zudem für die Herstellung von autogenen (stallspezifischen) Vakzinen sowie für molekularepidemiologische Folgeuntersuchungen notwendig. Eine weitere Charakterisierung der angezüchteten Bakterien kann mikroskopisch in der Gram-Färbung und weiterführend biochemisch erfolgen. Werden kommerzielle Systeme dafür verwendet, ist der Nachweis der Cytochromoxidase für die weitere Bestimmung von gramnegativen Bakterien notwendig. Für diese klassischen Verfahren ist jedoch meistens ein Untersuchungszeitraum von mindestens 2 bis 3 Tagen zu veranschlagen, ehe eine Diagnose möglich ist. Weiterhin kann es problematisch sein, dass auf Grund unterschiedlicher Ursachen (falsche Lagerung, Zeitpunkt der Probenentnahme u. a.) keine Erreger mehr angezüchtet werden können, durch variable biochemische Eigenschaften unterschiedlicher Stämme eine eindeutige Zuordnung erschwert oder unmöglich ist sowie durch das Auftreten neuer, bisher nicht näher charakterisierter Erreger ein Erregernachweis nicht erfolgen kann. Da können dann neuere molekularbiologische Methoden wie PCR-basierte Verfahren mit anschließender Bestimmung der ribosomalen Gensequenz (16S-rRNS bei Bakterien, 18S- und 28S-rRNS bei Pilzen) weiterhelfen. Der Sequenzabgleich mit entsprechenden Datenbanken erlaubt dann eine Zuordnung der Isolate zu Gattungen und Spezies. Aber auch massenspektrometrische Verfahren (MALDI TOF) sowie Hochdurchsatzsequenzierungen stehen mittlerweile für Routineuntersuchungen zur Verfügung und werden möglicherweise andere Verfahren in der Zukunft ablösen. Die gaschromatografische Fettsäureanalyse und die Pulsfeld-Gelelektrophorese können zur Bakterienidentifikation herangezogen werden. Diese Methoden werden aber nicht für Routineuntersuchungen eingesetzt.

6.4.1.1 MALDI-TOF

MALDI-TOF steht für Matrix-unterstützte Laser-Desorption/Ionisation und Massenspektrometrie mit Flugzeitanalyse (matrix-assisted laser desorptions/ionization time of flight). Diese Methode wird zunehmend für die Indentifikation von Bakterien und Pilzen und zur Eingruppierung dieser Erreger genutzt. Es ist eine relativ schnelle, einfach und kostengünstig anzuwendende Methode, mit der auch bisher nicht beschriebene Varianten identifiziert werden können, wenn entsprechende Einträge verwandter Spezies in der Datenbank vorliegen. Für diese Technik wird eine kleine Menge einer Kolonie mit $10^4 - 10^6$ Bakterien auf einen Träger verbracht. Nach Zugabe einer Matrix-Lösung können dann die Mikroorganismen explosionsartig verdampft werden, was zur Ionisierung der zu untersuchenden Erregerproteine führt. Durch die Flugzeitanalyse dieser Analyten können die unterschiedlichen Massen der einzelnen Analyten bestimmt, ein Gesamtspektrum für den betreffenden Erreger erstellt und somit eine Zuordnung zu bestimmten Spezies ermöglicht werden.

6.4.1.2 Multi-Locus-Sequenz-Typisierung

Bei der Multi-Locus-Sequenz-Typisierung (MLST) werden mehrere verschiedene Loci (housekeeping genes) aus dem bakteriellen Genom amplifiziert und Sequenzvariationen identifiziert, die eine Unterscheidung von Erregerstämmen unter Einbeziehung von Datenbanken ermöglichen.

6.5 Methoden zum Nachweis von Parasiten

Für den Nachweis von Ektoparasiten ist wichtig zu wissen, ob auf stationäre oder temporäre Organismen untersucht werden soll. Temporäre Arthropoden wie die rote Vogelmilbe werden in ihren Verstecken im Stall (z. B. unter den Sitzstangen, dunkle Ecken) bei geringem Befall meist durch Fallen (Leimfallen) nachgewiesen, während bei starkem Befall auch Parasiten auf Tieren bei der Sektion zu finden sind. Bei der Untersuchung am lebenden Tier können die stationären Parasiten im Federkleid oder der Haut, z. B. über die Untersuchung eines Hautgeschabsels, detektiert werden. Beim Hautgeschabsel sind nach Aufkochen der Probe in 10%igem Kaliumhydroxid die Parasiten mikroskopisch darstellbar. Endoparasiten wie Würmer und Protozoen können während der Sektion erfasst werden. Erstere sind in ihren adulten Stadien entweder makroskopisch bereits im Darm oder auch anderen Organen, je nach Zielgewebe, zu sehen, oder durch Schleimhautabstriche und Kotproben können entsprechende Eier oder Entwicklungsstadien mikroskopisch nachgewiesen werden. Bei Kotproben bietet sich eine Anreicherung durch Flotations- und/oder Sedimentationsverfahren an. Einige Parasiten sind auch in Blutausstrichen (z.B. Plasmodien) oder histologisch (z. B. Histomonaden) gut darstellbar. Die Protokolle sind Spezialliteratur zu entnehmen.

6.6 Methoden zum Nachweis von Pilzen

Der Nachweis von Pilzen erfolgt entweder in einem Abklatschpräparat oder nach Anzucht auf entsprechenden Pilznährböden bei 25 °C und 37 °C. Anschließend können je nach Pilz erste Rückschlüsse makroskopisch anhand der Kolonien gezogen werden. Aber in der Regel erfolgt die weitere Differenzierung mikroskopisch am Nativpräparat. Es kann entweder an Hand einer Kolonieprobe, welche in Ringer und Kochsalzlösung suspendiert wird, betrachtet werden, oder das Luftmycel wird mit Hilfe von Tesafilm direkt auf den Objektträger verbracht. Häufig werden die Präparate mit Lactophenolblaulösung angefärbt. Tuschepräparationen bieten sich für die Darstellung von Geißeln oder Schleimkapseln an. Zu berücksichtigen ist, dass Pilze sehr häufig in der Stallumgebung vorhanden sind, sodass falsch-positive Nachweise ohne Zusammenhang mit dem klinischen und pathologisch-anatomischen Bild kritisch auszuschließen sind. Auch histologisch kann Pilzwachstum in Organen mit Spezialfärbungen gut nachgewiesen werden. Weitere Untersuchungen z. B. auf Pathogenitätsfaktoren sind in der Regel Speziallaboratorien vorbehalten und sollen hier nicht weiter beschrieben werden.

6.7 Molekularbiologische Methoden zur Detektion von Erregergenomabschnitten

Die modernen Methoden der Molekularbiologie stehen auch für die Diagnose sowohl von viralen, bakteriellen, Pilz- als auch parasitären Erregern beim Nutzgeflügel zur Verfügung. Am häufigsten finden PCR bzw. RT-PCR (Reverse-Transkriptase-Polymerase-Kettenreaktion) zum Nachweis bestimmter Abschnitte des Erregergenoms Anwendung, da diese Technik schnell, sensitiv und spezifisch ist. Sie ist jedoch auch problembehaftet in Bezug auf falsch-positive Reagenten, bedingt durch die hohe Anfälligkeit für Kontaminationen. Auch kann es durch Variationen im Erregergenom zu falsch-negativen Ergebnissen kommen, wenn die für die PCR-notwendigen Primer (kurze Nukleinsäuresequenzen) nicht binden können und somit die Stammvariante nicht detektiert werden kann. Dies ist insbesondere bei der Untersuchung auf Viren zu berücksichtigen. Bei Feldproben kann nicht ausgeschlossen werden, dass Inhibitoren die DNS-Polymerase-Aktivität herabsetzen und somit falsch-negative Ergebnisse entstehen. Um dies auszuschließen, sollte grundsätzlich eine interne Kontrolle in die Reaktion mit eingeschlossen werden. Die PCR bzw. RT-PCR kann auch als Realtime-System durchgeführt werden, was bei bestimmten Fragestellungen eine Quantifizierung erlaubt und auch die normalerweise notwendige Gelelektrophorese umgeht. Weiterhin finden in Speziallaboratorien und wissenschaftlichen Einrichtungen je nach Erreger die In-situ-Hybridisierung, der Dot-, Northern- oder Southern-Blot Einsatz. Als Ergänzung zur PCR kann zusätzlich eine Sequenzierung der in der PCR amplifizierten Genabschnitte vorgenommen werden oder auch eine Restriktionsenzymanalyse, um noch zusätzliche Informationen zu dem detektierten Erreger zu erhalten (z. B. Hinweise auf Virulenz- oder Stammeigenschaften bedingt durch den Vergleich mit bekannten Genomsequenzen oder Bandenmustern). Weitere Methoden, die Anwendung finden können, umfassen unter anderem Pyrosequenzierung von DNS, LAMP-PCR (loop-mediated isothermal amplification) und Elektropherogruppierung (elektrophoretische Auftrennung des Virusgenoms). Microarray-Systeme erlauben weiterhin die parallele Analyse von mehreren tausend Einzelnachweisen in DNS, RNS oder auch Serumproben auf unterschiedlichste Erreger bzw. Antikörper gegen Erreger. Es gibt bereits kommerziell erhältliche Systeme, die auch für den Nachweis von Geflügelpathogenen wie z. B. Chlamydien oder Influenzaviren einsetzbar sind.

6.8 Blutchemische Methoden und Untersuchung des Blutbildes

Die Untersuchung des Blutbildes sowie von blutchemischen Parametern wie Enzymaktivitäten wird selten in der Routinediagnostik von Nutzgeflügelerkrankungen eingesetzt. Eine mögliche Automatisierung der blutchemischen Methoden, die Verfügbarkeit und mögliche Anwendung von kommerziellen Testsystemen kann sicherlich bei speziellen Fragestellungen die Diagnostik unterstützen, wenn entsprechende Richtwerte zu der zu untersuchenden Geflügelspezies vorliegen. Unter anderem kann die Bestimmung des Hämatokrits wertvolle Hinweise auf eine Infektion mit dem Hühneranämievirus liefern. Eine Auswertung des Blutbildes entweder mikroskopisch, aber auch mit Hilfe der Durchflusszytometrie ist sowohl für das Huhn als auch die Pute in einigen wissenschaftlich ausgerichteten Laboren etabliert und kann z. B. zur Erfassung von chronischem Stress und Immunsuppression beitragen.

Spezieller Teil

Erkrankungen des Nutzgeflügels

7 Erkrankungen des Nutzgeflügels: Grundlagen

Bei den Erkrankungen des Nutzgeflügels können „angeborene“ und erworbene Gesundheitsstörungen unterschieden werden. Grundsätzlich spielen angeborene oder sogenannte Erbkrankheiten beim Nutzgeflügel keine bedeutsame Rolle. Jedoch muss bemerkt werden, dass im Laufe der Zucht des Nutzgeflügels auf bestimmte Merkmale, wie hohe Lege- oder hohe Mastleistung bei jeweils geringem Futterverbrauch, die allgemeine Fitness des Tieres im Vergleich zum Wildtyp oft nachgelassen hat. Die modernen Nutzgeflügelhybriden sind meist anfälliger für haltungsbedingte schädigende Einflüsse und infektiöse Erkrankungen. Inzwischen wurden diese Probleme insbesondere in Bezug auf den oft stark belasteten Bewegungsapparat beim Mastgeflügel erkannt, und seit einigen Jahren sind züchterische Ansätze erfolgt, um eine Verbesserung der Tiergesundheit in diesem Bereich zu erreichen.

Bei den erworbenen Gesundheitsstörungen werden nicht-infektiöse und infektiöse Ursachen unterschieden (→ Abb. 7.1).

Die nicht-infektiösen Ursachen spielen in der Nutzgeflügelmedizin eine sehr wichtige Rolle und können bei suboptimalem Management den überwiegenden Anteil der auftretenden Probleme ausmachen. Sie umfassen haltungsbedingte Störungen, Probleme mit der Fütterung, der Futterzusammensetzung und der Futterqualität. Ferner sind die Tränkwasserqualität, ein falsches Lichtprogramm sowie auch der bei den sehr großen Tierzahlen oft nicht zu unterschätzende soziale Stress für die Gesundheit des Nutzgeflügels von Bedeutung (→ Tab. 7.1).

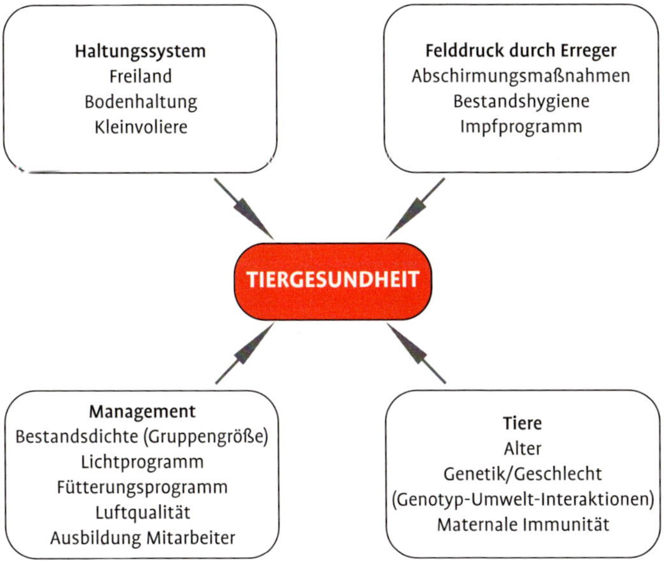

Abb. 7.1: Zusammenwirken von Einflussfaktoren auf die Tiergesundheit am Beispiel der Legehennenhaltung.

Tab. 7.1:
Häufige nicht-infektiöse Ursachen für Erkrankungen oder Dysfunktionen verschiedener Organsysteme

Symptomen-Komplex	Haltungssystem	Fütterung	Management
Atmungsorgane	zu hohe oder zu niedrige Luftfeuchte	Pilzbelastung des Futters/ der Einstreu	zu hohe Besatzdichte
		hohe Staubbelastung des Futters	zu hohe Schadgaskonzentration (u. a. Ammoniak)
Verdauungsorgane		falsche Futterzusammensetzung	zu feuchte Einstreu
		Toxine	zu hohe oder zu niedrige Stalltemperatur
Reproduktionsorgane	fehlende oder schlecht konzipierte Nester/ Nestflächen	Mineralstoffimbalance (insb. Ca/P-Versorgung)	Wassermangel/ Wasserqualität
	sozialer Stress	falsche Futterbeschaffenheit	falsche Lichtintensität oder -dauer und falsche Ausleuchtung
Bewegungsapparat	schlechte Konzeption von Einrichtungsgegenständen (Verletzungsgefahr)	Mangel an essenziellen Vitaminen, Mineralien, Spurenelementen	schlechte Einstreuqualität
	mangelnde Bewegung (Verteilung Wasser und Futterzugang)	Toxinbelastung	falsche Genetik für das entsprechendes Haltungssystem
	ungünstige Sitzstangenqualität und Sitzstangenverteilung		Panik im Bestand

Unter die infektiösen Ursachen fallen Krankheiten, die durch Viren, Bakterien, Parasiten und Pilze verursacht werden. Oft kommt es bei einem Zusammenwirken verschiedener nicht-infektiöser und infektiöser Ursachen zu sogenannten Faktorenerkrankungen, deren Diagnose und Bekämpfung eine große Herausforderung für den betreuenden Tierarzt darstellt. Für das Auftreten dieser Faktorenerkrankungen sind meistens mehrere begünstigende Begleitumstände erforderlich. Hier reicht die Pathogenität/Virulenz eines infektiösen Agens alleine nicht aus. Es bedarf weiterer Komponenten, die zur Schwächung des Immunsystems oder der natürlichen Barrieren, wie den Schleimhäuten, führen (→ Abb. 7.2 und 7.3). Dies können andere Infektionen, Stress, Mängel in den Haltungsbedingungen (Stallklima, Schadstoffbelastung der Luft, hohe Tierdichte, Zugluft, mangelhafte Reinigung und Desinfektion des Stalles sowie der Futter- und Tränkeeinrichtungen), sehr hohe Produktionsleistungen (Legeleistung, Mastleistung), Fütterungsmängel und genetische Faktoren sein (→ Tab. 7.1).

Bei den infektiösen Erregern unterscheidet man obligat oder primär pathogene und fakultativ oder sekundär pathogene Erreger. Während obligat pathogene Erreger grundsätzlich ein empfängliches Tier krank machen, führen fakultativ pathogene Erreger nur bei einer Vorschädigung des Wirtes zu einer Erkrankung. Diese sind also nicht grundsätzlich krankmachend. Bei diesen Erregern

Abb. 7.2:
Beispiele für die Entwicklung von Faktorenerkrankungen der Verdauungsorgane.

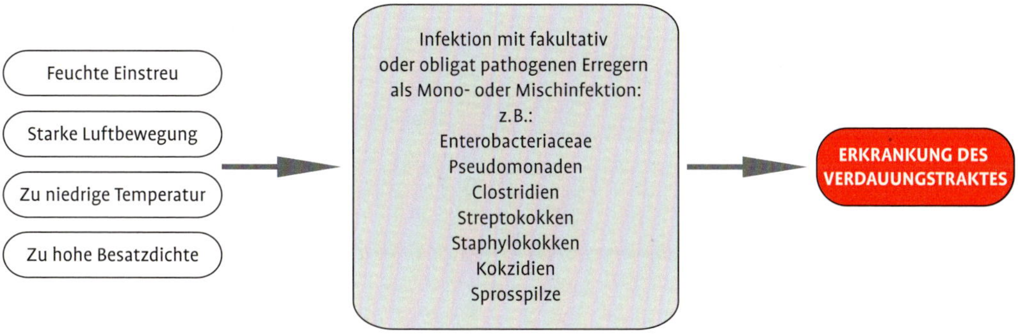

Abb. 7.3:
Beispiele für die Entwicklung von Faktorenerkrankungen der Atmungsorgane.

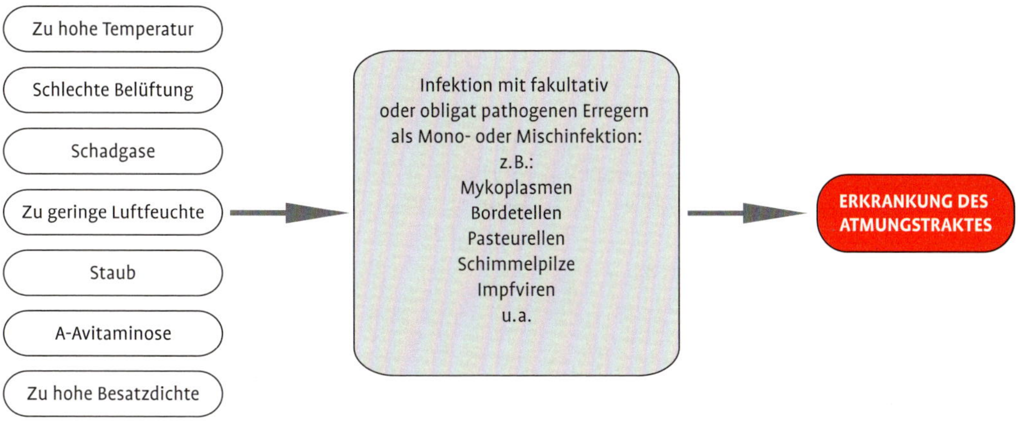

greifen die Henle-Kochschen Postulate nicht, was bedeutet, dass sich mit diesen Erregern allein experimentell keine Erkrankung erzeugen lässt. Unter Praxisbedingung sind also zusätzliche Faktoren für die Entstehung einer klinisch apparenten Erkrankung notwendig. Infektionen können als Mono- oder Mischinfektionen auftreten, wobei die Erreger sich gegenseitig synergistisch oder auch antagonistisch beeinflussen können.

8 Infektiöse Erkrankungen

8.1 Allgemeine Übersicht

Infektiöse Erkrankungen haben in der Nutzgeflügelmedizin eine sehr große Bedeutung. Die klinische, ökonomische und lebensmittelhygienische Bedeutung dieser Krankheiten ist dabei in den verschiedenen Produktionsebenen unterschiedlich zu bewerten. So ist z.B. bei einer antibiotischen Therapie von Elterntieren die Länge der vorgeschriebenen Wartezeiten von untergeordneter Bedeutung, wenn diese Tiere weiter in der Produktion stehen und nicht zeitnah vermarktet werden. Eine entsprechende Therapie mit längeren Wartezeiten bei Legehennen in der Produktionsphase schließt sich aus dem gleichen Grund fast aus. Zudem ist es auf der Vermehrerebene eher möglich, kostenintensive Einzeltierbehandlungen durchzuführen, da der Wert dieser Bestände um ein Vielfaches höher liegt als der Bestände bzw. der Einzeltiere auf der Endproduktstufe.

Virale, bakterielle und parasitäre Krankheitserreger verursachen die häufigsten Krankheiten des Nutzgeflügels, Mykosen und Mykotoxikosen treten ebenfalls auf und sind sporadisch von Bedeutung. Die Eintragsmöglichkeiten von infektiösen Agenzien sind in → Abbildung 8.1 dargestellt.

Eine Übersicht über die wichtigsten Infektionskrankheiten des Nutzgeflügels eingeteilt nach viralen, bakteriellen sowie parasitären Erregern und Pilzen geben die → Tabellen 8.1 bis 8.4. Die Tollwutvirusinfektion ist beim Nutzgeflügel in Deutschland momentan ohne Bedeutung und wird deshalb nachfolgend nicht weiter behandelt.

Abb. 8.1:
Eintragsmöglichkeiten infektiöser Agenzien in einen Nutzgeflügelbestand am Beispiel einer Legehennenstallhaltung mit „Wintergarten" jeweils auf der rechten und linken Seite der beiden Stalleinheiten.

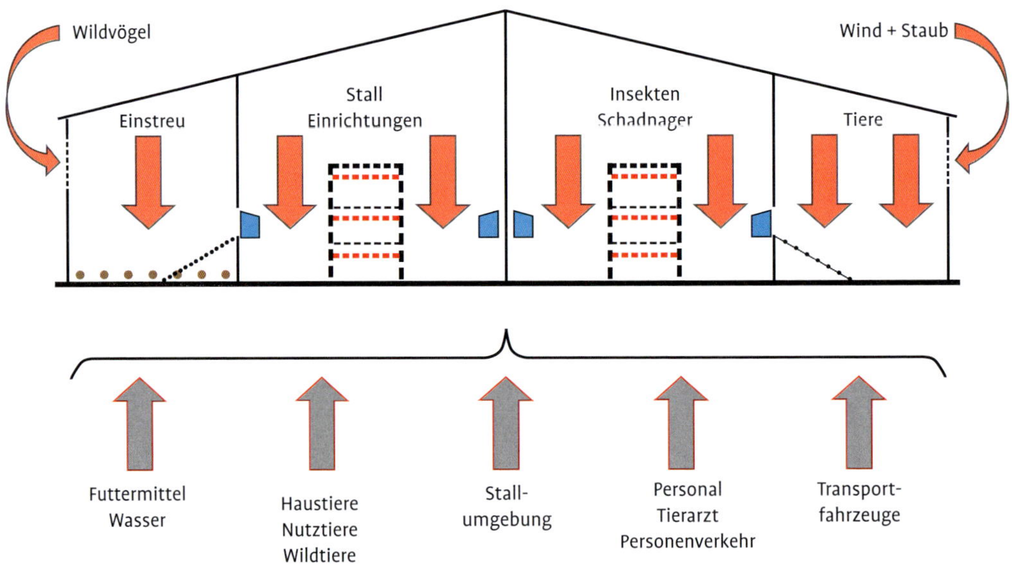

Tab. 8.1:
Viral bedingte Erkrankungen des Nutzgeflügels

RNA-Viren			
Erreger	**Wirt**	**Erkrankung**	**Organsystem**
Picornaviren	Huhn, Pute	aviäre Enzephalomyelitis	ZNS, Verdauungsorgane, Reproduktionsorgane
Picornaviren	Pekingente	Entenhepatitis	Verdauungsorgane
Astroviren	Huhn Pute	aviäre Nephritis, Diarrhoe	Nierensystem, Verdauungsorgane
Reoviren	Huhn, Pute	Reovirusarthritis	Gelenke
Reoviren	Gans	infektiöse Myokarditis des Gössels	Herz, Verdauungsorgane
Rotaviren	Hühnervögel	Diarrhoe	Verdauungsorgane
Birnaviren	Huhn	infektiöse Bursitis	Immunsystem
Influenza A (HPAIV H5/H7)	Nutz- und Wildvogelarten	klassische Geflügelpest	systemisch
Influenza A (LPAIV H5/H7/H6/H9)	Huhn, Pute	Konjunktivitis, Rhinitis, Tracheitis, Aerosaccculitis	Atmungsorgane
Influenza A (weitere Subtypen insb. H1/H3/H10)	Pute (Huhn H10)	Niereninsuffizienz (H10) Reproduktionsstörungen (H1) Respirationsprobleme (H3)	Urogenitalsystem Atmungsorgane
Paramyxovirus Serotyp 1	Hühnervögel	Respirationsprobleme (lentogen) Newcastle Disease	Atmungsorgane systemisch
Paramyxovirus Serotyp 3	Hühnervögel	Rhinitis, Tracheitis, Aerosaccculitis	Atmungsorgane
Aviäres Metapneumovirus	Huhn, Pute, Fasan	Rhinotracheitis der Pute/ Swollen-head-Syndrom des Huhnes	Atmungsorgane Legeapparat
Coronaviren	Huhn, Pute	infektiöse Bronchitis des Huhnes/ infektiöse Enteritis der Pute	Atmungsorgane, Verdauungsorgane Urogenitalsystem
Retroviren	Hühnervögel	Leukosen des Huhns/ Sarkomatose des Huhns/ lymphoproliferative Erkrankung der Pute/Retikuloendotheliose	Hämatopoetisches System, Immunsystem
Flaviviren	Vögel	West-Nile-Virusinfektion Israelische Puten-Meningoenzephalitis (Arbovirusinfektionen)	ZNS
Togaviren	Vögel	Eastern-Pferde-Enzephalitis, Western-Pferde-Enzephalitis, (Arbovirusinfektionen)	ZNS
Hepeviren	Nutzgeflügel	Hepatitis-E-Virusinfektion	Leber, Pankreas

Tab. 8.1:
Viral bedingte Erkrankungen des Nutzgeflügels (Fortsetzung)

DNA-Viren			
Erreger	**Wirt**	**Erkrankung**	**Organsystem**
Parvoviren	Gans, Moschusente	Parvovirose des Gössels und der Mochusentenküken	Verdauungsorgane
Aviadenoviren	Nutzgeflügel	respiratorische Erkrankungen, Legeleistungsdepression, Muskelmagenerosionen	Atmungsorgane, Verdauungsorgane
Siadenoviren	Pute, Huhn, Fasan	hämorrhagische Enteritis der Pute, Splenomegalie des Huhnes, Marmormilzerkrankung des Fasans	Verdauungsorgane, Immunsystem
Atadenovirus	Huhn	Egg-Drop-Syndrom-1976	Reproduktionsorgane
Herpesviren	Huhn	infektiöse Laryngotracheitis	Atmungsorgane
Herpesviren	Wassergeflügel	Entenpest	Verdauungsorgane
Herpesviren	Huhn	Marekshe Krankheit	Immunsystem, Nervensystem, systemisch
Pockenviren	Nutzgeflügel	Pocken	Haut, Atmungsorgane, Verdauungsorgane
Circoviren	Huhn	infektiöse Anämie der Hühnerküken	Hämatopoetisches System, Thymus, Bursa cloacalis
Circoviren	Wassergeflügel	Circovirusinfektion der Gänse und Enten	Immunsystem
Polyomavirus	Gans, (Huhn)	hämorrhagische Nephritis und Enteritis der Gänse, (beim Huhn Nachweis ohne spezifisches Krankheitsbild erfolgt)	Niere, Verdauungsorgane

Tab. 8.2:
Bakteriell bedingte Erkrankungen des Nutzgeflügels

Gram-negative Bakterien			
Erreger	**Wirt**	**Erkrankung**	**Organsystem**
Ornithobacterium rhinotracheale	Hühnervögel	Ornithobakteriose	Atmungsorgane, Bewegungsorgane, Reproduktionsorgane
Bordetella avium	Hühnervögel	aviäre Bordetellose	Atmungsorgane
Bordetella hinzii	Pute	Putenschnupfen-ähnlich	Atmungsorgane
Mycoplasma gallisepticum, Mycoplasma synoviae, Mycoplasma meleagridis, Mycoplasma iowae	Nutzgeflügel	aviäre Mykoplasmosen	Atmungsorgane, Bewegungsorgane, Schleimbeutel, Reproduktionsorgane
Avibacterium paragallinarum	Hühnervögel	ansteckender Hühnerschnupfen	Atmungsorgane
Avibacterium gallinarum	Hühnervögel	*Avibacterium-gallinarum*-bedingte Erkrankungen	Atmungsorgane
Pasteurella multocida	Nutzgeflügel	Geflügelcholera	Atmungsorgane, systemisch
Gallibacterium-anatis-Komplex	Hühnervögel	*Gallibacterium*-bedingte Erkrankungen	Reproduktionsorgane, evtl. systemisch
Riemerella anatipestifer	Nutzgeflügel	Riemerellose	Atmungsorgane, systemisch
Chlamydia psittaci, Chlamydia gallinacea, Chlamydia avium	Nutzgeflügel, Taube	Chlamydiose	Atmungsorgane, Verdauungsorgane, systemisch
Salmonella Pullorum	Hühnervögel	weiße Kükenruhr	Bewegungsorgane, systemisch
Salmonella Gallinarum	Hühnervögel	Hühnertyphus	systemisch
Salmonella enterica arizonae	Hühnervögel	Arizona-Salmonellose	systemisch
Zoonoserelevante Salmonellen-Serovare	Nutzgeflügel	Parathypus	Zoonose/Verdauungsorgane
Escherichia coli (Aviär pathogene *E. coli*- [APEC])	Nutzgeflügel	Colibazillose Coligranulomatose	systemisch
Yersinia pseudotuberculosis	Nutzgeflügel	Pseudotuberkulose	systemisch
Brachyspira spp.	Nutzgeflügel	aviäre intestinale Spirochaeten-Infektionen	Verdauungsorgane
Borrelia anserina	Nutzgeflügel	Borreliose	Hämatopoetisches System
Pseudomonas aeruginosa	Nutzgeflügel	Pseudomonadose der Jungtiere	systemisch
Klebsiella pneumoniae	Hühnervögel	Embryosterblichkeit, Septikämie der Küken	systemisch
Aeromonas hydrophila	Wassergeflügel	*Aeromonas*-Septikämie	systemisch

Tab. 8.2:
Bakteriell bedingte Erkrankungen des Nutzgeflügels (Fortsetzung)

Gram-positive Bakterien			
Erreger	**Wirt**	**Erkrankung**	**Organsystem**
Clostridium perfringens	Nutzgeflügel	nekrotisierende Enteritis	Verdauungsorgane
Clostridium colinum	Nutzgeflügel	ulzerative Enteritis	Verdauungsorgane
Clostridium septicum, *Clostridium perfringens* Toxovar A	Huhn, Pute	Gasödemerkrankung	systemisch
Clostridium botulinum	Nutzgeflügel	Botulismus	systemisch
Bacillus cereus	Hühnervögel	*Bacillus-cereus*-bedingte Erkrankungen	systemisch
Staphylococcus aureus	Nutzgeflügel	Embryosterblichkeit, Nabelentzündung, Septikämie, Arthritis, Osteomyelitis, Dermatiden	systemisch
Streptococcus spp., *Enterococcus* spp.	Nutzgeflügel	Embryosterblichkeit, Arthritis, Septikämie	systemisch
Erysipelothrix rhusiopathiae	Hühnervögel	Rotlauf	systemisch
Mycobacterium avium ssp. *avium*	Nutzgeflügel	Geflügeltuberkulose	systemisch
Listeria monocytogenes	Nutzgeflügel	Listeriose	systemisch

Tab. 8.3:
Mykosen und Mykotoxikosen des Nutzgeflügels

Mykosen und Mykotoxikosen			
Erreger	**Wirt**	**Erkrankung**	**Organsystem**
Aspergillus spp. *Penicillum* spp.	Nutzgeflügel	Systemmykosen	Atmungsorgane
Candida spp.	Nutzgeflügel	Systemmykose	Verdauungsorgane
Trichophyton spp. *Microsporum* spp. *Rhodotorula* spp.	Nutzgeflügel	Hautmykosen	Haut
Aflatoxin, Ochratoxin A, Stachybotryotoxin, Fusariotoxin, Trichothecene, Resorcyclate	Nutzgeflügel	Mykotoxikosen	systemisch

Tab. 8.4:
Parasitosen des Nutzgeflügels

Endoparasiten			
Erreger	**Wirt**	**Erkrankung**	**Organsystem**
Eimeria spp.	Nutzgeflügel	Kokzidiosen des Geflügels	Verdauungsorgane
Cryptosporidia spp.	Nutzgeflügel	Kryptosporidose	Verdauungsorgane, Niere
Plasmodiidae	Nutzgeflügel	Vogelmalaria	Erythrozyten
Histomonas meleagridis	Hühnervögel	Histomonadose	Verdauungsorgane
Trichomonas spp.	Nutzgeflügel	Trichomonadose	Verdauungsorgane
Toxoplasma gondii	Nutzgeflügel	Toxoplasmose	systemisch
Trematoden	Nutzgeflügel	Erkrankungen durch Saugwürmer	Reproduktionsorgane, Gefäßsystem
Zestoden	Nutzgeflügel	Erkrankungen durch Bandwürmer	Verdauungsorgane
Nematoden	Nutzgeflügel	Erkrankungen durch Faden- und Rundwürmer	Verdauungsorgane, Atmungsorgane
Ektoparasiten			
Erreger	**Wirt**	**Erkrankung**	**Organsystem**
Vogelmilben	Nutzgeflügel	Anämie, Unruhe, Todesfälle	Haut
Federmilben	Nutzgeflügel	Federschäden, Juckreiz	Haut, Federn
Kalkbeinmilben	Nutzgeflügel	Juckreiz, Hautschäden	Haut
Luftsackmilben	Nutzgeflügel	Aerosacculitis, Bronchopneunomie	Atmungsorgane
Federlinge	Nutzgeflügel	Anämie, Federschäden, Unruhe	Federn
Flöhe	Nutzgeflügel	Anämie, Juckreiz, Unruhe	Haut

8.2 Virale Erkrankungen des Geflügels

8.2.1 Picornavirusinfektionen

Picornaviridae sind kleine unbehüllte Viren mit einer einzelsträngigen RNS positiver Polarität. Sie sind als Erreger der aviären Enzephalomyelitis, der Virushepatitis der Pute und der Virushepatitis der Ente beschrieben worden.

8.2.1.1 Aviäre Enzephalomyelitis

Ätiologie
Das aviäre Enzephalomyelitisvirus (AEV), der Erreger der ansteckenden Gehirn-Rückenmarks-Entzündung oder Zitterkrankheit wird vorläufig dem Genus Hepatovirus (früher der Gattung Enterovirus) und der Familie der *Picornaviridae* zugeordnet. Die AEV-Isolate zeigen sich antigenetisch einheitlich, weisen aber einen unterschiedlichen Gewebstropismus (enterotrop, neurotrop) auf.

Epidemiologie und Pathogenese
Der Erreger ist sehr kontagiös. Empfänglich sind insbesondere Huhn und Pute, Fasan und Wachtel. Auch Enten, Tauben und Perlhühner können natürlich oder experimentell infiziert werden. Die Übertragung erfolgt sowohl vertikal als auch horizontal nach alimentärer Infektion. Die Inkubationszeit beträgt 1 bis 7 Tage nach vertikaler und mehr als 9 Tage nach horizontaler Infektion. Zum Auftreten der Erkrankung kommt es nach Unterbrechung der Infektkette im Jungtieralter, wenn keine protektiven Antikörper mehr vorhanden sind. Kommt es zur Infektion von antikörperfreien, empfänglichen Elterntieren, übertragen diese vertikal den Erreger auf die Küken, die dann wiederum klinisch erkranken. Die vertikale Virusübertragung erfolgt über 2 bis 3 Wochen nach der Infektion, bis die Elterntiere Antikörper ausbilden, die dann auch wiederum zum Schutz der Nachkommen führen. Wenn die Nachkommen antikörperfreier Elterntiere horizontal im Kükenalter infiziert werden, kommt es ebenfalls zur klinischen Enzephalomyelitis (AE). Wenn die Infektion erst im Jungtieralter erfolgt (etwa 6. Lebenswoche), kommt es zur stummen Durchseuchung der Tiere ohne Ausbildung klinischer Symptome. Die horizontale Infektion führt zu einer Virusvermehrung im Darmepithel und zu einer Virusverbreitung über den Kot. In der virämischen Phase erfolgt die Ausbreitung in das ZNS, aber auch eine zentripedale Erregerverbreitung ausgehend von den motorischen Endplatten der Muskulatur ist möglich. Der Krankheitsverlauf ist umso schwerer und verlustreicher, je früher die Infektion stattfindet. Es kommt zur Zerstörung der Zellen im ZNS durch Apoptose (programmierter Zelltod).

Klinik und Pathologie
In Abhängigkeit vom Alter kann die Morbidität zwischen 70 und 90 % betragen und die Mortalität entsprechend bis zu 70 % hoch sein. Zu typischen zentralnervösen Störungen (→ Abb. 8.2) kommt es nur bei Tieren zwischen der 2. und 5. Lebenswoche und meist nur bei weniger als 10 % der infizierten Tiere. Die Tiere sind matt. Die Küken haben häufig geschlossene Augenlider, gelegentlich Durchfall und zeigen anfänglich einen unregelmäßigen Gang und fallen zur Seite. Oft ist ein feiner Tremor zu beobachten. Es kommt zu Paresen und Paralysen, die Tiere setzen sich auf den Sprunggelenken ab. Überlebende Küken behalten häufig schlaffe Lähmungen zurück.
Ältere antikörperfreie Zucht- und Legetiere zeigen nach Infektion einen Leistungsrückgang bis zu 30 %, die Eier sind kleiner und die Brut- und Schlupfergebnisse über einen Zeitraum von 2 Wochen nach Infektion herabgesetzt. Gelegentlich ist auch eine Hornhauttrübung, die zur Erblindung führen kann, zu beobachten. Makroskopisch sind weiter keine signifikanten Veränderungen zu beobachten. Gelegentlich kommt es zu Blutungen im Kleinhirn. Dort sind histologisch Degenerationen der Purkinjeschen Zellen mit Gliazellwucherungen und perivaskuläre Infiltrate nachzuweisen. Auch andere Bereiche des ZNS und Rückenmarks können von ähnlichen Veränderungen betroffen sein. Typischerweise sind auch lymphozytäre Infiltrate in anderen Organen wie dem Drüsenmagen, aber auch anderen Magendarmabschnitten im Bereich der Muskularis und im Pankreas zu finden (→ Abb. 8.3).

Abb. 8.2:
Zentralnervöse Symptome beim Hühnerküken bedingt durch eine Infektion mit dem Virus der aviären Enzephalomyelitis.

Diagnose

Der Vorbericht und das klinische Bild erlauben eine Verdachtsdiagnose, die durch die histologischen Veränderungen abgesichert werden kann. Molekularbiologische Methoden wie die RT-PCR und auch die Antigendetektion durch z. B. den Immunfluoreszenztest erlauben den Nachweis des Virus. Die Virusanzucht gelingt im embryonierten Hühnerei nach Dottersackinokulation und mehreren Blindpassagen bei Feldviren und führt zu einer Verzwergung, zu Lähmungen und Muskelatrophie bei den Embryonen (→ Abb. 8.4). Kommerzielle ELISA-Systeme, der Virusneutralisationstest und früher auch der Embryoempfänglichkeitstest dienen dem Nachweis von Antikörpern. Zur Abgrenzung gegenüber einem Vitamin-E-Mangel, der zu einer ähnlichen Klinik führt, kann eine diagnostische Vitamin-E-Gabe erfolgen.

Abb. 8.3:
Lymphoide Zellansammlungen (Pfeile) im Pankreas nach AEV-Infektion (HE-Färbung).

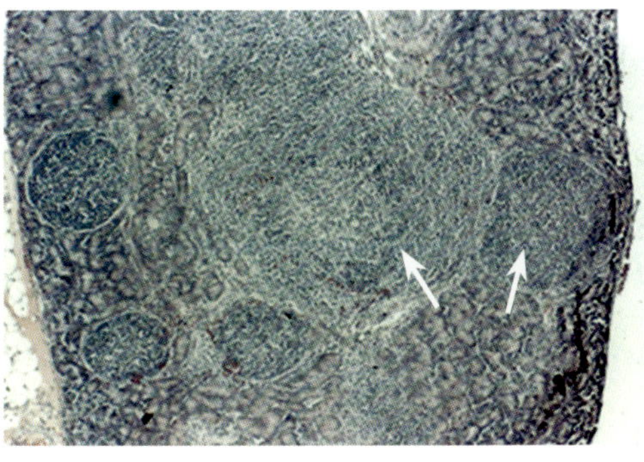

Abb. 8.4:
Streckkrämpfe (bei den beiden linken Embryonen) nach Inokulation des bebrüteten Hühnereies mit AEV.

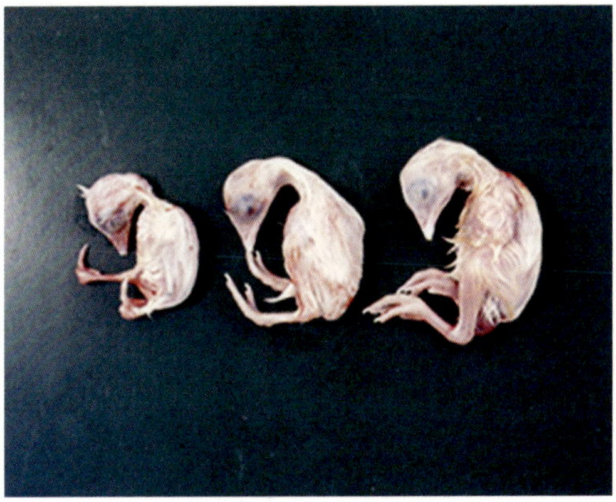

Bekämpfung

Der Impfung der Elterntiere zwischen der 10. und 16. Lebenswoche kommt eine besondere Bedeutung zu, da durch die maternalen Antikörper die Küken der Endproduktherden in den ersten Lebenswochen gegen eine klinische AE geschützt werde müssen. Eine spätere Impfung der Elterntiere ist auf Grund des Risikos der vertikalen Übertragung kontraindiziert, denn die verfügbaren Lebendimpfstoffe sind für die Küken pathogen. Eine erfolgreiche Impfung sollte durch einen Virusneutralisationstest abgesichert werden. Eine Impfung der Legehennen kann durchgeführt werden, um einem Legeleistungsabfall vorzubeugen, der zu erheblichen wirtschaftlichen Verlusten führten kann. Es werden in Deutschland Lebendimpfstoffe eingesetzt, die über das Tränkwasser verabreicht werden. Zugelassen sind in Deutschland bisher nur Impfstoffe für Hühner, obwohl auch eine Impfung der Putenelterntiere zu empfehlen ist. Auf dem internationalen Markt stehen auch Impfstoffe für die Pute zur Verfügung. Kombinationsimpfstoffe mit dem Hühnerpockenvirus sind möglich und werden dann intradermal verabreicht.

8.2.1.2 Virushepatitis der Pute

Ätiologie

Es sind aus gesunden Puten sowie Tieren mit Erkrankungen des Gastrointestinaltraktes und/oder der Leber inzwischen unterschiedliche Erreger aus der Familie der *Picornaviridae* isoliert worden. In den USA und Ungarn wurden das sogenannte Turkey Megrivirus und das Turkey Gallivirus, die der Gattung Avihepatovirus angehören, beschrieben sowie kürzlich in den USA ein Turkey Avisivirus (TuASV), welches möglicherweise einer weiteren Gattung angehört. Die Darstellungen zu diesen Viren und klinischen Fällen der Virushepatitis bei der Pute sind zum Teil widersprüchlich.

Epidemiologie und Pathogenese

Grundsätzlich sind Picornaviren weit verbreitet und lassen sich sowohl in klinisch erkrankten wie auch gesunden Putenherden nachweisen. Deshalb ist ein eindeutig ätiologischer Zusammenhang zwischen den Picornaviren und dieser Erkrankung nicht leicht herzustellen. Picornaviren in Zusammenhang mit der Virushepatitis wurden in Nordamerika und einigen europäischen Ländern wie auch Italien und Großbritannien nachgewiesen. Seit wenigen Jahren werden klinische Fälle insbesondere bei jüngeren Tieren bis zur 6. Lebenswoche beschrieben, die mit Leberveränderungen einhergehen und zu einer deutlich erhöhten Mortalitätsrate führen. Studien aus dem Ausland zeigen, dass die Übertragung von Virushepatitis in erster Linie horizontal über den Kot erfolgt, während eine vertikale Übertragung bisher nur vermutet wird. Die Inkubationszeit beträgt 2 bis 7 Tage. Die Ausscheidung erfolgt über nahezu 4 Wochen nach der Infektion.

Klinik und Pathologie

Es kommt durch den Erreger der Virushepatitis vermutlich meist zu einer subklinischen Infektion. Zur Ausbildung klinischer Symptome kommt es wahrscheinlich erst durch den Einfluss weiterer Faktoren wie Stress und andere Begleitinfektionen. Es zeigt sich dann ein plötzlicher Tod von scheinbar klinisch unauffälligen Tieren. Mortalitätsraten bis 25 % wurden innerhalb von 7 bis 10 Tagen nach Auftreten erster Fälle beobachtet. Der Erreger der Virushepatitis kann auch unspezifische klinische Symptome verursachen, der ätiologische Zusammenhang ließ sich bei den Feldinfektionen jedoch nicht ausreichend abklären. Pathologisch-anatomisch zeigen sich konfluente oder multifokale Nekrosen von 1 bis 3 mm Größe in der Leber und gelegentlich gräulich-violette erhabene Herde im Pankreas. Histologisch zeigt sich eine Vakuolenbildung in den Hepatozyten, begleitet von einer Infiltration mit mononukleären Leukozyten sowie eine Gallengangsproliferation. In der späten Phase der Erkrankung kommt es zur Proliferation retikuloendothelialer Zellen und der Formierung von Riesenzellen. Im Pankreas bietet sich ein ähnliches Bild mit Degeneration der Drüsenzellen, Nekrosen und Infiltration von Entzündungszellen.

Diagnose

Die histologischen Veränderungen an Leber und gleichzeitig Pankreas erlauben eine Verdachtsdiagnose, aber andere virale und bakterielle Erkrankungen können ähnliche Veränderungen verursachen und müssen ausgeschlossen werden. Die Diagnose einer Picornavirusinfektion erfolgt mit Material aus Kot, Leber, Niere, Pankreas und Darm durch die RT-PCR. Die Virusisolation kann im embryonierten Hühner- oder Putenei nach Inokulation über den Dottersack erfolgen, führt jedoch nicht immer zum Erfolg und erfordert möglicherweise mehrere Passagen, bis es zum Absterben und der Ausbildung von Läsionen und Verzwergung bei den Embryonen kommt.

Bekämpfung

Außer den üblichen Hygienemaßnahmen und eine gezielte Reduktion von Stress stehen keine weiteren prophylaktischen Maßnahmen zur Verfügung.

8.2.1.3 Virushepatitis der Pekingente

Ätiologie

Die Virushepatitis der Pekingente (duck viral hepatitis, DVH) kann durch drei verschiedene Viren verursacht werden. Das vormals als Entenhepatitisvirus-I (DVH 1) bezeichnete Virus ist ein hochkontagiöses, entero- und hepatotropes Picornavirus. Es wurde vor kurzem umbenannt, wird nun als Entenhepatitis-A-Virus bezeichnet und in die neue Gattung Avihepatovirus eingeordnet. Mit dem Entenhepatitisvirus vom Typ III (DVH 3) wurde in den USA ein weiteres Picornavirus beschrieben, das sich antigenetisch von dem Typ I unterscheidet und auch keine Kreuzimmunität induziert. Neuerdings wird dieses Virus auch als Astrovirus eingruppiert. Bei der DVH-3-Infektion sind neben Leber- auch Nieren- und Pankreasläsionen zu beobachten. Als Entenhepatitisvirus vom Typ II (DVH 2) wird ein Astrovirus bezeichnet, welches bisher aber nur in England und auch eher bei älteren Tieren mit entsprechend milderer Klinik nachgewiesen wurde und deshalb, wie auch das DVH 3, nicht weiter in diesem Kapitel behandelt wird. Als weiteres Virus kann in der Leber klinisch gesunder Haus- und auch Wildenten auch das Hepatitis-B-Virus, ein Hepadnavirus, nachgewiesen werden. Ein davon zu unterscheidendes Hepadnavirus wurde weiterhin bei Schneegänsen nachgewiesen.
Neben der Pekingente sind auch Moschusenten empfänglich, bilden aber keine klinischen Symptome aus und können nur als Infektionsüberträger angesehen werden. Andere Nutzgeflügelarten konnten nur experimentell infiziert werden.

Epidemiologie und Pathogenese

Das Entenhepatitis-A-Virus (DVH 1) ist weltweit verbreitet. Die Ausscheidung erfolgt über den Kot und kann bis zu 8 Wochen nach der oralen Infektion andauern. Die Übertragung erfolgt häufig über kotkontaminierte Umgebung, Futter und Wasser, aber wahrscheinlich auch über belebte Vektoren wie Kleinnager und Wildvögel. Vermutlich spielt die vertikale Übertragung keine Rolle. Die Inkubationszeit beträgt zwischen einem und 5 Tagen. Das Virus breitet sich sehr schnell in betroffenen Beständen aus und bleibt in Kot für über einen Monat infektiös. In der 5. bis 6. Lebenswoche bildet sich eine Altersresistenz bei den Tieren aus. Maternale Antikörper bieten einen Schutz bis zu 14 Tagen nach dem Schlupf.

Klinik und Pathologie

Obwohl alle Altersgruppen für eine Infektion empfänglich sind und alle Wachstumsstörungen zeigen können, können schwere klinische Symptome bisher nur bei jungen Tieren bis etwa dem 7. Lebenstag beobachtet werden. Es kommt bei diesen Küken zu hohen Mortalitäten von bis zu 50 bis 95 % innerhalb von 3 bis 4 Tagen. Infizierte Tiere sind apathisch, haben halbgeschlossene Augen, blauverfärbte Schnäbel, fallen auf die Seite und zeigen ungerichtete Bewegungen mit den Gliedmaßen. Die Tiere versterben innerhalb weniger Stunden nach Krankheitsausbruch in Bauchlage mit in den Nacken überstreckten Köpfen (→ Abb. 8.5) sowie gespreizten Beinen in Robbenstellung. Die Lebern der Tiere sind nach Infektion mit allen drei Virustypen vergrößert und zeigen hämorrhagische punkt- und fleckenförmige Veränderungen. Auch Milz und Niere können geschwollen sein und jeweils Marmorierung oder vermehrte Blutfülle der Nierengefäße aufweisen. Herzmuskeldegenerationen werden ebenfalls beobachtet. Histologisch sind in der akuten Phase Leberzellnekrosen und später Gallengangshyperplasien zu

Abb. 8.5:
Klinische Symptome bei der Virushepatitis der Pekingente.

beobachten. Auch Blutungen und Einwanderung von Entzündungszellen sind zu finden.

Diagnose

Das klinische Bild und die hämorrhagischen Läsionen der Leber erlauben eine Verdachtsdiagnose und Letztere sind bei jungen Tieren unter 3 Wochen auch als pathognomonisch zu bezeichnen. Anhand des klinischen und pathologisch-anatomischen Bildes sind Picorna- und Astrovirus-Infektionen nicht zu unterscheiden. Das Entenhepatitis-A-Virus lässt sich sowohl in Entenembryo-Nierenzellkulturen mit einem zytopathogenen Effekt sowie in Enten- und Hühnerembryonen vermehren, was zur Verzwergung der Embryonen, Ödembildung, Grünverfärbung der Allantoisflüssigkeit sowie Lebernekrosen und subkutanen Blutungen führt. Die Entenembryonen versterben innerhalb von 24 bis 72 Stunden, während dies bei Hühnerembryonen bis zu einer Woche andauern kann. Eine Abgrenzung des Entenhepatitis-A-Virus zu dem ehemals als DVH 2 bezeichneten Astrovirus kann am besten durch Nachweis von Astroviren in Lebermaterial mit Hilfe der Elektronenmikroskopie erfolgen, eine Astrovirus-Isolation ist schwierig und würde über das embryonierte Enten- oder Hühnerei nach Inokulation über die Amnionhöhle über mehrere Blindpassagen erfolgen. Auch die Bestimmung von Leberenzym-Werten kann bei Veränderung der Serumkonzentrationen auf eine Schädigung der Leber hinweisen. Standardisierte und kommerziell erhältliche Detektionssysteme für Antikörper stehen nicht zur Verfügung. Verschiedene Virusneutralisationstest-Systeme in Zell- und Embryokulturen sind beschrieben worden.

Bekämpfung

Wichtig sind grundsätzlich umfangreiche Hygienemaßnahmen vor Einstallung von Entenküken sowie strenge Isolation der Tiere in den ersten Lebenstagen. Eine sehr gute Abschirmung von Wildwassergeflügel und Schadnagern ist zu empfehlen. Hohe maternale Antikörpertiter bei den Küken sind anzustreben, die durch eine zwei- bis dreimalige Impfung der Elterntiere zu erreichen sind. In Europa (Frankreich) steht eine Lebendvakzine zur Verfügung, und in Deutschland können auch autogene Impfstoffe eingesetzt werden. Die Elterntiere werden mehrfach bis spätestens 2 Wochen vor der Bruteigewinnung geimpft, somit kann eine Immunität bis zu über 9 Monaten erreicht und an die Nachkommen weitergegeben werden. Dies sollte serologisch vor der Bruteigewinnung überprüft werden. Antikörperfreie Küken könnten, soweit verfügbar, am 1. bis 2. Lebenstag mit einer attenuierten Lebendvakzine i.m. oder s.c. geimpft oder durch die zweimalige passive Übertragung von Rekonvaleszentenserum im Abstand von 8 bis 14 Tagen geschützt werden (0,5 ml/Tier i. m.). Die Übertragung von Rekonvaleszentenserum kann auch im Falle eines Ausbruchs in der frühen Phase zu einem Schutz von krankheits- und ansteckungsverdächtigen Tieren eingesetzt werden. Es ist zu berücksichtigen, dass es durch nur wenige Tierpassagen schnell zu einer Reversion des Impfvirus zu virulenteren Varianten im Feld kommen kann.

8.2.1.4 Aviäre Enterovirus-ähnliche Viren

Ätiologie

Die aviären Enterovirus-ähnlichen Viren sind noch nicht vollständig charakterisiert. Sie wurden zunächst in die Familie der Picornaviren eingeordnet. Aber seit neuerer Zeit werden zumindest einige dieser Viren, insbesondere solche, die bei Puten in Zusammenhang mit Darmstörungen nachgewiesen werden konnten, auch den Astroviren zugeordnet. Diese Erreger haben ebenfalls ein positives ssRNS-Genom.

Epidemiologie und Pathogenese

Die ökonomische Bedeutung dieser Viren ist unklar, sie sind jedoch weltweit verbreitet und kommen bei zahlreichen Vogelarten vor. Diese Viren können auch gelegentlich bei spezifisch-pathogen-freien Hühnern detektiert werden. Die Erreger werden horizontal und möglicherweise auch vertikal übertragen. Die Viren vermehren sich hauptsächlich in Enterozyten von Jejunum und Ileum. Dies führt zu einer Zerstörung der Darmzotten und somit zu Resorptionsstörungen und Durchfall.

Klinik und Pathologie

Die Viren können mindestens 14 Tage im Darminhalt infizierter Tiere nachgewiesen werden. Die Pathogenität der Enterovirus-ähnlichen Viren ist nicht genau bekannt. Es wird vermutet, dass diese Viren bei Hühner-, Puten- und Perlhuhnküken sowie möglicherweise auch bei anderen Vogelspezies Durchfall und eine Nephropathie bei Hühnereintragsküken auslösen können. Weiterhin sind nach experimenteller Infektion auch Pankreasläsionen beschrieben worden.

Diagnose

Die Virusvermehrung gelingt nicht einheitlich. Sie kann im Dottersack von Hühnerembryonen erfolgen, manche Stämme können aber auch in der Chorioallantoismembran vermehrt werden. Die Embryonen können absterben und Verzwergung zeigen. Manche Isolate vermehren sich auch in Zellkultur (Hühnerembryoleberzellen). Reoviren können das Wachstum von Enterovirus-ähnlichen Viren leicht überwuchern und erschweren die Diagnose. Mischinfektionen mit Beteiligung von Enterovirus-ähnlichen Viren sind im Feld häufig zu erwarten. Die Diagnose erfolgt meist durch elektronenmikroskopischen Nachweis oder auch in Kombination mit spezifischen Antikörpern in der Immunelektronenmikroskopie. Antiseren können auch eingesetzt werden, um einen Antigennachweis durchzuführen. Standardisierte, kommerziell erhältliche serologische Tests stehen nicht zur Verfügung. Der Erreger kann häufig in Zusammenhang mit Syndromen wie dem „poult-enteritis-syndrome" gemeinsam mit anderen Durchfallerregern isoliert werden.

Bekämpfung

Neben allgemeinen Hygienemaßnahmen stehen keine weiteren Prophylaxemaßnahmen zur Verfügung.

8.2.2 Astrovirusinfektionen

Die aviären Astroviren werden in die Gattung Aviastrovirus eingeordnet. Es sind kleine nicht-behüllte Viren mit einem Durchmesser von 28 nm und einem Positiv-Strang-RNS-Genom. Möglicherweise gehören einige der bei verschiedenen Vogelspezies im Kot nachgewiesenen sogenannten ‚small round viruses' in die Familie der *Astroviridae*. Bedeutsam für die Nutzgeflügelmedizin sind der Erreger der aviären Nephritis, die Puten- und Hühnerastroviren, die möglicherweise auch in Zusammenhang mit dem Runting-and-Stunting-Syndrom stehen können, sowie Erreger von Entenhepatitis, früher auch als Duck Hepatitis Virus (DHV) 2 und 3 bezeichnet.

8.2.2.1 Aviäre Nephritis

Ätiologie

Oft wird das aviäre Nephritisvirus (ANV) mit dem Malabsorptionssyndrom in Zusammenhang gebracht. Es gibt Hinweise, dass im Feld verschiedene Serotypen und Stämme mit unterschiedlicher Virulenz innerhalb eines Serotyps vorkommen.

Epidemiologie und Pathogenese

Das aviäre Nephritis-Virus ist in den Hühnerbeständen weltweit verbreitet, es sind insbesondere Hühnerküken subklinisch betroffen, aber auch serologisch positive Puten sind nachgewiesen worden. Die Übertragung erfolgt meist horizontal über orale Aufnahme des Erregers, auch eine vertikale Verbreitung ist möglich, wenn auch vermutlich von untergeordneter epidemiologischer Bedeutung. Die Inkubationszeit beträgt zwischen 3 und 10 Tagen nach experimenteller Infektion. Zielzellen sind Nierenepithelzellen, aber das Virus ist auch in anderen Organen wie Leber, Pankreas, Darm, Gehirn, Milz und Bursa cloacalis zu detektieren.

Klinik und Pathologie

Obwohl alle Altersgruppen infiziert werden können, so sind Hühnereintagsküken am empfänglichsten für die aviäre Nephritis (baby chick nephropathy). Sie können Durchfall und eine anschließend reduzierte Gewichtszunahme zeigen. Schwere Fälle werden mit dem Runting-and-Stunting-Syndrom und der Hühnerküken-Nephropathie in Zusammenhang gebracht und können zu einer erhöhten Mortalität (unter 10 %) führen.

Pathologisch-anatomisch sind eine blasse und geschwollene Niere und viszerale Uratansammlungen zu sehen. Histologisch kommt es zur Nekrose und Degeneration der Epithelzellen der proximalen Nierentubuli mit azidophilen Granula im Zytoplasma sowie Infiltrationen von Entzündungszellen. Im späteren Stadium kommt es zur Bildung von lymphoiden Follikeln im Interstitum. In Serosa und Parenchym können Uratansammlungen und sogenannte Gichtknoten detektiert werden.

Diagnose
Eine Virusanzucht aus Enddarmmaterial oder Nierenproben kann in Hühnerembryonen nach Inokulation über den Dottersack und unter anderem in Kükennierenzellen mit einem zytopathogenen Effekt erfolgen, Letzteres ist jedoch schwierig. Immunfluoreszenztechniken werden genutzt, um virales Antigen in der Niere, aber auch in Zellkultur und Hühnerembryonen zu detektieren. RT-PCR-Protokolle sind zur Detektion unterschiedlicher Virusgenabschnitte etabliert worden. Antikörper können über den Virusneutralisationstest (VNT), ELISA oder indirekten Immunfluoreszenztest nachgewiesen werden.

Bekämpfung
Zurzeit gibt es keine Empfehlungen außer hygienischen Maßnahmen, insbesondere um immunsuppressive Sekundärerkrankungen zu verhindern, die die Schwere der aviären Nephritis noch verstärken können.

8.2.2.2 Astrovirusinfektion der Pute

Ätiologie
Die Putenastroviren (TAsV) 1 und 2 werden in die Familie der *Astroviridae* (small round virus) eingeordnet.

Epidemiologie
Astroviren in Zusammenhang mit Durchfallerkrankungen werden seit Jahren in den USA, aber auch in verschiedenen Ländern in Europa (Deutschland), Afrika und Asien detektiert. Meist kommen sie zusammen mit anderen Durchfallerregern wie den Rotaviren der Gruppe D oder auch Corona-, Reo-, Aviäre-Nephritis- und Adenoviren vor (Poult-Enteritis-Komplex). Sie sind sehr weit verbreitet und auch bei gesunden Tieren nachweisbar. Insbesondere können Astroviren bei Tieren in den ersten 5 Lebenswochen, aber auch durchaus bis zur 12. Lebenswoche nachgewiesen werden. Die Ausmaße der ökonomischen Verluste durch Astroviren sind nicht bekannt. Nicht nur bei der Pute sind Astroviren beschrieben, auch bei anderen Nutzgeflügelspezies wie Enten, Gänsen, Wachteln und Hühnern sind Astroviren detektiert worden.

Klinik und Pathogenese
Putenherden zeigen klinische Symptome wie Durchfall, verschmutzte Federn insbesondere im Kloakenbereich, Unruhe, erhöhtes Wärmebedürfnis und Fressen der Einstreu, welche bis zu 14 Tagen nach Auftreten der ersten klinischen Symptome zu beobachten sind. Die Mortalität kann bis zu über 20 % betragen in Abhängigkeit vom Alter und den Umweltbedingungen der Tiere. Von großer wirtschaftlicher Bedeutung ist die schlechte Entwicklung mit mangelhaften Zunahmen (Bedeutung beim Poult-enteritis-mortality-Syndrom, PEMS, Runting-and-Stunting-Syndrom, RSS). Die Wachstumsstörungen erklären sich durch eine schlechte Absorption, der flüssig schaumige Darminhalt ist bedingt durch den osmotischen Effekt der schlecht verdauten und nicht resorbierten Disaccharide. Anzeichen von Entzündung sind histologisch nicht detektierbar.

Diagnose
Das Virus lässt sich in 20 Tage alten Putenembryonen nach Inokulation in den Dottersack oder in 25 Tage alten Putenembryonen nach Beimpfung über die Amnionhöhle vermehren.
Während Hühnerastroviren auch in Zellkultur (Hühnerembryoleberzellen) wachsen, ist die Vermehrung von Putenastroviren in vitro noch nicht gelungen. Die klassische Methode der Diagnose ist die Immunelektronenmikroskopie. Weiterhin wurden Antigen-Capture-ELISA-Systeme entwickelt, die sowohl das TAsV-1 als auch das TAsV-2 detektieren. Auch RT-PCR-Protokolle und qRT-PCR können zur Diagnose von Astroviren eingesetzt werden, eine Multiplex-PCR zur Diffe-

renzierung zwischen verschiedenen Durchfallerregern ist beschrieben.

Bekämpfung
Neben den allgemeinen Hygienemaßnahmen stehen keine weiteren Prophylaxemaßnahmen zur Verfügung. Die Einstreu ist möglichst trocken zu halten, und im Falle einer klinischen Erkrankung ist die Umgebungstemperatur anzuheben.

8.2.3 Reovirusinfektionen

Zu der Familie der Reoviren (respiratory enteric orphan virus), die beim Geflügel verschiedene Erkrankungen induzieren können, gehören die Gattungen Reo- und Rotaviren, welche durch ihr segmentiertes doppelsträngiges RNS-Genom sowie ein unbehülltes Virion charakterisiert sind. Es sind bei den Rotaviren 11 und bei den Reoviren 10 Segmente vorhanden, sodass es bei Doppelinfektionen durchaus zu einer Reassortierung der Genomsegmente kommen kann. Auf der anderen Seite wird aber angenommen, dass über 80% der Stämme apathogen sind und somit Reoviren auch von klinisch gesunden Tieren isoliert werden können. Aviäre Reoviren wurden erstmalig 1954 isoliert, zeigen heutzutage weltweite Verbreitung und kommen ubiquitär in der Umgebung von Nutzgeflügel vor. Reoviren wurden nicht nur im Zusammenhang mit der Virusarthritis, sondern auch mit zahlreichen anderen Erkrankungen des Respirations- und Darmtraktes, dem Malabsorptionssyndrom (Running-and-Stunting-Syndrom / Brittle-Bone-Disease), der blue wing disease, Einschlusskörperchenhepatitis, dem Hydroperikardsyndrom und bei Immunsuppressionen bei Huhn und Pute isoliert.

8.2.3.1 Reovirusarthritis / Tendosynovitis

Ätiologie
Die Erreger der Virusarthritis lassen sich in verschiedene Sero-, Sub- und Pathotypen unterteilen. Die Virusarthritis ist eine nur schwer zu diagnostizierende, aber wirtschaftlich durchaus bedeutsame Erkrankung der Masttyptiere, aber auch leichtere Linien können betroffen sein.

Epidemiologie und Pathogenese
Infektionen mit Reoviren sind sowohl in Geflügelbeständen als auch in Wildvogelpopulationen weit verbreitet. Während sich das klinische Bild der Virusarthritis beim Masthuhn Reoviren zuordnen lässt, konnte bei Puten die Erkrankung nicht experimentell reproduziert werden, obwohl auch bei dieser Spezies Reoviren bei Gelenkserkrankungen im Feld isolierbar sind. Die Übertragung des Virus erfolgt hauptsächlich horizontal über orale oder auch aerogene Infektion und möglicherweise auch über Hautverletzungen am Fuss, ist aber auch vertikal möglich. Die Erregerausscheidung erfolgt massiv während der akuten Infektion und nachfolgend intermittierend über den Darm- und Respirationstrakt über mindestens 10 Tage, gegebenenfalls auch deutlich länger. Die Inkubationszeit beträgt je nach Erregervirulenz und Wirtseigenschaften 4 bis 14 Tage. Oft wird die Infektion durch weitere Faktoren wie Fütterung und Haltungsbedingungen stark beeinflusst. Es bildet sich ab der 2. Lebenswoche eine Altersresistenz aus. Nach oraler Infektion kommt es zur ersten Virusvermehrung im Darmepithel und der Bursa cloacalis, ehe es zur Vermehrung in zahlreichen anderen Geweben kommt. Zielgewebe des Virus sind Darm, Intertarsalgelenk und Leber, wobei das Intertarsalgelenk für den Virusnachweis am aussagekräftigsten ist.

Klinik und Pathologie
Die Erkrankung verläuft oft subklinisch. Die Schwere der klinischen Erkrankung hängt unter anderem vom Alter des Wirts, seinem Immunstatus, der Infektionsroute sowie dem Viruspathotyp ab. Kommt es zur klinisch manifesten Erkrankung, sind Störungen des Allgemeinbefindens, Diarrhoe, Auseinanderwachsen ab der 2. Lebenswoche sowie Lahmheiten bis Immobilität ab der 4. Lebenswoche zu beobachten. Werden Elterntiere kurz vor oder während der Legeperiode infiziert, kommt es neben den Problemen am Bewegungsapparat zum Rückgang der Legeleistung, schlechteren Befruchtungs- und Schlupfraten sowie zu einer vertikalen Übertragung des Erregers auf die Nachkommen. Der Höhepunkt bei klinisch betroffenen Herden liegt zwischen der 7. und etwa 16. Lebenswoche. Die Morbiditätsrate

liegt bei 5 bis 20% mit geringer Mortalität. Die Tiere zeigen Bewegungsunlust sowie veränderte Gelenke und verdickte Sehnenbereiche.
Als pathologisch-anatomische Veränderungen zeigen sich entzündliche, ödematöse Schwellungen an den Sehnen und Sehnenscheiden mit petechialen Blutungen bis hin zu Sehnenverhärtungen und -zerreißungen, besonders des Musculus gastrocnemius, der Zehenstrecker und der Beuger des Metatarsus. Es sind insbesondere die Gelenke des Tarsus/Metatarsus betroffen, aber auch Zehengelenke und Ellenbogengelenk mit Erosionen am Gelenkknorpel, Exsudatbildung, Verklebungen und Petechien in der Synovialis. Die Entwicklung der Läsionen ist langsam, sie können erst nach 4 bis 7 Wochen nach Infektion im Kükenalter sichtbar werden. Innere Organe wie Leber, Milz, Niere, Herz, Lunge, Bursa cloacalis und Darm können ebenfalls Veränderungen wie Hämorrhagien sowie gelbliche Foci zeigen.
Histologisch lässt sich Exsudatbildung im Bereich der Gelenke und Sehnenscheiden entsprechend nachweisen sowie Hypertrophie und Hyperplasie der Deckzellen bis zu Zottenbildung in der chronischen Phase. Es ist in den ersten 7 bis 15 Tagen eine Infiltration von Entzündungszellen sowie eine Fibrosierung bis hin zur Periostitis in den betroffenen Abschnitten des Bewegungsapparates zu detektieren. Auch in den veränderten inneren Organen kommt es zur Infiltration von Entzündungszellen bis hin zur Bildung von Nekroseherden. Sehnenabschnitte können in der chronischen Phase ganz durch Granulationsgewebe ersetzt werden.

Diagnose

Die Diagnose ist in Zusammenhang mit den Läsionen am aussagekräftigsten. Die Virusanzucht kann im embryonierten Hühnerei nach Inokulation über den Dottersack erfolgen. Es kommt zum Absterben der Embryonen nach 5 bis 6 Tagen mit sukutanen Hämorrhagien sowie gelblich-grünen Nekroseherden in der Leber und der Ausbildung von Synzytien in der Zellkultur. RT-PCR-Systeme mit Restriktionsfragmentlängenpolymorphismus (RFLP) stellen schnelle Alternativen dar und bieten die Möglichkeit der weiteren Differenzierung. Der Nachweis von Serumantikörpern kann in kommerziellen ELISA-Systemen, aber auch dem Virusneutralisationstest erfolgen, wobei die Titer keine sichere Aussage über Protektion gegen homologe und heterologe Belastungsstämme erlauben. Weiterhin ist nur ein deutlicher Titeranstieg bei gepaarten Serumproben hinweisend auf eine Feldinfektion. Reoviren lassen sich sowohl in primären Hühnerembryo- (insb. Hühnerembryoleberzellen) als auch in Hühnerkükenzellkulturen anzüchten und führen schon oft innerhalb von 24 bis 48 Stunden zur Bildung von Synzytien und Riesenzellen.

Bekämpfung

Die höchste Empfänglichkeit zeigen Eintagsküken, deshalb sollten die Küken hohe maternale Antikörper zum Zeitpunkt der Einstallung aufweisen. Die zweimalige Impfung der Elterntiere meist über die subkutane oder intramuskuläre Route z. B. in der 5. bis 7. oder 9. bis 15. Lebenswoche mit unterschiedlich stark attenuiertem Lebendimpfstoff sollte rechtzeitig vor Legereife erfolgen, um vertikale Übertragungen zu vermeiden. Auch Inaktivatimpfstoffe sind verfügbar, für Boosterimpfungen geeignet und induzieren hohe zirkulierende Antikörpertiter. Bei hohem Felddruck ist auch eine dreimalige Impfung angeraten. Aber auch die Impfung von Eintagsküken über Spray oder subkutan mit Lebendimpfstoff ist möglich (Achtung: mögliche Interferenz mit Marek-Impfstoffen). Puten und andere Nutzgeflügelarten werden nicht routinemäßig gegen die Virusarthritis geimpft. Ein Impfschutz ist gegen homologe Stämme zu erwarten. Antiinfektiva zur Kontrolle der Begleitinfektionen sowie Vitamin- und Mineralstoffgaben können die Verluste mildern. Grundsätzlich stehen dem Markt auch zugelassene Impfstoffe gegen die enterische Form bei Hühnern zur Impfung von Elterntieren zur Verfügung.

8.2.3.2 Infektiöse Myokarditis des Gössels

Ätiologie

Der Erreger der infektiösen Myokarditis des Gössels (IMG) ist den Reoviren zuzuordnen.

Epidemiologie und Pathogenese
Die Übertragung und Ausbreitung des Virus erfolgt vertikal und horizontal bereits während des Schlupfes innerhalb des Brutschrankes und in den ersten Lebenstagen über Kot (bis zur 2. bis 3. Woche). Der Verlauf der Erkrankung ist seuchenartig und geht mit hohen Sterberaten einher. Die Vermehrung des Virus erfolgt im Atem- sowie Verdauungstrakt und in Herzmuskelfasern. Ab der 3. Lebenswoche bildet sich eine Altersresistenz aus. Der Erreger kann lange im Reproduktionstrakt persistieren und dann zu Beginn der Legetätigkeit wieder aktiviert werden.

Klinik und Pathologie
Die Inkubationszeit beträgt 3 bis 6 Tage. Es erkranken nur Gänseküken bis zum Ende der 3. Lebenswoche, wenn spezifische maternale Antikörper fehlen. Ab dem 6. bis 8. Lebenstag zeigt sich ein schneller und systemischer Krankheitsverlauf. Die Morbiditäts- und Mortalitätsraten können mit über 60 % hoch sein, erkrankte Tiere versterben innerhalb von 24 bis 48 Stunden. Erkrankte Gänseküken zeigen stärkeren Schleimausfluss aus Schnabel, Nasenöffnungen und Augen mit Kopfschleudern, Schnabelatmung, dünnflüssigem sowie schleimig grün-weißlichem Durchfall. Die Tiere kommen zum Festliegen. Gelegentlich kommt es auch zur Ausbildung von Arthritis.
Pathologisch-anatomisch sind auffällig eine Exsikkose, Perikarditis und ein blasser, schlaffer, gräulicher Herzmuskel. Es können Gallestauung mit dunkel grünlicher Leber, flüssiger, schleimiger Inhalt in Ösophagus und Drüsenmagen sowie fibrinöse Auflagerungen auf Herz, Leber und Luftsäcken gefunden werden. Dieses Bild wird durch den pathohistologischen Befund bestätigt. Deutlich sichtbar sind Degenerationen der Herzmuskelfasern und Nekroseherde in der Leber.

Diagnose
Der Erreger der infektiösen Myokarditis des Gössels lässt sich gut elektronenmikroskopisch darstellen und sowohl in primären Gänse- als auch Hühnerembryozellkulturen anzüchten, wo es zur Bildung von Synzytien kommt. Die Dottersackinokulation von Gänse- und Hühnereiern verursacht Embryotod mit Hämorrhagien sowie gelblich-grünen Nekroseherden in der Leber. Es sind auch RT-PCR-Protokolle für den Erregernachweis beschrieben.

Bekämpfung
Gute Haltungsbedinungen, Vermeidung von Sekundärinfektionen sowie Durchseuchung der Elterntiere in einem für die klinische Erkrankung nicht-empfänglichen Alter werden zur Prävention eingesetzt. Eine Verabreichung von Rekonvaleszentenserum in den ersten Lebenstagen (0,5–1,0 ml i.m.) ist möglich.

8.2.3.3 Reovirusinfektion der Moschusente und Gans

Ätiologie
Reoviren wurden in Zusammenhang mit Erkrankungen bei Moschusenten, Gänsen und anderen Wassergeflügelarten isoliert. Primär pathogene Eigenschaften dieser Erreger konnten bei Ente und Gans nachgewiesen werden. Die Reoviren des Wassergeflügels unterscheiden sich antigenetisch von denen des Huhnes.

Epidemiologie und Pathogenese
Über die Epidemiologie und Pathogenese liegen bisher kaum Informationen vor. Reoviren gehören zu den wichtigsten Erregern von Jungtiererkrankungen bei Moschusenten in Ländern mit Intensivhaltungen wie z. B. Frankreich. Die Viren werden über Kot ausgeschieden und dann über kontaminiertes Futter und Wasser horizontal weiterverbreitet. Die Inkubationszeit beträgt 3 bis 7 Tage bei jungen Tieren, während ältere Tiere stumm durchseuchen. Virusvermehrung wurde in verschiedenen inneren Organen wie Leber, Milz und Niere, aber auch Pankreas nachgewiesen.

Klinik und Pathologie
In 2 bis 4 Wochen alten Enten kann die Reovirusinfektion zu Mortalitäten bis zu 10 %, aber gelegentlich auch bis zu 50 % führen. Die Tiere sind meist ab etwa dem 10. Lebenstag klinisch auffällig. Sie sind apathisch und zeigen Durchfall und verklebte Augenlider. Überlebende Tiere bleiben

im Wachstum zurück. In der Sektion fallen marmorierte Milzen und vergrößerte, brüchige Lebern mit Nekroseherden, vergrößerte, blasse Nieren und im späteren Verlauf auch fibrinöse Perikardits auf. Histologisch sind in den veränderten Organen mononukleäre Zellinfiltrationen in den serösen Häuten sowie Ansammlungen von Fibrin zu erkennen. Nekrotische Veränderungen können in Milz und Leber nachgewiesen werden. Auch die Sehnenscheiden an den Gliedmaßen können exsudative entzündliche Läsionen aufweisen.

Diagnose
Der Erreger ist in Nierenzellkulturen sowie in embryonierten Eiern von Moschusenten anzüchtbar. Er führt in der Zellkultur zu einem zytopathogenen Effekt mit möglicher Synzytienbildung. Es sind weiterhin molekulare Methoden für den Erregernachweis beschrieben worden. Antikörper können im Virusneutralisationstest nachgewiesen werden.

Bekämpfung
Außer den üblichen Hygienemaßnahmen stehen keine weiteren prophylaktischen Maßnahmen zur Verfügung. Es kann in gefährdeten Beständen eine Prophylaxe innerhalb der ersten Lebenstage mit Rekonvaleszentenserum erfolgen.

8.2.3.4 Rotavirusinfektionen

Ätiologie
Anhand der antigenen Eigenschaften werden Gruppen, Subgruppen und Serotypen bei den Rotaviren unterschieden. Bei Vögeln sind bisher die Rotaviren der Gruppen A, D, F und G identifiziert worden, eine Transmission von Rotaviren anderer Säugerspezies auf das Geflügel kann nicht ausgeschlossen werden.

Epidemiologie und Pathogenese
Rotaviren wurden in einer Vielzahl von Vogelarten mit weltweiter Verbreitung nachgewiesen. Eine ökonomische Bedeutung der Rotavirusinfektion wird vermutet. Das Virus kann in bis zu 50 % klinisch an Durchfall erkrankter Herden nachgewiesen werden, während in einer Feldstudie nur bis zu 20 % der Tiere gesunder Herden Rotavirus-positiv waren. Unter Feldbedingungen kann eine Herde mehrere Rotavirusinfektionen durchlaufen. Obwohl alle Altersgruppen empfänglich sind, treten die Erkrankungen meist bei Jungtieren nach oraler Aufnahme des Erregers bis zu einem Alter von 6 Wochen auf. Das Virus vermehrt sich in den Dünndarmepithelzellen im apikalen Bereich der Zotten und wird massiv über den Kot ausgeschieden. Die virusbedingte Zellablösung im Zottenbereich und die Ansammlung eher unreifer, schlecht differenzierter Darmepithelzellen führt dazu, dass die Kohlenhydratresorption stark vermindert ist und es zu einer osmotischen Diarrhoe kommt.

Klinik und Pathologie
Die Inkubationszeit sowie auch der Krankheitsverlauf sind kurz. Es kommt zu einer Reduktion der Futteraufnahme, Aufnahme von Einstreu, Auseinanderwachsen der Tiere auf Grund von Wachstumsdepression klinisch erkrankter Tiere, wässrigem Durchfall und somit feuchter Einstreu sowie gelegentlich geröteten Kloaken. Die Mortalitätsrate kann insbesondere bei Fasanen zwischen 30 und 50 % liegen, ist jedoch bei Huhn und Pute meist deutlich geringer.
Pathologisch-anatomisch stellt sich eine Dehydratation dar, die Muskelmägen sind mit Einstreu gefüllt, der oft gelbliche Darminhalt ist flüssig-schaumig. Histologisch finden sich in Abhängigkeit vom Rotavirusstamm im Dünndarm eine basale Vakuolenbildung der Enterozyten, Abschilferung, Villusatrophie sowie Fusion der Villi und massive leukozytäre Infiltrationen in die Lamina propria. Es kommt zu einer Veränderung des Verhältnisses zwischen Zottenlänge und Kryptentiefe. Die Veränderungen sind ausgeprägter in den vorderen Darmabschnitten.

Diagnose
Das Virus ist mindestens 16 Tage nach Infektion noch im Kot oder Darminhalt nachzuweisen. Die sensitivste Methode zum Rotavirusnachweis ist die Elektronenmikroskopie. Auch der Nachweis des segmentierten RNA-Genoms (n = 11) in der Elektrophorese ist eine sensitive Möglichkeit. Für epidemiologische Fragestellungen kann auch eine

Unterscheidung der Isolate anhand ihrer Zugehörigkeit zu Elektropherogruppen nach elektrophoretischer Auftrennung der Genomsegmente vorgenommen werden. Heutzutage bietet es sich weiterhin an, die RT-PCR zur Detektion des Virus einzusetzen, RT-PCR-multiplex-Systeme sind beschrieben und erlauben den gleichzeitigen Nachweis auch anderer häufig zu findender Durchfallerreger (Poult-Enteritis-Komplex / Poult-Enteritis-Syndrom) sowie auch eine Differenzierung von aviären Gruppe-A- und D-Rotaviren. Die Anzüchtung kann in Hühnerembryonieren- und Leberzellkulturen sowie Rhesusaffennierenzellen (MA104) erfolgen und erfordert den Zusatz von Trypsin, erlaubt aber nur den verlässlichen Nachweis der Gruppe-A-Rotaviren. Ein zytopathischer Effekt ist oft erst nach einigen Passagen zu beobachten. Eine Virusvermehrung wurde für einige Isolate auch im embryonierten Hühnerei nach Inokulation in den Dottersack beschrieben. Die Embryonen können absterben und zeigen Hämorrhagien und Kümmerwachstum. Es stehen auch kommerzielle ELISA-Systeme zum Nachweis von Gruppe-A-Rotaviren aus dem Kot zur Verfügung, aber es gibt bisher keine kommerziellen Tests zur Detektion der auch häufig beim Geflügel vorkommenden Gruppe-D-, Gruppe-E- und Gruppe-G-Rotaviren. Ein Antikörpernachweis ist möglich, aber wegen der weiten Verbreitung des Erregers schwer zu interpretieren.

Bekämpfung

Eine Infektion lässt sich kaum unterbinden, da das Virus weit verbreitet ist. Impfstoffe stehen nicht zur Verfügung, die antigene Vielfalt sowie die Problematik der Anzucht erschweren die Entwicklung einer geeigneten Vakzine. Maternale Antikörper schützen nur unzuverlässig in sehr hohen Titern und auch nur über einen kurzen Zeitraum in der 1. Lebenswoche. Durch Vermeidung von immunsuppressiven Einwirkungen kann aber die Gefahr der klinischen Manifestation verringert werden. Einsatz von Antiinfektiva gegen bakterielle Sekundärerreger reduziert die Mortalitätsrate. Allgemeine Hygienemaßnahmen stehen im Vordergrund der Prävention.

8.2.4 Infektiöse Bursitis oder Gumboro-Krankheit

! ES BESTEHT MELDEPFLICHT.

Ätiologie

Das unbehüllte, etwa 55 bis 60 nm große Gumborovirus (Infektiöse-Bursitisvirus, IBDV) gehört zur Familie der *Birnaviridae*. Das Genom besteht aus einer bisegmentierten, doppelsträngigen RNS. Das Segment A kodiert für die Strukturproteine des Kapsids (Virusprotein [VP] 2, VP3 sowie VP4, eine virale Protease, und das Nichtstrukturprotein (VP5), dessen Funktion nicht genau bekannt ist. Es scheint jedoch eine Bedeutung für die Virulenz des Virus zu haben. Das Segment B kodiert für VP1, die für die Virusvermehrung notwendige RNS-abhängige RNS-Polymerase. Es sind drei Antigentypen bekannt, klassische und variate Serotyp-1- und Serotyp-2-Viren. Serotyp 1 umfasst die pathogenen Stämme und infiziert hauptsächlich Hühner, ist jedoch auch bei klinisch unauffälligen Enten, Gänsen und anderen Vogelspezies nachgewiesen worden. Serotyp-2-Stämme sind apathogen und bei Hühnern und Puten nachgewiesen worden. Bei den Serotyp-1-Stämmen werden je nach Virulenz unterschieden: milde, intermediärvirulente (intermediate), intermediate plus, klassisch virulente und hoch-virulente (very virulente, vv) Stämme sowie die zuerst in den USA beschriebenen varianten Stämme, die mittlerweile auch in Europa zu finden sind.

Weitere Birnaviren können auch noch bei anderen Nutzgeflügelerkrankungen eine Rolle spielen, wie bei der übertragbaren viralen Proventrikulitis (chicken proventricular necrosis virus, R11/3 virus), welche beim Masthuhn mit Entwicklungsstörungen und sowohl pathologisch-anatomisch als auch mikroskopisch erkennbaren Läsionen des Drüsenmagens einhergeht.

Epidemiologie und Pathogenese

IBDV ist nahezu weltweit verbreitet. Die Erkrankung wurde erstmals 1962 in Gumboro, Delaware, USA als ‚aviäre Nephrose' wegen der auffälligen Nierenveränderungen beschrieben, was zur

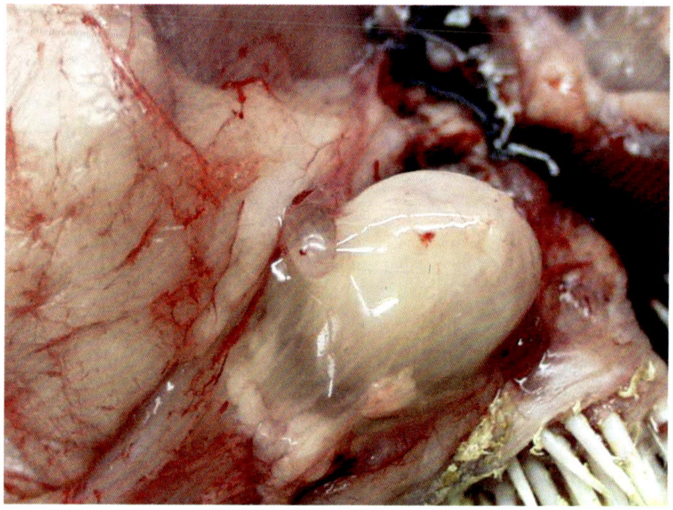

Abb. 8.6:
Akute infektiöse Bursitis mit Bursaödem.

Namensgebung führte. IBDV induziert eine akut oder subklinisch verlaufende Infektionskrankheit bei Hühnern, die mit einer Immunsuppression und oft Sekundärinfektionen einhergeht und zu großen wirtschaftlichen Verlusten führen kann.

Die Übertragung des Erregers erfolgt in erster Linie horizontal über infizierte Tiere, kontaminierte Einstreu, Betreuungspersonal, Schadnager und Insekten, wie z. B. den Getreideschimmelkäfer *(Alphitobius diaperinus)*. Es gibt keine Hinweise auf eine vertikale Übertragung. Neben Hühnern, Puten und Enten können auch verschiedene andere Vogelarten infiziert werden, scheiden das Virus jedoch nur kurz aus, zeigen keine klinische Symptomatik und haben epidemiologisch wahrscheinlich keine Bedeutung. IBD läuft als zyklische Infektionskrankheit ab. 4 bis 5 Stunden nach Vi-

Abb. 8.7:
(a) Histologie der Bursa cloacalis eines nicht-infizierten Tieres mit deutlicher Darstellung der Bursafollikel und Unterscheidung von Kortex (K) und Medulla (M); **(b)** pathohistologische Bursaläsionen nach Infektion mit IBDV mit einer lymphoiden Zelldepletion (HE-Färbung).

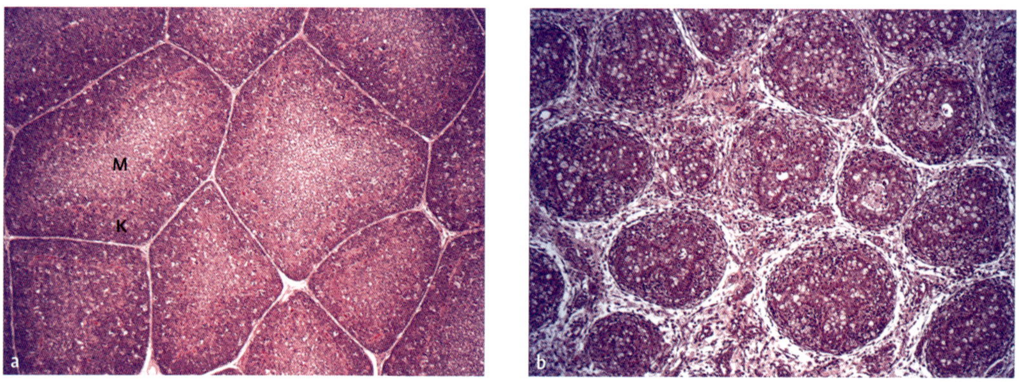

rusaufnahme ist IBDV in Makrophagen und lymphoiden Zellen des Darms nachweisbar. Über die Pfortader erreicht das Virus die Leber und in einer ersten Virämiephase dann innerhalb von 24 Stunden nach Infektion das Hauptzielorgan, die Bursa cloacalis (Fabricii). Dort findet eine rasante Virusvermehrung statt, und in einer zweiten Virämiephase werden dann andere lymphoide Organe sowie auch Leber und Niere erreicht. Die Pathogenese des Gumborovirus variiert stark in Abhängigkeit von der Virulenz des Stammes, dem Alter und dem genetischen Hintergrund des Tieres. Die Virulenz des Stammes beeinflusst auch die Dauer der Immunsuppression sowie die Rekonvaleszenzzeit, die für Impfstämme kurz ist, aber für virulente Stämme mehrere Wochen betragen oder auch zu einer permanenten Abwehrschwäche führen kann.
Die Hauptzielzellen sind proliferierende B-Zellen, aber auch Makrophagen können infiziert werden, was zur Immunsuppression bei dem infizierten Tier führen kann. Die Zerstörung der B-Zellen beeinträchtigt die Impffähigkeit der infizierten Tiere dahingehend, dass nach Applikation eines Impfstoffes IBDV-infizierte Tiere nur unzureichend oder keine Antikörper bilden und es somit zu Impfdurchbrüchen im Feld kommen kann.

Klinik und Pathologie

Zur klinischen Erkrankung kommt es nach einer kurzen Inkubationszeit von 18 Stunden bis 3 Tagen bei empfänglichen Jungtieren zwischen der 3. und 12. Lebenswoche, während jüngere Tiere meist keine klinischen Symptome zeigen, jedoch eine schwere und auch lang anhaltende Immunsuppression entwickeln. Klinisch werden unspezifische Symptome wie Mattigkeit bis hin zum Festliegen und zu Todesfällen bis um den 5. bis 7. Tag nach experimenteller Monoinfektion beobachtet. Die Morbidität liegt zwischen 80 und 100 %, die Mortalität schwankt in Abhängigkeit von der Virulenz des IBDV-Stammes zwischen 5 und 100 %. Variante Stämme induzieren kaum klinische Symptome, jedoch deutliche Bursaläsionen. Infizierte Tiere erscheinen häufig unruhig, können den Bauch bepicken und gelegentlich kommt es zu wässrigem, grünlich-weißem Durchfall. Überleben die Tiere, so sind Leistungseinbußen und oft auch Sekundärinfektionen zu beobachten.
Pathologisch-anatomisch zeigt sich in der akuten Phase um den 3. bis 4. Tag nach Infektion ein deutliches Bursaödem, die Bursa ist mit einer gelartigen Schicht überzogen (→ Abb. 8.6), die als pathognomonisch einzustufen ist. Anfänglich kommt es zu einer Vergrößerung der Bursa cloacalis, welche um den 7. Tag in eine Atrophie übergeht. Die Bursa cloacalis erscheint streifig, derb, gelblich und kann auch hämorrhagisch verändert sein. Im Inneren der Bursa cloacalis kann nekrotisches Material zu finden sein. Gelegentlich sind Blutungen im Bereich der Muskulatur und der Unterhaut bei virulenteren Stämmen zu beobachten. In der akuten Phase kann die Milz marmoriert und vergrößert sein, während die Niere geschwollen ist und später zum Zeitpunkt des Todes durch Dehydratation eine deutliche Renkulizeichnung aufweisen kann.
Histologisch sind je nach Virusstamm nekrotische oder aber auch vermehrt apoptotische Veränderungen in der Bursa cloacalis und bei virulenteren Stämmen auch in anderen lymphoiden Organen zu finden. Das Virus führt durch die Infektion zu einer Depletion der B-Zellen mit Verlust der Bursafollikel (→ Abb. 8.7b) häufig begleitet von einer Infiltration mit heterophilen Granulozyten, Makrophagen, Ödembildung und auch Blutungen. In der subakuten bis chronischen Phase kommt es dann zur Zystenbildung in der Bursa cloacalis sowie interfollikulärem bindegewebigem Ersatzgewebe. In der Erholungsphase ist je nach Virulenz des IBDV-Stammes eine schnellere oder bei virulenteren Isolaten langsamere Regeneration des Bursagewebes und der Bursafollikel zu beobachten.

Diagnose

Die Anzucht nicht attenuierter Feldviren in Zellkultur erfordert häufig zahlreiche Blindpassagen, es eignen sich neben Hühnerembryofibroblasten zahlreiche andere primäre (Puten- und Entenfibroblasten, Nierenzellen) und permanente Zelllinien (z. B. Vero, BGM-70, PK-13) für die Anzucht. Die Anzucht von vvIBDV-Stämmen gelingt oft nur im embryonierten Hühnerei, bevorzugt nach Inokulation über die Chorioallantoismembran, oder im Tierversuch. Molekularbiologische Methoden (RT-PCR, qRT-PCR, RT-LAMP) sind beschrieben, die z. T. neben der Diagnose auch eine Einordnung der Viren nach Virulenz (attenuiert, vv und variant) und nach Sequenzierung der Gensequenz des VP2 und VP1 eine epidemiologische Zuordnung ermöglichen. Weil mit Reassortanten und rekombinanten Viren im Feld zu rechnen ist, sollten beide Genomabschnitte berücksichtigt werden. Eine eindeutige Zuordnung dieser Viren zu bestimmten Pathotypen ist jedoch nur im Tierversuch möglich. Weiterhin stehen kommerzielle ELISA-Systeme für die serologische Untersuchung zur Verfügung. Eine Differenzierung zwischen einer Infektion mit Serotyp-1- und -2-Stämmen ist nur im Virusneutralisationstest möglich. Weitere serologische Tests sind beschrieben, werden aber selten eingesetzt. Die Erhebung des Antikörperstatus bei Küken kann eine Bestimmung des optimalen Impfzeitpunktes erleichtern.

Bekämpfung

Grundsätzlich ist zu berücksichtigen, dass IBDV auf Grund seiner hohen Tenazität bis zu über 122 Tage infektiös in der Stallumgebung bleiben kann. Neben den allgemeinen Hygiene- und abschirmenden Maßnahmen steht die Prophylaxe durch Vakzination im Vordergrund. Neutralisierende, serotypspezifische Antikörper werden in erster Linie gegen das VP2 gebildet, während Antikörper gegen VP3 keine schützende Wirkung haben und zwischen beiden Serotypen kreuzreagieren. Elterntiere und Nachkommen werden geimpft. Während hohe maternale Antikörper eine Infektion der Jungtiere verhindern, sind Tiere mit niedrigen maternalen Antikörperleveln oder bei variablem Titer innerhalb einer Herde nicht gegen eine Feldinfektion geschützt. In Deutschland hat sich eine kombinierte Immunprophylaxe in den letzten Jahren durchgesetzt. Elterntiere können alleinig mit Lebendimpfstoffen geimpft werden, um die Küken in der frühen Phase nach dem Schlupf durch maternale Antikörper zu schützen. Die Antikörperlevel nehmen dann aber relativ schnell ab, sodass die Tiere nach etwa 2 bis 3 Wochen relativ schnell impffähig werden. Die Elterntiere können aber auch mit Inaktivatimpfstoffen geboostert werden, um möglichst gleichmäßige und hohe Antikörperlevel bei den Nachkommen zu erzielen, sodass ein längerer Schutz von meist 4 bis 5 Wochen erzielt wird, bevor die aktive Immunisierung der Küken erfolgen kann. Die Endproduktherden sollten nach Abfall der maternalen Antikörper mit einer Lebendvakzine immunisiert werden. Je nach Haltungszeitraum sind Boosterimpfungen notwendig. Die Wahl des Impfstammes und des optimalen Impfzeitpunktes richtet sich nach dem IBDV-Felddruck, dem Alter sowie der Höhe und Homogenität der maternalen Antikörperlevel sowie nach dem genetischen Hintergrund der Tiere. Als Richtwert kann der optimale Impfzeitpunkt mit Hilfe der Deventerformel ermittelt werden (z. B. http://www.ajdaderam.com/download/optimal-time-of-vaccination.pdf). Es ist davon auszugehen, dass virulentere Impfstoffe auch zu sichtbaren, jedoch temporären Bursaläsionen führen können, welche oft nicht von den durch Feldviren verursachte Läsionen zu unterscheiden sind. Es sind in Deutschland „intermediate" und „intermediate plus" Vakzinen zugelassen. „Mild", „mild intermediate" und „variate" Vakzinestämme sind international zugelassen, werden aber in Deutschland momentan nicht eingesetzt. Die In-ovo-Vakzination oder Immunisierung von Eintagsküken mit sogenannten Immunkomplexvakzinen, welche aus einem Lebendvirus komplexiert mit Antikörpern hergestellt werden, um die Restpathogenität des Impfvirus zu reduzieren, ist eine Alternative zur Impfstoffverabreichung über das Tränkwasser. Ein weiterer Impfstoff auf der Basis einer HVT-IBD-Vektorvakzine ist ebenfalls zugelassen und kann zur In-ovo-Applikation oder Verabreichung direkt nach dem Schlupf trotz maternaler Antikörper eingesetzt werden. Andere Neue-Generationsimpfstoffe wie Subunit- oder DNS-Impfstoffe sind bisher nur experimentell getestet worden und noch nicht marktreif.

8.2.5 Aviäre Influenza

ES BESTEHT ANZEIGE- BZW. MELDEPFLICHT.

ACHTUNG: Zoonosepotenzial für verschiedene Subtypen (u.a gezeigt für H5, H7 und H9)

Ätiologie

Der Erreger der aviären Influenza (aviäres Influenzavirus, AIV) gehört in die Familie der *Orthomyxoviridae* und in die Gattung Influenzavirus A. Es handelt sich um umhüllte 75 bis 120 nm große Viren mit einem segmentierten sRNS-Genom. Die hohe Mutationsrate (Antigen-Drift) ist von besonderer Bedeutung für die Gefahr der Entstehung von Ausbrüchen der klassischen Geflügelpest in den Nutzgeflügelbeständen, während der Austausch von Gensegmenten nach Infektion einer Zelle mit verschiedenen Influenzaviren zur Entstehung von Reassortanten und zu Pandemien insbesondere in der Humanmedizin führen kann (Antigen-Shift). Je nach Antigenstruktur der Oberflächenantige Hämagglutinin (HA) und Neuraminidase (NA) können verschiedene Subtypen unterschieden werden, die bei unterschiedlichen Spezies vorkommen können (→ Tab. 8.5). Das HA vermittelt unter anderem die Bindung des Virus an die Rezeptoren der Wirtszellen. Es liegt als Vorläuferprotein HA0 vor und muss durch entsprechende proteolytische Enzyme der Wirtszelle gespalten werden. Von der Aminosäuresequenz der Spaltstelle hängt ab, ob das HA0 nur lokal im Respirations- und Darmtrakt durch Trypsin-ähnliche Proteasen gespalten werden kann, oder ob eine systemische Infektion möglich ist, wenn ubiquitär vorhandene Enzyme, wie die der Furin-Familie, spalten können. HA hoch-virulenter Stämme (highly-pathogenic avian influenza virus, HPAIV) haben mehrere (mindestens 3) basische Aminosäuren (Arginin, Lysin) im Bereich der Spaltstelle und können somit in zahlreichen Zellen und Organen replizieren und eine schwere systemische Infektion, die klassische Geflügelpest, verursachen. Somit sind beim Nutzgeflügel je nach Virulenz zwei Krankheiten zu unterscheiden, die durch AIV verursacht werden können: die klassische Geflügelpest (Fowl Plague), verursacht durch HPAIV, sowie die aviäre Influenza, verursacht durch low-pathogenic avian influenza virus (LPAIV). Da das klinische Bild unterschiedlich ist, werden diese beiden Krankheiten nachfolgend getrennt dargestellt, obwohl sie beide von aviären Influenzaviren verursacht werden. Diagnostisch werden HPAIV als solche eingestuft, wenn sie im Tierversuch einen intravenösen Pathogenitätsindex (IVPI) von ≥ 1,2 aufweisen. Die Sequenzierung der Spaltstelle des HA und der Nachweis von multiplen basischen Aminosäuren geben einen Hinweis auf ein HPAIV, zur endgültigen Einstufung der Virulenz ist bei einem Erstnachweis der Tierversuch durchzuführen. Für die weiterführende Diagnostik und Charakterisierung der AIV ist das nationale Referenzlabor für AIV zuständig (Friedrich-Löffler-Institut, Riems).
Kombinationen mit verschiedenen N-Subtypen (N1–N9) sind möglich (z. B. H5N1; H9N2; H7N7 usw.). Ein H17-Subtyp ist mittlerweile ebenfalls beschrieben und wurde in Fledermäusen nachgewiesen. Die Rolle des Vogels ist für diesen Subtyp nicht näher untersucht. Anzeigepflicht besteht bei einem IVPI von > 1,2 und/oder bei Nachweis von multibasischen Aminosäuren an der Spaltstelle des HA0.

Epidemiologie und Pathogenese

Von besonderer Bedeutung ist die hohe Mutationsrate des AIV. Während in Wildvögeln in der Regel niedrig virulente AIV-Varianten (LPAIV) nachgewiesen werden und insbesondere die Wildwasservögel das natürliche Reservoir für diese Viren darstellen, kann es nach Infektion von Nutzgeflügel durch entsprechende Mutationen im Bereich der Spaltstelle des HA zur Entstehung hochvirulenter Viren (HPAIV) kommen. Aber auch Mutationen im Bereich anderer Virusproteine wie z. B. des Polymerase-Komplexes oder Nicht- Strukturproteins 1 (NS1) können zur Steigerung der Virulenz beitragen. Dieser Antigen-Drift von LPAIV zu HPAIV ist bisher für die HA-Subtypen H7 und H5 beschrieben worden. Das Matrix- und Nukleoprotein ist relativ stabil und deshalb auch häufig Ziel diagnostischer Untersuchungen zum Nachweis von Influenza-A-Viren. HPAIV verursa-

Tab. 8.5:
Vorkommen der unterschiedlichen AIV Subtypen beim Vogel

Subtypen	Vorkommen u. a. bei Spezies	Krankheitsbild beim Nutzgeflügel	Anzeige- (A) oder Meldepflicht (M)
H1	Mensch Schwein Wildvögel Pute, Huhn, Ente	aviäre Influenza mit Respirationsproblemen und Einbußen in der Legeleistung (insb. Pute)	–
H2	Mensch Schwein Wildvögel Pute, Huhn, Ente	bisher nicht bekannt	–
H3	Mensch Schwein Wildvögel Pferd Pute, Huhn, Ente Wachtel	aviäre Influenza mit Respirationsproblemen und Einbußen in der Legeleistung (insb. Pute)	–
H4	Wildvögel Pute, Huhn, Ente, Wachtel	bisher nicht bekannt	–
H5	Mensch Schwein Felidae Wildvögel Hausgeflügel	aviäre Influenza mit Respirationsproblemen und Einbußen in der Legeleistung (insb. Pute) und klassische Geflügelpest bei HPAIV	A: HPAIV Nutzgeflügel, Wildvögel A: LPAIV Nutzgeflügel M: LPAIV Wildvögel
H6	Wildvögel Hausgeflügel	aviäre Influenza mit Respirationsproblemen und Einbußen in der Legeleistung (insb. Pute)	–
H7	Mensch Schwein Felidae Wildvögel Hausgeflügel	aviäre Influenza mit Respirationsproblemen und Einbußen in der Legeleistung und klassische Geflügelpest bei HPAIV	A: HPAIV Nutzgeflügel, Wildvögel A: LPAIV Nutzgeflügel M: LPAIV Wildvögel
H8	Wildvögel	bisher nicht bekannt	–
H9	Wildvögel Pute, Huhn ggf. anderes Hausgeflügel (Mensch)	aviäre Influenza mit Respirationsproblemen und Einbußen in der Legeleistung, Zunahme an Sekundärinfektionen (insb. Pute)	–

Tab. 8.5:
Vorkommen der unterschiedlichen AIV Subtypen beim Vogel (Fortsetzung)

Subtypen	Vorkommen u. a. bei Spezies	Krankheitsbild beim Nutzgeflügel	Anzeige- (A) oder Meldepflicht (M)
H10	Mensch, Wildvögel, Pute, Huhn, Schwein, Nerz	Nierenversagen und hohe Mortalität (IVPI ggf. über 1,2*), keine systemische Infektion bisher beschrieben	(A*)
H11	Wildvögel Strauß Pute, Ente	bisher nicht bekannt	–
H12	Wildvögel, Ente	bisher nicht bekannt	–
H13	Wildvögel	bisher nicht bekannt	–
H14	Wildvögel	bisher nicht bekannt	–
H15	Wildvögel	bisher nicht bekannt	–
H16	Wildvögel	bisher nicht bekannt	–

chen schwere Verluste in den Nutzgeflügelbeständen und führen auch zur Infektion von Wildvögeln, die das Virus dann weiter verbreiten können. Aber neben der Verbreitung des Virus über Wildvögel geht ein vermutlich höheres Risiko vom Handel (insb. dem illegalen) mit Vögeln und Geflügelprodukten aus. Die horizontale Übertragung erfolgt von Tier zu Tier oder über kontaminiertes Material. Die Vögel scheiden vor allem mit dem Kot, aber auch mit anderen Se- und Exkreten AIV aus. Die weitreichende Übertragung mit Transportfahrzeugen und über Wind bei den letzten großen Ausbrüchen der klassischen Geflügelpest in den Jahren 1999/2000 in Italien und 2003 in den Niederlanden hat die epidemiologische Bedeutung dieser Verbreitungswege aufgezeigt. Freilandhaltungen zeigen ein deutlich höheres Infektionsrisiko. Der Erreger kann im Kot bis zu 35 Tage sowie im Flüssigmist im Winter bis zu 105 Tage infektiös bleiben. Kältere Gewässer wie z. B. im Bereich des Polarkreises werden als Virusreservoir vermutet, wo sich die Zugwasservögel immer wieder mit unterschiedlichen AIV-Subtypen infizieren können. Die vertikale Übertragung ist von untergeordneter Bedeutung, da die Embryonen sehr schnell an HPAIV versterben und auch eine LPAIV-Infektion nur bedingt überleben. Die Inkubationszeit beträgt nach experimenteller Infektion 18 bis 36 Stunden.

Klinik und Pathologie der Klassischen Geflügelpest

Bei einer Infektion mit HPAIV kommt es je nach spezies-spezifischer Empfänglichkeit und möglicher Teilimmunität zu einem plötzlichen Rückgang in der Futteraufnahme sowie einem starken Legeleistungsabfall und zahlreichen Todesfällen. Bei den empfänglichen Puten und Hühnern kann die Mortalitätsrate innerhalb von 72 Stunden bei nahezu 100 % liegen. Erkrankte Tiere sind apathisch und können nervale und zentralnervöse Symptome wie Tremor, unkoordinierte Bewegungen, Seitenlage und Tortikollis zeigen. Es kommt zu Kopfödemen, Zyanose der Kopfanhänge sowie Blutungen (→ Abb. 8.8). Gelegentlich sind grünlicher Durchfall und respiratorische Symptome zu beobachten. Bei perakutem Verlauf kommt es pathologisch-anatomisch zu einer starken Blutfülle der inneren Organe. Oft zeigen sich Pankreatitis (→ Abb. 8.9), Milzhyperplasie, Blutungen im Bereich der Drüsenmagenschleimhaut und Zäkaltonsillen. Unspezifische Läsionen wie unter anderem Enteritis, Myokarditis, Eidotterperitonitis sowie Petechien in unterschiedlichen Geweben

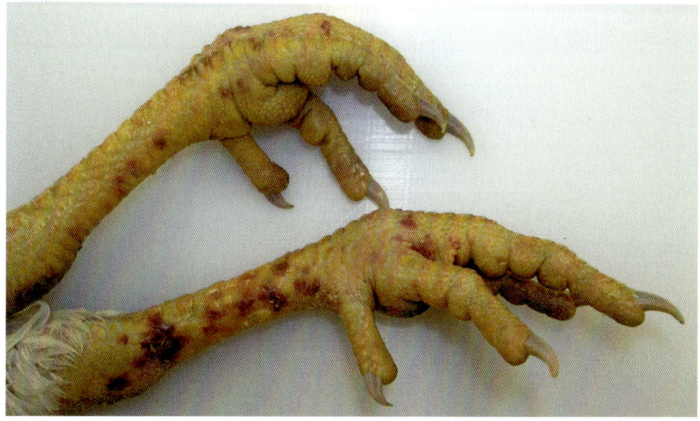

Abb. 8.8: Petechiale Blutungen an den Gliedmaßen bei einem an klassischer Geflügelpest erkrankten Huhn (mit freundlicher Genehmigung N. H. Kalhoro).

und Lungenödeme können zu finden sein. Histologisch wird dieses Bild durch den Nachweis von Entzündungen mit diffusen lymphozytären und histiozytären Infiltraten in den unterschiedlichen Organen bestätigt.

Klinik und Pathologie der Aviären Influenza

Auch hier bestimmt die spezies-spezifische Empfänglichkeit sowie die Präimmunität das klinische Bild. Bei hoher Morbidität ist die Mortalität meist relativ niedrig, bis auf die hochempfänglichen Puten, welche mit weniger als 6 Lebenswochen, gelegentlich auch später, oft schwere respiratorische Symptome mit Konjunktivitis, Sinusitis und Atembeschwerden zeigen können, was zu Todesraten bis zu 20 % führen kann. Ansonsten umfasst die Klinik nach AIV-Infektion unspezifische Symptome wie Abnahme von Futter- und Wasseraufnahme, Rückgang der Leistung, insbesondere bei Legetieren auch verformte, dünnschalige, depigmentiere Eier und schlechte Befruchtungsraten, gelegentlich auch Durchfall. Oft sind Sekundärinfektionen, wie z. B. mit *Ornithobacterium rhinotracheale* zu beobachten, die das klinische Bild verschlechtern können. Je nach Alter kann es nach ein bis 3 Wochen wieder zu einer klinischen Erholung der Herde bei bestehendem Leistungsverlust kommen. Eine anhaltende AIV-Ausscheidung über einen längeren Zeitraum kann jedoch nicht ausgeschlossen werden.

Pathologisch-anatomisch zeigen sich die Bilder einer katarrhalisch bis fibrinösen Entzündung im Bereich des gesamten Respirationstraktes, der Niere, des Pankreas, gelegentlich ein Lungenödem, Enteritis sowie Milzschwellung und Eidotterperitonitis. Histologisch können diese entzündlichen Veränderungen bestätigt werden.

Diagnose

Bei plötzlich hohen Todesfällen von über 2 % innerhalb eines Tages muss an klassische Geflügelpest gedacht und gegebenenfalls der Verdacht ausgesprochen oder zu mindest AIV differenzialdiagnostisch ausgeschlossen werden. Als Proben eignen sich insbesondere Rachen- bzw. Tracheal- und auch Kloakentupferproben, aber auch Organmaterial (Lunge, Milz, Gehirn, Darm u. a.) von verendeten oder getöteten Tieren. Erste Untersuchungen umfassen den molekularbiologischen Erregernachweis in der qRT-PCR durch die Detektion des AIV-M-Genes. Bei positivem Befund erfolgt in weiteren qRT-PCRs der Nachweis der Subtypen H5 und H7 mit anschließender Sequenzierung der Spaltstelle des HA, um eine vorläufige Einschätzung der Virulenz des Erregers und eine Zuordnung zu HPAIV oder LPAIV vornehmen zu können. Es ist auch zu berücksichtigen, dass auch AIV-Doppelinfektionen mit unterschiedlichen Subtypen im Feld vorliegen können. Diese Virulenzeinordnung ist bei Erstnachweis durch den Tierversuch zu bestätigten. Nach Anzucht des Virus im embryonierten Hühnerei über die Allantoishöhle erfolgt die Bestätigung des AIV im Hämagglutinations- und Hämagglutinationshem-

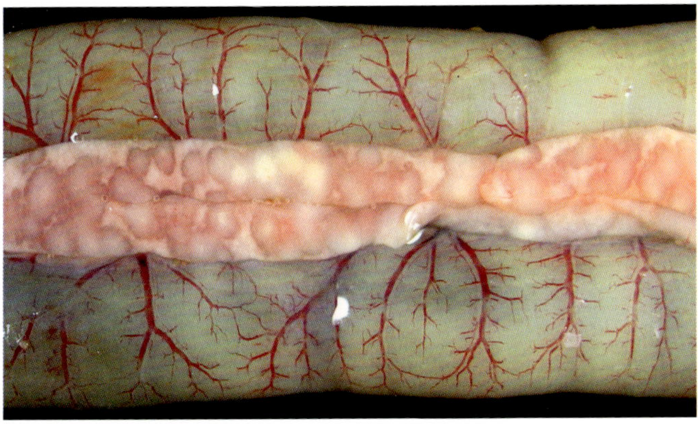

Abb. 8.9:
Hyperämie der Duodenalschleimhaut mit Pankreasveränderungen nach HPAIV-Infektion (mit freundlicher Genehmigung N. H. Kalhoro).

mungstest mit spezifischen Antiseren. Anschließend wird im intravenösen Pathogenitätstest an 6 Wochen alten spezifisch-pathogen-freien Hühnern die Einordnung anhand des ermittelten Index in HPAIV und LPAIV abschließend durchgeführt. Diese Untersuchungen erfolgen durch das nationale Referenzlabor (Friedrich-Löffler-Institut, Riems). AIV kann auch in Zellkultursystemen, wie unter anderem Embryofibroblasten oder Trachealringkulturen, sowie MDCK-Zellen angezüchtet werden. Die Anzucht von LPAIV erfordert jedoch bei den meisten Zelltypen den Zusatz von Trypsin zum Nährmedium, um eine Infektion zu ermöglichen. Antigen-Nachweissysteme, von denen einige auch kommerziell als Schnelltests erhältlich sind, haben häufig nicht die notwendige Sensitivität, so führt ein negatives Ergebnis nicht zum Ausschluss einer AIV-Infektion. Für den serologischen Nachweis, beispielsweise für Monitoring-Untersuchungen, stehen kommerzielle ELISA-Systeme für den Einsatz bei unterschiedlichen Vogelspezies zur Verfügungen. Es können aber auch der Hämagglutinationshemmungstest, Virusneutralisationstest oder Neuraminidasetest eingesetzt werden. Es ist zu beachten, dass AIV-Infektionen bei Enten möglicherweise zu keiner detektierbaren Serokonversion führen.

Bekämpfung der Klassischen Geflügelpest

Seuchenvorbeugung durch betriebshygienische Maßnahmen und Abschirmung der Bestände gegen Wildvögel, Schadnager und andere Haustiere ist oberstes Gebot zur Vermeidung der Einschleppung von AIV. Es besteht Europa-weit ein Impfverbot (Richtlinie 2005/94 EG). In Ausnahmefällen kann das Impfverbot vorübergehend nach Zustimmung der EU-Mitgliedsländer regional aufgehoben werden. Eingesetzt werden dürfen nur Impfstoffe, die eine Unterscheidung zwischen geimpften und infizierten Tieren ermöglichen (DIVA-Prinzip: differentiating infected from vaccinated animals) sowie kein replizierendes AIV enthalten. Entsprechende H5-Subtyp-Impfstoffe sind durch das Paul-Ehrlich-Institut in Deutschland zugelassen. In Europa sind bisher nur Inaktivatvakzinen zugelassen, welche mindestens zweimal injiziert werden müssen, um eine ausreichende Immunität induzieren zu können. Weltweit kommen aber auch in verschiedenen Ländern Vektorvakzinen zum Einsatz (z. B. auf der Basis von NDV oder Hühnerpockenvirus). Eine Impfung geht immer mit Handelsbeschränkungen und strikten seuchenhygienischen Begleitmaßnahmen einher. Es ist davon auszugehen, dass die Impfung die klinische Erkrankung und damit die Tierverluste verhindert sowie die Feldvirusausscheidung reduziert. Eine Feldinfektion und somit die Gefahr der Weiterverbreitung des Feldvirus unter der Impfdecke kann jedoch nicht verhindert werden.

Die Bekämpfung erfolgt weitergehend durch die Einrichtung von Schutzzonen (Sperrbezirk, Beobachtungsgebiet), Verbringungsverbote, Keulung und unschädliche Beseitigung der Tiere, des

Einstreumaterials und Futters aus den betroffenen Beständen und den Beständen innerhalb des Sperrbezirks (Verordnung zum Schutz gegen die Geflügelpest von 2007, in der entsprechend aktuellen Fassung). Es kann ein Aufstallungsgebot erfolgen. Ziel der Maßnahmen ist die Eradikation des Virus, die durch eine Impfung nach dem jetzigen Stand der Kenntnis nicht erreicht werden kann. Auch ist davon auszugehen, dass eine Impfung einen nicht unerheblichen Druck auf die Feldviren ausübt und die Entstehung von Mutationen möglicherweise fördern kann. Entscheidend sind weiterhin Monitoringprogramme und Surveillance besonders exponierter Geflügelbestände und Wildwassergeflügel sowie gegebenenfalls der Einsatz von Sentinel-Tieren in Geflügelbestände, welche das Aufkommen und den Eintrag von Feldvirus anzeigen sollen.

Bekämpfung der Aviären Influenza
Neben einer guten Abschirmung der Bestände und entsprechende hygienische Maßnahmen besteht die Möglichkeit, durch den Einsatz bestandsspezifischer Inaktivatvakzinen gefährdete Bestände gegen H9- und H6-Subtypen zu impfen. Auf dem internationalen Markt stehen auch zugelassene Inaktivatimpfstoffe zur Verfügung.

In seltenen Fällen können sich Menschen bei engem Kontakt mit infizierten Tieren mit dem AIV infizieren. HPAIV können zu schweren Krankheitsverläufen mit Todesfällen führen (z. B. H5N1 Asia). Auch für H9N2-Viren ist ein zoonotische Potenzial nachgewiesen. Reassortierungen (z. B. zwischen LPAIV der Subtypen H7 und H9, Frühjahr 2013 in China) können das Zoonosepotenzial steigern. In der Regel erfolgt die Übertragung vom Tier auf den Menschen. Nur sehr vereinzelt sind Infektionen nach Mensch-zu-Mensch-Kontakt nachgewiesen worden. Personen, die in der Seuchenbekämpfung tätig sind und wo ein direkter Kontakt zu infizierten Tieren nicht auszuschließen ist, müssen sich entsprechend mit Schutzkleidung und Mund-, Nasen- und Augenschutz schützen. Eine Impfung gegen die saisonale Grippe sollte bei gefährdeten Personen durchgeführt werden, um unter anderem Reassortantenbildung zwischen AIV und humanen Grippeviren zu verhindern. Ein Humanimpfstoff gegen H5N1 ist entwickelt worden.

8.2.6 Aviäre Paramyxovirusinfektionen

Wirtschaftlich bedeutsam für das Nutzgeflügel sind die folgenden Gattungen der Familie der *Paramyxoviridae*: Avulavirus mit den Paramyxovirus-Serotypen 1 bis 11 sowie das aviäre Metapneumovirus. Dies sind umhüllte, 100 bis 350 nm große pleomorphe Viren mit einzelsträngiger, unsegmentierter RNS negativer Polarität. Während das Newcastle-Disease-Virus (NDV) (PMV-1) der wirtschaftlich bedeutsamste Vertreter ist, so spielen noch die PMV-2-, PMV-3-, PMV-6- und PMV-7-Serotypen als Erreger von klinischen Erkrankungen beim Geflügel, insbesondere der Pute, eine Rolle (Respirationssymptome, Legeleistungsstörungen). Einige dieser Viren sind inzwischen auch sequenziert, was die Entwicklung von molekularbiologischen Methoden zur Diagnostik der unterschiedlichen PMV-Serotypen zukünftig erleichtern wird.

8.2.6.1 Newcastle-Krankheit

! **ES BESTEHT ANZEIGEPFLICHT.**

! **ACHTUNG:** Zoonosepotenzial

Ätiologie
Der Erreger der Newcastle-Krankheit (Newcastle Disease, ND; oder auch atypische Geflügelpest) gehört zu den Paramyxoviren vom Serotyp 1. Virusoberflächenproteine wie das Hämagglutinin-Neuraminidase-Protein sowie das Fusionsprotein vermitteln die Infektion und die Viruspenetration, Zellfusion und Hämolyse. Das Fusionsprotein bestimmt unter anderem die Virulenz des Virus, bedingt durch seine Sequenz an der Spaltstelle (→ Tab. 8.6), die wichtig für die proteolytische Spaltung des Vorläuferproteins (F0) und somit die Aktivierung der Fusionsaktivität des Virus ist. Be-

Tab. 8.6:
Einteilung der Paramyxoviren-1 (PMV-1) nach Pathogenitätsindex sowie anhand der F-Protein-Spaltstelle

	ICPI	Basische Aminosäuren an der Spaltstelle des F-Proteins	Bedeutung	Beispiele
Apathogen (asymptomatisch)	0,0	keine multiplen basischen AS	inapparente Darminfektion, Vakzinestämme	Ulster, VG/GA
Lentogen	≤ 0,7		milde oder klinisch inapparente Respirationserreger, Vakzinestämme	Hitchner B1; LaSota
Mesogen	0,7 – 1,5	multiple basische Aminosäuren (Arg/Lys) zw. Aminosäureposition 113 und 116	Erreger der Newcastle Disease: Anzeigepflicht!	Komarov, Roakin
Velogen	> 1,5			Herts33 (viszerotoper Stamm) GB Texas (neurotroper Stamm)

ICPI: intrazerebraler Pathogenitätsindex in spezifisch-pathogen-freien Hühnereintagsküken; AS: Aminosäure; Arg: Arginin; Lys: Lysin

finden sich an der Spaltstelle multiple basische Aminosäuren, kann die Spaltung durch ubiquitär vorhandene Furin-ähnliche Proteasen erfolgen, was zu einer schweren systemischen Infektion führt, der Newcastle-Krankheit. In anderen Fällen können nur Trypsin-ähnliche Proteasen des Respirations- und Verdauungstraktes die Spaltung extrazellulär vornehmen, was die Infektion dann lokal begrenzt und als Paramyxovirus-1-Infektion bezeichnet wird. Die NDV-Stämme können anhand ihres Genotypes in zwei Klassen eingruppiert werden: Klasse-I-Viren (Genotypen 1 bis 9) sind meist von niedriger Virulenz und werden vorwiegend in Wildvögeln detektiert, während Klasse-II-Viren verschiedene Genotypen (bisher I bis X) mit Viren niedriger bis hoher Virulenz umfassen.

Epidemiologie und Pathogenese

Die Erreger der Newcastle-Krankheit sind weltweit verbreitet und haben ein breites Wirts-, aber auch Symptomenspektrum, was die Diagnose erschweren kann. Es kann neben zahlreichen Vogelarten auch in einigen Säugern, Reptilien, Amphibien und Insekten nachgewiesen werden. Die Einschleppung in seuchenfreie Gebiete erfolgt heutzutage häufig auch über den Handel von Geflügel und Geflügelfleischprodukten. Infektiöse Viruspartikel können längere Zeit (über 6 Monate) in gekühltem Geflügelfleisch nachgewiesen werden. Die Erreger der Newcastle-Krankheit verursachen eine septikämische Erkrankung mit schweren Allgemeinstörungen und hoher Morbidität und Mortalität insbesondere bei Huhn und Pute sowie anderen Haus- und Wildvogelarten, während das Wassergeflügel relativ unempfänglich ist und nicht oder selten klinisch erkrankt. Wildlebende Stand- und Zugvögel stellen das natürliche Reservoir inbesondere für niedrig virulente PMV-1-Stämme dar, während virulentes NDV selten aus Wildvögeln isoliert wird. Wassergeflügel kann Virus längere Zeit über den Kot verbreiten. PMV-1 scheint endemisch in Geflügel und Wild- sowie gehaltenen Tauben zu sein.

Die horizontale Verbreitung von NDV steht im Vordergrund, während die vertikale Übertragung insbesondere bei weniger virulenten Stämmen möglich, aber epidemiologisch von untergeordneter Bedeutung ist. Der Erreger bindet über Rezeptoren an die Wirtszelle. Es kommt zur Fusion der Viren mit Zellmembranen und damit auch zu Formation von Synzytien. Die Virusreplikation findet im Zytoplasma statt. Das Virus wird bei erkrankten Tieren über den Darm und die Nieren bis zum Tod ausgeschieden. Es überlebt gut in

feuchtem Milieu und bei kühleren Temperaturen. Die Inkubationszeit kann variieren und zwischen 4 und 7 bis hin zu 25 Tagen betragen.
Je nach Virulenz des PMV-1, der Wirtsspezies und -genetik sowie dem Immunstatus des Tieres variiert der klinische Verlauf und kann von perakut bis akut mit hoher Mortalitätsrate, bei teilimmunen Herden aber auch protrahiert und mild sein. Während Hühner, insbesondere jüngere Tiere, am empfänglichsten sind, nimmt die Resistenz über die Pute und Taube bis zum Wassergeflügel zu. Tauben sind am empfänglichsten für die Taubenvariante des PMV-1, können aber auch an NDV-Isolaten aus Geflügel erkranken. Weist die Taubenvariante einen ICPI > 0,7 auf, so führt auch sie bei Infektion von Nutzgeflügel zu einer Anzeige.

Klinik und Pathologie

Je nach Virulenz und Empfänglichkeit des Wirtes führt der Erreger zu einer perakuten bis akuten systemischen Erkrankung mit Morbiditäts- und Mortalitätsraten von bis zu 100 %. Es kann zu einem massiven Leistungseinbruch kommen, die Legeleistung geht plötzlich zurück und die Eier sind dünnschalig. Die Tiere können je nach PMV-1 Stamm nur respiratorische Symptome unterschiedlicher Schwere zeigen, bei velogenen Stämmen aber auch grünlich-schleimigen Durchfall sowie katarrhalische Entzündungen der Schleimhäute und auch zentralnervöse Symptome (→ Abb. 8.10). Insbesondere bei neurotropen Stämmen liegen die Tiere auf der Seite, zeigen Tortikollis und Opisthotonus sowie rudernde Beinbewegungen. Erkrankte Tiere sind nicht mehr in der Lage, Futter und Wasser aufzunehmen.

Abb. 8.10:
ZNS-Symptome nach NDV-Infektion.

Pathologisch-anatomisch sind Schwellungen von Leber, Niere und Milz zu beobachten, Letztere kann auch bedingt durch Immunreaktionen sowie Nekrosen marmoriert erscheinen. Gelegentlich sind Pneumonien zu finden. Ein weiteres Zeichen für die septikämische Verlaufsform sind petechiale Blutungen im Bereich des Drüsenmagens (→ Abb. 8.11) und Ovars, der Serosa und des Fettgewebes. Im Darm können sich Nekroseherde (sog. Boutons; → Abb. 8.12) bilden, die für die Erkrankung als pathognomonisch zu werten sind. Histologisch stellt sich im ZNS eine nicht-eitrige Enzephalitis mit Nervenzelldegenerationen dar und in den anderen betroffenen Organen sind alle Anzeichen einer Inflammation zu finden.

Diagnose

Für eine schnelle Diagnostik wird heutzutage eine RT-PCR, bevorzugt eine qRT-PCR, eingesetzt. Die nachfolgende Sequenzierung der Spaltstelle des Fusionsproteingens ermöglicht einen Hinweis auf die Virulenz des Isolates. Bei Verdacht eines NDV-Erstausbruches ist eine Virusisolierung vorzunehmen. Die Virusanzucht gelingt aus Organproben, aber auch Kot- und Tupferproben (Tracheal, Rachen- und insb. auch Kloakentupfern) im embryonierten Hühnerei (Allantoisroute). In Hühnerembryofibroblasten induziert das NDV Synzytien und auch Plaquebildung kann bewertet werden. Während die virulenteren Stämme gut wachsen, muss bei lentogenen Stämmen Trypsin dem Medium zugesetzt werden. Eine Abgrenzung zu anderen PMV-Serotypen erfolgt über eine weitere Charakterisierung des Virusisolates im Hämagglutinationshemmungstest mit spezifischen Antiseren. Für die endgültige Diagnose der ND ist weiterhin die Ermittlung des intrazerebralen Pathogenitätsindex bei Eintagsküken notwendig, die

Abb. 8.11:
Hämorrhagien im Bereich der Drüsenmagenschleimhaut nach Infektion mit einem velogenen viszerotropen NDV-Stamm.

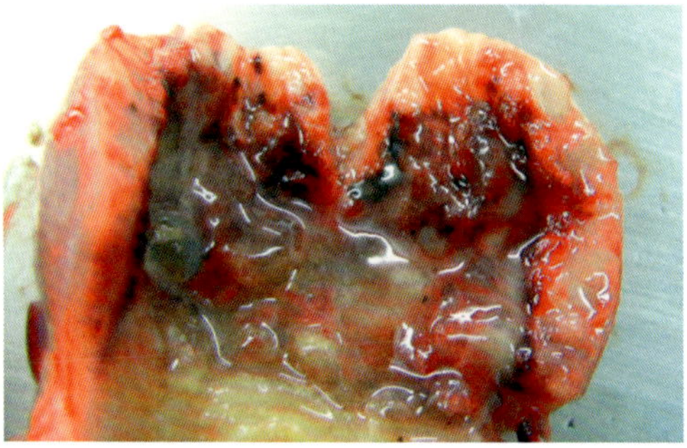

Abb. 8.12:
Ausbildung sogenannter Boutons (Nekroseherde s. Pfeil) in der Darmschleimhaut NDV-infizierter Hühner.

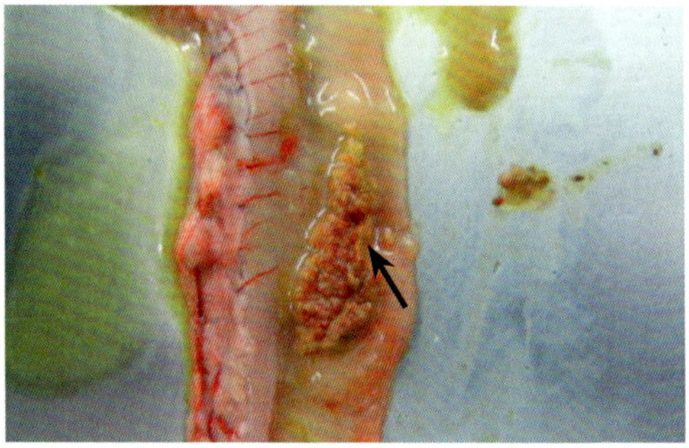

durch das Nationale Referenzlabor des Friedrich-Löffler-Institutes auf der Insel Riems erfolgt. Weitere Pathogenitätstests umfassen die Ermittlung der „mean death time“ (MDT) und auch der intravenösen Pathogenität. Zur Überprüfung von Serum auf beispielsweise Impfantikörper werden kommerzielle ELISA-Systeme und auch noch der Hämagglutinationshemmungstest sowie der Virusneutralisationstest eingesetzt. Ab einem Titer von 4 ($\log_2$) wird nach Vorgaben des OIE eine Serumprobe als PMV-Antikörper-positiv eingestuft.

Bekämpfung

Grundlage der EU-weiten Bekämpfung der ND stellt die Richtlinie 92/66/EWG dar. Während einige Länder als ND-frei gelten und ein Impfverbot ausgesprochen haben, ist in Deutschland eine Impfung gegen ND bei allen Hühnern und Puten unabhängig von der Bestandsgröße nach der Geflügelpest-Verordnung (letzte gültige Fassung für ND aus dem Jahr 2005) vorgeschrieben. Impfstoffe für andere Geflügelspezies sind bisher nicht zugelassen, diese könnten aber mit den Puten- und Hühnerimpfstoffen nach Umwidmung ebenfalls geimpft werden, es ist jedoch damit zu rechnen, dass die Immunantwort variieren kann.

Je nach Impfstoff können die Tiere bereits als Eintagsküken oder aber innerhalb der ersten 2 Lebenswochen das erste Mal geimpft werden. Die Impfung mit Lebendimpfstoff ist regelmäßig etwa alle 10 Wochen bis 3 Monate zu wiederholen, damit eine ausreichende Bestandsimmunität aufrechterhalten wird. Die Impfstoffapplikation der Lebendvakzinen kann über Spray oder Tränkwasser erfolgen. Es sind Lebendimpfstoffe unterschiedlicher Genotypen auf dem Markt. Bei Impfversagen ist möglicherweise ein Abgleich zwischen Genotyp des Feld- mit dem des Impfvirus für eine bessere Protektion in Erwägung zu ziehen. Inaktivatvakzinen können zur parenteralen Applikation, meist in Kombinationspräparaten, eingesetzt werden, sie induzieren eine länger anhaltende systemische humorale Immunität und höhere Antikörpertiter als Lebendimpfstoffe. Inzwischen ist auf dem internationalen Markt auch eine rekombinante HVT-ND-Vakzine zugelassen, die bereits in ovo oder am 1. Lebenstag eingesetzt werden kann. Es kann davon ausgegangen werden, dass zirkulierende Antikörper nicht immer mit einem Impfschutz korrelieren und Erstimpfungen sowie auch Impfungen über das Tränkwasser oft nur niedrige ND-Serumantikörperlevel induzieren. Auch Tiere mit sehr niedrigen oder keinen detektierbaren zirkulierenden Antikörpertitern können bei einer ausreichenden Stimulation der lokalen sowie der zellvermittelten Immunität ausreichend gegen eine Feldinfektion geschützt sein. Neben der Impfung sind Hygienemaßnahmen zur Abschirmung der Bestände gegen einen Eintrag von NDV von besonderer Bedeutung.

Beim Menschen kann es nach Infektion mit virulentem NDV, aber auch im ungünstigsten Fall mit den Lebendimpfstämmen zu einer Konjunktivitis mit subkonjunktivalen Hämorrhagien und gelegentlich zu Kopf- und Gliederschmerzen kommen. Bei einem komplikationslosen Verlauf heilt die Infektion innerhalb von einer Woche bis 10 Tagen aus.
Schutzkleidung und Schutzmaske sind in infizierten Beständen bzw. bei der Verimpfung von Lebendvakzinen unbedingt anzulegen.
Eine onkolytische Wirkung des NDV zur Krebstherapie ist nachgewiesen worden.

8.2.6.2 Paramyxovirus-2-Infektion

Epidemiologie und Pathogenese
Das Paramyxovirus-2 (PMV-2) kann milde Respirationserkrankungen bei Huhn und Pute hervorrufen. Heimische Wildvögel und insbesondere auch Sperlingsvögel und Papageienarten gelten als Erregerreservoir, die zu einer horizontalen Übertragung von PMV-2 auf Hausgeflügel weltweit beitragen. Das Virus ist weit verbreitet und es können unterschiedliche Stämme parallel in einer Population zirkulieren. Als Virusstämme sind unter anderem das Yucaipa- (als Prototyp) und Bangorvirus in der Literatur beschrieben.

Klinik und Pathologie
Nach einer Inkubationszeit von 4 bis 6 Tagen kommt es zu Mattigkeit, Leistungsrückgang, Abfall der Befruchtungsrate bei Bruteiern, Nasenausfluss und in schweren Fällen mit Sekundärinfektionen zu Atemnot. Eine Infektion von Nervenzellen scheint nicht zu erfolgen, Virusantigen ist in erster Linie im Respirations- und Verdauungstrakt zu finden. Die Herdendurchseuchung erfolgt rasch, sodass der Höhepunkt der klinischen Erkrankung nach etwa 2 Wochen erreicht wird. Während die Mortalität bei Putenküken niedrig ist, kann sie bei Hühnerküken bis zu 20 % betragen.
Pathologisch-anatomisch zeigt sich eine katarrhalische Tracheitis. Bei der chronischen oder subklinischen Verlaufsform kann es zu einer herdförmigen Pneumonie sowie Luftsackentzündung kommen, was auch histologisch bestätigt werden kann.

Diagnose
Die Virusanzucht ist im embryonierten Hühnerei nach Inokulation über die Allantoishöhle möglich. Serologisch kann der Nachweis über den Hämagglutinationshemmungstest erfolgen.

Bekämpfung
Kommerzielle Impfstoffe stehen dem Markt nicht zur Verfügung, deshalb sind Hygienemaßnahmen, insbesondere Abschirmung gegen Wildvögel, besonders wichtig für die Infektionsabwehr.

8.2.6.3 Paramyxovirus-3-Infektion

Epidemiologie und Pathogenese
Die durch das Paramyxovirus-3 (PMV-3) hervorgerufene sogenannte Wisconsin-Virusinfektion hat weltweite Bedeutung und führt insbesondere bei Puten zu Atemwegserkrankungen. Latent infizierte Puten, aber auch Sperlingsvögel sind als Erregerreservoir beschrieben, die die Infektion horizontal weiterverbreiten.

Klinik und Pathologie
Nach 2 bis 6 Tagen Inkubationszeit kommt es zu einem Abfall in der Futter- und Wasseraufnahme, zu Leistungsrückgang und Respirationssymptomen wie Atemgeräuschen, Konjunktivitis und Rhinitis. Bei Elterntieren zeigen sich ein Rückgang der Legetätigkeit bis zu 60 % sowie schlechtere Brut- und Schlupfergebnisse, weiterhin weisen die Puteneier einen Verlust der Schalenpigmentierung auf.
Pathologisch-anatomisch stehen eine herdförmige Pneumonie, Luftsackentzündung sowie Ansammlungen von seröser Flüssigkeit in der Leibeshöhle im Vordergrund.

Diagnose
Die Virusanzucht erfolgt im embryonierten Hühnerei nach Inokulation über die Allantoishöhle, die Identifikation des Serotypes wird mit spezifischen Antiseren vorgenommen. Es ist zu berück-

sichtigen, dass PMV-1 und PMV-3 möglicherweise im Hämagglutinationshemmungstest kreuzreagieren können. Serologisch kann der Nachweis über den HAH-Test erbracht werden.

Bekämpfung

Ein kommerzieller Kombinations-Inaktivatimpfstoff für Puten gegen PMV-3 steht dem deutschen Markt insbesondere für Elterntiere momentan zur Verfügung, welcher vor Beginn der Legereife zweimal verabreicht werden sollte. Grundsätzlich stehen aber Hygienemaßnahmen im Vordergrund der Infektionsabwehr.

8.2.6.4 Aviäre Metapneumovirus-Infektion

Ätiologie

Das aviäre Metapneumovirus (aMPV) gehört zusammen mit dem humanen Metapneumovirus in die Gattung Metapneumovirus und in die Familie der *Paramyxoviridae*. Es unterscheidet sich jedoch von den anderen aviären Paramyxoviren in Aufbau und Genomstruktur und zeigt auch keine hämagglutinierenden Eigenschaften. Es sind bisher folgende verschiedene Subtypen beschrieben: A und B, welche in Deutschland bisher bei Pute und Huhn nachgewiesen sind und auch weltweit dominieren; D, welcher lediglich vereinzelt in den 1980iger Jahren nachgewiesen werden konnte; sowie C, von dem eine Variante in den USA insbesondere bei Puten und eine weitere Variante in Europa und Asien beschrieben worden ist, welche bei Huhn und Ente, aber auch in zahlreichen Wildvogelspezies nachgewiesen wurde. Die Subtyp-A- und -B-Isolate aus Huhn und Pute können serologisch unterschieden werden, sind jedoch sehr eng verwandt.

Epidemiologie und Pathogenese

aMPV führt bei empfänglichen Vogelspezies zu einer Erkrankung des oberen Respirationstraktes, welche bei Pute und Perlhuhn als Rhinotracheitis (turkey rhinotracheitis, TRT) bezeichnet wird. Beim Huhn ist aMPV Verursacher vom bzw. beteiligt am Swollen-head-Syndrom (SHS). Auch andere Vogelspezies wie Fasane können Respirationssymptome zeigen, zahlreiche Wildvögel sind als Träger von aMPV beschrieben. Gänse, Enten und möglicherweise auch Tauben sind jedoch refraktär gegenüber einer Erkrankung. Die Verbreitung erfolgt hauptsächlich horizontal, aber auch vertikale Infektionen sind beschrieben worden.

Klinik und Pathologie

Für die Erkrankung empfänglich sind alle Altersklassen. Die Bestände durchseuchen schnell, und es kommt zu einer Reduktion der Futter- und Wasseraufnahme sowie zu Leistungseinbußen. Bei reinen aMPV-Infektionen kommt es zu respiratorischen Symptomen. Es ist der obere Respirationstrakt betroffen, sodass sich bei Puten und Masthähnchen Konjunktivitis mit schaumigem Augenausfluss (→ Abb. 8.13), Rhinitis, Schwellung des Sinus infraorbitalis sowie anderer Kopfbereiche zeigen. Die Morbidität ist hoch, während die Mortalität erst bei Sekundärinfektionen ansteigt und dann häufig auf eine purulente Entzündung der oberen und unteren Atemwege zurückzuführen ist. Bei legenden Tieren wie Putenelterntieren und Legehennen kommt es zu Einbußen in der Legeleistung, bei pigmentierten Eiern zu blasser Eischale, schlechten Brut- und Schlupfergebnissen. Klinisch können insbesondere Masthühner auch Tortikollis und Kopfschütteln zeigen, was auf eine Beteiligung des Ohres bei der aMPV-Infektion hinweist.
Pathologisch-anatomisch können katarrhalische Entzündungen der oberen Atemwege beobachtet werden, die sich histologisch bestätigen lassen, jedoch unspezifisch sind und keine Diagnose erlauben. Im Fall von Sekundärinfektionen werden auch Perihepatitis, Perikarditis, Milzschwellung und Aerosacculitis beobachtet.

Diagnose

Eine erfolgreiche Virusanzucht in Zellkultur oder dem embryonierten Hühnerei (Dottersackinokulation) kann insbesondere beim Huhn nur in der akuten Phase der Erkrankung innerhalb der 1. Woche nach Infektion durchgeführt werden. Es eignen sich Choanentupfer, aber auch Organmaterial wie Trachea und Konchien. Je nach Subtyp lassen sich Feldisolate des Subtyps A und B in Trachealringkulturen und Subtyp C meistens

Abb. 8.13:
Klinische Symptome wie Augenausfluss und verkrustete Nasenöffnung als Hinweis auf Nasenausfluss nach aMPV-Infektion.

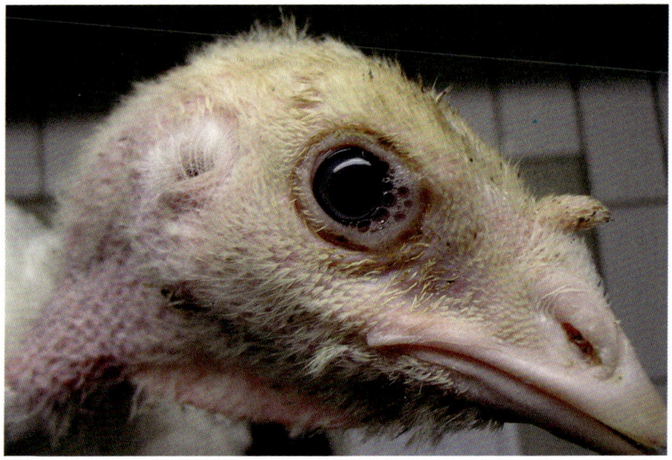

nach Adaptation in Vero-Zellen und Hühnerembryofibroblasten vermehren. Die Vermehrung in Trachealringkulturen führt zu Ziliostase und Zilienverlust, in anderen Zellkulturen zu Synzytienbildung. Da die Virusanzucht relativ schwierig ist, kommt dem Virusnachweis über die RT-PCR diagnostisch die größere Bedeutung zu. Sie erlaubt auch durch anschließende Sequenzierung der PCR-Produkte eine weitere Differenzierung der Stämme. Es sind Subtyp-spezifische und nested-RT-PCR-Protokolle beschrieben. Es stehen dem Markt kommerzielle Systeme zum Nachweis der vier Subtypen in der Real-time-PCR zur Verfügung. Serologisch lassen sich die Antikörper in kommerziell-erhältlichen ELISA-Systemen nachweisen. Möglich sind aber auch Virusneutralisationstests und indirekte Immunfluoreszenztests.

Bekämpfung

Zur Impfung von Puten und Hühnern stehen jeweils entsprechende kommerzielle Lebendimpfstoffe mit den Subtypen A oder B sowie Inaktivatvakzinen, meist in Form von Kombinationsimpfstoffen, in Deutschland zur Verfügung. Untersuchungen im Feld haben gezeigt, dass eine Reversion der attenuierten Lebendvakzine zu einer virulenteren Form möglich ist. Während für kürzere Haltungsperioden zwei Impfungen bei Puten meist in der Brüterei oder am 7. Lebenstag per Spray oder über Tränkwasser mit einer Boosterung um die 3. Lebenswoche über das Tränkwasser ausreichen, sollten männliche Mastputen ein weiteres Mal (12. bis 15. Lebenswoche) geboostert werden. Die Applikation einer Lebendvakzine kombiniert mit dem Booster eines Inaktivatimpfstoffs führt zu einer guten Protektion von Legehennen gegen einen aMPV-bedingten Legeleistungsabfall. Die Serumantikörperantwort ist in der Regel nach der ersten Impfung niedrig bis nicht detektierbar, was jedoch keinen Rückschluss bezüglich eines Impfschutzes erlaubt. Der Einsatz von antimikrobiell wirksamen Stoffen ist angezeigt, wenn Sekundärerreger das klinische Bild der aMPV-Infektion komplizieren.

8.2.7 Coronavirusinfektionen

Coronaviren sind behüllte Positiv-Strang-RNS-Viren mit einem einzelsträngigen linearen Genom. Beim Nutzgeflügel von besonderer wirtschaftlicher Bedeutung sind die infektiöse Bronchitis und eine Coronavirus-induzierte Enteritis bei der Pute, die nachfolgend vorgestellt werden. Coronaviren sind weiterhin von zahlreichen anderen aviären Spezies isoliert worden, wie z. B. von Wachteln oder Fasanen, und können sowohl respiratorische Symptome als auch Nieren- oder Darmveränderungen verursachen. Die Isolate unterscheiden

Tab. 8.7:
Beispiele für zirkulierende IB-Stämme

Verbreitung	Stammbezeichnung (Synonyme)	Attenuierte Impfstofftypen momentan vorhanden
Zentraleuropa	Massachusetts-Typ	ja (z. B. H120, H52, Ma5, IB primer)
	D274	ja (z. B. IB primer)
	D1466	ja (keine Zulassung für Deutschland)
	793B (4/91 oder CR88)	ja
	Italy 02	nein
	QX (D388)	ja (L1148-Stamm)
USA	Arkansas und Arkansas-ähnliche	ja
	Delaware	ja

sich genotypisch aber von dem Infektiöse-Bronchitisvirus des Huhnes.

8.2.7.1 Infektiöse Bronchitis

Ätiologie
Der Erreger der infektiösen Bronchitis (IB) ist in die Familie der *Coronaviridae* einzuordnen. Es sind zahlreiche antigentisch unterschiedliche Typen nachgewiesen worden. Die Stämme können durch ihren Serotyp, Genotyp, Pathotyp oder auch ihren Protektotyp unterschieden werden. Unglücklicherweise gibt es teilweise unterschiedliche Bezeichnungen für identische Stämme (→ Tab. 8.7). Die genaue Anzahl an zirkulierenden Serotypen und Varianten ist nicht bekannt und neue entstehen weiterhin durch Mutationen, aber auch Rekombinationen infolge von Doppelinfektionen. Neben den gruppenspezischen Antigenen (M, N) zeigen die Antigene an der Virusoberfläche (Spike-Protein, S) typspezifische Eigenschaften und induzieren neutralisierende Antikörper. Die Oberflächenprojektionen enthalten auch ein Hämagglutinin.

Epidemiologie und Pathogenese
IB ist hauptsächlich eine Erkrankung des Huhnes. Es gibt auch Isolate, die bei Fasanen Respirationssymptome verursachen können. Das Virus wird über größere Entfernungen mit Staubpartikeln und Tröpfchen aerogen übertragen. IBV breitet sich auf Grund seiner hohen Kontagiosität, schneller Replikation im Tier und massiver Ausscheidung schnell im empfänglichen Bestand aus. Die Inkubationszeit ist mit 18 bis 36 Stunden sehr kurz. Tiere können intermittierend und periodisch über 163 Tage IBV über Nasensekret und Kot ausscheiden. Die IBV-Infektion erfolgt immer über den Respirationstrakt. Je nach Organtropismus können die verschiedenen Stämme an den unterschiedlichsten Epithelien Läsionen verursachen. Es kann zu Läsionen im Respirationstrakt (Nasenmuscheln, Hardersche Drüse, Trachea, Luftsäcke, Lunge), im Bereich der Niere bei nephropathogenen Stämmen, im Geschlechtstrakt (Gonaden, Ovidukt) sowie Verdauungstrakt (Ösophagus, Drüsenmagen, Dünndarm, Zäkaltonsillen, Rektum und Kloake) kommen. Auch wenn das IBV oft selbst ohne klinische Erscheinungen hervorzurufen persistieren kann, so führt es durch die Epithelschäden zu einer höheren Empfänglichkeit für Sekundärinfektionen.

Klinik und Pathologie
Die Klinik variiert je nach Stamm und Alter der Hühner, wobei die Morbidität am höchsten im Küken- und Junghennenalter ist. Mastküken zeigen eher Respirationssymptome, Legehennen eine Legeleistungsdepression, während es aber auch

Stämme gibt, die schwerpunktmäßig Nierenveränderungen verursachen und somit zum Tod führen. Klinisch zeigen sich Respirationssymptome mit den üblichen Begleiterscheinungen wie erhöhtem Wärmebedürfnis, Reduktion von Futteraufnahme und Lebhaftigkeit sowie Entwicklungsstörungen insbesondere bei Mastküken. Die Mortalität kann bis 30 % betragen, erreicht ihren Höhepunkt bei Mastküken um die 5. bis 6. Lebenswoche und ist oft von Sekundärinfektionen geprägt. Je älter die Tiere sind, desto weniger klinische Erscheinungen sind zu beobachten. Bei Legehennen kommt es häufig zu einem Abfall der Leistung bis zu 50 % und zur Bildung deformierter Eier (→ Abb. 8.14) mit dünner Eischale und typisch wässrigem Eiklar. Zuchtherden weisen verminderte Brut- und Schlupfergebnisse auf, möglicherweise auch durch Unfruchtbarkeit IBV-infizierter Hähne.

Abb. 8.14:
Ein deformiertes Ei nach IBV Infektion.

Pathologisch-anatomisch sind Ödeme und katarrhalische Entzündungen der Schleimhäute des Respirationstraktes zu beobachten. Gelegentlich ist eine Luftsackentzündung zu detektieren. Bei nephrotropen Stämmen finden sich geschwollene, blasse Nieren (interstitielle Nephritis) mit Uratstauungen und Uratablagerungen auf den serösen Häuten. Frühe Infektionen um die 2. Lebenswoche führen bei Legetieren zu Eileiterdefekten (Isthmus und Magnumabschnitte), Bildung von Zysten, wie beispielsweise nach Infektion mit dem QX-IBV-Stamm, der sich seit Mitte der 90iger Jahre von China ausgehend ausgebreitet hat und inzwischen auch in Deutschland weit verbreitet ist (→ Abb. 8.15), sowie dem Verlust der Legeleistung. Diese sogenannten „falschen Leger“ sind Ursache von Einbußen in der Legeleistung einer Herde und können nur durch eine klinische Untersuchung identifiziert werden. Es bildet sich nach Abklingen der akuten Erkrankung eine länger anhaltende lokale und humorale Immunität aus. Eine Regeneration des Respirationsepithels setzt bereits 48 Stunden nach einer Monoinfektion ein. An der Trachea und den Bronchien zeigt sich histologisch ein submuköses Ödem mit monozytären Infiltrationen. Weiterhin werden Epithelzellhyperplasie, Becherzellzubildungen und schließlich ein Verlust des Flimmerepithels mit Desquamation beobachtet. Im Bereich der Nieren sind vergleichbare Veränderungen zu finden. Ohne den Einfluss von Sekundärinfektionen kommt es nach wenigen Tagen bereits zu einer Epithelzellregeneration.

Diagnose

Der schnelle Krankheitsverlauf sowie die unspezifische Klinik und Pathologie erlauben höchstens eine Verdachtsdiagnose. Eine sichere ätiologische Diagnose erfolgt durch den Virusnachweis. Das Virus lässt sich am besten entweder in Trachealtupferproben oder Organmaterial nachweisen. In der späteren Phase nach dem 7. Tag nach Infektion können auch Kloakentupferproben sowie Zäkaltonsillen für den Virusnachweis hilfreich sein. Das IB-Virus kann im Hühnerembryo, in Trachealringkulturen und verschiedenen Zellkulturen wie beispielsweise primären Hühnernierenzellen vermehrt werden. Die Embryonen zeigen nach Adaptation des Virus über mehrere Eipassagen nach Inokulation über die Allantoishöhle eine Verzwergung und Verkrümmung, die deformiert erscheinenden Füße befinden sich nach Eröffnung des Eies im Nackenbereich (→ Abb. 8.16). Das Virus kann aber auch in der Elektronenmikroskopie und das Antigen im Immunfluoreszenztest oder mit Hilfe der AGP nachgewiesen werden. Eine schnelle Diagnostik mit der RT-PCR ist möglich. Eine gruppenspezifische RT-PCR, die sämtliche IB-Stämme erfasst, ist beschrieben. Zur Ab-

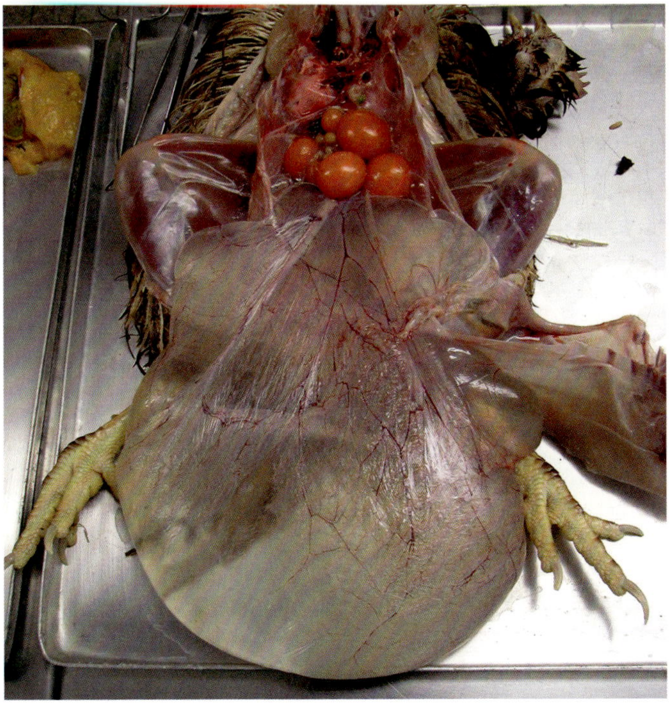

Abb. 8.15:
Zystenbildung im Bereich des Legedarms nach Infektion mit IBV (Stamm QX).

grenzung des Feldvirus zu den sehr häufig eingesetzten IB-Impfstämmen ist eine Sequenzierung angezeigt. Die Sequenzierung der S1-Einheit des S-Proteingens ermöglicht eine Genotypzuordnung, aber eine Differenzierung von Feld- und Impfvirus ist damit nicht möglich. Die Serologie bietet meist keine Hilfe bei der Diagnose, es sind auch AGP (schlecht geeignet), Neutralisationstest sowie kommerzielle ELISA-Systeme verfügbar. Lediglich im Falle eines akuten Legeleistungseinbruchs kann durch gepaarte Serumproben die ursächliche Beteiligung des IBV nachgewiesen werden.

Abb. 8.16:
Verzwergung und Verkrümmung von Hühnerembryonen nach IBV-Infektion.

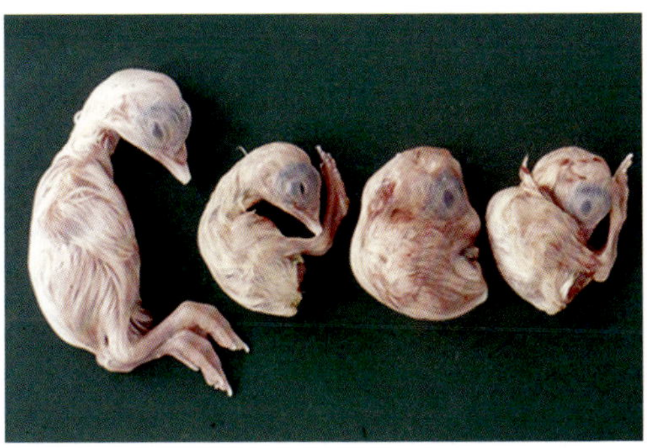

Bekämpfung

Wegen der Vielzahl antigener Varianten und Serotypen sowie der Möglichkeit von Antigenshift und -drift kann eine Kontrolle der IB durch Vakzination unbefriedigend sein. Es befinden sich verschieden stark attenuierte Lebendvakzinen auf dem Markt. Die meisten hämagglutinierenden und neutralisierenden Antikörper werden durch das Spike-Protein 1, welches sich auf der Virusoberfläche befindet, induziert. Die Erstimpfung erfolgt mit einer stärker attenuierten Vakzine, gefolgt von weniger attenuierten Boosterimpfstoffen. Es ist darauf zu achten, dass es bei Betrieben mit meh-

reren Altersgruppen nicht zu einer Übertragung weniger attenuierter Stämme auf ungeschützte Tiere kommt, denn das kann mit erheblichen Leistungseinbußen verbunden sein. Durch die weite Verbreitung der Impfung haben die meisten Herden bis zur Legereife Antikörper ausgebildet. Der Vakzinationsplan kann je nach Felddruck und Nutzungsrichtung variieren. Die Erstvakzination erfolgt meist in der 3. bis 4. Lebenswoche über das Tränkwasser, eine Boostervakzination um die 10. Lebenswoche, gefolgt von weiteren Boosterimpfungen um die 16. Lebenswoche. Anschließend wird jeweils im Abstand von 3 bis 4 Monaten bei den legenden Tieren geimpft. Oft erfolgt eine Kombination mit der ND-Impfung. Mykoplasmenfreie Masthuhnküken werden auch am 1. Lebenstag über Spray geimpft, gegebenenfalls kann eine Boosterimpfung zwischen der 2. und 3. Lebenswoche z. B. über das Tränkwasser angezeigt sein. Eine protektive Rolle der maternalen Antikörper konnte nur teilweise, insbesondere gegen homologe Viren, nachgewiesen werden. Der zellulären Immunität kommt eine besondere Bedeutung bei einem heterologen Impfschutz zu. Es kommen Impfstämme vom Massachusetts-Typ (M41-Stamm H120, gefolgt von dem weniger attenuierten Stamm H52) sowie vom 793B-Typ, häufig auch in Kombination, zum Einsatz. Ein Impfstoff zur Impfung gegen den QX-Stamm ist in Deutschland zugelassen. Das Vakzinestammspektrum richtet sich nach der Prävalenz verschiedener antigenetischer IB-Subtypen.
Die Lebendvakzinen können über Augentropfen, Spray oder Tränkwasser im Stall verabreicht werden, wobei die Sprayvakzination durchaus auch respiratorische Reaktionen hervorrufen kann. Inaktivatvakzinen werden vor dem Einsetzen der Legetätigkeit bei Elterntieren sowie Legehennen eingesetzt. Auch stallspezifische Vakzinen können auf der Basis von Inaktivatvakzinen im Fall von neuen Stammvarianten im Feld eingesetzt werden.

8.2.7.2 Infektiöse Enteritis der Pute

Ätiologie

Es gibt verschiedene antigene Varianten des Putencoronavirus, die durch Sequenzierung voneinander abzugrenzen sind.

Epidemiologie und Pathogenese

Das Putencoronavirus wurde bisher in den USA, Kanada, Brasilien, Australien und einigen europäischen Ländern, aber nicht in Deutschland nachgewiesen. Die Pute ist bisher der einzige nachgewiesene natürliche Wirt. Diese auch als Coronavirus-Enteritis der Puten (TCoV) bezeichnete Erkrankung (früher auch als blue comb disease oder transmissible enteritis of turkeys bezeichnet) tritt vor allem bei Jungputen auf und geht mit starken enteralen Symptomen einher. Eine Beteiligung des Virus an dem multifaktoriell bedingten Poultry Enteritis and Mortality Syndrome (PEMS) ist auch beschrieben. Das Virus ist eng mit dem Virus der IB der Hühner verwandt, hat jedoch im Unterschied zu IBV einen Tropismus für das Darmschleimhautepithel. Hühner können mit dem Putencoronavirus experimentell infiziert werden, zeigen aber keine klinischen Symptome. Nach oraler Aufnahme erfolgt die Virusvermehrung massenhaft im Darmepithel im apikalen Bereich der Zotten, insbesondere von Jejunum und Ileum, aber auch epithelialen Zellen der Bursa cloacalis. Nach Angehen der Infektion wird das Virus massiv über den Kot ausgeschieden und horizontal mit kontaminiertem Material übertragen. Die Ausscheidung kann über mehrere Wochen auch nach Genesung noch erfolgen. Durch diese lange und hohe Erregerausscheidung kommt es schnell zu einer Verbreitung im und zwischen den Beständen.

Klinik und Pathologie

Die Inkubationszeit liegt zwischen einem und 5 Tagen. Durch Läsionen an der Darmschleimhaut kommt es zu Störungen in der Resorption und Darmmotilität, somit zu Durchfall und gelegentlich bei älteren Tieren zu Einbrüchen in der Legeleistung. Sekundärerreger wie *E. coli* im Darm führen zu einer Verschlechterung des Krankheitsbildes und erhöhten Abgangsraten. Je jünger die

Tiere sind, desto stärker ist das klinische Bild ausgeprägt, welches sich durch 100%ige Morbidität und bei Jungtieren durch Mortalitätsraten von bis zu 50 % darstellt. Die Tiere zeigen wässrigen, grünlich-bräunlichen Durchfall, der durch Uratausscheidungen später auch weißlich erscheinen kann. Exsikkose und Fressunlust führen dazu, dass die Tiere für ihren Entwicklungsstand untergewichtig bis abgemagert sind. Es kommt zu einer Veränderung der intestinalen Darmflora, was sich verschlechternd auf die Futterverwertung und Resorption auswirkt.
Pathologisch-anatomisch ist der Dünndarm mit schaumig-gelblichem Inhalt gefüllt, erscheint dilatiert und dünnwandig. Histopathologisch kommt es zur Villusatrophie- und ablösung, Krypthyperplasie und Infiltration von lymphoiden Zellen sowie heterophilen Granulozyten in die Lamina propria.

Diagnose
Die Anzucht kann bisher nicht in Zellkultur, aber erfolgreich in Puten- und Hühnerembyonen nach Inokulation über die Amnionhöhle erfolgen. Das Virus kann dann aus dem embryonalen Darm und der Bursa cloacalis reisoliert werden. Es gibt die Möglichkeit, das Virus in diesen Geweben mit spezifischen Antikörpern im Immunfluoreszenz- oder immunhistochemischen Test nachzuweisen. Es sind auch spezifische und sensitive RT-PCR-Protokolle publiziert. IBV-ELISA-Systeme können zur Detektion von TCoV-Antikörpern eingesetzt werden.

Bekämpfung
Neben den allgemeinen Maßnahmen steht keine Vakzine zur Verfügung. Nach Feldinfektionen sind die Tiere resistent gegenüber weiteren TCoV-Belastungsinfektionen. Antibiotikagaben helfen, die bakteriellen Sekundärerreger besser zu kontrollieren und somit die Mortalitätsrate zu senken.

8.2.7.3 Torovirusinfektionen

Ätiologie und Epidemiologie
Die Toroviren gehören in die Familie der Coronaviren. Sie sind bei Puten an Durchfallerkrankungen und dem Runting-and-Stunting-Syndrom beteiligt, aber die ökonomische Bedeutung ist noch nicht bekannt. Es gibt auch keine publizierten Informationen zur Prävalenz dieser Viren in den deutschen Beständen.

Klinik und Pathogenese
Durchfallerkrankungen mit Beteiligung des Torovirus sind in den ersten 3 Lebenswochen bei Puten beschrieben. Hühner und Hühnerembryonen sind resistent gegenüber einer Infektion mit dem Torovirus. Es kommt zu einer Störung der enteralen Resorption und einer Abnahme der Darmmaltaseaktivität. Die Tiere zeigen Durchfall, Unruhe, Aufnahme von Einstreu und Entwicklungsstörungen (Stunting). Eine Beteiligung des Immunsystems an der Entstehung der Diarrhoe wird spekuliert.

Diagnose
Die Toroviren lassen sich in 23 bis 24 Tage alten Putenembryonen nach Inokulation über die Amnionhöhle sowie experimentell auch in primären Darmepithelzellkulturen der Pute vermehren. Der Nachweis kann über die RT-PCR erfolgen. Elektronenmikroskopie von Darminhalt ermöglicht ebenfalls einen Torovirusnachweis aus frischem Material.

Bekämpfung
Neben allgemeinen Hygienemaßnahmen stehen keine Impfstoffe zur Verfügung. Es kann davon ausgegangen werden, dass maternale Antikörper zwar nicht vor der Infektion, jedoch aber vor der Entwicklung klinischer Symptome schützen können.

8.2.8 Retrovirusinfektionen

Retroviren enthalten eine einzelsträngige RNS positiver Polarität, haben einen Durchmesser von etwa 70 bis 140 nm und sind behüllt. Durch die viruseigene Reverse-Transkriptase kann die virale RNS in copy(c)DNS umgeschrieben und als Provirus in die Wirtszell-DNS integriert werden, was zu einer latenten (lebenslangen) Infektion führt. Zur Gattung der Alpha-Retroviren gehören beim Vogel:

- Aviäres Leukosevirus
- Rous-Sarkomvirus

Zur Gattung der Gammaretroviren gehören beim Vogel:
- Chick Syncytial Virus
- Retikuloendotheliosevirus (Prototyp Stamm T)
- Trager-Duck-Spleen-Nekrose-Virus
- Duck Infectious Anaemia Virus

Keine taxonomische Zuordnung hat bisher das Virus der lymphoproliferativen Krankheit der Pute.

8.2.8.1 Aviäre Leukose

Ätiologie

In der Leukose/Sarcoma (L/S)-Gruppe werden verschiedene Tumorerkrankungen des Huhnes zusammengefasst, welche durch die L/S-Gruppe der aviären Retroviren verursacht werden. Am häufigsten kommt im Feld die aviäre Leukose vor, deren Verursacher das aviäre Leukosevirus (ALV) ist. Die antigenen Unterschiede innerhalb von ALV sind durch die Oberflächenstruktur der Virushülle bedingt und tragen zur spezifischen Bindung des Virus an die Rezeptoren der Zelloberfläche bei. Diese sind von einem dominanten autosomalen Gen der Zelle kodiert. Auf Grund der Oberflächenstruktur der Virushülle werden bisher beim Nutzgeflügel sechs Subgruppen unterschieden (A, B, C, D, E, J). Die Subgruppen F bis I sind für endogene ALVs anderer Vogelarten vergeben. Weitere neue Subgruppen sind beispielsweise bei der Ente beschrieben, müssen aber noch weiter untersucht werden. Die für das Huhn wichtigsten ALV gehören der Subgruppe A an.
In Abhängigkeit von den jeweiligen viralen Onkogenen können beim Huhn unterschiedliche Neoplasien ausgelöst werden (→ Tab. 8.8). Obwohl verschiedene Tumorarten durch das ALV induziert werden können, ist die lymphoide Leukose (LL) mit B-Zelllymphomen, welche meist die Bursa cloacalis und viszerale Organe betreffen, die häufigste Form. Mit dem Nachweis der Myelozytomatose in den frühen 1990iger Jahren, verursacht durch das ALV der Subgruppe J, hat sich eine neue Tumorerkrankung entwickelt, die häufiger bei Masttieren gefunden werden konnte. ALV zeigt wie viele Retroviren eine hohe Mutationsrate und kann sich auch mit dem endogenen ALV der Subgruppe E rekombinieren, was zu neuen ALV-Rekombinanten im Feld führen kann, wie auch kürzlich wieder in China gezeigt (Rekombinate aus ALV-C, ALV-E und ALV-J). Diese ALV der Subgruppe E tragen nicht nur zur Entwicklung neuer ALV-Mutanten bei, sie können auch mit der Diagnose und Kontrolle der ALV-Infektion interferieren. Rekombinanten können sich aber auch aus unterschiedlichen exogenen ALV-Stämmen verschiedener Subgruppen entwickeln (z. B. ALV A/J).

Epidemiologie und Pathogenese

Von epidemiologischer Bedeutung ist der vertikale (transovarielle) Übertragungsweg, während die horizontale Verbreitung eher von untergeordneter Bedeutung ist. Infizierte Tiere scheiden das Virus dauernd oder intermittierend über Speichel, Eier und Kot aus, was ohne gezielte Eradikationsmaßnahmen zu einer erheblichen Verbreitung der Viren führen würde. Es kann zwischen einer vertikal-genitalen sowie einer vertikal-germinalen (Provirus ist in das Wirtsgenom integriert) Übertragung unterschieden werden. Diese Übertragungswege führen zu immuntoleranten, permanent virämischen Trägertieren, während die horizontale Übertragung zur Induktion von Antikörpern führt. Zirkulierende Antikörper reduzieren die Virusausscheidung und Tumorentwicklung. Grundsätzlich ist davon auszugehen, dass ALV in Hobbybeständen und vielen kommerziellen Beständen noch sehr weit verbreitet ist. Trotz Infektion bleiben allerdings die meisten Tiere zeitlebens tumorfrei (Inzidenz von 12 %). Grundsätzlich zeigen die verschiedenen Virusstämme ein variables Tumorspektrum. Neben dem Virusstamm bestimmen auch Virusdosis, Alter, Geschlecht und Genetik des Tieres das Tumorspektrum. Viele ALV haben auch immunsuppressive Eigenschaften.

Klinik und Pathologie

Bedingt durch Unterschiede in der Infektionsempfänglichkeit und Krankheitsresistenz der Tiere kommt es trotz hoher Infektionsrate meist nur bei wenigen Tieren zu einer Erkrankung mit Todesfolge. Die Klinik kann variieren (→ Tab. 8.8). Es werden akut-transformierende und langsam-transformierende ALV unterschieden. Während die akut-transformierenden Viren zwar ein virales Onkogen im Genom tragen, aber replikationsdefizient sind und entsprechend ein Helfervirus benötigen, tragen langsam-transformierende ALV kein virales Onkogen. Diese replikationskompetenten Viren induzieren Tumoren durch die Integration des viralen Genoms in das Wirtsgenom in Bereiche, die eine Aktivierung der zellulären Onkogene bewirken. Sollte es zu einer Tumorentwicklung kommen, so entstehen nach 4- bis 5-wöchiger Latenzzeit bei der LL erste tumorörse Veränderungen in Zellen der Bursa cloacalis. Diese Mikrotumoren können sich zurückbilden oder ausgeschwemmt werden und in anderen Organen wie Leber (→ Abb. 8.17), Milz und Niere (→ Abb. 8.18) zu Metastasen mit makroskopisch erkennbaren Turmoren führen, was dann in der Regel tödlich endet. Betroffene Tiere können unterschiedliche Arten von Tumoren gleichzeitig aufweisen.

Abb. 8.17:
Veränderungen der Leber, bedingt durch lymphoide Leukose.

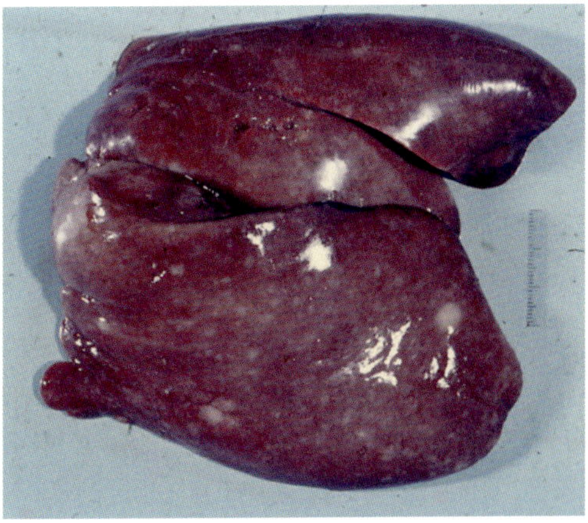

Diagnose

Die Tumordiagnose erfolgt unter Berücksichtigung des Alters der Tiere zur Abgrenzung gegenüber der Marekschen Krankheit (eher jüngere Tiere unter einem Jahr), der Lokalisation des Tumors bzw. der Tumore sowie der Charakteristiken der Tumorzellen, welche auf ihrer Zelloberfläche spezifische Marker für B-Zellen tragen. Der Antigen- und Antikörpernachweis hat nur geringe praktische Relevanz, wenn nicht die Häufigkeit einer Neoplasie in einer Geflügelpopulation trotz Eradikationsmaßnahmen zunimmt und das kausale Agens gefunden werden muss. Die virologische, serologische (insb. ELISA) und molekularbiologische ALV-Diagnostik ist für die Feststellung der Freiheit von einer ALV-Infektion bei Eltern-

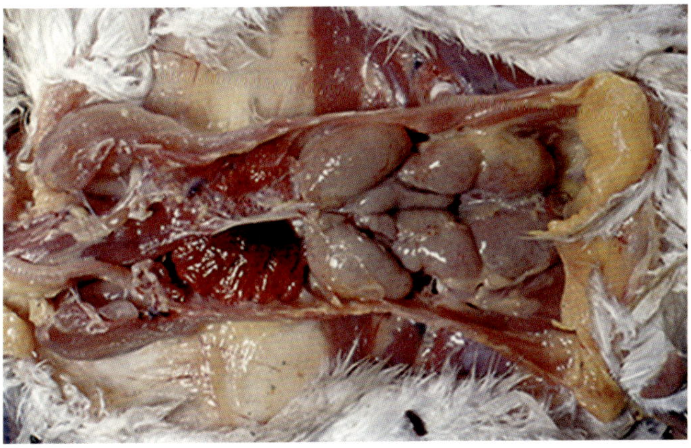

Abb. 8.18:
Tumoröse Veränderungen an der Niere, bedingt durch lymphoide Leukose.

tieren und SPF-Herden von Bedeutung. Molekularbiologische Detektionsmethoden wie qRT-PCR, auch in Kombination mit Sequenzierungen, sind beschrieben worden. Die diagnostischen Verfahren werden in der Regel nur von Speziallaboren durchgeführt.

Bekämpfung

Da es keine kommerziell erhältlichen Vakzinen gibt, ist die Eradikation von ALV im Großeltern- und Elterntierbereich die wichtigste Bekämpfungsstrategie. Dafür sind geeignete diagnostische Verfahren notwendig, um auch neu auftretende rekombinante ALV-Varianten zu detektieren. Heutzutage ist ALV aus Zuchtherden nahezu eradikiert.

8.2.8.2 Retikuloendotheliose

Ätiologie, Epidemiologie, Pathogenese, Klinik und Pathologie

Das Retikuloendotheliosevirus ist weder von der Struktur noch von der Antigenität mit dem ALV verwandt. REV wird in die Familie der *Retroviridae*, die Subfamilie *Orthoretroviridae* und Gattung Gammaretrovirus eingeordnet. Trotz enger antigener Verwandtschaft der REV-Isolate können verschiedene Subtypen unterschieden werden (1 bis 3). REV kommt bei vielen Vogelspezies weltweit vor, ist jedoch im Gegensatz zu ALV nicht ubiquitär verbreitet und führt nur sporadisch zu klinischer, durch Immunsuppressionen geprägter Erkrankung. Am häufigsten sind REV-induzierte chronische Lymphome zu beobachten (Retikularzelltumore, B- oder T-Zelllymphome), insbesondere bei Puten, sowie immunsuppressionsbedingtes Kümmern mit Federanomalien, Nervenveränderungen und damit Paralysen. Obwohl die Verluste durch REV-induzierte Tumoren und Immunsuppression erheblich sein können, ist das Risiko der Verwendung REV-kontaminierter Vakzinen sowie Handelsbeschränkungen bei nicht-REV-freien Zuchttieren von größerer wirtschaftlicher Bedeutung. Der Erreger wird vertikal, über Sperma von immuntoleranten Tieren, aber auch horizontal über Kot und vermutlich auch über Insekten übertragen. Weiterhin stellt die Gefahr der Rekombination (Insertion) von REV-Genomabschnitten mit großen DNS-Viren wie dem Hühnerpockenvirus oder Marek-Disease-Virus (MDV) ein Problem dar, weil dadurch neue Viruseigenschaften und neue Übertragungsmechanismen für REV entstehen können.

Diagnose und Bekämpfung

Es gibt verschiedene serologische Testsysteme, und auch molekularbiologische Detektionsmethoden sind beschrieben. Durch den Nachweis von gruppenspezifischem Antigen (gag) im Eiklar und Ausschluss positiver Bruteier vom Schlupf konnte eine nahezu erregerfreie Nachzucht der Hybridhühner aufgebaut werden.

8.2.8.3 Lymphoproliferative Krankheit der Pute

Ätiologie, Epidemiologie, Pathogenese, Klinik und Pathologie

Lymphoproliferative Disease (LPD) tritt seit einigen Jahren sporadisch bis enzootisch bei bestimmten Putenlinien auf und hat in einigen Ländern wirtschaftliche Bedeutung erlangt. Eine Anzüchtung des Erregers war bisher nicht möglich, es wurden lediglich elektronenmikroskopisch C-Typ-Partikel nachgewiesen (in Thymushomogenisat). Die Übertragung erfolgt insbesondere horizontal, und es wird spekuliert, dass maternale Antikörper einen vorübergehenden Schutz gegen die Erkrankung bieten. Nach einer Inkubationszeit von 4 bis 6 Wochen kommt es zu einer ersten Virusvermehrung in den Knochenmarkzellen und anschließend auch in den lymphoiden Zellen des Thymus und der Bursa cloacalis. Im Alter von 10 bis 18 Wochen sind die Verluste am höchsten mit einer Mortalität um 20 %. Männliche Puten scheinen häufiger betroffen zu sein als weibliche. Klinisch stellt sich die Erkrankung mit Anämie und plötzlichem Tod dar. Bei gutem Ernährungszustand sind herdförmige Tumoren in verschiedenen parenchymatösen Organen (→ Tab. 8.8) zu finden. Gelegentlich kommt es zur Verdickung der peripheren Nerven und zu blassem und dilatiertem Herzmuskel. Die Milz stellt sich ebenfalls blass und marmoriert dar. Histologisch sind in den veränderten Organen pleomorphe lymphoide Zellen und wenige Lym-

Tab. 8.8:
Auszüge zur Klinik und Pathologie von Retroviruserkrankungen beim Geflügel

		Tumorarten	Klinik bei meist älteren Tieren	Pathologie/Histologie
Leukose/ Sarcoma-Gruppe	Leukosen	lymphoide Leukose (häufigste Form)	Schwäche, vergrößerte Leber palpierbar	Tumorbildung diffus oder nodös, vorwiegend in Leber, Milz, Nieren mit Organvergrößerungen sowie im Knochenmark; fokale und multizentrisch entstehende Tumoren aus Lymphoblasten; beginnend in der Bursa cloacalis (B-Zelllymphome)
		Erythroblastose	Schwäche mit/ohne Anämie und Abmagerung	Leber mahagonifarben, anämisch; Milz stark vergrößert, dunkelrot; petechiale Blutungen; transformierte, proliferierende unreife Erythroblasten
		Myelozytomatose (Subgruppe J)	Anämie, Schwäche, knotig palpierbare Verdickungen insb. an Knorpel-Knochen-Grenzen (z. B. Sternum/ Xiphoid, Auge)	nodöse Tumoren in Leber, Milz, Muskulatur (Subgruppe J: auch Tumoren im Knorpel-Knochenbereich), massenhafte Ansammlungen von Myelozyten
		Myeloblastose		diffuse Tumorbildung in Leber und Milz; infiltrierend, immer Veränderungen des Knochenmarks (grau-gelbe Infiltrationen); hochgradige Leukämie, regelmäßig Mikrotumoren in der Bursa cloacalis; Myeloblasten-Akkumulation intra- und extravaskulär in parenchymatösen Organen
	Sarkome und andere Tumore des Bindegewebes	Fibrosarkom/Fibrom	Anämie, Schwäche, Abmagerung mit/ohne Tumorbildung, je nach Tumor Lahmheiten, Verformungen der Knochen und Gelenke, abdominale Knotenbildung	solide Tumoren im Bereich von Haut, Unterhaut, Muskulatur und gelegentlich anderen Organen; Fibroblasten-ähnliche Tumorstrukturen
		Myxosarkom/ Myxom		weichere Tumoren mit schleimigem Material in Haut und Muskulatur; stern- oder spindelförmige Fibroblasten-ähnliche Zellen
		osteogene Sarkome/ Osterom		harte Tumoren ausgehend vom Periost mit knochenähnlicher Struktur
		histiozytäre Sarkome		feste Tumoren in den Organen; monozytäre und Makrophagen-basierende Tumoren

Tab. 8.8:
Auszüge zur Klinik und Pathologie von Retroviruserkrankungen beim Geflügel (Fortsetzung)

		Tumorarten	Klinik bei meist älteren Tieren	Pathologie/Histologie
Leukose/Sarcoma-Gruppe	Verwandte Tumoren	Osteopetrose	mehr männliche Tiere als weibliche, selten bei Puten, verdickte Knochen	erste Veränderungen im Bereich der Diaphyse von Tibia und Tarsometatarsus, später in anderen Knochen, aber nicht Zehen; meist symmetrische Veränderungen; basophile Osteoblastenproliferation, Abnahme der Osteoklastendichte
		Hämangiome (u. a. assoziiert mit Subgruppe J)	gelegentlich Blutungen mit tödlichem Ausgang	Haut und Organe mit blutgefüllten, kavernösen, aber auch massiven zellhaltigen Knötchen (blood blister), bei Ruptur schwere Blutungen; proliferierende, undifferenzierte Mesenchymalzellen
		Nephroblastome (Wilms Tumor)	unspezifische Klinik	andere Nierentumoren (Adenom, Karzinom) sind auch möglich; Tumoren unterschiedlicher Erscheinung und Größe in der Niere; Proliferation von Epithel- und mesenchymalen Zellen
		weitere Epitheliome; Endotheliome u. a.		
Retikuloendotheliose-virus-Gruppe		chronische Lymphome	Kümmern (Runting-and-Stunting-Syndrom), unregelmäßige Federentwicklung, Anämie	Atrophie von lymphoiden Organen, fokale oder diffus erscheinende Lymphome in der Bursa und Leber, Immunsuppression; B-(T-)Zelllymphome oder auch Proliferation von retikuloendothelialen und mesenchymalen Zellen
Lymphoproliferatives Virus		Proliferation pleomorpher lymphoider Zellen	sporadisch, Anämie, plötzlicher Tod	gute Bemuskelung, herdförmige Tumoren in hgr. vergrößerter, blasser Milz; seltener Leber, Niere, Gonaden, Lunge, Pankreas, Thymus, Bursa cloacalis; ggl. Verdickung der peripheren Nerven; blasser, schlaffer Herzmuskel

Diese Liste ist nicht vollständig. Das Alter der Tiere gibt auch wichtige Hinweise auf bestimmte ätiologische Zusammenhänge mit der Tumorbildung. Weitere Informationen sind Spezialliteratur zu entnehmen.

phozyten zu finden. In Lymphoblasten, Retikulum- und Plasmazellen sind große zytoplasmatische Vakuolen nachweisbar.

8.2.9 Arthropode-borne diseases

Bedingt durch den Klimawandel und die in den letzten Jahrzehnten stark zugenommene Reisetätigkeit ist zu erwarten, dass zukünftig die arthropode-borne diseases, welche beispielsweise auch die geflügelrelevanten Erreger wie Toga- und Flaviviren umfassen, sich weiter ausbreiten und auch in Deutschland zukünftig eine Rolle spielen werden. Beim Friedrich-Löffler-Institut ist ein nationales Referenzzentrum für diese Erreger eingerichtet worden. Bisher konnten diese Viren bzw. der Kontakt nur in Zugvögeln und wenigen Standwildvögeln in Deutschland nachgewiesen werden. Als weiteres Virus in diesem Zusammenhang ist noch das Krim-Kongo-Fieber-Virus aus der Familie der *Bunyaviridae*, Gattung Nairovirus, anzuführen, welches auch bei Hühnern, Wachteln und Straußen nachgewiesen worden ist, und auch Erkrankungen beim Menschen verursachen kann. Es ist jedoch nur wenig über dieses Virus beim Geflügel bekannt, deshalb wird es nachfolgend nicht weiter vorgestellt.

8.2.9.1 Flavivirusinfektionen (Meningo-Enzephalitis der Pute / West-Nile-Virusinfektion / Wesselbronvirusinfektion)

ES BESTEHT ANZEIGEPFLICHT FÜR DAS WEST-NILE-VIRUS.

ACHTUNG: Zoonosen

Ätiologie

Die Viren der Meningo-Enzephalitis der Pute, der West-Nile- und Wesselbronvirusinfektion gehören auch zu den Arboviren und werden in die Familie der *Flaviviridae* eingeordnet, welche eine lipidhaltige Hülle bei einer Größe von 45 nm sowie eine einsträngige Positiv-Strang-RNS haben. Insgesamt sind unter dem japanischen Enzephalitis-Virus-Antigen-Komplex das West-Nile-Virus und die für das Geflügel nicht so relevanten, aber für andere Vogelspezies wichtigen Erreger wie das Japanese-Enzephalitis-Virus, das St.-Louis-Enzephalitis-Virus und das Usutu-Virus eingeordnet. Letzteres hat bei Wildvögeln in den letzten Jahren auch in Deutschland zu Verlusten geführt und steht im Verdacht humanpathogen zu sein. Das Meningo-Enzephalitis-Virus gehört in den Ntaya-Antigen-Komplex.

Epidemiologie und Pathogenese

Es können bisher zwei unterschiedliche Linien des West-Nile-Virus je nach Ort der Erregerisolation nachgewiesen werden. Die Übertragung erfolgt durch stechend-saugende Insekten (*Culicoides* spp.), aber auch für das West-Nile-Virus durch Zecken. Eine vertikale Übertragung ist bei einigen Virusspezies ebenfalls möglich. Grundsätzlich ist die Tenazität gering, eine direkte Übertragung zwischen infizierten Tieren ist wahrscheinlich auch möglich. Bisher spielt der Erreger der Meningo-Enzephalits der Pute nur in Afrika und Israel eine Rolle, während der Erreger der West-Nile-Virusinfektion sich in den letzten Jahren stark ausgebreiten hat und nicht nur in afrikanischen, sondern auch in süd- und mitteleuropäischen Ländern und Amerika nachgewiesen wurde.

(Israelische) Meningo-Enzephalitis der Pute: Neben der Pute ist auch die japanische Wachtel empfänglich, während andere Nutzgeflügelarten resistent sind.

West-Nile-Virusinfektion: Zahlreiche Wildvogelarten (z. B. Krähenvögel, Storchenvögel, Möwen, Sperlingsvögel u. a.) bilden das natürliche Reservoir des Virus, und Zugvögel spielen eine bedeutsame Rolle bei der Ausbreitung auch über weite Strecken. Der Erregerkontakt konnte für einige Zugvögel in Deutschland bereits nachgewiesen werden, während klinische Erkrankungen bei Pferd, Mensch und Nutzgeflügel hier noch nicht beschrieben sind bzw. nur nach Ansteckung während eines Auslandsaufenthaltes beobachtet werden konnten. Gänse sind für das Virus besonders empfänglich und zeigen klinische Symptome, während Puten und Hühner wohl infiziert sein können, aber klinische Fälle sind nach natürlicher Infektion bisher nicht beschrieben. Junge Moschusenten verstarben bei einer experimentellen Infektion.

Klinik und Pathologie

(Israelische) Meningo-Enzephalitis der Pute: Die Inkubationszeit beträgt unter experimentellen Bedingungen 5 bis 8 Tage. Nach Infektion sind die Tiere 24 Stunden bis 8 Tage virämisch. Die Mortalität kann bei 12 bis 22 Wochen alten Puten zwischen 30 und 80 % liegen, während jüngere Tiere klinisch nicht erkranken, aber trotzdem empfänglich sind. Es wird ein massiver Einbruch in der Legeleistung beobachtet. Die Tiere zeigen fortschreitende Lähmungen der Gliedmaßen und Flügel bis hin zu einer Paralyse, die dann zum Tod des Tieres führt. Gelegentlich ist Opisthotonus zu beobachten.

Pathologisch-anatomisch zeigen sich keine spezifischen Veränderungen, histologisch sind eine lymphozytäre Meningo-Enzephalitis nachweisbar sowie fokale Myokardnekrosen.

West-Nile-Virusinfektion: Gänse jünger als 12 Wochen zeigen Inkoordination, Paralyse der Flügel, Tortikollis und Opisthotonus. Die Empfänglichkeit der Tiere nimmt mit dem Alter ab.

In einer natürlich infizierten Herde kann die Mortalität bei 10 bis 60 % liegen.

Die pathologisch-anatomischen Veränderungen sind unspezifisch, histologisch zeigen sich fokale Nekroseherde im Herzen und neuronale Degenerationen, begleitet von lymphoiden perivaskulären Infiltrationen. Experimentelle Infektionen von Hühnerküken führten zu ähnlichen klinischen Symptomen und Läsionen wie bei infizierten Gänsen, während Puten trotz Virämie keine Auffälligkeiten zeigten.

Diagnose

Grundsätzlich können Arboviren gut in neugeborenen Mäusen, aber auch im embryonierten Hühnerei nach Dottersackbeimpfung und in unterschiedlichen Primärzellkulturen von Huhn und Ente, Verozellen und BHK-21-Zellen vermehrt werden. Sie führen zu einem ZPE. Die Erreger können bei einem pH-Wert von 6,2 bis 6,6 Hühnererythrozyten agglutinieren. Es sind RT-PCRs, Antigendetektionstests sowie kommerziell erhältliche ELISA Systeme beschrieben. Serologisch kann der Nachweis weiterhin über den HAH oder VNT erfolgen.

(Israelische) Meningo-Enzephalitis der Pute: Der vorberichtliche Hinweis auf die geografische Herkunft sowie Klinik und Histologie können eine Verdachtsdiagnose ermöglichen.

Bekämpfung

Grundsätzlich ist in endemischen Gebieten eine Bekämpfung der Mücken wichtig.

(Israelische) Meningo-Enzephalitis der Pute: Eine Therapie ist nicht möglich, Impfversuche sind beschrieben.

West-Nile-Virusinfektion: Eine Impfung insbesondere von Gänsen in der gefährlichen Jahreszeit ist möglich und sollte um die 3. Lebenswoche herum durchgeführt werden. Kommerzielle Impfstoffe für Geflügel sind auf dem internationalen Markt, aber nicht für Deutschland zugelassen.

Das West-Nile-Virus kann beim Menschen nach einer Übertragung durch Mücken Symptome wie Fieber, Krämpfe, Paralysen, Koma und Tod verursachen, ein subklinischer Verlauf ist jedoch häufiger. Hochempfänglich ist auch das Pferd; Schutzimpfungen sind beim Pferd möglich. Dieser Erreger wird nach der Biostoffverordnung in die Risikogruppe 3 eingeordnet, weshalb mit replizierenden Viren nur unter entsprechenden Sicherheitsbedingungen gearbeitet werden darf.

8.2.9.2 Togavirusinfektionen (amerikanische Pferde-Enzephalomyelitis)

ACHTUNG: Zoonose

Ätiologie

Die Erreger der amerikanischen Pferde-Enzephalomyelitiden gehören in die Familie der *Togaviridae* und zur Gattung der Alphaviren, welche eine lipidhaltige Hülle mit Oberflächenprojektionen bei einer Größe von 50 bis 70 nm haben sowie eine einzelsträngige Positiv-Strang-RNS.

Epidemiologie und Pathogenese
Diese Viren werden überwiegend durch stechend-saugende Mücken in feucht-warmen Gegenden, wie in der Nähe von Süßwassersümpfen in Nord- und Mittelamerika sowie der Karibik, übertragen und werden deshalb in die Gruppe der Arthropode-born-Viren (Arboviren) eingeordnet. Es sind auch Milben, Läuse und andere Insekten Träger des Erregers. Die Mücken können lebenslang infiziert bleiben und übertragen 1 bis 2 Wochen nach der infizierenden Blutmahlzeit die Viren mit ihrem Speichel. Eine vertikale Übertragung z. B. über Sperma ist wie eine horizontale Verbreitung zwischen den Tieren durch gegenseitiges Bepicken auch möglich. Die Tenazität der Erreger ist gering. Neben den Wildvögeln, welche das natürliche Reservoir darstellen und meist nicht erkranken, sind auch Nutzgeflügelarten wie Huhn, Pute, Fasan, Taube, Wachtel und auch Enten für die Eastern-, Western- und Venezuela-Pferde-Enzephalomyelitisviren sowie das Highland-J-Virus empfänglich.

Klinik und Pathologie
Die Schwere der Erkrankung ist zwischen den Viren unterschiedlich. Während die Eastern-Pferde-Enzephalitis zu den schwersten Symptomen und Läsionen führt, sind die Folgen einer Western-Pferde-Enzephalitis und einer Highland-J-Virusinfektion, die früher häufig fälschlich als Western-Pferde-Enzephalitis eingeordnet wurde, weniger dramatisch. Die Tiere sind allgemein klinisch unauffällig, es kann zu einem Abfall der Legeleistung und veränderten dünnschaligeren Eiern bei Puten kommen. Einzeltiere können Symptome wie Mattigkeit, gesträubtes Gefieder und Durchfälle zeigen. Später können insbesondere bei Puten und Pekingenten zentralnervöse Symptome bis zu Lähmungen auftreten. Bei Ringfasanen kann eine Mortalität bis zu 75 % beobachtet werden.

Pathologisch-anatomisch sind bei einigen Spezies wie dem Fasan keine Auffälligkeiten zu beobachten, andere, wie die Puten und Hühner, können aber auch viszerale Formen ohne Gehirnläsionen, stattdessen Nekrosen in Milz, Pankreas, Leber, Herz und lymphoiden Organen zeigen. Histologisch zeigen sich gemäß der Klinik im Gehirn eine herdförmige Meningitis und Vaskulitis sowie im Rückenmark und in peripheren Nerven Mikrogliosis und Neurodegenerationen.

Diagnose
Die geografische Herkunft und der klinische Verlauf geben bereits Hinweise. Als diagnostisches Material eignet sich insbesondere Gehirn, aber auch Leber, Milz und Herz sowie in der Virämiephase Serum. Die Erregeranzucht erfolgt durch Inokulation über die Amnionhöhle von 9 bis 14 Tage alten embryonierten Hühnereiern. Die nach 18 bis 72 Stunden abgestorbenen Embryonen zeigen Hämorrhagien. Weiterhin können die Viren in Zellkulturen wie Hühnerembryofibroblasten angezüchtet werden. Infizierte Zellen zeigen zytoplasmatische Vakuolen und es kommt zu einem aus Synzytien und abgerundeten Zellen bestehenden zytopathogenen Effekt. Die meisten Isolate führen pH-abhängig zur Agglutination von Erythrozyten unterschiedlicher Vogelspezies. Es sind für den Virusnachweis RT-PCR-Protokolle sowie auch Antigendetektionsmethoden mit kommerziell erhältlichen ELISA-Systemen beschrieben worden. Serologisch kann weiterhin ein Hämagglutinationshemmungstest eingesetzt werden. Eine Differenzierung zwischen den unterschiedlichen Vertretern kann durch den VNT in Zell- oder Eikultur erfolgen.

Bekämpfung
Als Präventionsstrategie ist die Bekämpfung der Mückenpopulation durch Veränderung des Lebensraumes, aber auch chemische Spraybehandlung am wichtigsten. Kommerzielle Impfstoffe stehen für Geflügel nicht zur Verfügung. Eine Umwidmung von Pferdeimpfstoff für das Geflügel ist fragwürdig.

Die Erreger der Amerikanischen Pferde-Enzephalomyelitis können beim Menschen nach Übertragung durch Mücken Symptome wie Fieber, Somnolenz, Paralysen bis hin zum Koma und Tod verursachen. Schutzimpfungen sind für Reisende in betroffene Gebiete möglich. Die Eastern

Equine Enzephalitis hat eine hohe Todesrate bei betroffenen Patienten und kann bei Überlebenden zu neurologischen Langzeitschäden führen. Das Virus der Western Equine Enzephalitis führt häufig nur zu eine subklinischen Infektion. Grundsätzlich sind Pferde hochempfänglich für die Erreger. Diese Erreger werden nach Biostoffverordnung in die Risikogruppe 3 eingeordnet. Ein Arbeiten mit replizierenden Viren ist deshalb nur unter entsprechenden Sicherheitsbedingungen erlaubt.

8.2.10 Aviäre Hepatitis-E-Virusinfektion

Ätiologie

Ursprünglich war der Erreger der aviären Hepatitis-E-Virusinfektion (Hepatitis-Splenomegaly-Syndrom, big liver and spleen disease) in die Familie der Caliciviren eingeordnet, aber auf Grund von deutlichen Sequenzunterschieden wurde der Erreger vor ein paar Jahren in die Familie der *Hepeviridae* und die Gattung Hepevirus eingeordnet. Es scheint verschiedene Genotypen bei den aviären Hepatitis-E-Viren zu geben. Hepeviren sind etwa 32 bis 34 nm groß, nicht behüllt und haben eine einsträngige Positiv-Strang-RNA. Verwandte Hepatitis-E-Viren stehen in Zusammenhang mit Erkrankungen beim Schwein und Menschen. Serologisch sind auch andere Tierspezies positiv für Hepatitis-E-Virus-Antikörper. Inwieweit Stämme unterschiedlicher Virulenz zirkulieren, ist nicht bekannt, kann aber auch nicht ausgeschlossen werden.

Epidemiologie und Pathogenese

Das aviäre Hepatitis-E-Virus ist weit verbreitet in den USA, aber auch in Kanada und zahlreichen europäischen Ländern erfolgten Nachweise. Es kommt ebenfalls in Geflügelbeständen in Deutschland vor. Serologische Nachweise sind sowohl in gesunden wie auch erkrankten Herden möglich. Die Hauptzielzellen sind Hepatozyten, der Erreger gelangt dann in die Galle und den Magen-Darmtrakt und wird über den Kot ausgeschieden. Ein vertikaler Infektionsweg kann nicht ausgeschlossen werden. Der Erreger scheint relativ resistent gegenüber niedrigen pH-Werten sowie gegenüber Temperaturen bis zu etwa 60 °C zu sein.

Klinik und Pathologie

Es erkranken vornehmlich Legehennen und Mastelterntiere. Nach neueren Untersuchungen soll der Erreger auch bei der Pute vorzukommen. Die Pathogenese ist bisher weitestgehend unbekannt. Es wird angenommen, dass sich der Erreger in der Milz und dem Magen-Darmtrakt vermehrt. Die Inkubationszeit beträgt zwischen 1 und 3 Wochen, die Morbiditäts- und Mortalitätsraten sind relativ niedrig, meistens sind die Tiere subklinisch infiziert. Betroffen sind Hühner zwischen der 30. und 72. Lebenswoche, und es kann zu einem Einbruch in der Legeleistung von bis zu 20 % und Eiern mit veränderter Eischalenstabilität und Pigmentierung kommen. Die klinischen Symptome sind ansonsten unspezifisch mit unter anderem blassen Kopfanhängen, verschmutztem Gefieder und pasteusem Kot.

Pathologisch-anatomisch werden eine Rückbildung des Ovars, eine Ansammlung blutiger Flüssigkeit im Abdomen sowie vergrößerte Milzen und Lebern mit hämorrhagischen Veränderungen und Nekroseherden bei verstorbenen Tieren gefunden. Dies wird histologisch bestätigt, und es werden Ansammlungen von heterophilen Granulozyten und mononukleären Zellen im Bereich des Glissonschen Dreiecks sowie hepatozelluläre Nekrosen detektiert. Es sammelt sich eosinophiles Material und Amyloid im Leber- und Milzinterstitium an. Andere Organe können ebenfalls sporadisch betroffen sein.

Diagnose

Das Hepatitis-E-Virus ist bisher in Zellkulturen schwer oder gar nicht zu kultiveren und lässt sich im embryonierten Hühnerei nur nach intravenöser Inokulation vermehren. Eine Verdachtsdiagnose kann auf Grund der klinischen Symptome in Zusammenhang mit den makroskopischen und mikroskopischen Veränderungen gestellt werden. Der Nachweis kann durch RT-PCR oder qRT-PCR erfolgen. Es sind ELISA-Systeme und der AGP für eine serologische Diagnostik beschrieben, aber kommerziell nicht erhältlich. Bedingt durch die weite Verbreitung können häufig Antikörper in klinisch gesund erscheinenden Herden nachgewiesen werden.

Bekämpfung

Eine Kontrolle kann bisher nur durch Hygienemaßnahmen erfolgen.

8.2.11 Parvovirushepatitis der Gans und Moschusente

Ätiologie

Die Erreger der Parvovirushepatitis der Gans und Moschusente gehören in die Familie der *Parvoviridae* und die Gattung der Dependoviren. Diese Viren sind unbehüllt und besitzen eine einzelsträngige DNS. Es sind jeweils ein Serotyp beim Gössel (Goose-Parvovirus, GPV, Erreger der Gänsepest oder Derzsyschen Krankheit) und einer mit geringerer Pathogenität bei Moschusentenküken (Moscovy-Duck-Parvovirus, MDPV) mit etwas unterschiedlichem Wirtsspektrum beschrieben.
Parvoviren sind auch bei Huhn und Pute beispielsweise in Zusammenhang mit dem Runting-Stunting-Syndrom detektiert worden, diese sind jedoch genetisch unterschiedlich zu den Erregern der Parvovirushepatitis und gehören möglicherweise einem anderen Genus an.

Epidemiologie und Pathogenese

Der Erreger ist hoch kontagiös und besitzt eine relativ hohe Tenazität. Er kann sowohl horizontal, insbesondere über Kot, aber auch über das Bruteı und während der Schlupfphase im Brutschrank übertragen werden. Es erkranken nur Gänse, Moschusenten und einige Hybride an der Parvovirushepatitis. Die Inkubationszeit beträgt 2 Tage bis zu einer Woche je nach Alter der Tiere. Klinisch erkranken nur Küken bis zur 4. Lebenswoche, ansonsten zeigen ältere Tiere eine Altersresistenz, sie können aber latente Träger sein und das Virus vertikal übertragen. Der Erreger vermehrt sich anfangs im Darm. Es kommt dann zu einer Virämie und zu einer Replikation insbesondere in der Leber und im Thymus.

Klinik und Pathologie

Die Morbidität und Mortalität können in perakut bis akuten Fällen bei unter 10 Tage alten Küken bis zu 90 % betragen. Akut erkrankte Moschusenten und Gänse nehmen kaum Futter und Wasser auf, sind bewegungsunlustig und können innerhalb von 2 bis 5 Tagen versterben. Bei protrahierter Verlaufsform bei älteren oder teilimmunen Tieren sind die Morbiditäts- und Mortalitätsrate deutlich geringer, aber die Tiere bleiben bei schlechter Futterverwertung im Wachstum zurück, sind matt und zeigen Befiederungsstörungen. Es ist besonders das Unter- und Deckgefieder im Rückenbereich betroffen, die Haut ist entzündlich gerötet und eine geschwollene Bürzeldrüse kann beobachtet werden. Viele Tiere zeigen Nasen- und Augenausfluss mit Kopfschütteln, teilweise besteht weißlicher Durchfall und es sind pseudomembranöse Veränderungen in der Schnabelhöhle erkennbar.
Pathologisch-anatomisch zeigen die Tiere oft Aszites, was klinisch zu einer Pinguin-ähnlichen Haltung zur Erleichterung der Atmung führt, und vergrößerte Lebern mit subkapsulären Blutungen begleitet von Perihepatitis. Die Herzmuskulatur kann blass und schlaff sein, was auf Degenerationen zurückzuführen ist. Es kann zur Atrophie lymphoider Organe kommen. Bei jungen Tieren erscheint das Herz auffällig rund. Gelegentlich sind Blutungen in der Muskulatur und katarrhalische Enteritis zu beobachten. Histologisch sind in der Leber Nekroseherde sowie vakuoläre Degenerationen der Leberzellen zu finden. Weiterhin finden sich intranukleäre Einschlusskörperchen.

Diagnose

Der Virusnachweis kann klassisch im embryonierten Gänse- oder Moschusentenei erfolgen. Nach Inokulation über die Allantoishöhle kommt es nach 5 bis 10 Tagen zum Absterben der Embryonen begleitet von Blutungen und verfärbten Lebern. Auch in primären Fibroblastenkulturen dieser Wassergeflügelarten ist eine Anzucht mit einem lytischen zytoplasmatischen Effekt mit spindelförmigen Synzytien möglich. Virusantigendetektionsmethoden sowie PCR, meist mit Nachweis der Virusprotein-3-Gensequenz, können zur Diagnose der Parovirusinfektion genutzt werden.

Moschusenten sind auch noch für andere antigenetisch verwandte Parvoviren empfänglich, die durch molekularbiologische Methoden voneinander abzugrenzen sind.
Um den Antikörperstatus von Elterntieren, aber auch eine Serokonversion nach einem Ausbruch zu detektieren, sind unterschiedliche serologische Testsysteme wie VNT, AGP und ELISA entwickelt worden.

Bekämpfung
Kommerzielle attenuierte Lebendimpfstoffe allein oder in Kombination mit inaktivierten Vakzinen stehen zur Immunisierung von Küken oder Elterntieren zur Verfügung. Somit können maternale Antikörper die Küken nach dem Schlupf bis etwa zur 2. bis 4. Lebenswoche schützen, der Zeitpunkt der Impfstoffapplikation bei den Nachkommen richtet sich somit nach dem maternalen Antikörperstatus. Bei Elterntieren ist nach einer Grundimmunisierung eine Auffrischung spätestens 2 Wochen vor Legebeginn notwendig. Die Parvovirushepatitis lässt sich nicht therapieren. Gegebenenfalls können Sekundärinfektionen durch Antiinfektiva behandelt werden. Es ist auf eine strikte Bruthygiene und den Einsatz von Bruteiern von Parvovirus-freien Elterntieren zu achten.

8.2.12 Adenovirusinfektionen

Ätiologie und Epidemiologie
Adenoviridae haben einen Durchmesser von etwa 90 nm und eine doppelsträngige DNS. Fowl-Adenoviren (FAV) sind unbehüllt und deshalb auf Grund ihrer hohen Resistenz sehr weit verbreitet. Bei den Adenoviren der Vögel lassen sich die Gattungen Aviadenoviren (Gruppe-I-Adenoviren), At-Adenoviren (Gruppe-III-Adenoviren; Egg-Drop-Syndrom) und die Si-Adenoviren (Gruppe-II-Adenoviren; Virus der hämorrhagischen Enteritis der Pute [HEV], Virus der Marmor-Milz-Erkrankung der Fasane, Adenovirus-assoziiertes Splenomegalie-Virus des Huhnes) unterscheiden.
Das Genus der Aviadenoviren umfasst bisher:

- 12 identifizierte Serotypen beim Huhn (Fowl-Adenovirus, FAV 1–12, 5 Spezies A–E)
- Entenadenovirus 2
- Putenadenoviren 1 und 2
- Gänseadenoviren 1 bis 3 (neuere Hinweise auch 4 bis 5)
- Taubenadenovirus 1

Die Aviadenoviren sind eher an multifaktoriellen Krankheitsgeschehen beteiligt und oft keinem spezifischen Krankheitsbild zuzuordnen. Sie replizieren im Nukleus und bilden histologisch detektierbare intranukleäre Einschlusskörperchen. Neben der horizontalen Verbreitung hauptsächlich über den Kot spielt auch die vertikale Übertragung eine bedeutende Rolle. Viruslatenz kann dazu führen, dass eine Adenovirusinfektion selbst über eine Generation undetektiert bleibt und erst nach Stimulation durch andere Sekundärfaktoren wieder aktiviert wird. Das FAV 1 ist auch als CELO (chicken embryo lethal orphan)-Virus bekannt. Es werden Krankheitsbilder wie die Einschlusskörperchenhepatitis, das Hydroperikardsyndrom, Muskelmagenläsionen (Gizzard-Erosion), Legeleistungseinbrüche sowie Beteiligung am Runting-and-Stunting-Syndrom mit verringertem Futterumsatz und respiratorischen Symptomen sowie Pankreatis in Perlhühnern mit Aviadenovirusinfektionen in Zusammenhang gebracht. Weiterhin induzieren das HEV (Kap. 8.2.12.3) und das EDS-Virus (Kap. 8.2.12.4) definierte Erkrankungen.

8.2.12.1 Einschlusskörperchenhepatitis

Epidemiologie und Pathogenese
Von der Einschlusskörperchenhepatitis (EKH) sind insbesondere Jungtiere vom Masttyp bei Huhn und gelegentlich der Pute zwischen der 3. und 6. Lebenswoche betroffen. Viele verschiedene Serotypen und Adenovirusstämme sind in Zusammenhang mit der EKH bisher schon isoliert worden. In Deutschland wurden in den letzten Jahren insbesondere die Serotypen 2, 8, und 9 isoliert, die Stämme können sehr unterschiedliche Virulenzen aufweisen. Nach vertikaler Übertragung und sogar in Gegenwart von spezifischen Antikörpern können FAV lange latent sein.

Klinik und Pathologie

Die Inkubationszeit kann stark schwanken und bei Jungtieren zwischen einem und 2, aber auch 8 bis 10 Tagen, sowie bei älteren Tieren auch Wochen andauern. Die Schwere der Erkrankung kann durch eine gleichzeitige Infektion mit immunsuppressiven Erregern wie Chicken Infectious Anemia Virus (CIAV) und IBDV potenziert werden. Die Mortalitätsrate kann auf 10 %, gelegentlich auch 30 % innerhalb von 2 bis 3 Tagen bei Jungtieren ansteigen, ohne dass sich beim Einzeltier klinische Symptome gezeigt hätten. Die Erkrankungsdauer liegt bei Monoinfektionen bei 8 bis 10 Tagen. Die Tiere zeigen unspezifische Symptome wie unausgeglichenes Wachstum, gesträubtes Gefieder, gelegentlich respiratorische und ältere Tiere auch Durchfallsymptomatik.

Pathologisch-anatomisch zeigt sich eine geschwollene, blasse und brüchige, gelb-bräunlich verfärbte Leber mit Blutungen und Nekrosen. Auch die Muskulatur kann Blutungen aufweisen. Hämorrhagien sind oft bei Sekundärinfektionen zu beobachten. Nierenschwellungen sowie Atrophie der lymphoiden Organe sind bei immunsuppressiven Stämmen gelegentlich zu finden. Histologisch sind in der Leber Nekrosen, Entzündungszellinfiltrationen sowie Kerneinschlüsse in der frühen Phase der Infektion zu finden (→ Abb. 8.19). Weiterhin kann es zu einer Gallengangshyperplasie, Lymphozytendepletion in lymphoiden Organen sowie interstitiellen Infiltraten in der Niere kommen.

Abb. 8.19:
Einschlusskörperchen in der Leber, s. Pfeil (HE-Färbung).

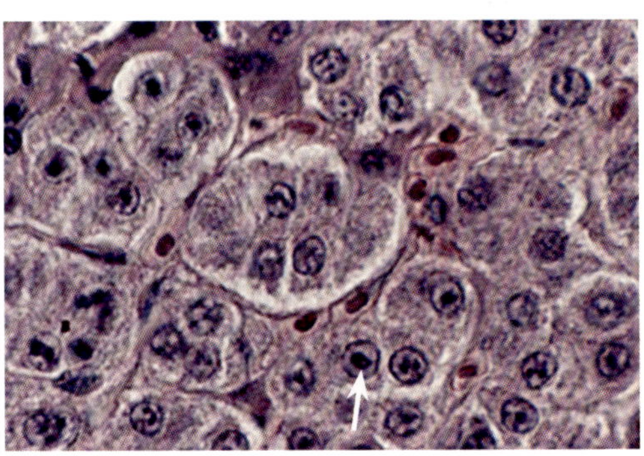

Diagnose

Eine ätiologische Zuordnung kann wegen der weiten Verbreitung der FAV nur durch den Erregernachweis kombiniert mit Klinik, Pathologie und Histologie vorgenommen werden. Die Anzucht kann meist in Hühnernieren- und Leberzellkulturen sowie im embryonierten Ei nach Inokulation über die Chorioallantoismembran der entsprechenden Vogelspezies erfolgen. Nicht immer zeigen die Embryonen Läsionen, die Infektion kann aber auch zu Tod, Stunting, Verkrümmungen, Hepatitis sowie anderen Veränderungen führen. Die Zellkulturen zeigen oft ein Abrunden der Zellen sowie Kerneinschlüsse. Im Agargelpräzipitationstest und Immunfluoreszenztest kann eine Detektion der Adenoviren anhand des gruppenspezfischen Antigens erfolgen. Eine Differenzierung der Serotypen ist im Kreuz-Neutralisationstest möglich. Molekularbiologischen Methoden wie PCR und Restriktionsenzymsanalysen ermöglichen eine weitere Differenzierung (DNS-Gruppen A–E). In der Elektronenmikroskopie zeigen sich die Hühneradenoviren (FAV) mit zwei Fibern je Pentonbase. Histologisch kann der Verdacht auf Adenoviren auf Grund der intranukleären Einschlusskörperchen gestellt werden. FAV 1 hat auch hämagglutinierende Eigenschaften für Rattenerythrozyten. Es ist zu berücksichtigen, dass die Virusausscheidung intermittierend und über eine langen Zeitraum erfolgen kann.

Bekämpfung

Antikörper kreuzreagieren nicht zwischen den Serotypen, weshalb es zu wiederkehrenden Infektionen mit FAV unterschiedlicher Serotypen innerhalb einer Herde kommen kann. Eine Immunprophylaxe ist unüblich, auf dem Weltmarkt stehen Inaktivatvakzinen zur Verfügung, werden in Deutlschand aber nicht eingesetzt. Gegebenenfalls könnten bestandsspezifische Impfstoffe eingesetzt werden. Begleitende Hygienemaßnahmen sowie eine gute Immunprophylaxe gegen CIAV und IBDV reduzieren die Verluste durch EKH. Maternale Antikörper schützen nicht vor einer natürlichen Infektion.

8.2.12.2 Hepatitis-Hydroperikard-Syndrom

Epidemiologie und Pathogenese

Das Hepatitis-Hydroperikard-Syndrom, auch als Angara Erkrankung bezeichnet, stellt sich als perakut bis akut verlaufendes Krankheitsgeschehen dar, welches im Jahr 1987 erstmalig in Pakistan beschrieben wurde und sich seitdem in vielen Ländern (u. a. Russland, Slowakei, Mittel- und Südamerika, Indien) ausgebreitet hat. Es wurde eine Beteiligung von insbesondere dem FAV 4, aber auch FAV 12 und möglicherweise auch mit anderen FAV-Genotypen nachgewiesen, die allein oder bei Co-Infektionen mit immunsuppressiven Viren wie IBDV und CIAV sowie zusammen mit Mykotoxinen eine Erkrankung im Feld verursacht haben. Es konnten viele Virusstämme inzwischen isoliert und charakterisiert werden. Der Erreger wird sowohl vertikal als auch horizontal übertragen. Nach peroraler Aufnahme erfolgt die Virusvermehrung im Darm. Es sind insbesondere junge Hühner, aber, wenn auch selten, andere Spezies wie z. B. Tauben und Wachteln betroffen. Wildvögel werden als Träger vermutet. In der Virämiephase kommt es zur Virusvermehrung in der Leber, aber auch in Herz, Lunge und Niere. Eine Infektion der primär- und sekundär-lymphoiden Organe führt zur Immunsuppression. Die Inkubationszeit beträgt nach experimenteller Infektion etwa 7 bis 10 Tage.

Klinik und Pathologie

Meist sind Masthühner in der 3. bis 5. Lebenswoche, aber auch gelegentlich Legetiere und Elterntiere bis zur 20. Lebenswoche betroffen. Die Mortalität ist mit 20 bis 80 % recht hoch, es kommt zu einem plötzlichen Auftreten von Todesfällen, in vielen Fällen ohne klinische Erscheinungen. Die Tiere können aber auch abgeschlagen erscheinen, sind wärmebedürftig, zeigen gesträubtes Gefieder und drängen sich zusammen. Gelegentlich kommt es zu wässrigem Durchfall.

Pathologisch-anatomisch zeigt sich eine Ansammlung von bis zu 10 ml gelblicher Flüssigkeit im Herzbeutel (pathognomonisch). Lungenödem, geschwollene und verfärbte Lebern sowie geschwollene Nieren und eine katarrhalisch-muköse Enteritis werden beobachtet. Histologisch lassen sich Nekrosen an Herz, Niere und Leber sowie intranukleäre basophile Einschlusskörperchen in den Parenchymzellen nachweisen. Die lymphoiden Organe sind oftmals atrophisch, und es lässt sich mikroskopisch eine katarrhalisch bis muköse Enteritis bestätigen.

Diagnose

Die Klinik und Pathologie erlauben eine Verdachtsdiagnose, insbesondere im Fall des Hydroperikards. Ein histologischer Nachweis der intranukleären Einschlusskörperchen kann dies festigen. Eine eindeutige Diagnose erfolgt durch den Erregernachweis (PCR, Immunhistochemie), der Antigennachweis kann bis zu 7 Tage nach Infektionsbeginn in lymphatischen Organen erfolgen. Eine Anzucht gelingt in Hühnernieren- und Hühnerembryoleberzellen.

Bekämpfung

Wichtig ist die Kontrolle der immunsuppressiven Erkrankungen wie IBD und CIA. Begleitende Hygienemaßnahmen sind von besonderer Bedeutung. Stallspezifische Impfstoffe auf der Basis von Leberhomogenat infizierter Tiere haben sich bei Vakzinationsstudien in Pakistan als protektiv gezeigt. In den Ländern Südamerikas stehen Adsorbatvakzinen für die Masttiere oder Elterntiere mit dem FAV-Serotyp 4 zur Verfügung.

8.2.12.3 Hämorrhagische Enteritis der Pute

Epidemiologie und Pathogenese

Die hämorrhagische Enteritis (HE) ist eine weltweit verbreitete, wirtschaftlich bedeutsame, hoch kontagiöse immunsuppressive Erkrankung junger Puten ab einem Alter von 4 Wochen, die durch eine hämorrhagische Enteritis begleitet sein kann. Das Virus ist eng verwandt mit dem Virus der Marmormilzerkrankung (MSD) der gehaltenen Fasane und der aviären Adenovirus-Splenomegalie, insbesondere beobachtet bei Masthuhnelterntieren. Diese beiden Erkrankungen können ebenfalls das Immunsystem und die MSD auch den Respirationstrakt beeinträchtigen, werden aber auf Grund ihrer geringen wirtschaftlichen Bedeutung nicht weiter vorgestellt. Die Übertragung der

Siadenoviren erfolgt horizontal nach Ausscheidung über den Kot. Die Inkubationszeit beträgt 5 bis 6 Tage nach oraler Infektion. HEV induziert eine zyklische Allgemeininfektion, die Hauptzielzellen sind B-Zellen, aber auch Makrophagen werden infiziert und in ihrer Funktion somit beeinträchtigt, was zu einer temporären Immunsuppression führen kann.

Klinik und Pathogenese

Die Durchseuchung der Herde erfolgt schnell, und es kann je nach Virulenz des Erregers und Alter der Tiere zu einer Mortalitätsrate von bis zu 60 %, aber meist jedoch nur bis 5 % führen. Bedingt durch die hohe Tenazität verbleibt das Virus lange in der Umgebung der Tiere. Obwohl das Virus in zahlreichen Organen detektiert werden kann, ist das Hauptzielorgan der Virusreplikation die Milz. Tiere bis zur 4. Lebenswoche zeigen eine Jungtierresistenz, was mit einem Schutz durch maternale Antikörper oder bzw. und mit dem noch nicht ausgereiften Immunsystem und somit einem Mangel an oder eingeschränkter Funktion von geeigneten Zielzellen in Zusammenhang stehen kann. Jüngere Tiere zeigen gelegentlich einen vermutlich durch die Immunantwort hervorgerufenen blutig-schwärzlichen Durchfall, der bei Druck auf den Bauch entleert werden kann. Die Tiere sind bei gutem Ernährungszustand, aber stark geschwächt und versterben nach Auftreten klinischer Symptome innerhalb eines Tages. Tiere, die nach 7 Tagen nach der Infektion noch symptomlos sind, genesen vollständig. Bei Elterntieren kann es ohne den typischen Durchfall zu Legeleistungseinbußen sowie schlechter Eischalenqualität kommen. Beobachtungen im Feld weisen darauf hin, dass es immer wieder zu einer subklinischen HE kommen kann, die bedingt durch Sekundärinfektionen, wie unter anderen mit *E. coli,* bei etwa 8 bis 11 Wochen alten Puten zu vermehrten Ausfällen führen kann. Pathologisch können betroffene Tiere dilatierte Därme mit rotbraunem, blutigem Inhalt zeigen (→ Abb. 8.20). Die Milz ist vergrößert und weist auf der Oberfläche und im Anschnitt eine typische Marmorierung auf, welche sich histologisch in einer Hyperplasie der weißen Milzpulpa sowie einer Proliferation der Retikuloendothelialzellen darstellt (→ Abb. 8.21). Weiterhin zeigen sich mikroskopisch Kongestionen der Darmschleimhaut, Epitheldesquamation sowie Hyperämie mit Zellinfiltrationen. Es wird spekuliert, dass die Blutungen eine Folge der Immunreaktion oder auch Histamin- und Prostaglandin-vermittelt sein können. Intranukleäre Einschlusskörperchen sind in unterschiedlichen Organen, und insbesondere im Dünndarm zu detektieren.

Maternale Antikörper können bis zu 4 bis 5 Wochen nach Schlupf schützen. Deshalb erfolgen Ausbrüche im Feld meist zwischen der 6. und

Abb. 8.20:
Pathologisch-anatomische Veränderungen nach einer Infektion der Pute mit dem HEV. Es zeigen sich eine hämorrhagische Enteritis sowie Splenomegalie.

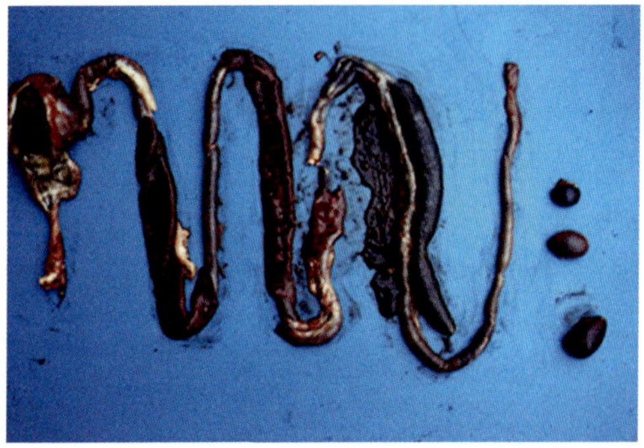

Abb. 8.21:
Histologische Veränderungen in der Milz nach HEV-Infektion. Deutlich erkennbar sind zahlreiche intranukleäre Einschlusskörperchen, s. Pfeile (HE-Färbung).

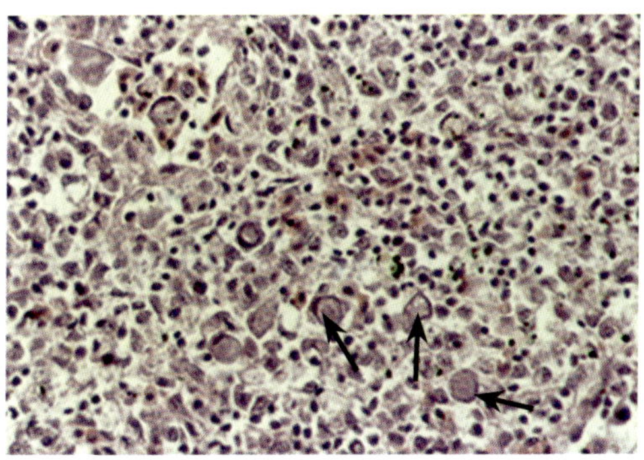

11. Lebenswoche. Nach einer natürlichen Infektion können Antikörper sogar bis über 140 Tage nachweisbar sein. Es wird spekuliert, dass dies durch eine persistente Infektion ermöglicht wird.

Diagnose

Das Virus kann in B-lymphoblastoiden Zelllinien wie den MDTC-RP16 und RP19 sowie in primären Puten- oder Hühnerleukozytenkulturen vermehrt werden. Eine Differenzierung zwischen Feld- und Impfvirusinfektionen ist serologisch nicht möglich und auf Grund einer sehr hohen Sequenzhomologie auch auf Genomebene schwierig. Als verlässlich haben sich molekularbiologische Methoden wie eine PCR auf der Basis der Sequenz des Hexonproteingenes sowie Realtime- oder nested-PCR-Systeme zum Nachweis von HEV erwiesen. Routinemäßig wird auch häufig ein Agargelimmundiffusionstest zur Identifikation des HEV-Antigens aus Milzhomogenat mit spezifischen Seren eingesetzt. Es gibt einen kommerziell erhältlichen ELISA zur Detektion von HEV-Antikörpern.

Bekämpfung

Eine Impfung über das Tränkwasser mit schwach- oder avirulenten HEV-Stämmen sowie MSDV kann um den 28. Lebenstag nach Abfall der maternalen Antikörper erfolgen. HEV-Impfstoffe werden entweder in Zellkultur oder in vivo in der SPF-Pute produziert. Neue-Generation-Vakzinen sind entwickelt worden und zum Teil im Ausland im Einsatz. Eine Revakzination ist häufig nicht notwendig. Die zunehmenden Probleme mit HE-bedingter Immunsuppression im Feld weisen jedoch darauf hin, dass durch eine Interferenz mit maternalen Antikörpern der richtige Impfzeitpunkt nicht einfach zu bestimmen ist und möglicherweise Putenbestände zu früh geimpft werden, weshalb Boosterimpfungen somit angeraten sein können. Rekonvaleszentenseren können direkt nach Ausbruch der Infektion eingesetzt werden, sind aber bei großen Herden wirtschaftlich nicht vertretbar. Hygienemaßnahmen müssen umgesetzt werden, um mögliche Infektionen mit Sekundärerregern zu unterbinden. Vitamin K und Elektrolyte können die Genesung positiv beeinflussen. Grundsätzlich ist eine Restvirulenz der HEV-Lebendimpfstoffe möglich, was eine temporäre Immunsuppression nach Impfung zur Folge haben kann.

8.2.12.4 Egg-Drop-Syndrom-1976

Ätiologie

Das Egg-Drop-Syndrom-1976 (EDS 76, aviäre Adenovirus-Salpingitis) wurde erstmalig 1976 beschrieben und hat mittlerweile weltweit als Ursache für Legeleistungseinbußen bei Hühnern große Bedeutung erlangt. Der Erreger stammt ursprünglich aus der Ente (duck adenovirus 1 DAV 1). Auf Grund genetischer Unterschiede zu den aviären Adenoviren wurde das Virus in eine eigene Gattung (Atadenovirus) eingeordnet. Es sind ein Serotyp und verschiedene Genotypen (bisher 3) beschrieben.

Epidemiologie und Pathogenese

EDS 76 ist bei Enten, Gänsen und Wildwasservögeln weit verbreitet, führt bei diesen Arten jedoch meist zu keiner klinischen Erkrankung. Neben Hühnern sind auch Wachteln für das EDS-Virus empfänglich und entwickeln eine vergleichbare klinische Symtomatik. Der Viruseintrag vom Wassergeflügel in Hühnerbestände erfolgte ursprünglich vermutlich durch einen kontaminierten Impfstoff, der in Entenembryofibroblastenzellkulturen vermehrt worden war. Es sind verschiedene, genetisch unterschiedliche, serologisch aber identische Stämme nachgewiesen worden. Die Übertragung erfolgt vertikal über das Brutei. Innerhalb einer Herde verbreitet sich das Virus dann horizontal über den Kot, kann aber auch durch unbelebte Vektoren sowie Wildwasservögel verbreitet werden. Es ist eine Latenz nach Infektion im frühen Kükenalter bis zur Legereife möglich, weshalb keine genauen Aussagen zur Inkubationszeit gemacht werden können. Lediglich nach einer experimentellen Infektion kann von einer Inkubationszeit von 8 bis 14 Tagen ausgegangen werden.

Klinik und Pathologie

Die meisten klinischen Probleme entstehen zum Höhepunkt der Legetätigkeit. Bei dem EDS 76

Abb. 8.22:
Eischalenveränderungen nach Infektion mit dem EDS-Virus.

kommt es zu einem vorübergehenden Einbruch in der Legeleistung von bis zu 50 % sowie zu Störungen in der Eischalenbildung. Der Einbruch in der Legeleistung kann je nach Alter und Immunstatus zwischen 2 und nach Infektion von älteren Tieren zum Ende der Produktionsphase auch durchaus 6 bis 10 Wochen andauern. Weitere klinische Symptome sind meist nicht zu beobachten. Die Tiere können matt erscheinen und es kann sich Ausfluss von Legedarm-Exsudat aus der Kloake zeigen, der von Durchfall schwer zu unterscheiden ist.

Es gibt drei Verlaufsformen. Erfolgt die Infektion im frühen Kükenalter, kann es zu einer Latenz ohne spezifische Antikörperbildung kommen. In der Legephase kommt es dann durch die hormonelle Umstellung und den Stress zur Reaktivierung des latenten Virus, zur Virämie sowie zur Infektion des Eileiters und der Uterusdrüsen und nachfolgend zur Schädigung der Eibildung. Erfolgt die Infektion später in der Legephase, spielt die horizontale Übertragung durch kontaminierte Eierpappen, Transportfahrzeuge oder auch Futter die zentrale Rolle. Nach einer horizontalen Infektion kommt es immer zu einer Antikörperinduktion, und die Ausbreitung in diesem Fall erfolgt sehr langsam. Bei der dritten, eher sporadischen Form, kommt es zu einem horizontalen Eintrag des EDS-Virus über Wildwasservögel in die Legebestände. Nach der oralen Infektion vermehrt sich das Virus in den lymphoiden Geweben, der Nasenschleimhaut und des Eileiters. Nach 7 bis 20 Tagen nach Infektion kommt es zu einer starken Virusreplikation in den Uterusdrüsen, was dann zu einer gestörten Eischalenbildung führt.

Pathologisch-anatomisch zeigen sich meist keine Veränderungen im Bereich des Legedarms. Gelegentlich können in Zusammenhang mit EDS inaktive Ovarien und eine Atrophie des Legedarms oder auch eine Salpingitis beobachtet werden. Bei einer Infektion von Braunlegern kommt es zu Störungen in der Eischalenpigmentierung. Bei allen Legelinien ist eine Verminderung der Schalenstärke zu beobachten. Neben ‚Windeiern' (Eier ohne Schale → Abb. 8.22) sind Eier mit brüchiger, dünner Schale sowie mit rauer, sandpapierähnlicher Oberfläche zu finden. Diese veränderten Eier können bis zu 15 bis 20 % der insgesamt gelegten Eier des Bestandes ausmachen. Histologisch sind in den Abschnitten des Legedarms, insbesondere dem Uterus, Ödeme, Atrophie der Uterusdrüsen, entzündliche Infiltrate und gelegentlich intranukleäre Einschlusskörperchen zu finden.

Diagnose

Eine Verdachtsdiagnose kann anhand der Legeleistungsdepression in Zusammenhang mit den veränderten Eiern gestellt werden. Es ist zu beachten, dass die Tiere die schalenlosen Eier auch aufpicken, deshalb sollte ein Bestandsbesuch möglichst früh am Morgen stattfinden, um gegebenenfalls noch Windeier finden zu können. Abgesichert wird die Diagnose durch den Nachweis von spezifischen hämagglutinationshemmenden Antikörpern, die zum Zeitpunkt der Legedepression immer zu detektieren sind. Der Hämagglutinationshemmungstest kann als die geeignetste Methode, insbesondere auch in Bezug auf eine Abgrenzung zu anderen Adenoviren, angwendet werden. Ferner können für serologische Untersuchungen unter anderem auch ELISA, Immunfluoreszenz- und Virusneutralisationstest eingesetzt werden. Die Virusisolierung ist in Enten- und Gänse-, aber nicht in Hühnerembryonen nach mehreren Passagen möglich. Weiterhin gelingt die Vermehrung in Entenembryofibroblasten sowie Kükennieren- und Kükenembryoleberzellkulturen. Das Virus hämagglutiniert Erythrozyten von Huhn, Ente und Gans, was zur Bestätigung des Virus nach Anzucht genutzt werden sollte. Bedingt durch die häufige Latenz des Virus sind oft mehrere Passagen in der Zellkultur für die Virusisolation notwendig. Zur Virusisolation eignen sich Kloakentupfer oder Eileiter- und Uterusproben. Der Virusnachweis kann auch durch den Immunfluoreszenztest und die PCR erfolgen.

Bekämpfung

Grundsätzlich sollten die Elterntierherden frei von EDS-Virus sein, um eine vertikale Übertragung auszuschließen. Zur Eindämmung der horizontalen Übertragung sind Hygienemaßnahmen anzuwenden, da das Virus eine hohe Tenazität besitzt. Weiterhin ist eine Abschirmung der Bestände gegenüber Wildvögeln essenziell. Eine Impfung der Hennen zwischen der 14. und 20. Lebenswoche mit einer Inaktivatvakzine, oft auch in Kombination mit anderen inaktivierten Erregern, kann eine klinische Erkrankung verhindern und die Virusausscheidung stark reduzieren. Bei einem erkrankten Bestand kann möglicherweise auch eine Notimpfung durchgeführt werden. Im Fall einer klinischen Erkrankung können als Begleitmaßnahmen zur Förderung der Genesung Vitamine und Mineralstoffe verabreicht werden.

8.2.13 Herpesvirusinfektionen

Herpesviren sind etwa 120 bis 200 nm große, behüllte Viren mit einem linearen doppelsträngigen DNS-Genom. Herpesvirusinfektionen sind weit verbreitet, nachfolgend werden die wirtschaftlich bedeutsamen Herpesvirus-induzierten Erkrankungen wie die infektiöse Laryngotracheitis, die Mareksche Krankheit und die Entenpest vorgestellt.

8.2.13.1 Infektiöse Laryngotracheitis

! ES BESTEHT MELDEPFLICHT.

Ätiologie

Das Virus der infektiösen Laryngotracheitis (ILT) (Gallid herpesvirus 1) gehört in die Gattung Iltovirus innerhalb der Familie der *Herpesviridae*, Subfamilie der *Alphaherpesviridae*, und ist antigenetisch relativ homogen, wenigstens zwei genotypische Linien wurden nachgewiesen.

Epidemiologie und Pathogenese

Bisher ist nur ein Serotyp beschrieben worden, aber ILT-Stämme können unterschiedliche Virulenz aufweisen, was zu eher milden oder aber auch zu einem bösartigen klinischen Verlauf der Erkrankung führen kann, wobei Letzterer eher selten im Feld zu beobachten ist. Die Übertragung erfolgt hauptsächlich horizontal durch infizierte Tiere und kontaminiertes Material. Empfänglich für Infektionen mit dem ILT-Virus sind Huhn, Pfau und verschiedene Fasanenarten. Letztere können je nach Spezies selbst auf eine Impfung mit schwersten Reaktionen reagieren. Refraktär sind Stare, Krähen, Tauben, Spatzen und Perlhühner, diese können aber als Überträger in Frage kommen. Enten können möglicherweise subklinisch infizert sein. Die Tenazität ist hoch in eingetrockneten Ex- und Sekreten, aber nur gering in feuchter Umgebung. Während das Virus in Hobby-Haltungen und in vielen Entwicklungs- und Schwellenländern endemisch sein kann, wird es in intensiven Legehennenhaltungen meist durch Lebendvakzinen klinisch kontrolliert. Das Virus vermehrt sich insbesondere im Epithel von Larynx und Trachea, aber auch in anderen Abschnitten des Respirationstraktes. Wie auch für andere Herpesviren beschrieben, kommt es zu einer extratrachealen Ausbreitung des Virus in die Trigeminusganglien mit Latenz. Das Virus kann von dort aus nach über 15 Monaten z. B. bei Stress oder Hormonumstellung wieder reaktiviert werden. Durch die lange Viruspersistenz im Trigeminusganglion kann es zu wiederkehrenden Infektionen und weiteren Kontaktinfektionen kommen. Es ist beschrieben worden, dass Vakzinestämme durch Tierpassagen an Virulenz zunehmen können und es auch zu Rekombinationen zwischen zirkulierenden Stämmen kommen kann.

Klinik und Pathologie

Nach Infektion erfolgt eine schnelle Ausbreitung der Erkrankung im Bestand, die klinischen Erscheinungen sind nach natürlicher Infektion innerhalb von 6 bis 12 Tagen und nach experimenteller nach 2 bis 4 Tagen zu beobachten. Die Luftqualität und andere Umweltfaktoren beeinflussen den Krankheitsverlauf. Während Junghennen und Legehennen im ersten Lebensjahr besonders empfänglich sind, kann es bei Masthühnern gegen Ende der Mast, häufiger nach dem 45. Lebenstag, aber auch durchaus schon ab der 3. Lebenswoche, ebenfalls zu Krankheitsausbrüchen kommen.

Bei virulenten Stämmen kommt es im akuten Verlauf zu einer erhöhten Mortalitätsrate mit Erstickungstoten. Klinisch nehmen die Tiere eine sogenannte Pinguinhaltung ein, was auf eine schwere inspiratorische Dyspnoe hindeutet und von klagenden Atemgeräuschen begleitet ist. In der Schnabelhöhle und den Nasenöffnungen kann blutig-fibrinöser Schleim sichtbar sein, was für diese Erkrankung pathognomonisch ist. Verläuft die Erkrankung eher protrahiert, zeigen die Tiere Erschöpfungserscheinungen innerhalb von 1 bis 2 Wochen nach anhaltender Atemnot. Klinische Symptome wie Konjunktivitis, Rhinitis, Sinusitis,

Abb. 8.23:
Hämorrhagische Veränderungen mit Blutkoagula in der Trachea eines ILTV-infizierten Tieres.

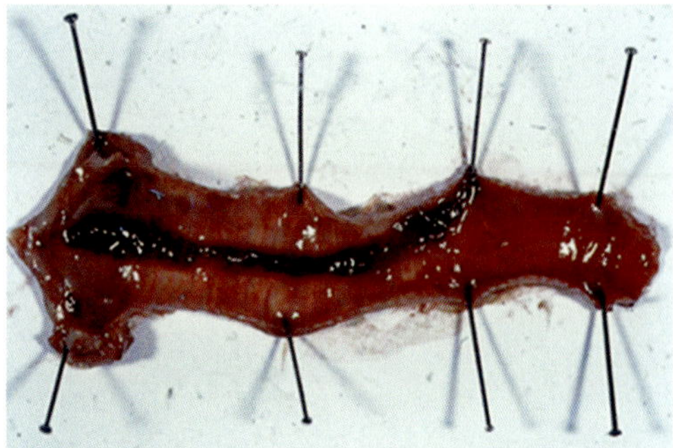

Kopfödeme und aktute Legenot können auch insbesondere bei milden und chronischen Fällen beobachtet werden. Die Mortalitätsrate kann bei der schweren Form über 50 % ansteigen und ist mit einer erheblichen Leistungseinbuße im Bestand verbunden. Bei weniger virulenten Stämmen liegt die Morbidität unter 10 % und ist von nur geringen Mortalitätsraten von unter 2 % begleitet. Bei der milden enzootischen Form, die heutzutage in den intensiven Geflügelhaltungen häufiger ist, stehen ein Rückgang der Lege- und Mastleistung im Vordergrund, es zeigen sich häufig keine deutlichen respiratorischen Symptome. Das Virus wird meist über einen Zeitraum von 6 bis 8 Tagen mit den Sekreten des Respirationstraktes ausgeschieden. Pathologisch-anatomisch sind je nach Verlaufsform katarrhalisch- bis blutig-fibrinöse Läsionen im Bereich von Sinus, Larynx, insbesondere der Trachea (→ Abb. 8.23) und den Primärbronchien zu sehen. Es können auch gelegentlich eine Pneumonie und Luftsackentzündung sowie eine hämorrhagische Kloakenentzündung (pathognomonisch) und eine Rückbildung des Ovars beobachtet werden. Histologisch fallen in der frühen Phase Verlust von Gobletzellen und Infiltration von Entzündungszellen sowie Kerneinschlusskörperchen auf. Weiterhin können im Verlauf der Infektion Ödeme, Zilienverlust, Synzytien (→ Abb. 8.24), Ruptur der in der Lamina propria freiliegenden Blutgefäße in der Trachea und blutige Desquamationen beobachtet werden. In

Abb. 8.24:
Histologische Veränderungen mit Synzytienbildung (Pfeil) in der Trachea nach ILTV-Infektion (HE-Färbung).

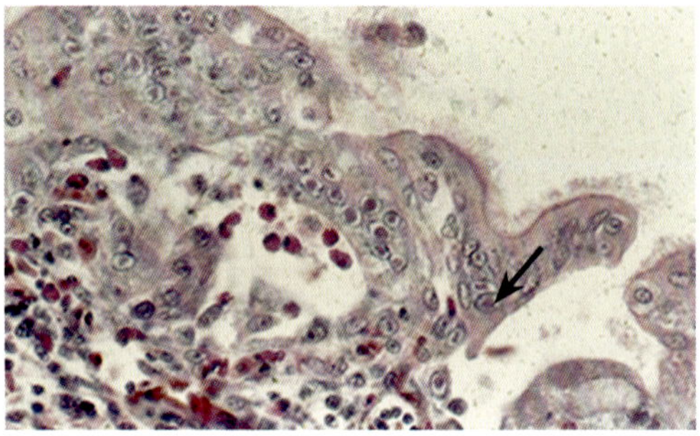

schweren Fällen sind als Folge der Infektion auch Sekundärerreger wie Pilze und Bakterien auf der Schleimhautoberfläche zu detektieren.

Diagnose

Bei akut bösartigem Verlauf kann anhand der Anamnese und Klinik bereits eine Verdachtsdiagnose gestellt werden. Die pathologischen Veränderungen am Atemtrakt sind bei der bösartigen Verlaufsform pathognomonisch. Bei mildem Verlauf oder dem erstmaligen Ausbruch der Erkrankung sollte sich eine histologische Untersuchung oder ILTV-Antigen-Detektion in der Trachea im Immunfluoreszenz- oder Immunperoxidasetest sowie eine Erregeranzucht und -identifizierung anschließen, wobei Letztere nur mit Proben, welche in der frühen Phase der Infektion genommen werden, erfolgversprechend ist. Die Anzucht des Virus kann nach Beimpfung der Chorioallantoismembran (CAM) im embryonierten Hühnerei erfolgen, was zur Ausbildung von Verdichtungsherden auf der CAM nach meist 2 Tagen und möglicherweise zum Absterben der Embryonen nach 2 bis 12 Tagen führt. Die Anzucht kann auch in Hühnernierenzellkulturen erfolgen, die nach 2 bis 5 Tagen einen ZPE mit großen Synzytien und Kerneinschlusskörperchen zeigen, während in Hühnerembryofibroblasten kein auffälliger ZPE zu beobachten ist.

Einige ILTV-Stämme bilden intranukleäre Seifriedsche Einschlusskörperchen aus. Weiterhin kann der Erregernachweis durch PCR geführt werden. Molekularbiologische Methoden wie Untersuchung des Restriktionsfragmentlängenpolymorphismus (RFLP) und Sequenzierung von Genen sowie In-vitro-Marker erlauben in vielen Fällen eine Differenzierung von Feld- und Impfstämmen, was durch einen Embryomortalitätstest ergänzt werden könnte. Ein Antikörpernachweis kann über kommerziell erhältliche ELISA-Systeme sowie mit Hilfe des VN-Tests erfolgen.

Bekämpfung

Eine Immunität wird durch zellvermittelte Mechanismen vermittelt, insbesondere durch lokale Immunzellen in der Trachea. Antikörper weisen lediglich auf Viruskontakt oder maternale Antikörper hin und verhindern allein eine Infektion nicht. Hygiene- und Quarantänemaßnahmen stehen im Vordergrund der Infektionsprophylaxe und können bei korrekter Durchführung die Notwendigkeit von Impfstoffeinsatz reduzieren. Als Impfstoffe für gefährdete Regionen stehen dem Markt schwach-virulente oder attenuierte ILTV-Impfvirustämme zur Verfügung. Die Impfstoffapplikation erfolgt meist für das Einzeltier über Augentropfen. Aber auch Tränkwasservakzinationen werden durchgeführt, wobei eine bessere Immunität bei Kontakt der Vakzine mit dem Respirationsepithel erzielt wird, was bei Aufnahme über das Tränkwasser nicht immer erfolgt. Junghennen sollten zweimal im Alter von 4 bis 7 und etwa 15 Wochen geimpft werden, dann kann mit einer Immunitätsdauer von 6 bis 12 Monaten gerechnet werden. Eine Teilprotektion ist innerhalb von 3 bis 7 Tagen zu erwarten. Bei besonderer Gefährdung werden auch Masthühner im Alter von 10 bis 21 Tagen geimpft. Nach der Erstimpfung kann sich vorübergehend eine geringgradige Konjunktivitis zeigen. Bedingt durch die relativ langsame Ausbreitung im Bestand kann im Bedarfsfall auch eine Notimpfung durchgeführt werden. Es ist zu berücksichtigen, dass geimpfte oder rekonvaleszente Tiere latente Träger sind und nicht mit empfänglichen Tieren zusammengebracht werden sollten. Eine Rekombination zwischen verschiedenen Impfstämmen ist möglich. Auf dem internationalen Markt ist neben konventionellen Lebendimpfstoffen auch ein HVT-ILT-Vektorimpfstoff zugelassen.

Eine Therapie von ILT ist nicht möglich. Durch Vitamin-A-Gaben und die Applikation von antimikrobiell wirksamen Stoffen können bakterielle Sekundärinfektionen kontrolliert werden.

8.2.13.2 Marekscher Krankheit

ES BESTEHT MELDEPFLICHT.

Ätiologie

Das Marek-Disease-Virus (MDV) ist ein stark zellassoziiertes Alphaherpesvirus mit lymphotropischen Eigenschaften wie die eines Gammaherpesvirus. MDV infiziert insbesondere Hühner, ist aber auch in den letzten Jahren vereinzelt in Puten nachgewiesen worden und kann in japanischen Wachteln ebenfalls zu Tumoren führen. Die Marek-Viren gehören in die Gattung Mardivirus.

Folgende Unterteilung ist vorzunehmen:

- Gallide Herpesviren 2 (Serotyp-1-Viren) umfassen alle für Huhn und Pute virulenten MDV-Stämme mit unterschiedlichem onkogenen und immundysregulatorischem Potenzial. Diese Stämme können die akute tumoröse und klassisch nervale Form der MD verursachen.
    - Die Differenzierung der Stämme kann auf Grund von Krankheitsdauer, Organspektrum tumoröser Veränderungen, Todesraten, immunsuppressiven Eigenschaften sowie mangelndem Impfschutz durch das häufig eingesetzte Putenherpesvirus (herpes virus of turkeys; HVT) erfolgen in:
    - mild (m, z. B. CU2; hauptsächlich nervale Form)
    - virulent (v, z. B. JM, GA, HPRS-16; seit den 1940iger Jahren)
    - sehr virulent (vv, z. B. RK-1; seit den 1970iger Jahren)
    - extrem virulent (vv plus, z. B. 648A, seit den 1990iger Jahren)
- Gallide Herpesviren 3 (Serotyp-2-Viren): alle für Hühner apathogenen MDV-Stämme.
- Meleagride Herpesviren (Serotyp-3-Viren): alle aus Puten isolierten Herpesviren (HVT), die bei Puten apathogen sind, aber als Impfvirus bei Hühnerküken eingesetzt werden können.

Epidemiologie und Pathogenese

Der Erreger der Marekschen Krankheit (Marek Disease, MD) ist weltweit verbreitet. Die natürliche Infektion erfolgt aerogen mit virushaltigen Epithelzellen, die sich in der Umgebung im Staub und der Einstreu befinden. *Alphitobius diaperinus* (schwarzer Getreideschimmelkäfer), der in der Einstreu und in Dämmplatten der Stallwände lebt, spielt als Vektor eine Rolle. Im Vordergrund steht somit die horizontale Erregerausbreitung, eine vertikale Erregerübertragung ist nicht nachgewiesen. Das Virus gelangt über den Respirationstrakt (Lunge) in das Tier und erreicht von dort durch phagozytierende Zellen innerhalb von 24 bis 36 Stunden die lymphoiden Organe (→ Abb. 8.25). Nach initialer Infektion über Rezeptoren wie Heparansulfat erfolgt die Ausbreitung im Körper von Zelle zu Zelle über interzelluläre Brücken. Es erfolgt eine je nach Virusstamm transiente oder permanente Atrophie des Thymus und der Bursa cloacalis durch die zytolytische Infektion von B-Zellen und später auch aktivierten T-Zellen. Diese Veränderungen führen zur Immunsuppression nach MDV-Infektion, welche bedingt durch die Sekundärfolgen wirtschaftliche Verluste nach sich zieht. Erste mononukläre Infiltrationen sind 2 Wochen nach der Infektion zu finden, während klinische Symptome und pathologisch-anatomische Veränderungen sich erst nach 3 bis 4 Wochen ausbilden.

Es werden drei Formen von Virus-Zellinteraktionen unterschieden: produktiv, latent und transformierend. Die produktive Infektion führt zu intranukleären Einschlusskörperchen und Zelllysis (zytolytische Form). Die latente Form ist für Serotyp-2- und 3-Stämme beschrieben und meist mit CD4+T-Zellen assoziiert, während für Serotyp-1-Stämme eine Unterscheidung zwischen Latenz und Transformation problematisch ist. Die Mechanismen der Tumorentstehung sind bisher nicht vollständig geklärt. Zum einen werden virale Onkogene durch MDV kodiert, aber auch die In-

Abb. 8.25:
Schematische Darstellung des Entwicklungszyklus der Marekschen Krankheit.

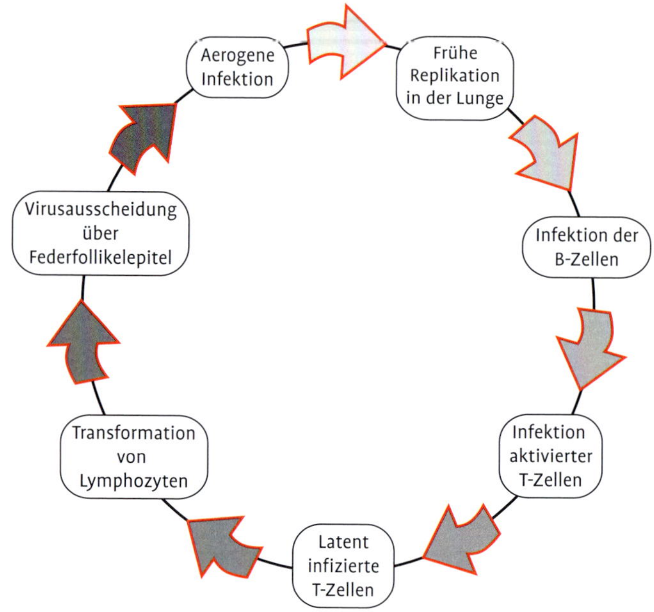

tegration des MDV-Virusgenoms in das Wirtszellgenom kann zur Transformation der Zelle führen, was zur Entstehung von Tumoren ab der 2. Woche nach Infektion beiträgt. Die Ausscheidung des in der Außenwelt sehr stabilen Virus erfolgt über abgeschilferte Zellen des Federfollikelepithels, denn nur dort erfolgt die Ausbildung freier, infektiöser Viruspartikel, und ist in der Mauser besonders hoch. Die Virusausscheidung beginnt 2 Wochen nach der Infektion und erreicht ihren Höhepunkt nach 3 bis 5 Wochen. Die infizierten Tiere scheiden das Virus lebenslang aus, was durch eine Impfung auch nicht verhindert werden kann. Der Erreger kann über 8 Monate seine Infektiosität in getrocknetem Federmaterial erhalten.

Klinik und Pathologie:
In Abhängigkeit von den Erregereigenschaften, der erblichen Resistenz des Wirtes und weiteren Faktoren wie Alter, Geschlecht und maternalen Antikörpern kann das Krankheitsbild stark schwanken (→ Tab. 8.9). Heutzutage ist die lymphoproliferative Form mit der Ausbildung von Lymphomen sicherlich die häufigste und wirtschaftlich bedeutsamste Form der MD. Grundsätzlich ist davon auszugehen, dass nahezu alle – auch die klinisch gesunden Hühnerbestände mit MDV infiziert und somit Virus- und Antikörper-positiv sind. Resistente Tiere sind latent infiziert und scheiden lebenslang das Virus über Federstaub aus. Bedingt durch die MDV-induzierte Immunsuppression kommt es häufig zur Verschlechterung des Krankheitsbildes durch Sekundärinfektionen. Insbesondere haben Doppelinfektionen mit anderen immunsuppressiven Viren wie dem Hühneranämievirus oder dem Gumborovirus eine besondere ökonomische Bedeutung. Es ist davon auszugehen, dass klinisch erkrankte Tiere versterben, auch wenn es temporär zur Erholung kommen kann. Die in der → Tabelle 8.9 dargestellten Formen können allein, aber auch mehrere Formen gleichzeitig bei einem Tier auftreten.

Diagnose
Die Diagnose von MD ist schwierig, da es keine pathognomonischen Veränderungen gibt, MDV wie ALV und REV (Kap. 8.2.8) sehr weit verbreitet vorkommen und es auch zu Simultaninfektionen kommen kann. Für den Ausschluss der Infektionen bei SPF-Herden können die üblichen serolo-

Tab. 8.9:
Klinik und Pathologie der verschiedenen Verlaufsformen der MDV-Infektion

	Betroffene Altersgruppe	Klinik	Pathologie	Histologie
Akute, tumoröse Form	4. LW bis etwa 9. LM	≤ 50 % Mortalität Anämie ggl. verdickte Federfollikel z. T. palpierbare Tumoren z. T. ohne klinische Symptome	Lymphome: Gonaden, Drüsenmagen, große Körperparenchyme, Haut*, PNS- und ZNS-Veränderungen (→ Abb. 8.28, 8.29)	Typ A: kleine proliferierende, lymphoide ‚Marek Zellen', herdförmig oder diffus; Schwund von Myelin u. Axon der Nerven, Ansammlung von Histiozyten, Plasmazellen Typ B: Proliferation Schwannscher Zellen; interneutritisches Ödem; vereinzelt Lymphozyten, Plasmazellen Typ C: vereinzelt Plasmazellen und Lymphozyten
Neurale, klassische Form	ab der 8. LW, adulte Tiere	15 % Mortalität progressiv meist einseitige Lähmungen (Gldm., Flügel) ggl. Hals, Kropf, Kloake, Atemgeräusche durch Vaguslähmung (→ Abb. 8.26)	Verlust der Querstreifung peripherer Nerven graugelbe Verfärbung z. T. knotige Verdickungen meist einseitig insb. am N. vagus, Plexus brachialis und Plexus sacralis (→ Abb. 8.30)	
Okuläre Form	meist adulte Tiere	Iridozyklitis mit gezacktem Pupillenrand selten Panophthalmie (→ Abb. 8.27)	Iridozyklitis Verdickung des N. opticus	Lymphozyteninfiltration in Auge und N. opticus
Vorübergehende Lähmung	Junghennen, adulte Tiere (6–12 LW) ≤ 1 % der Herde	plötzlich auftretende inkoordinierte Bewegungen von Gliedmaßen und Flügel Erholung innerhalb weniger Tage bei Umstallung (klassische Form) Tod nach 24–72 h nach Beginn der Symptome (akute Form)	Atrophie lymphoider Organe (oft assoziiert mit dem lymphodegenerativen Syndrom)	Histiozytenansammlung im peripheren Nervensystem, vasogene Ödeme
Lymphodegeneratives Syndrom	Jungtiere	Tod 8–14 Tage nach Infektion	Atrophie des Thymus und der Bursa cloacalis	zytolytische Infektion gefolgt von degenerativen Läsionen
Vaskuläres Syndrom (Atherosklerose)	meist adulte Tiere	keine	fettige Atherome in den großen Gefäßen	proliferative und fettig-proliferative Veränderungen an Aorta, Coronargefäßen und anderen großen Gefäßen Kalziumablagerungen
Persistierende Lähmung	meist adulte Tiere	anhaltende Bewegungsstörungen, gefolgt von wechselnder Mortalität	keine	Lymphozytenansammlungen im ZNS

* Hauptgrund für Verwerfungen von Masthühnern am Schlachthof; LW: Lebenswoche; LM: Lebensmonat; PNS und ZNS: periphäres und zentrales Nervensystem; o. b. B: ohne besonderen Befund

Abb. 8.26.
Anschoppung des Kropfes nach Lähmung des Nervus vagus.

gischen Verfahren herangezogen werden. Ansonsten ist der Nachweis von MD-Antikörpern nicht sinnvoll.

Die Diagnose ist schrittweise zu vollziehen. Nachweise von:

1. pathologischen Veränderungen: insbesondere an den Nerven, Tumore in verschiedenen Organen (Leber, Herz, Gonaden, Haut, Muskulatur und Proventrikulus) bei Tieren unter 16 Wochen; viszeral-lymphoide Tumoren ohne Bursabeteiligung in 16 Wochen alten oder älteren Hühnern oder Veränderungen der Iris

2. histopathologischen Veränderungen: durch Nachweis von lymphoiden Zellpopulationen unterschiedlicher Größe; hauptsächlich von CD4+T-Zellen sowie Makrophagen in Tumoren und Nervenveränderungen

Abb. 8.27:
Iridozyklitis beim linken Tier.

3. viralem Antigen wie pp38 und Meq immunhistochemisch in den Tumoren

können zur Diagnosefindung beitragen und den kausalen Zusammenhang zwischen MDV und Tumorentwicklung bestätigen.

Als Ausgangsmaterial für die Virusanzucht eignen sich schon ab dem 1. bis 5. Tag nach Infektion lebende, intakte Zellen aus

- Hauthomogenisaten
- Federfollikeln
- frischen Leukozyten-Suspensionen (PBL)
- Nierenzellkulturen von infizierten Tieren

MDV ist streng zellassoziiert. Infizierte Zellen bilden nach 5 bis 10 Tagen Plaques mit abgerundeten Zellen, Synzytien und abgeschnürten virushaltigen Zytoplasmateilen aus. Nicht-attenuierte Serotyp-1-Stämme wachsen in kleinen Plaques am besten in Entenembryofibroblasten oder Hühnernierenzellen, Serotyp-2-Stämme in mittelgroßen und HVT-Stämme in großen Plaques in Hühnerembryofibroblasten. Intranukleäre Einschlusskörperchen sind nachweisbar. Je nach Attenuierungsgrad dauert es 3 bis 14 Tage bis zur Entstehung der Plaques. Eine Vermehrung im embryonierten Hühnerei ist auch möglich. Dies führt zu Verdichtungsherden auf der CAM, Nekrosen in Milz und Leber des Embryos. Mit Hilfe von Serotyp-spezifischen monoklonalen Antikörpern können dann die verschiedenen Serotypen differenziert werden. Molekularbiologische Tests wie PCR können durchgeführt werden, wobei es auch die Möglichkeit gibt, zwischen attenuierten und

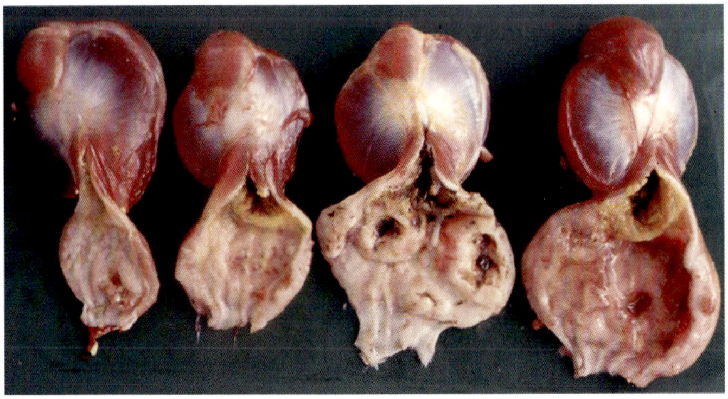

Abb. 8.28:
Tumoren am Drüsenmagen.

nicht-attenuierten Stämmen sowie zwischen latenten und produktiven Infektionen zu unterscheiden (z. B. anhand der Kopieanzahl 132 bp direct repeat). Viele PCR-Protokolle sind jedoch nicht sensitiv genug, um latente Infektionen zu detektieren.
Serologisch ist eine Unterscheidung der drei Serotypen möglich (AGP; ELISA mit Serotyp-spezifischen Antikörpern).

Bekämpfung

Bedingt durch die hohe Tenazität und nahezu ubiquitäre Verbreitung des Erregers stehen Hygienemaßnahmen an vorderster Front der Prophylaxemaßnahmen, was getrennte Brut- und Aufzucht umfasst. Weiterhin gibt es umfangreiche Ansätze zur Zucht Marek-resistenter Hühnerlinien. Seit den frühen 1970iger Jahren wird diese Erkrankung durch den Einsatz von Lebendimpfstoffen bekämpft. In den letzten 30 Jahren gab es nicht nur ganz erhebliche Fortschritte in der Herstellung von MDV-Vakzinen, sondern auch in den Applikationsstrategien, insbesondere durch die Entwicklung der In-ovo-Vakzinationstechnologie und dem Verständnis der Bedeutung der genetischen Krankheitsresistenz. Trotz dieser prophylaktischen Maßnahmen ist MD bedingt durch ökonomische Einbußen auf Grund von Immundysregulation, erhöhten Mortalitätsraten und Verwerfungen am Schlachthof immer wieder von Bedeutung. Der Impfdruck hat dazu geführt, dass die Virulenz der Feldstämme und insbesondere ihr immundysregulatorisches Potenzial in den letzten Jahren stark angestiegen ist, was eine

Abb. 8.29:
Hautveränderungen in Folge einer MDV-Infektion.

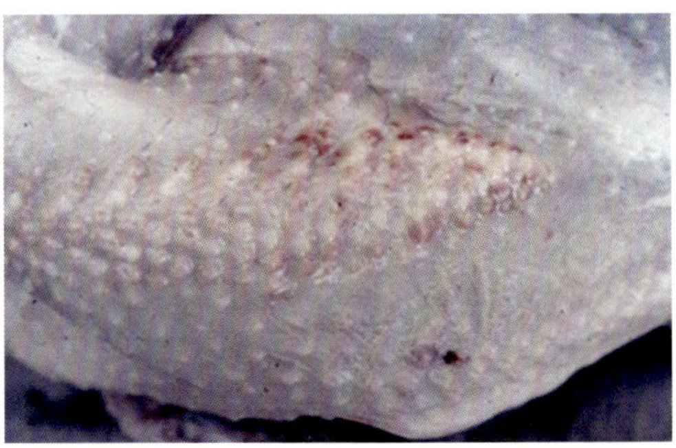

Abb. 8.30:
Umfangsvermehrung im Bereich des im Bild rechten Nervus vagus. Im Vergleich zum linken Nervus vagus.

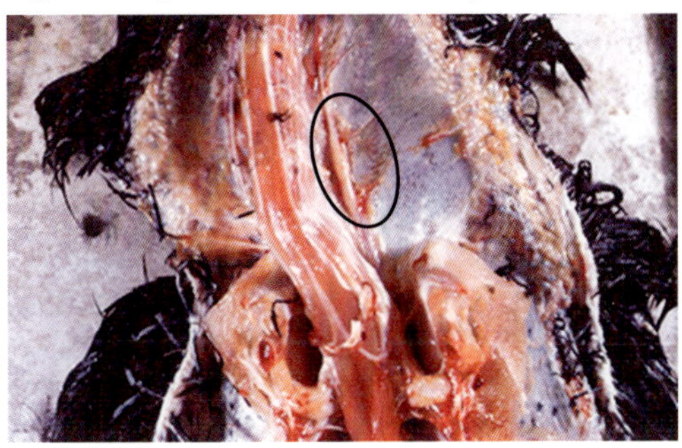

stete Weiterentwicklung der Impfstoffe erfordert. Es werden folgende MDV-Vakzinationsstrategien unterschieden:

- mit primär apathogenem Puten-Herpesvirus (HVT); diese Impfviren gibt es sowohl als zellassozierte als auch als zellfreie Produkte, wobei Letztere in Anwesenheit maternaler Antikörper weniger effektiv sind
- mit attenuiertem (Serotyp 1, z. B. der Rispens-Stamm CVI 988, nur zellassoziiert in flüssigem Stickstoff tiefgefroren im Handel) oder primär schwach-pathogenem Hühner-Herpesvirus (Serotyp 2, z. B. SB-1, in Deutschland nicht üblich)
- Vakzination mit verschiedenen Serotypen in Kombination (synergistischer Effekt)
- ggf. Revakzination

Wichtig ist die geschlossene Kühlkette bei korrekter Anwendung der zellassoziierten Lebendimpfstoffe. Der Impfschutz bei Applikation von etwa 2000 PFU/Küken beginnt schon nach wenigen Stunden, ist jedoch erst nach 9 bis 12 Tagen richtig belastbar. Maternale Antikörper interferieren nicht maßgeblich mit dem Impferfolg. Grundsätzlich ist der Impfschutz T-Zell-vermittelt, verhindert eine Infektion nicht, beugt jedoch der Tumorentstehung vor. Alle drei MDV-Serotypen können als Vektoren für rekombinante Vakzinen verwendet werden, was z. B. zur Entwicklung und Zulassung von Vektorvakzinen gegen die Gumbokrankheit geführt hat. Letztere induzieren einen Immunschutz gegen MDV and IBDV nach In-ovo-Vakzination oder Impfung am 1. Lebenstag. Es ist zu beachten, dass nicht alle HVT-Stämme und Rekombinanten miteinander kompatible sind.

8.2.13.3 Entenpest

Ätiologie

Der Erreger der Entenpest (Anatid herpesvirus 1, AHV-1) wird in die Familie der *Alphaherpesviridae* eingeordnet. Eine weitere eindeutige Zuordnung zu einer Unterfamilie und Gattung liegt noch nicht vor. AHV-1 kann bei Enten, Gänsen sowie Moschusenten eine akut verlaufende Erkrankung mit hoher Mortalität hervorrufen. Bisher sind mindestes zwei Serotpyen beschrieben worden, und die Stämme können unterschiedlich virulent sein.

Epidemiologie und Pathogenese

Die Entenpest ist eine schwerwiegende, akut verlaufende Erkrankung des Wassergeflügels. Insbesondere sind Extensivhaltungen mit Zugang zu offenen Wasserstellen betroffen, da Wildenten, -gänse und auch Blässhühner bei unterschiedlicher Empfänglichkeit infiziert werden können und als Virusreservoir angesehen werden. Bedingt durch die epidemiologische Rolle der Zugvögel in der Übertragung kann es zu einer Häufung von Erkrankungsfällen in den Frühjahrs- und Sommermonaten kommen, wenn die Tiere durch Stress sowie hormonelle Einflüsse in der Brutsaison vermehrt Virus ausscheiden. Das AHV-1 wird über Exkrete und Sekrete verbreitet und zeigt in diesem Material eine hohe Tenazität. Rekonvalezente Tiere können den Erreger über mindestens 1,5 Monate ausscheiden, und es wird für AHV-1 wie bei anderen Herpesviren eine Latenz diskutiert, die bei Reaktivierung zu erneuter Virusausscheidung führen kann. Eine vertikale Übertragung ist möglich, spielt aber epidemiologisch keine Rolle. Das Virus vermehrt sich insbesondere in den epithelialen Zellen und Makrophagen des Verdauungstrakes, des Nasen- und Rachenraumes sowie in lymphoiden Organen und der Leber. Es führt zu einer Koagulopathie und nekrotisch-degenerativen Veränderungen in der Mukosa und Submukosa des Verdauungskanals sowie lymphoiden und parenchymatösen Organen.

Klinik und Pathologie

Nach einer kurzen Inkubationszeit von 3 bis 8 Tagen, bei jüngeren oder teilimmunen und resistenteren Tiere auch länger, kommt es insbesondere bei älteren Tieren zu einem raschen Leistungsabfall, Einbruch bzw. Erliegen der Legetätigkeit, Inappetenz, wässrigem Durchfall sowie serös-purulenter Konjunktivitis und Nasenausfluss. Die Tiere können lichtscheu erscheinen und eine heisere Stimme sowie erschwerte Atmung aufweisen. Später können auch zentralnervöse Symptome mit Lähmung von Hals und Gliedmaßen, begleitet durch Festliegen und Tremor, insbesondere nach Versuchen, die Tiere zum Aufstehen zu bewegen, beobachtet werden. Die Morbiditäts- und Mortalitätsrate können variieren aber auch bis zu 100 % betragen. Nach Auftreten der klinischen Symptomatik versterben die Tiere meist innerhalb von 1 bis 5 Tagen. Pathologische Veränderungen wie perlschnurartig angeordnete, punktförmige bzw. ringförmige Hämorrhagien in jeweils Ösophagus und Darm sind pathognomonisch. Gelegentlich werden auch Blutungen in den serösen Häuten und auf dem Herzen sowie zusätzlich auch Nekrosen in der Kloakenwand beobachtet. Es kann zu Blutungen über das Ovar in die Bauchhöhle, aber auch im Muskelmagen kommen. Histologisch sind Gefäßschäden in den betroffenen Organen sowie intranukleäre, meist basophile Einschlusskörperchen zu finden.

Diagnose
Das klinische Bild und die pathognomonischen Veränderungen am Verdauungstrakt lassen eine Verdachtsdiagnose zu, die durch den mikroskopischen Nachweis der Einschlusskörperchen abgesichert werden kann. Die Erregeranzucht erfolgt über das embryonierte 9 bis 14 Tage bebrütete Entenei nach Beimpfung von Homogenat aus betroffenen Organen über die CAM. Der Erreger kann auch einen ZPE, bestehend aus abgerundeten Zellen und Synzytien in Entenembryofibroblasten oder -leberzellen verursachen, und intranukleäre Einschlusskörperchen können nachgewiesen werden. Eine Adaptation an Hühnerembryonen oder -zellen ist nach mehreren Blindpassagen möglich. Weiterhin kann ein Erregernachweis auch über eine PCR oder auch Real time PCR erfolgen. Serologisch können im VNT oder ELISA Antikörper nachgewiesen werden.

Bekämpfung
Momentan steht in Deutschland kein zugelassener Lebendimpfstoff dem Markt zur Verfügung. Möglicherweise ist dieser noch über das europäische Ausland zu erhalten. Die Anwendung des Lebendimpfstoffes erfolgt bei hohem Infektionsdruck am 1. Lebenstag, ansonsten ab der 4. Lebenswoche. Boosterimpfungen werden nur bei hohem Infektionsdruck durchgeführt, Notimpfungen sind möglich. Ansonsten müssen autogene Impfstoffe bei Bedarf eingesetzt werden. Besondere Hygienemaßnahmen sollten an den Wasserstellen bei Ausbrüchen durchgeführt werden, um eine Weiterverbreitung des AHV-1 über Badestellen zu unterbinden.

8.2.14 Pockenvirusinfektionen

ES BESTEHT MELDEPFLICHT.

Ätiologie
Die Avipoxviren der Vögel, welche ein gemeinsames gruppenspezifisches Antigen besitzen, gehören in die Familie der *Poxviridae* und die Subfamilie der *Chordopoxviridae*. Es gibt zahlreiche vogelartspezifische Stämme, die sich in ihren Zielspezies, antigenen und biologischen Eigenschaften unterscheiden.

Epidemiologie und Pathogenese
Das Wassergeflügel ist weniger empfänglich als die anderen Nutzgeflügelarten. Obwohl das Virus relativ empfindlich gegenüber Hitze und Desinfektionsmitteln ist, kann es doch in getrocknetem Hautmaterial über Monate überleben. Mit der Zunahme alternativer Haltungsformen in den letzten Jahren hat diese Erkrankung wieder an wirtschaftlicher Bedeutung gewonnen. Sie kann insbesondere in den frühen Herbstmonaten, wenn es noch viele Insekten gibt, die das Virus auch über längere Distanzen verbreiten können, auftreten. Die Infektion kann auch über Aerosol erfolgen. Die Inkubationszeit beträgt zwischen 4 und 14 Tagen, während die Durchseuchung je nach Immunitäts- und Gesundheitsstatus der Herde sowie Virulenz des Erregers 3 bis 4, aber auch noch mehr Wochen dauern kann.
Nach Viruseintritt in die tieferen Hautschichten kommt es zur lokalen Virusvermehrung und zur Bildung der Primärpocke. Von dort gelangt das Virus in der 1. Virämiephase in den Kreislauf und infiziert die primär affinen Organe Leber und Knochenmark. Eine starke Vermehrung von virulenten Stämmen in diesen Organen führt zur 2. Virämie. Die Ausbreitung des Pockenvirus in der Haut und Schleimhaut hat eine generalisierte Po-

Abb. 8.31:
Schleimhautpocken im Bereich des Rachens.

ckenerkrankung zur Folge. Impfstämme induzieren Primärpockenbildung und Immunität, aber bedingt durch eine schwache Virusvermehrung kommt es nicht zu einer 2. Virämiephase.

Klinik und Pathologie

Die Infektion erfolgt über kleine Hautverletzungen, die durch Insekten, Picken oder Kratzen, aber auch durch Gegenstände verursacht sein können, über das Auge oder die Schleimhaut des oberen Respirationstraktes und die Schnabelhöhle. Auch Impfpersonal sowie instrumentelle Besamung können zur Übertragung des Virus beitragen. Besonders gefährdet für eine Persistenz des Pockenvirus sind Betriebe mit Geflügel unterschiedlicher Altersgruppen in unmittelbarer Nähe.

Die Pockenviruserkrankungen beim Geflügel verlaufen meist akut mit pockenartigen Veränderungen an der unbefiederten sowie auch befiederten Haut und an Hautanhängen. Es kann auch zu einer diphtheroiden Entzündung der Schleimhäute der Schnabelhöhle (→ Abb. 8.31), des Ösophagus und der Atemwege kommen. Somit können beim Geflügel die folgenden drei Formen auftreten: Hautpocken, Schleimhautpocken sowie eine gemischte Form. Während bei der Hautform die Mortalität niedrig ist, führen Sekundärinfektionen bei der Schleimhautform zu einer höheren Mortalitätsrate. Klinisch kann die Erkrankung zu Schwäche und Gewichtsverlust mit reduzierter Futteraufnahme, gesträubtem Gefieder, Leistungsrückgang und bei Zuchttieren zu schlechten Befruchtungsraten führen. Die Läsionen am Auge und im Schnabelbereich können dazu führen, dass Tiere, insbesondere Puten, erblinden, Futter und Wasser nicht finden bzw. nicht mehr ausreichend aufnehmen können und dadurch versterben.

Die Hautpocken sind gekennzeichnet durch zunächst glasige Bläschen, die sich über gelbliche Pusteln zu verkrusteten, oft blutigen, teils konfluierenden Pockeneffloreszenzen entwickeln können. Insbesondere sind Kopf, Schnabel- und Nasenansatz, Schnabelwinkel, Augenlid sowie Kamm und Kehllappen (→ Abb. 8.32), aber auch die Ständer betroffen. Als Sekundärfolgen können Augen- oder Nasenausfluss beobachtet werden. Die Abheilung mit vollständiger Wiederherstellung der Haut ohne Narbenbildung erfolgt innerhalb von 2 bis 3 Wochen.

Bei den Schleimhautpocken sind diphtheroide Auflagerungen im Bereich der Schnabelhöhle einschließlich Ösophagus und Trachea zu beobachten, was zum Tod durch Ersticken führt. Ein Ablösen der Beläge führt zu blutigen Erosionen.

An den inneren Organen wie Leber und Herz sind Gewebsnekrosen zu beobachten.

Histologisch sind eine Hyperplasie des Epithels und eine ballonierende Degeneration der Epithelzellen (→ Abb. 8.33) sowie inflammatorische Veränderungen mit Infiltration von Makrophagen, Lymphozyten und Plasmazellen zu sehen. Typisch sind eosinophile zytoplasmatische Einschlusskörperchen vom A-Typ (Bollingersche Körperchen). Die betroffene Trachealschleimhaut kann auch eine Hyperplasie der schleimproduzierenden Zellen aufweisen. Ulzerative Läsionen können beobachtet werden.

Diagnose

Die Klinik und Pathologie sowie die Histologie erlauben eine Verdachtsdiagnose bzw. eine Diag-

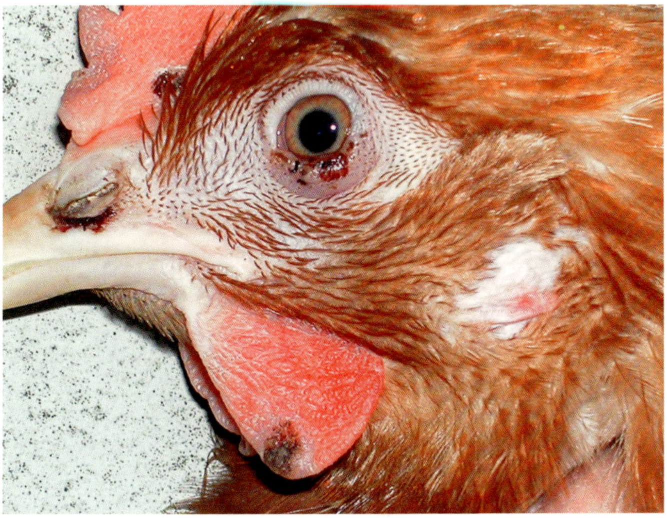

Abb. 8.32:
Hautpocken um das Auge und an den Kopfanhängen.

nose. Bei Neuausbrüchen oder epidemiologischen Fragestellungen sollte jedoch ein Erregernachweis erfolgen. Die Elektronenmikroskopie kann zur Darstellung von Viruspartikeln in Läsionen und Exsudaten eingesetzt werden. Die Virusanzucht erfolgt im embryonierten Hühnerei nach Inokulation über die Chorioallantoismembran, auf der sich nach 5 bis 7 Tagen charakteristische Pockenherde bilden. Bei Virusisolaten aus anderen Vogelarten sind möglicherweise mehrere Blindpassagen notwendig, bis es zu einer Ausbildung von Pockenläsionen auf der CAM des Hühnerembryos

Abb. 8.33:
Histologische Veränderungen der Haut nach Pockenvirusinfektion (HE-Färbung).

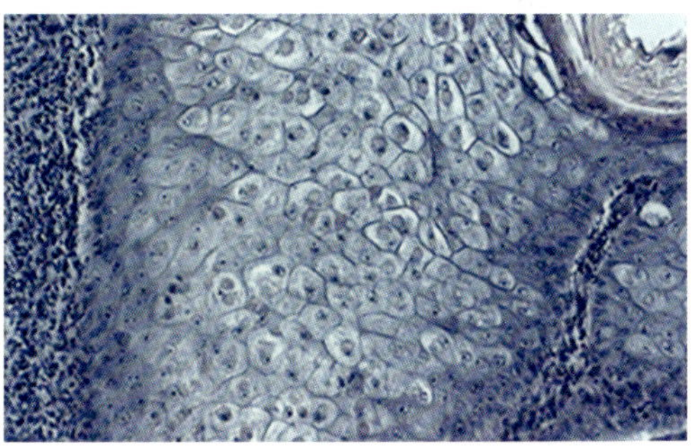

kommt. Weiterhin wachsen einige Viren, oft allerdings erst nach mehreren Passagen, auch in verschiedenen Zellkulturen wie QT-35-Zellen und LMH-Hühnerleberzellen sowie den Hühnerembryofibroblasten, in denen sich ein deutlicher ZPE mit initialer Abrundung der Zellen und auch Plaquebildung zeigen kann. Da das Virus sich nahezu ausschließlich im Zytoplasma vermehrt, können auch lipophile Einschlusskörperchen (Bollingersche Körperchen) in der Zellkultur detektiert werden. Die Vogelpocken der verschiedenen Vogelarten können mit verschiedenen Methoden wie monoklonalen Antikörpern, PCR, Restriktionsfragmentlängenpolymorphismus (RFLP) sowie Sequenzierung differenziert werden. Die Genome der Feldisolate enthalten meist im Gegensatz zu den Impfstämmen eine nahezu intakte Kopie eines Retikuloendotheliosevirus (REV)-Provirus, was eine zusätzliche Differenzierung ermöglicht. Serologische Untersuchungsmethoden wie ELISA und VNT sind nur bedingt aussagekräftig, da oft keine Antikörper detektierbar sind und die Immunität in erster Linie zellvermittelt erfolgt.

Bekämpfung

Die Kontrolle erfolgt durch eine Artropodenbekämpfung, insbesondere der roten Vogelmilbe, sowie die Impfung. Es stehen verschiedene zu-

Abb. 8.34:
Bildung von Primärpocken (Pfeil) nach Impfstoffapplikation mit der Wing-Web-Methode.

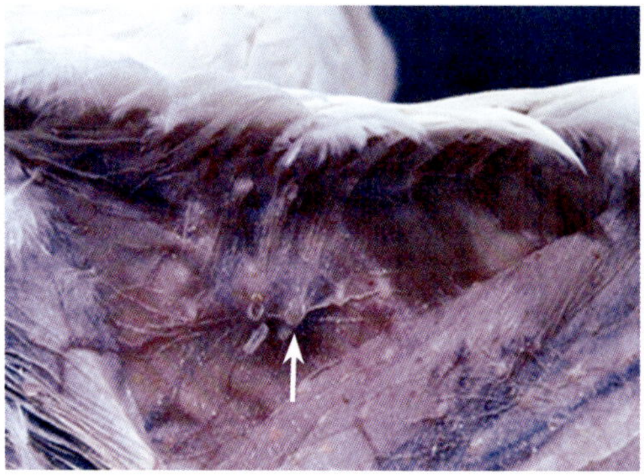

gelassene homologe Lebendvakzinen für das Huhn und die Taube zur Impfung in endemischen Gebieten zur Verfügung, die nur eine geringe Kreuzimmunität gegen Pockenviren anderer Spezies haben. Der Impfstoff kann mit der Wing-Web-Methode in der Regel mit einer Doppelnadel individuell im Bereich der Flügelspannhaut (→ Abb. 8.34) appliziert werden, was insbesondere bei Legehennen praktiziert wird. Er kann aber auch über die Federfollikelmethode mit Hilfe eines harten Plastikpinsels durch Einreiben in Federfollikel nach Herauszupfen kleiner Federn meist im Bereich des Oberschenkels verimpft werden. Wichtig ist, darauf zu achten, dass es nicht zu Blutungen kommt, da ansonsten der Impfstoff ausgeschwemmt wird. Eine Impfung über das Tränkwasser ist möglich, führt aber häufig nicht zu einem ausreichenden Impfschutz. Eine In-ovo-Vakzination könnte ebenfalls, sofern Impfstoffe dafür zugelassen sind, durchgeführt werden, ist aber in Deutschland nicht üblich. 7 bis 10 Tage nach intradermaler Applikation muss der Impferfolg durch die stichprobenartige Untersuchung auf die Ausbildung der Primärpocken kontrolliert werden, und wenn mehr als 10 % der Tiere keine Primärpocken zeigen, sollte nachimmunisiert werden. Eine belastbare Immunität bildet sich in der Regel nach 10 bis 14 Tagen nach Impfung aus. Junghennen sollten in gefährdeten Gebieten zwischen der 7. und 15. Lebenswoche geimpft und bei einer zweijährigen Nutzung nach einem Jahr geboostert werden. Das Impfvirus kann über einen Zeitraum von 3 Wochen ausgeschieden werden, durch zusätzliche Tierpassagen kann eine Virulenzsteigerung möglich werden. Lebendvakzinen, hergestellt im embryonierten Hühnerei, sollten erst ab der 4. Lebenswoche eingesetzt werden, während zellkulturadaptierte Stämme auch schon am 1. Lebenstag verimpft werden können. Puten werden im Alter von 2 bis 3 Monaten geimpft und sollten bei längerer Nutzung regelmäßig geboostert werden. Eine Notimpfung ist zu Beginn eines Ausbruchs möglich.

Neben der Nutzung von Pockenvirus-Lebendimpfstoffen zur Protektion gegen die Pockenviruserkrankung sind auch rekombinante Pockenvirusvakzinen entwickelt worden, welche Antigene von aviären Influenzaviren, Newcastle-Disease-Virus und anderen Viren exprimieren können, von denen einige in verschiedenen Ländern, jedoch nicht in Deutschland zugelassen sind.

Für die Therapie stehen beim Nutzgeflügel keine Mittel zur Verfügung. Bei der Möglichkeit von Einzeltierbehandlungen können Sekundärinfektionen durch antiinfektive Salben kontrolliert werden. Vitamin-A-Gaben, zusätzliche Desinfektion sowie Ablösung von Pockenkrusten nach Aufweichen mit Jod-Glyzerin (1:4) können den Tieren Erleichterung verschaffen und das Überleben der Tiere eventuell unterstützen.

8.2.15 Circovirusinfektionen

Bei zahlreichen Nutzgeflügelspezies sind im Feld Viren der Circovirus-Familie nachgewiesen worden, so bisher bei Huhn, Gans, Ente, Fasan, Taube und Strauß. Infektionen anderer Vogelarten werden vermutet. Sie können zur Schädigung des Immunsystems führen, bedingt durch lymphozytäre Depletion, und insbesondere auch bei Enten und Gänsen zu Befiederungsstörungen. Häufige Erreger von nachfolgenden Sekundärinfektionen sind *Riemerella anatipestifer* und *Aspergillus fumigatus*, aber auch zahreiche andere bakterielle Erreger sind nachgewiesen worden. Viele dieser Circoviren konnten bisher nicht angezüchtet werden und sind somit wenig untersucht, sodass in diesen Fällen auch keine kommerziellen Impfstoffe zur Verfügung stehen.

8.2.15.1 Infektiöse Anämie der Küken

Ätiologie

Das Virus der infektiösen Anämie der Küken (chicken infectious anemia virus, CIAV) gehört zur Familie der *Circoviridae* und als einziges Virus in die Gattung Gyrovirus. Diese Viren sind unbehüllt, hexagonal und etwa 25 nm groß, sie zeichnen sich durch eine hohe Tenazität mit ausgeprägter Resistenz gegen Wärmebehandlung und Desinfektionsmittel aus. Das Genom besteht aus einer einzelsträngigen, zirkulären Negativ-Strang-DNS, welche die drei Proteine VP1 (Kapsidprotein), VP2 und VP3 in drei teilweise überlappenden, offenen Leserahmen kodiert.

Epidemiologie und Pathogenese

Das CIAV ist nahezu weltweit verbreitet. CIAV führt zu einer akut oder subklinisch verlaufenden Infektionskrankheit bei Hühnerküken ohne maternale Antikörper, die mit einer Immunsuppression und einer aplastischen Anämie einhergeht und bedingt durch Sekundärinfektionen zu großen wirtschaftlichen Verlusten führen kann. Insbesondere subklinische CIAV-Infektionen stellen ein nicht zu unterschätzendes Problem für die Masthuhnproduktion dar. Aber auch für die Hersteller von spezifisch-pathogen-freien (SPF) Eiern ist CIAV von Bedeutung, da positive Herden nicht weiter für die Produktion von SPF-Eiern für die Impfstoffherstellung eingesetzt werden können. CIAV ist häufig an multifaktoriellen Krankheitsgeschehen wie dem hämorrhagischen Syndrom (→ Abb. 8.35), der Blue Wing Disease und dem Anämie-Dermatitis-Syndrom beteiligt.

Natürliche CIAV-Infektionen mit klinischen Folgeerscheinungen wurden bisher nur beim Huhn und symptomlose Infektionen mit Antikörperbildung auch in der Japanwachtel beschrieben. Der vertikale Übertragungsweg, auch über Sperma, ist für die kommerzielle Masthuhnproduktion am bedeutsamsten, aber die Übertragung kann auch horizontal erfolgen. Infizierte Elterntiere können das Virus 3 bis 9 Wochen nach der Infektion insbesonders über Kot und möglicherweise auch über Federfollikelepithel übertragen. Die meisten Elterntiere machen eine natürliche oder induzierte Infektion bis zur Legereife durch und bilden aktiv Antikörper, die eine vertikale Infektion verhindern bzw. bei den Nachkommen durch die Übertragung der maternalen Antikörper eine horizontale Infektion nach dem Schlupf unterbinden. Es bildet sich in der 3. Woche nach Schlupf eine Altersresistenz gegen die klinische Anämie aus, bedingt durch die Fähigkeit, schnell hohe CIAV-spezifische Antikörper zu bilden. Ältere Tiere können infiziert werden, eine temporäre Immun-

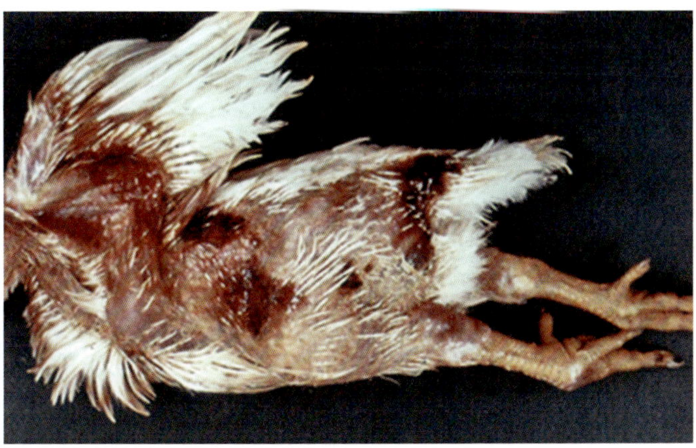

Abb. 8.35:
Blutungen nach Infektion mit dem Hühneranämievirus (hämorrhagisches Syndrom).

suppression durchlaufen, zeigen aber keine klinische Symptomatik oder Anämie.
Während das Virus sich bei sehr jungen Tieren unter 3 Wochen in den Hämozytoblasten des Knochenmarks und in den T-Vorläuferzellen vermehrt, findet die Virusreplikation bei älteren Tieren über 3 Wochen hauptsächlich in der Thymusrinde und nur selten in Zellen des Knochenmarks statt.
Die Inkubationszeit beträgt nach experimenteller Infektion 8 bis 10 Tage. Das Virus gelangt wahrscheinlich durch Adsorption und Penetration in seine Zielzellen. Die Hauptzielzellen sind hämatopoetische Vorläuferzellen. Kommt es bei Antikörper-negativen Tieren zu einer vertikalen Übertragung oder einer horizontalen Infektion innerhalb der ersten 3 Wochen nach dem Schlupf, führt die Zerstörung der Zielzellen zu einer Störung der Blutbildung und somit einer Anämie sowie einer Defizienz in der T-Zellbildung, was mit einer Immunsuppression und Sekundärinfektionen verbunden ist. Es kommt zu einer Thymusatrophie, bedingt durch Zelltod infolge von Apoptose der T-Vorläuferzellen. Weiterhin können andere lymphoide Organe wie das Knochenmark, die Bursa cloacalis und die Milz betroffen sein und eine Lymphozytendepletion zeigen. Im darmassoziierten lymphatischen Gewebe kann es zu einer Persistenz von CIAV kommen, die bis zu 4 Wochen nach Infektion anhalten kann. In den Gonaden können die Viren noch länger persistieren, was epidemiologisch von besonderer Bedeutung ist. Küken mit maternalen Antikörpern erkranken meist nicht, andere Infektionen wie mit dem Virus der Marekschen Krankheit oder IBDV können jedoch zu einer Beinträchtung der Abwehr der Tiere führen, sodass es trotz maternaler CIAV-Antikörper zu einer Erkrankung der Jungtiere kommen kann.

Klinik und Pathologie

Klinisch erkranken in der Regel nur Jungtiere bis zur 3. Lebenswoche, während ältere Tiere symptomlos infiziert sein können. Die Morbidität kann schwanken und 80 bis 100 % betragen, während die Mortalität meist um die 30 %, aber auch zwischen 10 und 60 % liegen kann. Betroffene Herden zeigen nach vertikaler Infektion eine erhöhte Mortalität bis zu 14 Tagen p.i. und Anämie zwischen 14 und 16 Tagen p.i. Die Hämatokritwerte liegen meist zwischen 6 und 27 % bis zu 28 Tage p.i. (Normalwert über 27 %). Insbesondere der Kopf und die Kopfanhänge sowie die Ständer, aber auch die Muskulatur können blass erscheinen. Unter Feldbedingungen wird, vermutlich bedingt durch die horizontale Übertragung, ein zweiter Mortalitätsanstieg zwischen dem 30. und 34. Tag nach Infektion beobachtet. Die Herde erscheint unruhig, matt, die Futter- und Wasseraufnahme geht zurück und die Tiere wachsen schnell auseinander und können vermehrt Sekundärinfektionen zeigen.
Pathologisch-anatomisch kommt es zu einer Atrophie des Thymus, der Bursa cloacalis und auch der Milz, das sonst rote Knochenmark nimmt eine gelblich-weißliche oder rosa Farbe (Fettmark) an (→ Abb. 8.36). Es können Blutungen in der Muskulatur, dem Drüsenmagen und der Unterhaut sowie Schwellungen der Leber zu finden sein. Histologisch zeigen sich eine Panmyelophthise (Atrophie des blutbildenden Gewebes), Nekrosen und Ödeme in lymphoiden Geweben wie der Bursa cloacalis, im Thymus und der Milz mit anschließender Zystenbildung. Aber auch in Leber und Niere können Zelldegenerationen zu beobachten sein.

Diagnose

Das CIAV kann aus den meisten Geweben sowie auch den weißen Blutzellen und dem Enddarminhalt bis zum 14. Tag nach der Infektion isoliert werden. Die Titer nehmen mit der Bildung der Antikörper ab. Die Vermehrung gelingt am besten im Eintagsküken ohne maternale Antikörper oder in lymphoblastoiden Zelllinien (z. B. MDCC-MSB1, MDCC-CU147; LSCC-1104B1) und im Hühnerembryo nach Dottersackinokulation. Die endgültige Bestätigung einer CIAV-Infektion erfolgt über die PCR, nested- oder qPCR. Methoden wie Virusantigendetektion durch spezifische Antikörper, DNS-Hybridationstechniken können ebenfalls zum Nachweis von CIAV eingesetzt werden, haben aber keine Bedeutung bei der Routinediagnose. Serologisch lassen sich CIAV-Antikörper im ELISA, Virusneutralisationstest sowie mit dem Immunfluoreszenztest nachwei-

Abb. 8.36:
Atrophie von Milz, Bursa cloacalis, Knochenmark und Thymus nach Infektion mit CIAV (oben Organe nicht infizierter Tiere, unten infizierter Tiere mit deutlicher Atrophie und Veränderung des Knochenmarks).

sen. Verschiedene kommerziell erhältliche ELISA-Systeme stehen für die Routinediagnose zum Screening der Elterntiere oder der SPF-Tiere zur Verfügung.

Bekämpfung

Neben den allgemeinen Hygiene- und abschirmenden Maßnahmen steht die Prophylaxe durch rechtzeitige Immunisierung der Elterntiere zur Verhinderung einer vertikalen Infektion im Vordergrund. Während hohe maternale Antikörper eine horizontale Infektion der Jungtiere verhindern, sind Tiere mit niedrigen maternalen Antikörpertitern zusammen mit einer Schädigung des Abwehrsystems durch andere Erreger nicht gegen eine Feldinfektion geschützt. Als Impfstoffe stehen in Deutschland Lebendvakzinen zur Verfügung. Diese können zwischen der 12. und 18. Lebenswoche über das Tränkwasser, bei manchen Herstellern auch über parenterale Applikationswege verabreicht werden. Wichtig ist die Kontrolle des Impferfolges vor Beginn der Legetätigkeit und der Ernte von Bruteiern. Die Impfung der Elterntiere darf wegen der vertikalen Übertragung nicht später als 3 bis 4 Wochen vor der Bruteigewinnung erfolgen.

8.2.15.2 Circovirusinfektionen der Gänse und Enten

Bei Jungtieren in Wassergeflügelintensivhaltungen können ab der 1. Lebenswoche Circoviren (goose circovirus, GoCV; duck circovirus, DuCV) nachgewiesen werden. Infizierte Herden zeigen ein Auseinanderwachsen der Tiere sowie auch häufig Gefiederschäden. Histologisch können lymphoretikuläre Gewebe verändert sein, es werden Depletionen der lymphozytären Zellen sowie Histiozytose in der Bursa cloacalis, der Milz und im Thymus detektiert. Intranukleäre Einschlusskörperchen können in Makrophagen sowie seltener in Epithelzellen der Bursa cloacalis gefunden werden. Lymphozytäre Zellen und Heterophile können gelegentlich die Lunge, die Leber und das Myokard infiltrieren. Da diese Viren bisher nicht angezüchtet werden können und auch keine serologischen Nachweissysteme zur Verfügung stehen, erfolgt die Diagnose auf Grund der histologischen Befunde, der PCR und dem Virusnachweis mit dem Elektronenmikroskop. Zur Prophylaxe stehen keine kommerziellen Impfstoffe zur Verfügung, weshalb die Hygienemaßnahmen besonders sorgfältig einen Erregereintrag verhindern müssen.

8.2.16 Hämorrhagische Nephritis und Enteritis der Gänse (Polyomavirusinfektion)

Ätiologie

Der Erreger der hämorrhagischen Nephritis und Enteritis der Gänse (HNEG) gehört in die Familie der Polyomaviren, Gattung Avipolyomavirus, welche unbehüllt sind und eine zirkuläre doppelsträngige DNS besitzen. Die hämorrhagische Nephritis und Enteritis ist eine der bedeutsamsten Gänseerkrankungen in Europa. Auch Enten können infiziert werden, erkranken aber nicht.

Epidemiologie und Pathogenese

Das HNEG Virus besitzt eine hohe Tenazität und wird horizontal über Stall- und Federstaub, aber auch durch persistent infizierte Tiere übertragen. Eine vertikale Übertragung kann nicht ausgeschlossen werden. Das Virus zerstört insbesondere Endothelzellen der Blutgefäße, was zu Ödemen und Blutungen in zahlreichen Organen führt. Aber auch lymphoide Zellen scheinen Zielzellen des Virus zu sein, was insbesondere bei inapparenten Verläufen zu einer B-Zelldepletion und Immunsuppression führt.

Klinik und Pathologie

Die Inkubationszeit variiert mit dem Alter der Tiere. Es sind insbesondere 4 bis 10 Wochen alte Gänseküken betroffen. Tiere älter als 13 Wochen können infiziert sein, ohne klinisch zu erkranken, was vermutlich auf das ausgereiftere Immunsystem zurückzuführen ist. Bei einer Infektion von Eintagsküken kommt es zum Tod der Tiere innerhalb von 7 Tagen. Die Erkrankung kann perakut bis akut verlaufen. Erkrankte Tiere können ohne klinische Symptome innerhalb von wenigen Stunden versterben. Bei klinisch erkrankten Tieren werden Absonderung, ein schwankender Gang, Bewegungsunlust und Atemnot sowie blutiger Durchfall mit übelriechendem Kot beobachtet. Bei chronischem Verlauf bei älteren Tieren kommt es zu Uratablagerungen insbesondere in den Gelenken und somit zu Lahmheiten.

Pathologisch-anatomisch sind Unterhautödeme, petechiale Blutungen, Aszites und insbesondere geschwollene Nieren mit grauen Herden sowie seltener eine blutige Darmentzündung und bei einem chronischen Verlauf Gicht zu beobachten. Gelegentlich sind Schwellungen der Leber, Milz sowie Hydroperikard und Lungenödeme zu sehen. Histologisch sind am Darm eine hochgradige Ablösung und Nekrose des Zottenepithels, starke Blutfülle sowie hämorrhagisch-pseudoepitheloide Entzündungserscheinungen zu sehen. Die serös-hämorrhagischen entzündlichen Veränderungen der Niere sind begleitet von interstitiellen Ödemen und Ablösen des Tubulusepithels von der Basalmembran sowie Nekrosen. Auch die Leber zeigt entzündliche Veränderungen. Kleine Blutungen sind in zahlreichen Organen, unter anderem auch im Gehirn zu finden.

Diagnose

Die Verdachtsdiagnose auf Grund des klinischen Bildes wird abgesichert durch den Erregernachweis in der PCR (VP1 als Ziel-Gen). Eine Virusanzucht in Gänsenierenzellen ist schwierig und Speziallabors vorbehalten. Serologische Untersuchungen sind ohne Bedeutung. Doppelinfektionen beispielsweise mit Circoviren können detektiert werden.

Bekämpfung

Eine Unterbrechung der Infektkette durch Untersuchung und Ausmerzung inapparent infizierter Tiere sowie die sorgfältige Reinigung und Desinfektion nach klinischen Fällen sind wichtig. Kommerzielle Impfstoffe sind nicht verfügbar, experimentell zeigt sich unter anderem die Anwendung von Inaktivatimpfstoffen als erfolgsversprechend. Vermeidung von Stress z. B. durch Impfstoffapplikation kann zur Reduzierung des Risikos eines klinisch manifesten Ausbruches bei subklinisch infizierten Tieren beitragen. Maternale Antikörper scheinen gut gegen eine Infektion von Gänseküken zu schützen.

8.3 Bakteriell bedingte Erkrankungen

8.3.1 Ornithobakteriose

Ätiologie

Die Ornithobakteriose wurde erstmalig in den 1980iger Jahren bei Masthühnern und später auch bei Puten mit respiratorischen Krankheitssymptomen beschrieben. Der Erreger wurde 1994 *Ornithobacterium (O.) rhinotracheale* benannt und in die rRNA-Superfamilie V der *Cytophaga-Flavobacterium-Bacteroides*-Gruppe taxonomisch eingeordnet. *O. rhinotracheale* ist ein gram-negatives, unbewegliches, pleomorphes Stäbchenbakterium. Durch die Pleomorphologie der Bakterienzellen entsteht in der Gramfärbung der Eindruck einer bakteriellen Mischkultur (→ Abb. 8.37). Dies gibt bereits einen ersten diagnostischen Hinweis.

O. rhinotracheale wächst auf Blutagar mit 5 bis 10 % Schafblutzusatz bei 37 °C innerhalb von 24

Abb. 8.37:
Gramfärbung von *Ornithobacterium rhinotracheale.*

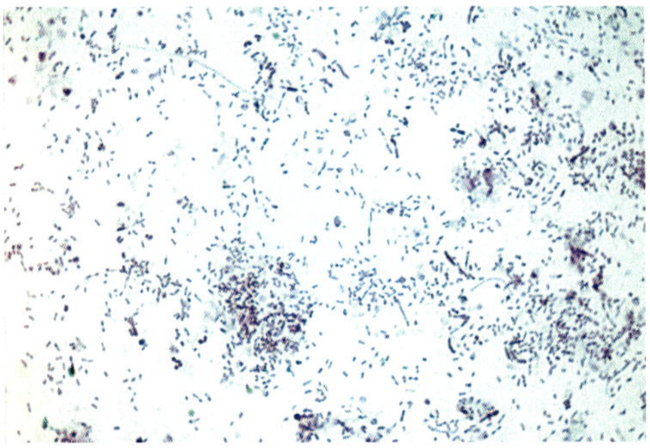

bis 48 Stunden als kleine, nicht-hämolytische, grau-weißlich pigmentierte Kolonien. Auf MacConkey-Agar, Gassner-Agar oder Drigalski-Agar findet kein Wachstum statt. Biochemische Charakteristika sind das Fehlen der Katalase-Reaktion, die bei der Mehrzahl der untersuchten Stämme festzustellende positive Oxidase-Reaktion und die Produktion von β-Galaktosidase.
Serologisch sind bisher 18 Serotypen (A–R) beschrieben worden, allerdings bestehen zwischen den einzelnen Serotypen teilweise Kreuzreaktionen. Der Serotyp A ist dabei weltweit der häufigste Serotyp. Es sind auch innerhalb eines Serotyps unterschiedlich virulente Stämme beschrieben worden, wobei die Kenntnisse über die Virulenzfaktoren gering sind. Bei einigen Stämmen ist die Expression eines Hämolysin-ähnlichen Proteins nachgewiesen worden. Für *O. rhinotracheale* sind zahlreiche Resistenzfaktoren nachgewiesen worden, die wohl überwiegend chromosomal codiert sind.

Epidemiologie und Pathogenese
O. rhinotracheale ist für verschiedene Nutzgeflügelarten primär pathogen. Der Erreger ist weltweit verbreitet und gilt als einer der wichtigsten bakteriellen Krankheitserreger der Atmungsorgane bei Pute und Huhn. Es erkranken Hühnervögel jeden Alters, wobei vor allem ältere Tiere empfänglicher gegenüber einer Infektion sind und offenbar auch schwerer erkranken. Die Infektion verläuft dabei überwiegend horizontal über Aerosole und Tränkwasser. Da *O. rhinotracheale* auch in Wildvögeln nachgewiesen wurden, ist ein Eintrag besonders in Auslaufhaltungen möglich. Vertikale Infektionen sind beschrieben worden, sind in der Feldsituation wohl aber von untergeordneter Bedeutung. Es kommt zunächst zur Adhäsion von *O. rhinotracheale* an das zilientragende Epithel des oberen Respirationstraktes. Bei

Abb. 8.38:
Adhäsive fibrinöse Aerosacculitis als Folge einer *Ornithobacterium-rhinotracheale*-Infektion.

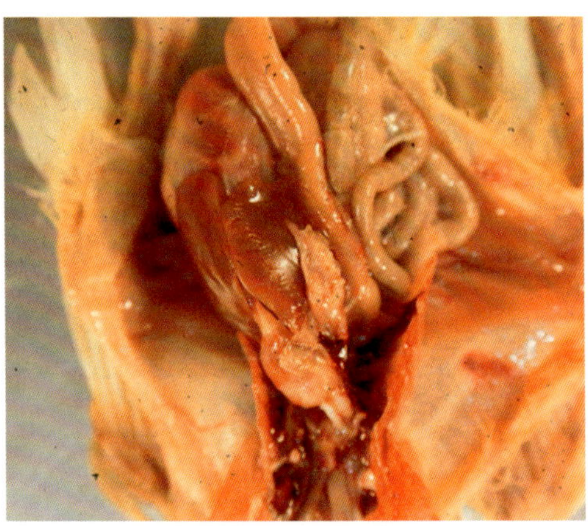

Abb. 8.39:
Fibrinös veränderte Luftsäcke als Folge einer *Ornithobacterium-rhinotracheale*-Infektion.

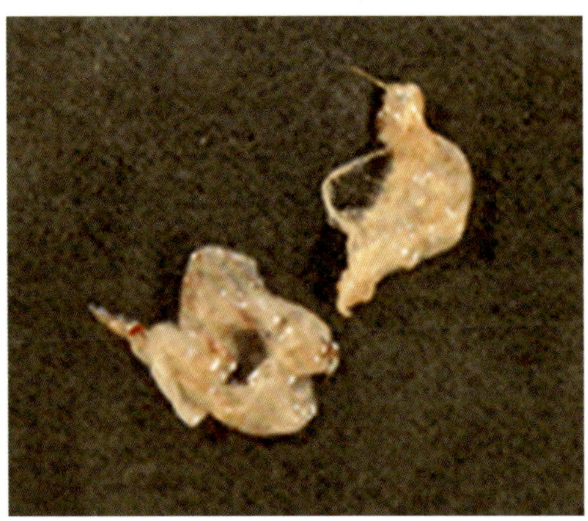

schwerwiegenden Verläufen folgt eine Verbreitung in Lunge, Luftsäcke, Herz, Gelenke und andere Organe. Mischinfektionen mit Low Pathogenic Avian Influenza Virus (LPAIV), Newcastle Disease-Virus (PMV-1), Infektiöse Bronchitisvirus (IBV), Aviäre Metapneumovirus (aMPV), *E. coli, Bordetella avium, Riemerella anatipestifer,* Mykoplasmen, Pasteurellen und *Chlamydia psittaci* können den Erkrankungsverlauf zusätzlich erheblich beeinflussen.

Klinik und Pathologie

Die Inkubationszeit dauert 2 bis 5 Tage. Je nach Virulenz des Erregerstamms, Anzahl der aufgenommenen Bakterien und zusätzlichen Belastungen zeigen erkrankte Tiere Nasen- und Augenausfluss, röchelnde Atemgeräusche, Kurzatmigkeit, allgemeine Apathie und erhöhtes Wärmebedürfnis. Häufige Todesfälle sind vor allem bei Puten in der Endmastphase beschrieben worden. Die Legeleistung ist herabgesetzt, die Eiergröße ist reduziert und die Eierschalenqualität beeinträchtigt.

Eine klinisch apparente *O.-rhinotracheale*-Infektion verursacht pathologisch-anatomisch seröse Entzündungen der Schleimhäute des gesamten Respirationstraktes. Zudem kann eine meist einseitige Bronchopneumonie auftreten. Im Bereich der (abdominalen) Luftsäcke kommt es zu einer adhäsiven fibrinösen Aerosacculitis und Serositis mit hirsekorn- bis erbsengroßen weißlich-gelblichen Belägen auf der Serosa der Luftsäcke (→ Abb. 8.38 und 8.39). Eine *O.-rhinotracheale*-Infektion kann auch Osteomyelitis, Arthritis und Enzephalomyelitis verursachen.

Die Luftsäcke sind ödematös geschwollen und weisen wie die Atmungsorgane heterophile Granulozyten, Makrophagen und Fibrin auf. Die Blutkapillaren sind erweitert und mit Fibrin angefüllt.

Diagnose

Weder die klinischen Symptome noch die pathologisch-anatomischen Veränderungen geben konkrete Hinweise auf das Vorliegen einer *O.-rhinotracheale*-Infektion. Ein Erregernachweis ist zur Diagnosestellung notwendig. Zum Nachweis nutzt man entweder Tupferproben oder Organe aus erkrankten und aus diagnostischen Gründen getöteten Tieren. Zu beachten ist, dass bei der kulturellen Anzucht die *O.-rhinotracheale*-Kolonien schnell von *E. coli*, *Proteus*, Pseudomonaden und anderen Bakterien überwachsen werden können. Der Zusatz von Gentamycin und Polymyxin B kann das selektive Wachstum von *O. rhinotracheale* fördern. Eine Identifizierung kann dann mit Hilfe des API-20NE®-Systems (Bio-Mérieux [Biocode: 0-2-2-0-0-0-4 oder 0-0-2-0-0-0-4]) erfolgen. Dabei ist zu berücksichtigen, dass auch Oxidase-negative Stämme beschrieben worden sind. Ferner kann *O. rhinotracheale* mit der „matrix-assisted laser desorptions/ionization time of flight (MALDI TOF)“-Methode sicher identifiziert werden. Die PCR kann ebenfalls angewendet werden, um *O. rhinotracheale* in Tupfer- und Organmaterial zu detektieren oder verdächtige Bakterienkolonien zu identifizieren. Serologisch lässt sich eine *O.-rhinotracheale*-Infektion durch die Serumschnellagglutination, durch den Agargelpräzipitionstest und den ELISA-Test nachweisen. Dabei ist zu berücksichtigen, dass keines der auf dem Markt befindlichen Testsysteme eine spezifische Diagnose des Serotyps erlaubt. Insgesamt ist der Nachweis von spezifischen Antikörpern im Vergleich zur kulturellen Anzucht und zur PCR von nachgeordneter Bedeutung.

Bekämpfung

Bekämpft wird die *O.-rhinotracheale*-Infektion über Impfung, antibiotische Therapie und das Freihalten der Bestände von Infektionen. In Deutschland sind zurzeit keine Lebendimpfstoffe zugelassen. Somit erfolgt die Impfung entweder durch den einzig zugelassenen Inaktivatimpfstoff oder durch autogene (stallspezifische) Impfstoffe. Für *O. rhinotracheale* sind zahlreiche Antibiotikaresistenzen beschrieben worden, sodass sich eine antibiotische Therapie an den Resistenzmustern der beteiligten *O.-rhinotracheale*-Feldstämme orientieren muss. Eine Verhinderung der *O.-rhinotracheale*-Feldinfektion ist lediglich in Großelterntier- und Elterntierbeständen theoretisch denkbar und teilweise auch mit Erfolg umgesetzt. Eine „*O.-rhinotracheale*-Freiheit“ in Endproduktbeständen ist auf Grund des massiven horizontalen Infektionsdrucks und der Bestandsdichte in geflügelintensiven Regionen bisher nicht realisierbar.

8.3.2 Aviäre Bordetellose

Ätiologie

Bordetella (B.) avium wurde 1984 als die Ursache der aviären Bordetellose oder des Putenschnupfens identifiziert. *B. avium* ist ein gram-negatives, bekapseltes, bewegliches, nicht fermentatives und strikt aerob wachsendes Stäbchenbakterium. *B. avium* ist serologisch relativ einheitlich und reagiert in der Katalase- und Oxidasereaktion positiv. *B. avium* wächst auf Agar mit 5 bis 10% Schafblutzusatz und MacConkey-Agar bei 37 °C innerhalb von 24 bis 48 Stunden als kleine, nichthämolytische, grau pigmentierte, transparent erscheinende Kolonien (Typ 1, → Abb. 8.40). Ein geringer Prozentsatz von nicht-virulenten *B.-avium*-Stämmen wächst als „Rauformen" mit trocken erscheinender Oberfläche. Eine dritte Koloniefom ist größer, erscheint runder und konvexer geformt als die Typ-1- oder die „Rauform"-Kolonien. *B. avium* besitzt mehrere Virulenzfaktoren und Plasmide, die Träger von Resistenzgenen sein können. Folgende Toxine aus *B. avium* sind bisher beschrieben worden: Ein Hämagglutinin, ein tracheotropes Zytotoxin, ein hitzelabiles dermonekrotisches Toxin (vergleichbar mit den Toxinen von *B. pertussis* und *B. bronchiseptica*), ein hitzestabiles Endotoxin und ein Osteotoxin. Die Wirkung einzelner Toxine konnte auch in Zellkultursystemen nachgewiesen werden. Die Toxinbildung ist innerhalb der Feldstämme unterschiedlich ausgeprägt.

Abb. 8.40:
Bordetella-avium-Kolonien auf Blutagar.

Epidemiologie und Pathogenese

Die aviäre Bordetellose ist für Hühnervögel und das Wassergeflügel primär pathogen und hochkontagiös. Puten erkranken schwerer als Hühner. Als Reservoir kommen latent infizierte Nutzgeflügelarten und Wildvögel in Frage. Es handelt sich um einen horizontalen aerogenen Infektionsweg; vertikale Infektionen sind nicht bekannt. Der Erreger wird durch belebte und unbelebte Vektoren eingetragen und breitet sich auf Grund seiner hohen Kontagiosität sehr schnell in der Herde aus. *B. avium* besitzt durch typische Adhärenzfaktoren eine Affinität zum Flimmereptihel der Trachealschleimhaut. Als Folge der Infektion kommt es so zur Ziliostase und zum Zilienverlust. Dieser, für die aviäre Bordetellose spezifische pathologische Prozess, beginnt im Bereich der nasalen Schleimhäute und kann sich bis zu den Primärbronchien ausdehnen
Durch die Toxinbildung und die Abwehrreaktion des Wirtes kommt es zur Schädigung der Schleimhaut der Respirationsorgane, die durch Sekundärinfektionen erheblich verkompliziert werden und sich zu systemischen Verlaufsformen entwickeln kann.

Klinik und Pathologie

Die Inkubationszeit beträgt etwa 7 bis 10 Tage. Der Erreger breitet sich sehr schnell in einer empfänglichen Herde aus. Jüngere Tier bis etwa 6 Wochen weisen alle Symptome einer respiratorischen Erkrankung der oberen Atemwege wie Schnupfen **(Putenschnupfen!)**, Nasen- und Augenausfluss und röchelnde Atemgeräusche auf. Ältere Tiere entwickeln einen trockenen Husten. Durch den Nasen- und Augenausfluss verfärben und verschmutzen die Federn im Kopfbereich und an den Flügeln. Chronisch erkrankte Tiere zeigen Dyspnoe, da die Nasenöffnungen und der obere Trachealbereich durch das muköse Exsudat verkleben. Die Tiere zeigen eine schlechte Futterver-

Abb. 8.41:
Sinusitis als Folge einer aviären Bordetellose.

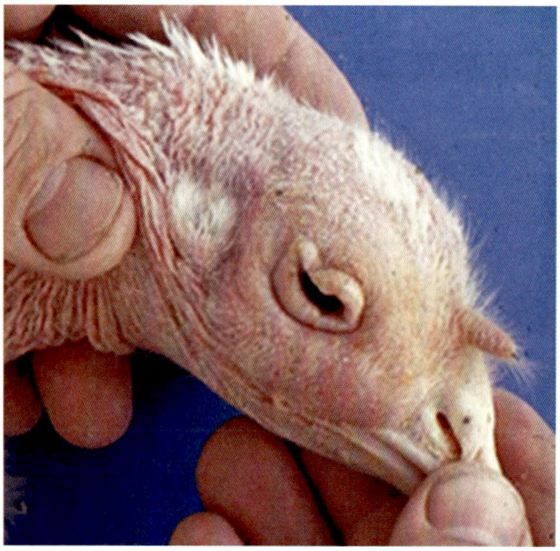

wertung, nehmen schlecht an Gewicht zu, und die Herde wächst auseinander. Die Morbidität beträgt zwischen 80 und 100 % und die Mortalität weniger als 10 %. Sekundär- oder Doppelinfektionen können sich ungünstig auf den Krankheitsverlauf auswirken und die Mortalität deutlich erhöhen.

Eine klinisch apparente Infektion verursacht eine schwere Schädigung der Schleimhaut in der Trachea und in den Primärbronchien. Die darauf folgende Bildung von serömukösem Exsudat im nasalen Bereich führt zu einer Sinusitis (→ Abb. 8.41).

Die Mukosa der Trachealschleimhaut ist hyperämisch und das Flimmerepithel löst sich ab (→ Abb. 8.42 und 8.43). Die Knorpelkonsistenz wird weicher und die Trachealringe wirken dorsoventral abgeflacht. Die Trachea kann mit seromukösem Exsudat vollständig angefüllt und obstruriert sein.

Eine Wiederherstellung des Flimmerepithels ist, abhängig vom Verlauf der Infektion, nach Abklingen der klinischen Symptome innerhalb von 4 bis 6 Wochen möglich. Histopathologisch sind die Veränderungen durch die Einwanderung von heterophilen Granulozyten, Lymphozyten und Plasmazellen unter der Bildung von lymphozytären Proliferationszentren in der Mukosa und Submokusa der betroffenen Abschnitte des Respirationstraktes gekennzeichnet. Die aviäre Bordetellose führt zu einer Immunsuppression durch Thymusläsionen und Suppression der lymphozytären Blastogenese. Eine *B.-avium*-Infektion induziert vor allem eine humorale Immunität. Dabei kommt der Bildung von lokalem IgA und später IgY für eine Infektionsabwehr wohl die größte Bedeutung zu. Diese Immunität führt zur Protektion gegen Neuinfektion und ist somit für die Prophylaxe von großer Bedeutung.

Abb. 8.42:
Funktionelles Flimmerepithel einer Trachea eines nicht-infizierten Tieres (HE-Färbung).

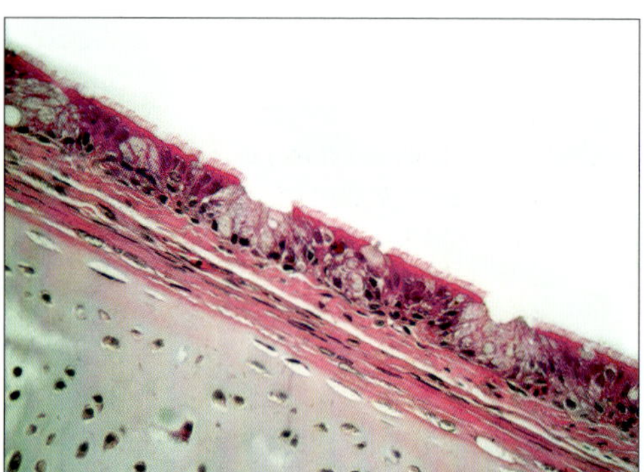

Abb. 8.43:
Flimmerepithelverlust als Folge einer *Bordetella-avium*-Infektion (HE-Färbung).

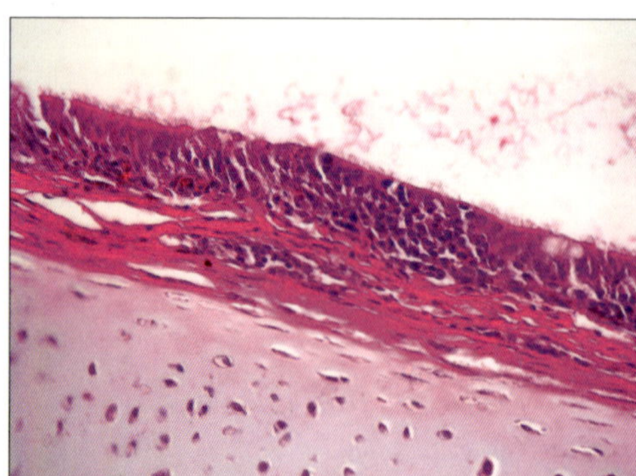

Diagnose

Die klinischen Symptome erlauben eine Verdachtsdiagnose, die durch den direkten oder indirekten Nachweis des Erregers bestätigt werden muss. *B. avium* kann aus Tupferproben oder Organmaterial direkt auf Blutagar und MacConkey-Agar angezüchtet werden. Die Differenzierung und die Identifizierung erfolgt über die Katalase-, Oxidasereaktion, die Gramfärbung, das API-20-NE®- (Bio-Mérieux [Biocode: 000 0067]), das API-ZYM® oder das MALDI-TOF-System.

Neben *B. avium* kommt in Puten mit *B. hinzii* eine weitere Art aus der Gattung *Bordetella* mit klinischer Bedeutung vor. Auf Grund von Beobachtungen in der Praxis und experimenteller Infektionsversuche gibt es Hinweise, dass einige Stämme von *B. hinzii* für Puten primär pathogen sein können und „Putenschnupfen-ähnliche" Erkrankungen verursachen können. Eine Differenzierung kann unter anderem mit Hilfe der Hämagglutination mit Meerschweinchenerythrozyten (*B. avium* = positiv / *B. hinzii* = negativ), dem MALDI-TOF-System, Sequenzierung des Gens der 16S-rRNA oder der PCR erfolgen. Die PCR kann auch zur direkten Diagnose von *B. avium* aus Tupfer- oder Organmaterial oder direkt von den verdächtigen Bakterienkolonien angewendet werden.

Die indirekte Diagnose beruht auf dem Nachweis von spezifischen Serumantikörpern gegen *B. avium* durch den ELISA-Test. Ein derartiges Nachweissystem ist in Deutschland kommerziell verfügbar. Der Antikörpernachweis ist in seiner diagnostischen Bedeutung dem direkten Nachweis nachgeordnet, da bis zum möglichen Nachweis der spezifischen Serumantikörper zu viel Zeit vergeht.

Bekämpfung

Die aviäre Bordetellose kann durch Hygienemanagement, Immunprophylaxe und antibiotische Therapie wirksam bekämpft werden. Da die Infektion hochkontagiös ist, kommt der Verhinderung des Eintrages von *B. avium* durch eine alles umfassende Bestandshygiene (Biosecurity!) eine überragende Bedeutung zu. Ohne ein wirkungsvolles Betriebshygieneprogramm führen auch die Immunprophylaxe oder die Therapie nicht zum Erfolg. Zur Immunprophylaxe steht ein zugelassener Inaktivatimpfstoff zur Verfügung. In den USA wird eine temperatursensitive Mutante von *B. avium* als Lebendimpfstoff eingesetzt. Die Anwendung von autogenen Impfstoffen ist gegebenenfalls ebenfalls möglich. Eine antibiotische Behandlung muss sich auch hier am Resistenzmuster der beteiligten Feldstämme orientieren.

8.3.3 Mykoplasmeninfektionen des Nutzgeflügels

Mykoplasmen sind zellwandlose Bakterien und spielen als Krankheitserreger bei Nutzgeflügel eine sehr große Rolle. → Tabelle. 8.10 gibt eine Übersicht über das Vorkommen von *Mycoplasma* spp. beim Nutz, Zier- und Wildgeflügel.

Alle für das Nutzgeflügel bedeutsamen Krankheitserreger gehören zu der Gattung *Mycoplasma (M.)*. Primär pathogen für das Nutzgeflügel sind *M. gallisepticum, M. synoviae, M. meleagridis und M. iowae. M. gallisepticum* und *M. synoviae* sind von den primär pathogenen Arten von größter Bedeutung. Alle anderen *Mycoplasma*-Arten sind nach bisherigen Erkenntnissen allenfalls sekundär pathogen oder lediglich als Kommensalen einzuordnen. Wie bei allen primär pathogenen *Mycoplasma*-Arten erfolgt die Übertragung von *M. meleagridis* und *M. iowae* auch vertikal. Die Anzucht erfordert komplexe Nährmedien mit Serumzusatz und Supplementen (z. B. Nicotinamid-Adenin-Dinukleotid [NAD] bei der Anzucht von *M. synoviae*).

8.3.3.1 *Mycoplasma-gallisepticum*-Infektion

Ätiologie

Es sind hoch-virulente *Mycoplasma (M.)-gallisepticum*-Stämme (z. B. S6-Stamm, A-5969-Stamm, R_{high}-Stamm), mittelgradig-virulente Stämme (z. B. R_{low}-Stamm, F-Stamm) und niedrig-virulente Stämme (z. B. 6/85-Stamm, ts11-Stamm) beschrieben worden. Das Genom des *M.-gallisepticum*-Stamm R_{low} ist komplett sequenziert worden. Es wurden dabei eine Reihe potenzieller Virulenzfaktoren wie zytoadhärente Bindungsproteine, bindende Biomoleküle und sogenannte „heat-

Tab. 8.10:
Vorkommen von *Mycoplasma (M.)* spp.

Art	Vogelart
M. anatis	Ente
M. anseris	Gans
M. columbinasale	Taube
M. columbinum	Taube
M. columborale	Taube
M. gallinarum	Huhn
M. gallisepticum	Huhn, Pute, Wachtel, Fasan, Perlhuhn, Finkenvögel
M. gallinaceum	Huhn
M. gallopavonia	Pute
M. glycophilum	Huhn
M. imitans	Ente, Gans, Rebhuhn
M. iners	Huhn
M. iowae	Pute, Huhn (?)
M. lipofaciens	Huhn
M. meleagridis	Pute, Greifvögel (?)
M. pullorum	Huhn
M. synoviae	Huhn, Pute, Perlhuhn
M. sturni	Star

shock"-Proteine identifiziert. Weitere Virulenzfaktoren von *M. gallisepticum* sind die Fähigkeit der Integration wirtseigener Proteine in die Zellmembran und die Möglichkeit des Eindringens und Überlebens in wirtseigenen Zellen.

Epidemiologie und Pathogenese

Die *M.-gallisepticum*-Infektion spielt besonders in „nutzgeflügeldichten" Regionen eine wichtige Rolle. Der Erreger kann horizontal aerogen und vertikal übertragen werden. Empfänglich sind neben den Hühnervögeln auch das Wassergeflügel und einige Wildvogelarten (Finkenvögel). *M. gallisepticum* verursacht vor allem bei Hühnervögeln die chronic respiratory disease (CRD) oder die infektiöse Sinusitis. Das Bakterium ist weltweit verbreitet und für die Nutzgeflügelproduktion durch schlechte Gewichtszunahmen, schlechte Futterverwertung, Legeleistungsdepression, Verwerfungen von veränderten Organen bei der Schlachtung und hohe Arzneimittelkosten von sehr großer ökonomischer Bedeutung. Die Tenazität ist relativ gering, sodass der direkten Erregerübertragung wohl die größte Bedeutung zukommt. Ferner kommt eine Übertragung auf geringe Distanz durch belebte und unbelebte Vektoren sowie über die Luft bei nahe aneinander liegenden Stalleinheiten in Frage. Eine klinisch apparente Infektion hängt vom Immunstatus der Tiere, von der Anzahl der aufgenommen Mykoplasmen, von der Virulenz der beteiligten Erregerstämme sowie von weiteren belastenden infektiösen und nicht-infektiösen Faktoren ab. Zusätzliche Infektionen können die Klinik und Pathologie erheblich verkomplizieren.

Klinik und Pathologie

Die Inkubationszeit variiert zwischen 6 und 21 Tagen. Vorwiegend erkranken Jungtiere, wobei Puten empfänglicher gegenüber einer Infektion sind und schwerer erkranken als Hühner. Es handelt sich um eine Erkrankung des oberen bis mittleren Respirationstrakt. Bei komplizierten Verläufen können die Lungen, Luftsäcke und die gesamten serösen Häute der inneren Organe mitbefallen sein. Der Sinus infraorbitalis schwillt ein- oder auch beidseitig an (Putensinusitis). Die Tiere zeigen Atembeschwerden mit niesenden, krächzenden Atemgeräuschen, Augen- und Nasenausfluss. Mit fortschreitender Krankheitsdauer werden die Tiere zunehmend apathisch. Sie bewegen sich ungern, halten die Augen geschlossen und zeigen ein deutlich erhöhtes Wärmebedürfnis. Bei Legehennen kommt es zu Legeleistungsdepression.

Pathologisch-anatomisch ist eine katarrhalische Entzündung der Schleimhäute im oberen bis mittleren Respirationstrakt festzustellen. Sind die Lunge und die Luftsäcke mitbetroffen, kommt es zu einer Bronchopneumonie und einer adhäsiven fibrinösen Aerosacculitis und Serositis (→ Abb. 8.44 und 8.45).

Abb. 8.44:
Mittelgradige fibrinöse Serositis als Folge einer *Mycoplasma-gallisepticum*-Infektion.

Abb. 8.45:
Hochgradige fibrinöse Serositis als Folge einer *Mycoplasma-gallisepticum*-Infektion.

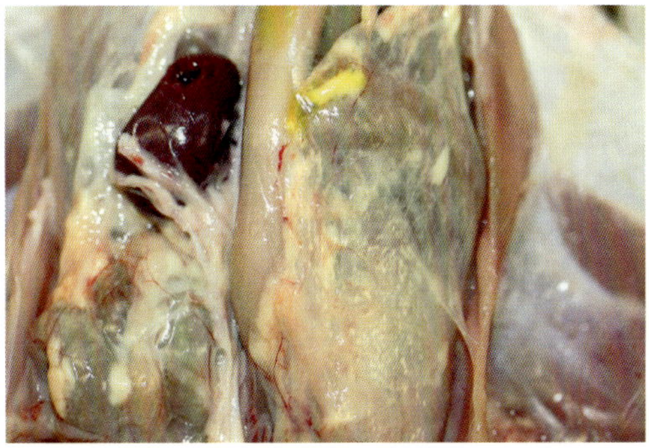

8.3.3.2 *Mycoplasma-synoviae*-Infektion

Ätiologie

Über die Virulenzfaktoren von *Mycoplasma (M.) synoviae* ist wenig bekannt. Es sind potenzielle Virulenzfaktoren, wie die Fähigkeit des Erregers zur Hämagglutination, Hämadsorbtion und Adhäsion an das zilientragende Epithel des Respirationstraktes nachgewiesen worden.

Epidemiologie und Pathogenese

M. synoviae verursacht vor allem bei Huhn, Pute und anderen Hühnervögeln Erkrankungen der Atmungsorgane, der synovialen Häute der Gelenke, der Sehnenscheiden, der Schleimbeutel (Bursa sternalis) und der Eileiter. Der Erreger ist weltweit verbreitet und in geflügeldichten Regionen von großer Bedeutung. Die Übertragung kann vertikal und horizontal erfolgen. Legehennen sind oft latent infiziert und kommen somit als horizontale Infektionsquelle für Putenbestände in Frage. Die Inkubationszeit beträgt 10 bis 21 Tage.

Klinik und Pathologie

Die klinischen Symptome der respiratorischen Form entsprechen im Herdenbild und beim Einzeltier in abgeschwächter Form denen einer *M.-gallisepticum*-Infektion. Die synoviale Form ist gekennzeichnet durch die Entzündung der Synvoia der Gelenke, der Sehnenscheiden und der

Abb. 8.46:
Sero-fibrinöse Entzündung der Bursa sternalis als Folge einer *Mycoplasma-synoviae*-Infektion.

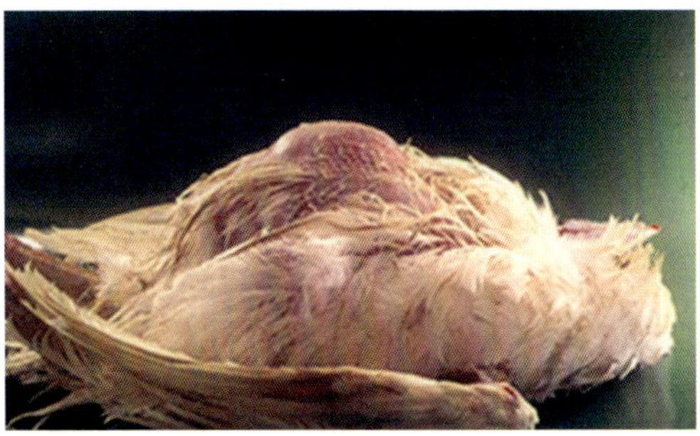

Abb. 8.47:
Bursa sternalis (Pfeil) ventrale Ansicht.

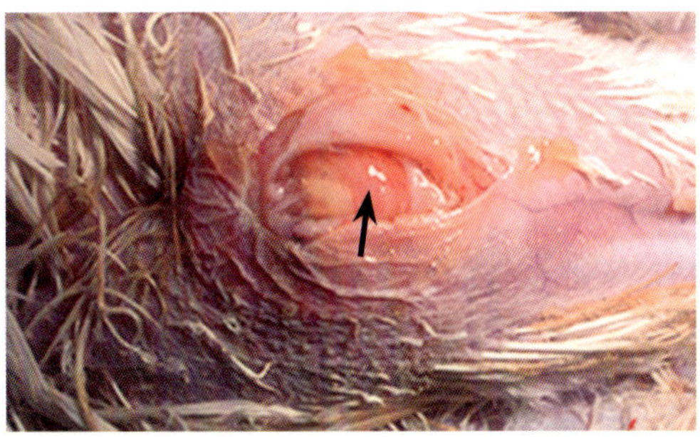

Abb. 8.48:
Arthritis des Intertarsalgelenkes als Folge einer *Mycoplasma-synoviae*-Infektion.

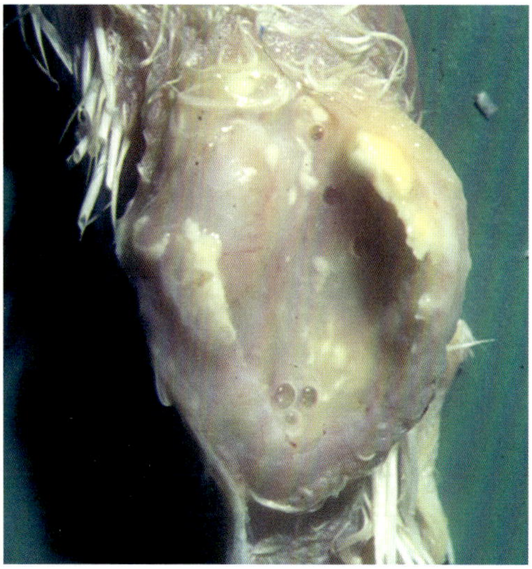

Schleimbeutel mit der Folge von ein- oder beidseitigen hochgradigen Lahmheiten und einer Bursitis (→ Abb. 8.46, 8.47 und 8.48).
In letzter Zeit wurden wiederholt bei Legehennen in Zusammenhang mit *M.-synoviae*-Infektionen Legeleistungsdepressionen mit Eierschalendefekten am spitzen Eipol als „eggshell apex abnormalities" (EAA) beschrieben (→ Abb. 8.49). Diese Veränderungen werden durch Infektionen mit dem Virus der infektiösen Bronchitis verstärkt.
Die pathologisch-anatomischen Veränderungen der respiratorischen Form lassen sich nicht von einer *M.-gallisepticum*-Infektion unterscheiden. Eine klinisch apparente *M.-synoviae*-Infektion der Gelenke führt zu hochgradigen fibrinösen Arthritiden. Hierbei sind vor allem die Intertarsalgelenke sowie die Sehnenscheiden und die Sehnen betroffen.
Die Morbidität kann bei Hühnern zwischen 2 und 75 % und bei Puten zwischen 1 und 20 % betragen. Die Mortalität übersteigt selten 1 %.

8.3.3.3 *Mycoplasma-meleagridis*-Infektion

Ätiologie
Mycoplasma (M.) meleagridis verursacht bei Puten fibrinöse Entzündungen der Atmungsorgane, Skelettdeformationen und Schlupfverluste. Die Erkrankung ist weltweit verbreitet und die Pute ist als alleinige Nutzgeflügelart empfänglich gegenüber einer klinischen Erkrankung. Wirtschaftliche Schäden treten durch Schlupfverlust, schlechte Zunahmen und Ausfälle durch Lahmheiten auf. Unterschiedlich virulente *M.-meleagridis*-Stämme sind beschrieben worden, ohne dass grundlegende Erkenntnisse über Virulenzfaktoren existieren.

Epidemiologie und Pathogenese
M. meleagridis wird hauptsächlich vertikal übertragen und gilt deshalb als typische „egg-born-disease". Durch Eradikationsprogramme sind die Putenelterntiere weitestgehend *M.-meleagridis*-frei, sodass diese Erkrankung nur noch sehr selten zu beobachten ist. Eine Übertragung von Puten auf Hühner ist möglich.

Abb. 8.49:
„Eggshell apex abnormalities" als Folge einer *Mycoplasma-synoviae*-Infektion. Deutlich sichtbar sind die Demarkationslinien am spitzen Pol der Eier.

Klinik und Pathologie

Die Infektion führt bei älteren Puten zu geringgradigen respiratorischen Symptomen mit leichten Atemgeräuschen. Ferner kommt es zu Skelettdeformationen bei Putenküken nach vertikaler Infektion des Embryos. Die Mortalität liegt unter 1 % und die Morbidität zwischen 25 und 30 %. Der Schlupfverlust kann 10 % betragen. Die pathologisch-anatomischen Veränderungen sind gering. Bei Beteiligung der Atmungsorgane herrscht eine geringgradige fibrinöse Aerosacculitis vor. Von den Skelettdeformationen sind vorwiegend der Tibiotarsus, der Tarsometatarsus und das Intertarsalgelenk betroffen.

8.3.3.4 *Mycoplasma-iowae*-Infektion

Ätiologie

Über die Pathogenität und mögliche Virulenzfaktoren von *M. iowae* ist sehr wenig bekannt.

Epidemiologie und Pathogenese

Mycoplasma (M.) iowae verursacht bei Puten Verluste durch Embryomortalität und Kükensterblichkeit. Experimentell konnten bei Puten- und Hühnerküken geringgradige Luftsackentzündungen und Veränderungen der Hinterextremitäten erzeugt werden. Es handelt sich um eine vertikale Infektion durch infizierte Elterntiere. Artifizielle Infektionen durch künstliche Besamung mit kontaminiertem Sperma sind beschrieben worden. Eine horizontale Verbreitung erscheint möglich, spielt aber epidemiologisch im Feld keine Rolle.

Klinik und Pathologie

Die Infektion führt gewöhnlich zwischen dem 18. und 24. Bebrütungstag zur Embryosterblichkeit sowie Reduktion der Schlupfrate von 2 bis 5 %. Die Embryonen und die Chorioallantoismembran sind ödematös hämorrhagisch verändert. Die geschlüpften Küken sind lebensschwach. Experimentelle Infektionen von Hühner- und Putenküken führten zu einer geringgradigen Aerosacculits, zu schlechter Befiederung und zu Abnormalitäten der Ständer wie Chondrodystrophie und verdrehtem Tibiotarsus mit Ruptur der tiefen Beugesehne.

8.3.3.5 Diagnose der aviären Mykoplasmosen

Die Diagnose der Mykoplasmosen des Nutzgeflügels ist indirekt mit dem Nachweis von spezifischen Serumantikörpern, dem direkten kulturellen Anzuchtversuch oder dem Nachweis von speziesspezifischen Genomsequenzen möglich. Der Nachweis von Antikörpern gegen *M. gallisepticum* und *M. synoviae* ist mit Hilfe der Serumschnellagglutination (SSA) möglich (→ Abb. 8.50). Der Vorteil besteht im Nachweis auch von IgM-Antikörpern und ist somit schon etwa 7 – 10 Tage nach einer vorangegangenen Infektion möglich. Nachteilig wirken sich Kreuzreaktionen zwischen *M. synoviae* und *M. gallisepticum* sowie unspezifische Reaktionen auf Grund von vorangegangenen Impfungen mit Inaktivatimpfstoffen aus. Somit muss jeder positive Befund in der SSA kritisch beurteilt werden und durch andere diagnostische Methoden abgesichert werden.

Negative Reaktionen scheinen spezifisch zu sein, wobei bei Infektionsverdacht Wiederholungsuntersuchungen angezeigt sind. Zur serologischen Absicherung der indirekten Diagnose stehen einige kommerziell erhältliche ELISA-Systeme und der Hämagglutinationshemmungstest zur Verfügung. Die ELISA-Systeme eignen sich auch zum Nachweis von Antikörpern im Eidotter und können so zur Kontrolle der *Mycoplasma*-Freiheit von Elterntieren eingesetzt werden.

Die kulturelle Anzucht gilt immer noch als der sogenannte Goldstandard der direkten Mykoplasmen-Diagnostik beim Nutzgeflügel (→ Abb. 8.51). Da die Erreger sehr langsam wachsen, kann

Abb. 8.50:
Serumschnellagglutination zum Nachweis von Antikörpern gegen *Mycoplasma gallisepticum*. „Negative Reaktion" links und „positive Reaktion" rechts.

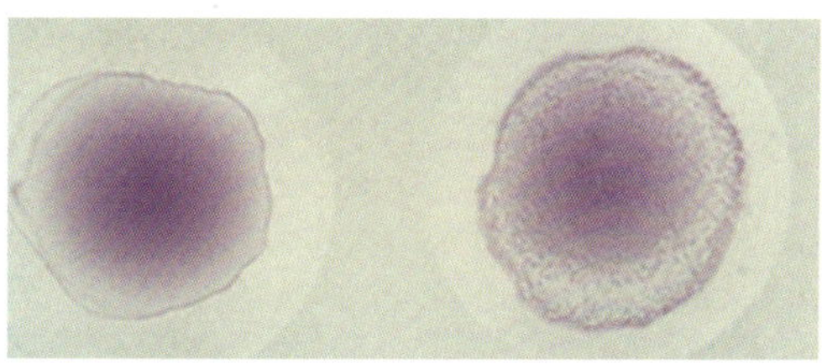

Abb. 8.51:
Mycoplasma-gallisepticum-Kolonien auf Frey-Agar.

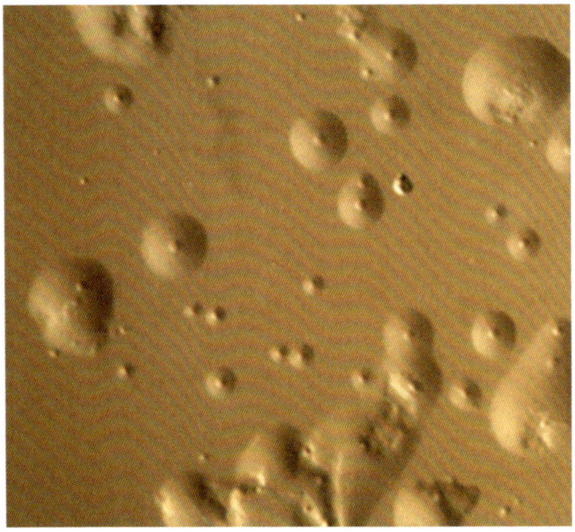

ein sicherer negativer Befund frühesten nach 21 Tagen Inkubationsdauer diagnostiziert werden.

Der Nachweis von speziesspezifischen Gensequenzen durch die PCR hat die Diagnostik der aviären Mykoplasmen-Infektionen grundlegend verändert. Es gibt kein Beispiel in der Diagnostik bakteriell bedingter Infektionskrankheiten beim Nutzgeflügel, in der diese Methodik den kulturellen Anzuchtversuch so in den Hintergrund gedrängt hat. Ein Anzuchtversuch wird nur noch für die (selten notwendige) Überprüfung von Resistenzmustern, die Herstellung von autogenen Impfstoffen und zur Untersuchung von molekulargenetisch-epidemiologischen Fragestellungen durchgeführt. PCR-Nachweissysteme sind für die Diagnose von *M. gallisepticum* und *M. synoviae* kommerziell erhältlich und für die meisten anderen Mykoplasmen-Arten des Geflügels beschrieben worden. Real-Time-PCR-Protokolle zum Nachweis von *M. gallisepticum* und *M. synoviae* sind ebenfalls entwickelt worden und kommerziell erhältlich. Die PCR kann auch verwendet werden, um eine Identifikation von kulturell angezüchteten Mykoplasmen vorzunehmen. Die PCR ist hoch-spezifisch und sensitiv und kann auch mühelos als Methode für die Bestandsdiagnostik eingesetzt werden. Sie hat sich, neben dem Antikörpernachweis, als wirkungsvolle diagnostische Methode zur Überwachung der Mykoplasmen-Freiheit in den Basiszuchten und den Elterntierbeständen bewährt.

8.3.3.6 Bekämpfung der aviären Mykoplasmosen

Die Bekämpfung der aviären Mykoplasmen-Infektionen beruht auf drei Strategien. Oberstes Ziel ist die Schaffung und Überwachung Mykoplasmen-freier Basiszuchten und Elterntiere. Dieses Ziel ist in den USA und Europa erreicht, und damit ist der vertikale Infektionsweg wirkungsvoll unterbrochen. Dies bedeutet die weitgehende Eradikation der *M.-meleagridis*- und *M.-iowae*-Infektionen, da diese hauptsächlich vertikal auf das Putenküken übertragen werden. Es kann auch davon ausgegangen werden, dass Hühner- und Putenküken weitgehend frei von *M. gallisepticum* und *M. synoviae* sind, sodass hier nur der horizontale Infektionsweg von Bedeutung ist. Dieser spielt besonders in geflügeldichten Regionen eine große Rolle, weil davon ausgegangen werden kann, dass kommerzielle Legehennenherden häufig mit Mykoplasmen (*M. synoviae*) infiziert sind und diese dann auf benachbarte Putenbestände übertragen werden können.

Die ursprünglich angestrebte Mykoplasmen-Freiheit in den Endproduktherden ist zurzeit wenig realistisch, sodass hier die Impfung und gegebenenfalls die antibiotische Therapie als Bekämpfungsstrategien eingesetzt werden müssen. Dabei ist zu berücksichtigen, dass eine einmalige Behandlung nicht zur Elimination der Mykoplasmen im Tier führt. Als Antibiotika können Tetrazykline, Makrolide, Tiamulin oder Fluorchinolone eingesetzt werden. Geimpft werden Puten und Legehennen im Endproduktbereich mit autogenen Impfstoffen, zugelassenen Inaktivatimpfstoffen oder Lebendimpfstoffen. Es muss dabei betont werden, dass alle in Deutschland kommerziell erhältlichen Impfstoffe nur für Legehennen zugelassen sind. Als Lebendimpfstoff wird in Deutschland der *M.-gallisepticum*-Stamm 6/85 eingesetzt. Der ursprünglich in den USA eingesetzte *M.-gallisepticum*-F-Stamm besitzt für Puten eine zu hohe Restvirulenz, sodass er in Deutschland nicht zugelassen ist. Der in Deutschland nicht zugelassene temperatursensitive (33 °C Anzuchttemperatur) *M.-gallisepticum*-ts11-Stamm wird in anderen EU-Ländern und den USA ebenfalls als Lebendimpfstoff eingesetzt. Diese Impfstoffe werden als Spray oder über das Tränkwasser verabreicht. Gegen die *M.-synoviae*-Infektion sind in Deutschland zwei Lebendimpfstoffe für Hühner zugelassen.

8.3.4 Ansteckender Hühnerschnupfen

Ätiologie

Der ansteckende Hühnerschnupfen (Coryza contagiosa) wird von *Avibacterium (A.) paragallinarum* verursacht. Die Gattung *Avibacterium* wurde aus der Gattung *Haemophilus* mit den Arten *Haemophilus (H.) paragallinarum, H. gallinarum, Pasteurella (P.) avium* und *P. volantium* taxonomisch reklassifiziert. Die zugeordneten Arten dieser Gattung wurden *A. paragallinarum, A. gallinarum, A. avium* und *A. volantium* benannt. Neuere taxonomische Untersuchungen stellen allerdings die Klassifizierung der einzelnen Arten, außer der von *A. paragallinarum,* innerhalb der Gattung *Avibacterium* wieder in Frage.

Nach bisherigen Erkenntnissen haben nur *A. paragallinarum* und *A. gallinarum* für das Nutzgeflügel pathogene Bedeutung. Die meisten isolierten *A.-paragallinarum*-Stämme weisen eine V-Faktor-Abhängigkeit (Nicotinamid Adenin Dinucleotid, NAD) auf. In Südafrika sind allerdings auch NAD-unabhängige *A.-paragallinarum*-Stämme beschrieben worden. *A. paragallinarum* ist serologisch nicht einheitlich. Je nach Präparationsmethode wird *A. paragallinarum* in drei Serovarianten (beschrieben nach Page) mit den Bezeichnungen A, B und C oder alternativ innerhalb der Serogruppen A, B und C als neun Serovarianten (A-1, A-2 , A-3, A-4, B-1, C-1, C-2, C-3 und C-4, beschrieben nach Kume) serologisch klassifiziert. Die Einteilung nach Page ist bezüglich der Epidemiologie und der Immunprophylaxe am gebräuchlichsten. Es bestehen serologisch Kreuzreaktionen zwischen den Serovarianten. *A.-paragallinarum*-Stämme sind unterschiedlich virulent. Die Serovarianten A und B besitzen ein Hämagglutinin, das als Virulenzfaktor eine Hauptrolle in der Kolonisation spielt. Das dafür kodierende Gen hagA wurde sequenziert und entspricht in etwa dem adhäsiven Bindungsprotein P5, das als Virulenzfaktor für *Haemophilus influenzae* identifiziert wurde. Ferner kommen die Kapselantigene als Virulenzfaktoren in Frage. *A. paragallinarum* verfügt über Mechanismen der Eisenmobilisation aus Transferrin von Hühnern und Puten und über weitere Virulenzfaktor-ähnliche Proteine. Das protektive Antigen ist nicht sicher identifiziert, scheint aber mit der Kapsel assoziiert zu sein.

Epidemiologie und Pathogenese

Hühner sind der Hauptwirt von *A. paragallinarum*. Feldinfektionen sind auch bei Puten und Perlhühnern beschrieben worden. Es handelt sich um eine horizontale Infektion, hauptsächlich über direkten Kontakt oder auch kontaminiertes Tränkwasser. Hauptüberträger sind ältere latent infizierte Tiere, somit ist der ansteckende Hühnerschnupfen eine typische Erkrankung von "multiple age"-Betrieben. Die Mortalität ist gering, die Morbidität kann bis 90 % betragen. *A. paragallinarum* ist weltweit verbreitet, wobei die Serovare unterschiedlich verteilt sind. In Deutschland sind vorwiegend die Serovare A und B isoliert worden. Sekundär-und Doppelinfektionen können zu schweren Verlaufsformen führen, die sich dann auch auf andere Organsysteme ausbreiten.

Klinik und Pathologie

Durch den Tropismus zum zilientragenden Epithel des oberen Respirationstraktes sind Schnupfen mit Nasenausfluss, Augenausfluss und Sinusitis mit Legeleistungsdepression die Hauptsymptome einer klinisch apparenten Infektion. Es kommt zu akuten katarrhalischen Entzündungen des Schleimhautepithels des Sinus infraorbitalis mit subkutanem Ödem des gesamten Kopfbereichs einschließlich der Kehllappen sowie Luftsackentzündungen (→ Abb. 8.52).

Eine Bronchopneumonie oder fibrinöse Aerosacculitis tritt dagegen seltener und in Verbindung mit Sekundärinfektionen auf. Histopathologisch

Abb. 8.52:
Huhn mit ansteckendem Hühnerschnupfen.

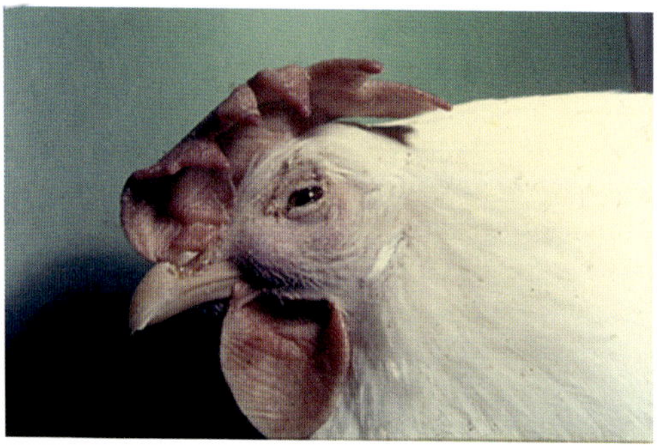

lassen sich im Bereich des oberen bis mittleren Respirationstraktes eine Hyperplasie der Schleimhaut mit Ödemen, Hyperämie und Infiltration von heterophilen Granulozyten, Mastzellen und Makrophagen nachweisen.

Diagnose

Die Diagnose erfolgt direkt über den Nachweis von *A. paragallinarum* aus Tupfer- oder Organproben. Das Untersuchungsmaterial wird auf konventionellen Blutagar mit 5 % Schafblutzusatz ausgestrichen und anschließend wird als sogenannter Ammenkeim ein definiert NAD-produzierender *Staphylococcus (S.) epidermidis* oder *S.-hyicus*-Stamm senkrecht auf die Agarplatte aufgebracht. NAD-abhängige *A.-paragallinarum*-Isolate wachsen dann mit dem „Ammenphänomen“ verstärkt in der unmittelbaren Nähe der Ammenkeime (→ Abb. 8.53). Eine Anzucht ohne Ammenkeim ist auf komplexen Nährböden wie z. B. Brain-Heart-Infusion-Agar möglich. Die Identifikation erfolgt dann über den Katalasenachweis (*A. paragallinarum* = negativ / *A. gallinarum, A. avium* und *A. volantium* = positiv) und Kohlenhydratfermentationen in biochemischen Testsystemen, Sequenzierung der 16S-rRNA oder mit Hilfe des MALDI-TOF-Systems. Das API-20NE®-System ist dabei auf Grund der NAD-Abhängigkeit von *A. paragallinarum* nur sehr eingeschränkt anwendbar.

Abb. 8.53:
Wachstum mit "Ammenphänomen“ von *Avibacterium paragallinarum* auf Blutagar.

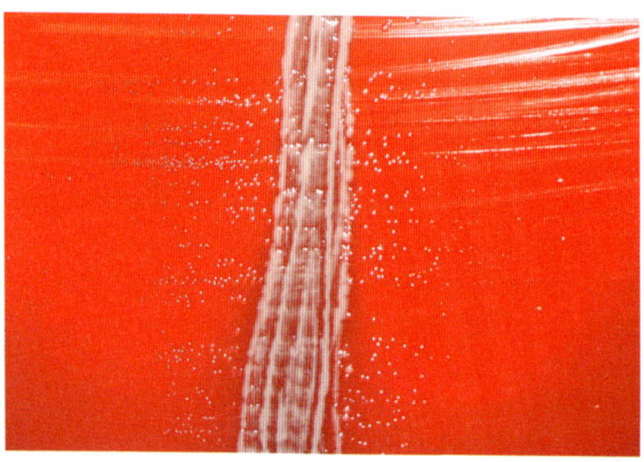

PCR-Systeme können zur Identifikation des Erregers direkt aus Untersuchungsmaterial oder von verdächtigen Bakterienkolonien eingesetzt werden. Sie ersetzen den kulturellen Anzuchtversuch, wenn auf die Erstellung von Resistenzmustern, der Herstellung von autogenen Impfstoffen oder epidemiologischen Verlaufsuntersuchungen verzichtet werden kann. Es sind keine kommerziell erhältlichen Systeme zum Nachweis von spezifischen Antikörpern verfügbar. Als Antikörperdetektionssysteme sind der Hämagglutinationshemmungstest oder ELISA-Systeme beschrieben worden und können, je nach Antigenpräparation, meistens nur zum Nachweis einer Serovariante verwendet werden.

Bekämpfung

Gutes Betriebsmanagement (all in all out) und gute Betriebshygiene (Tränkwasseranlagen!) können den Eintrag und die Verbreitung von *A. paragallinarum* wirkungsvoll verhindern. Die direkte Bekämpfung kann prophylaktisch über eine Impfung oder bei Ausbruch über eine antibiotische Therapie erfolgen. In Deutschland ist zurzeit ein Inaktivatimpfstoff zugelassen, welcher die Serovariante A, B und C enthält. Die Anwendung von möglichst serotypspezifischen autogenen Impfstoffen ist ebenfalls möglich. Eine antiinfektive und antibiotische Behandlung kann mit Sulfonamiden, Erythromycin oder Tetrazyklinen versucht werden. Dabei sind mögliche auftretende Resistenzen zu berücksichtigen.

Erkrankungen durch *Avibacterium gallinarum* und *Avibacterium endocarditidis*

Avibacterium (A.) gallinarum steht im Verdacht, ein ähnliches Krankheitsbild wie die Coryza contagiosa bei Hühnern zu verursachen. Obwohl der Erreger aus Hühnern mit klinischen Symptomen und pathologisch-anatomischen Veränderungen, die in etwa mit dem ansteckenden Hühnerschupfen vergleichbar sind, in Reinkultur isoliert wurde, liegen über die Erregereigenschaften von *A. gallinarum* gegenwärtig wenig gesicherte Erkenntnisse vor. Sekundärinfektionen und nicht-infektiöse Belastungen können zu septikämischen Verlaufsformen führen. Eine weitere Bedeutung hat *A. gallinarum* als mögliche Differenzialdiagnose von bakteriell bedingten respiratorischen Erkrankungen bei Huhn und Pute.

A. endocarditidis ist in Zusammenhang mit Herzklappenentzündungen aus Hühnern isoliert und entsprechend benannt worden.

Die Diagnose dieser Infektionen erfolgt über die kulturelle Anzucht mit Identifizierung im API-20-NE®-System, die PCR, zytochemische Methoden oder die Sequenzierung des Gens der 16S-rRNA. Bekämpft werden diese Erkrankungen über die Applikation von autogenen Impfstoffen und die Gabe von Antibiotika nach Resistenztest im Fall eines Krankheitsausbruchs.

8.3.5 Aviäre Pasteurellose

Ätiologie

Die aviäre Pasteurellose oder Geflügelcholera wird von *Pasteurella (P.) multocida* verursacht. *P. multocida* wird zurzeit in die Unterarten *P. multocida multocida, P. multocida gallicida* und *P. multocida septica* eingeteilt. Diese Unterarten können durch molekulargenetische, biochemische und zytochemische Methoden differenziert werden. Alle drei Unterarten wurden aus an Geflügelcholera erkrankten Nutzgeflügelarten isoliert. Es sind Unterart-spezifische Unterschiede im Krankheitsbild beschrieben worden. Trotz dieser neueren Erkenntnisse wird im Verlauf dieses Kapitels der Krankheitserreger als *P. multocida* bezeichnet.

P. multocida ist ein gram-negatives, unbewegliches Stäbchenbakterium, das sich im Organabklatschpräparat typisch bipolar anfärben lässt. Virulente Stämme besitzen obligat eine Kapsel, avirulenten Stämmen kann diese fehlen. Dies bedeutet aber nicht, dass kapseltragende *P.-multocida*-Stämme immer virulent sein müssen. *P. multocida* ist serologisch nicht einheitlich. Es werden fünf Kapseltypen (A–F) und 16 Serotypen unterschieden. Dabei bestehen zwischen den Stämmen erhebliche Virulenzunterschiede, wobei die Kenntnisse über die Virulenzmechanismen gering sind. Sämtliche *P.-multocida*-Stämme produzieren in unterschiedlichem Maße ein Endotoxin. Ein hitzelabiles Toxin wurde bei Stämmen der Serogruppe A und D gefunden. *P. multocida* ist Träger vielfältiger Resistenzgene, die Chromosomal- oder Plasmid-codiert vorliegen können.

Epidemiologie und Pathogenese

Die aviäre Pasteurellose wird horizontal übertragen; es gibt keine Hinweise auf eine mögliche vertikale Infektion. Überträger können Wildvögel, Säugetiere (Schweine, Katzen, Nagetiere u. a.) und chronisch latent infizierte Hühner und Puten sein. Ob wirbellose Tiere als Vektoren in Frage kommen, ist unklar. *P. multocida* ist für Hühnervögel primär pathogen, dabei erkranken Puten sehr viel schwerer als Hühner. Domestiziertes Wassergeflügel ist ebenfalls hoch empfänglich gegenüber einer *P.-multocida*-Infektion. Es handelt sich vorwiegend um eine aerogene Infektion über die Schleimhäute des oberen Respirationstrakts. Die Erkrankung tritt saisonal gehäuft im Herbst und Winter auf. Hoch-virulente Stämme führen über eine systemische Verbrauchskoagulopathie zu perakuten Todesfällen. Die Morbidität kann zwischen 50 und 90 % und die Mortalität bis zu 80 % betragen.

Klinik und Pathologie

Eine perakute Infektion verläuft oft dramatisch. Die Tiere versterben ohne klare klinische Symptomatik.

Akute Infektionen sind durch Anorexie, gesträubtes Gefieder, Apathie, Diarrhoe, schleimig bis blutigen Nasen- und Schnabelausfluss gekennzeichnet. Die Tiere weisen zyanotische Veränderungen im Bereich des Kammes und der Kehllappen auf.

Abb. 8.54:
Ein an chronischer Pasteurellose erkranktes Huhn.

Betroffene Hühner und Puten genesen, versterben oder erkranken chronisch. Der chronische Verlauf ist charakterisiert durch latente Infektionen. Er wird von niedrig-virulenten *P.-multocida*-Stämmen verursacht. Er geht mit einer exsudativen Konjunktivitis, rasselnden Atemgeräuschen mit Dyspnoe, Schwellung des Infraorbitalsinus, der Kehllappen, der Sohlenballen und der Bursa sternalis einher (→ Abb. 8.54). Es kommt zu Sinusitis und oft bei Puten zu Bronchopneumonien. Durch die Beteiligung des Mittelohres, der Schädelknochen und des ZNS kommt es zu Tortikollis. Pathologisch-anatomisch stehen im akuten septikämischen Verlauf hämorrhagische Diathesen mit fokalen Nekrosen der Lunge (→ Abb. 8.55), der Leber und des Herzens sowie histologisch eine massive Invasion heterophiler Granulozyten in diesen Organen im Vordergrund.

Die Schleimhäute der Atmungsorgane erscheinen hyperämisch und ödematös. Ferner kann eine adhäsive fibrinöse Aerosacculitis beobachtet werden. Es treten Entzündungen der Gelenke und Sehnenscheiden auf. Es können heterophile Granulozyten und Riesenzellen im Bereich der nekrotischen Veränderungen der betroffenen Organe detektiert werden. Die Infektion induziert eine serotypenspezifische Immunität.

Diagnose

Die klinischen Symptome und pathologisch-anatomischen Veränderungen erlauben eine Verdachtsdiagnose. *P. multocida* lässt sich aus Tupferproben und den Organen klinisch erkrankter Tiere relativ mühelos auf konventionellem Blutagar anzüchten (→ Abb. 8.56). *P. multocida* wächst nicht auf MacConkey-Agar.

Die Identifikation kann mit Hilfe der biochemischen Differenzierung z. B. durch das API-20-NE®-System (Bio-Mérieux [Biocode: 300 0004]) erfolgen. Die PCR und das MALDI-TOF-System eignen sich ebenfalls für die sichere Diagnose. Für die Erstellung von Resistenzmustern, autogenen Impfstoffen und epidemiologischen Folgeuntersuchungen ist der kulturelle Anzuchtversuch mit anschließender molekulargenetischer Differenzierung der Unterarten notwendig. Der Nachweis

Abb. 8.55:
Hämorrhagische Diathesen und Kongestion in den Lungen als Folge einer akuten Pasteurellose.

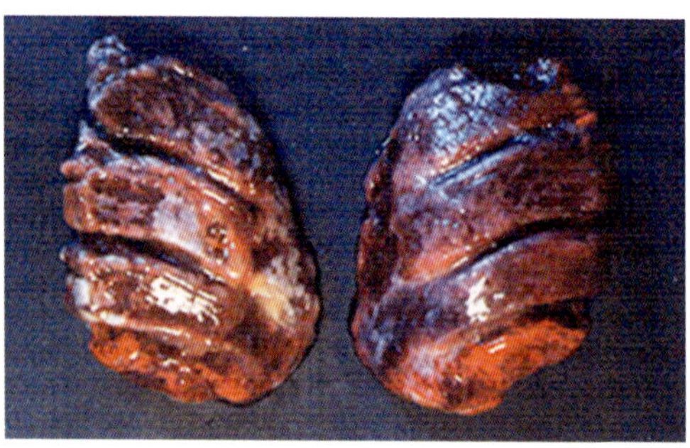

Abb. 8.56:
Pasteurella multocida ssp. *multocida* auf Blutagar.

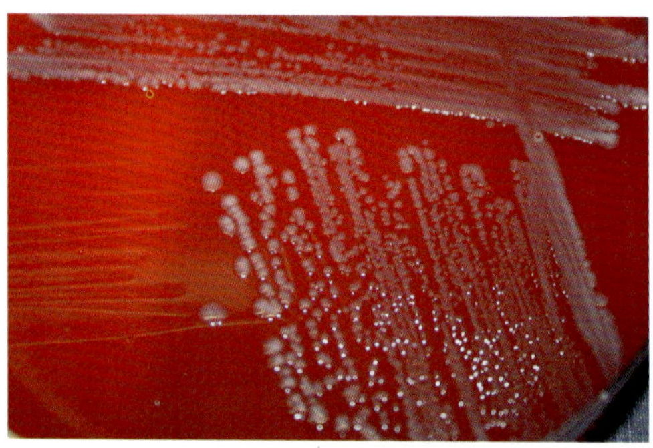

von spezifischen Serumantikörpern ist von geringem diagnostischem Wert. Zudem sind keine kommerziellen Nachweissysteme verfügbar.

Bekämpfung
Gute Bestandshygiene und Bestandsabschirmung können den Eintrag von *P. multocida* in Nutzgeflügelherden nachhaltig verhindern. Dazu zählen insbesondere die Wildvogelabschirmung, eine professionelle Schadnagerbekämpfung und die Reduzierung der Katzenpopulation auf dem Betriebsgelände. Die Vermeidung von „multiple age"-Beständen" und die Berücksichtigung des „All-in-all-out-Verfahrens" bei Neubelegung ist selbstverständlich. Gefährdete Bestände können prophylaktisch mit Inaktivatimpfstoffe immunisiert werden. In Deutschland ist ein Impfstoff für Huhn, Pute und Ente zugelassen. Eine weitere Möglichkeit zur Immunprophylaxe ist die Herstellung und Anwendung von autogenen Impfstoffen. Eine Therapie kann mit Sulfonamiden oder Antibiotika versucht werden, wobei die Resistenzlage unbedingt zu beachten ist. Es ist zweifelhaft, ob eine Therapie zur Erregerelimination führt.

8.3.6 Erkrankungen durch *Gallibacterium* spp.

Ätiologie
Der Gattung *Gallibacterium (G.)* werden zurzeit die Arten *G. anatis* mit den Biovaren anatis und hämolytica (→ Abb. 8.57), *G. melopsittaci, G. salpingitidis, G. trehalosifermentans* und *G. genomospecies* 1, 2, 3, Group V zugeordnet. Das Genom des *G.-anatis*-Stamms UMN179 aus einer an Peritonitis erkrankten Legehenne wurde vollständig sequenziert. *G. anatis* Biovar hämolytica bildet ein Toxin, das zumindest auf Makrophagen in der Zellkultur zytotoxisch wirkt.

Abb. 8.57: *Gallibacterium-anatis*-Biovar-hämolytica-Kultur mit β-Hämolyse auf Blutagar.

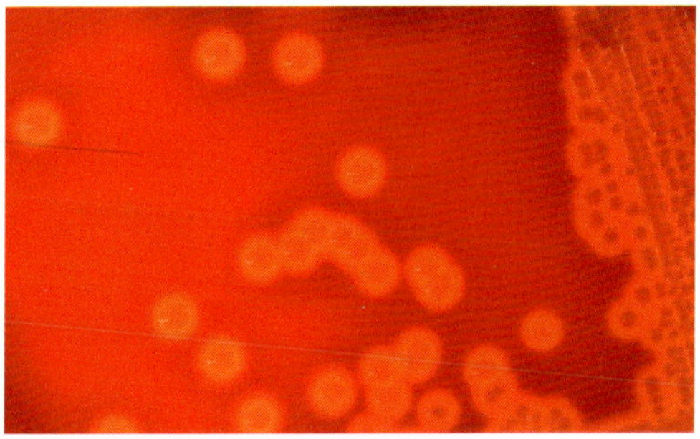

Epidemiologie, Pathogenese, Klinik und Pathologie
Es wurde vermutet, dass *G. salpingitidis* und *G. anatis* im Feld Legeleistungsstörungen und Erkrankungen der Atmungsorgane bei Legehennen verursachen können. Dieser ätiologische Zusammenhang konnte durch experimentelle Infektionsversuche bewiesen werden. Möglicherweise ist der Erreger auch für Puten pathogen. Die Übertragungswege sind weitgehend unbekannt. Es handelt sich vermutlich um eine horizontale Infektion. Betroffene Legehennen sind apathisch und stellen die Legetätigkeit ein. Sekundärinfektionen mit *E. coli* verkomplizieren das Krankheitsbild. Pathologisch-anatomisch und histologisch sind vor allem eine Hepatitis, Peritonitis und Salpingitis festzustellen (→ Abb. 8.58).

Diagnose und Bekämpfung
Die Diagnose dieser Infektionen erfolgt über die kulturelle Anzucht mit Identifizierung im API-20-NE®-System, der PCR, der Sequenzierung des Gens der 16S-rRNA oder dem MALDI-TOF-System.
In den USA stehen für die Bekämpfung kommerzielle Inaktivatimpfstoffe zur Verfügung. In Deutschland wird diese Erkrankungen über die Gabe von Antibiotika nach Resistenztest oder die Applikation von autogenen Impfstoffen bekämpft.

8.3.7 Riemerellose

Ätiologie
Riemerella (R.) anatipestifer ist ein gram-negatives, unbewegliches Stäbchenbakterium (→ Abb. 8.59). Der Erreger wächst auf Agar mit 5 bis 10 % Schafblutzusatz bei 37 °C innerhalb von 24 bis 48 Stunden in kleinen, nicht-hämolytischen, grau pigmentierten, transparent erscheinenden Kolo-

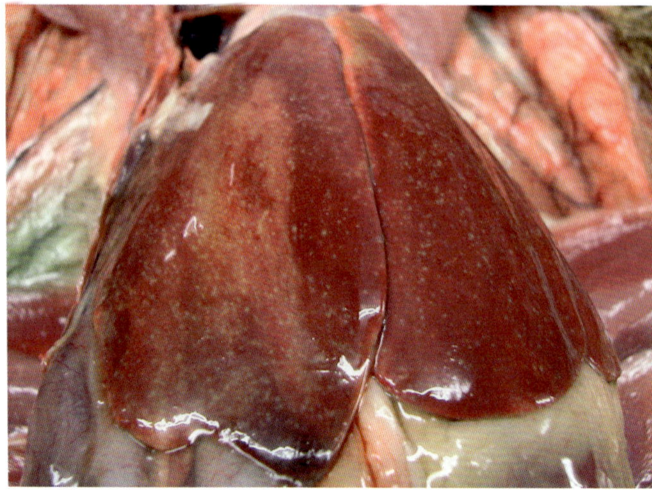

Abb. 8.58:
Hepatitis einer Legehenne als Folge einer *Gallibacterium-anatis*-Biovar-hämolytica-Infektion.

nien. Auf MacConkey-Agar findet kein Wachstum statt. Biochemisch ist *R. anatipestifer* durch positive Katalase- und Oxidasereaktionen gekennzeichnet. Neben dem Erreger der Riemerellose, *R. anatipestifer,* werden zurzeit taxonomisch die taubenspezifischen Arten *R. columbina* und *R. columbipharyngis* der Gattung Riemerella zugeordnet. Zurzeit sind von *R. anatipestifer* 21 Serotypen beschrieben worden, welche sich antigenetisch weitgehend einheitlich darstellen, aber weitere bisher nicht eingeordnete Isolate lassen weitere Serotypen vermuten. Es existieren geringgradige Kreuzreaktionen vom Serotyp 5 mit den Serotypen 2 und 9. Die Verteilung der Serotypen ist regional unterschiedlich. Es gibt zurzeit keine Erkenntnisse über serotypspezifische Virulenzfaktoren. Demnach weisen *R.-anatipestifer*-Feldstämme unabhängig von Serotyp erhebliche Virulenzunterschiede auf. Mittlerweile liegt das Ergebnis der Gesamtsequenzierung des Genoms des Typstamms und eines hoch virulenten *R.-anatipestifer*-Stammes des Serotyps 1 vor. Daraus ergeben sich Hinweise auf mehrere mögliche Virulenzfaktoren, wie unter anderem Proteasen, Adhäsionsfaktoren und Kollagenasen. Ferner scheint das „outer-membrane-protein-A“ (ompA)-Protein

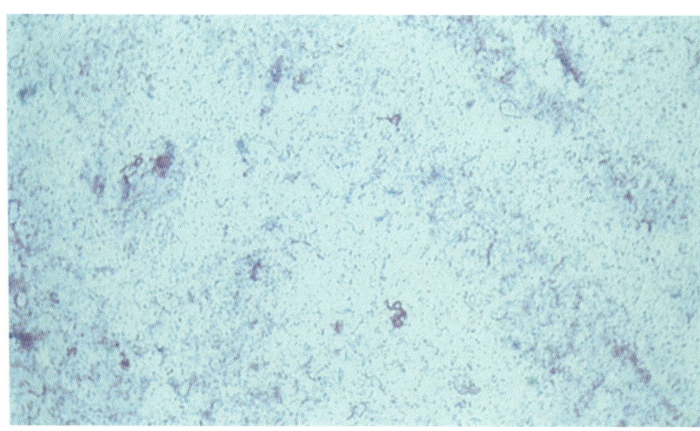

Abb. 8.59:
Gramfärbung von *Riemerella anatipestifer.*

Abb. 8.60:
Akute Riemerellose einer Pekingente.

Abb. 8.61:
Exsudative Perihepatitis als Folge einer Riemerellose.

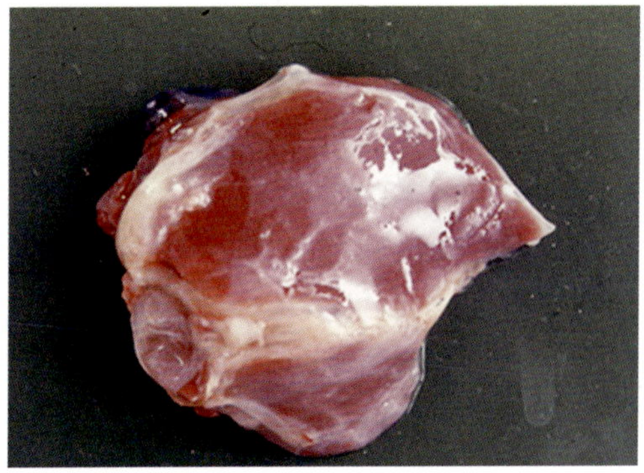

als Adhäsionsfaktor für das Entstehen einer klinisch apparenten Infektion von Bedeutung zu sein. Plasmide sind als Träger von Resistenzgenen beschrieben worden.

Epidemiologie und Pathogenese

Die Riemerellose wird auch als exsudative Septikämie oder infektiöse Serositis bezeichnet. Die Erkrankung wurde das erste Mal von Riemer 1904 als exsudative Septikämie beschrieben. *R. anatipestifer* ist weltweit verbreitet und von hoher ökonomischer Relevanz. Die Erkrankung tritt vorwiegend beim Wassergeflügel auf. In den geflügeldichten Regionen Deutschlands ist die Infektion aber auch gehäuft in anderen Nutzgeflügelarten nachgewiesen worden. *R. anatipestifer* gilt grundsätzlich als primär pathogen. Das Bakterium wurde auch aus anderen Vogelarten und Schweinen isoliert. Die Übertragung erfolgt wohl hauptsächlich horizontal, wobei Wildvögeln als Reservoir und damit Überträger eine Hauptrolle zukommt. Belebte und unbelebte Vektoren kommen ebenfalls als Eintragsmöglichkeiten in Frage. Vertikale Infektionen über das infizierte Brutei sind möglich. Der Grad einer Erkrankung nach Infektion hängt vom Alter der Tiere, der Anzahl der aufgenommenen Bakterien, der Virulenz der *R.-anatipestifer*-Stämme, des Immunstatus, infektiösen und nicht-infektiösen Belastungen ab. Jungtiere erkranken an einer akut-septikämischen Form, während die Krankheit bei älteren Tieren oft chronisch verläuft.

Klinik und Pathologie

Die jungen Tiere zeigen dabei alle klinischen Anzeichen einer generalisierten Infektion wie Apathie, erhöhtes Wärmebedürfnis und Bewegungsstörungen mit ZNS-Beteiligung. Ferner können Augen- und Nasenausfluss (→ Abb. 8.60) und grünlicher Durchfall auftreten. Die Rekonvaleszenten bleiben im Gewicht zurück und die betroffene Herde wächst auseinander. Die Mortalität schwankt zwischen 5 und 75 %, die Morbidität kann in der Herde über 80 % betragen.
Pathologisch-anatomisch fallen vor allem die fibrinösen Exsudate auf den serösen Häuten der inneren Organe wie Leber (→ Abb. 8.61) und Herz auf. Häufig sind eine fibrinöse Aerosaculitis der abdominalen Luftsäcke, mukopurulente Exsudate im Sinus orbitalis und käsige Exsudate des Ovars festzustellen. Ferner sind Arthritiden in Zusammenhang mit einer *R.-anatipestifer*-Infektion beschrieben worden. Mischinfektionen können das klinische und pathologisch-anatomische Bild erheblich verkomplizieren.
Das histopathologische Bild ist typisch für eine bakterielle Infektion. Es dominieren im Exsudat einer akuten Erkrankung Monozyten und heterophile Granulozyten. Im chronischen Stadium treten vielkernige Riesenzellen und Fibroblasten in den Vordergrund. *R. anatipestifer* verursacht

Abb. 8.62:
Riemerella anatipestifer auf Blutagar.

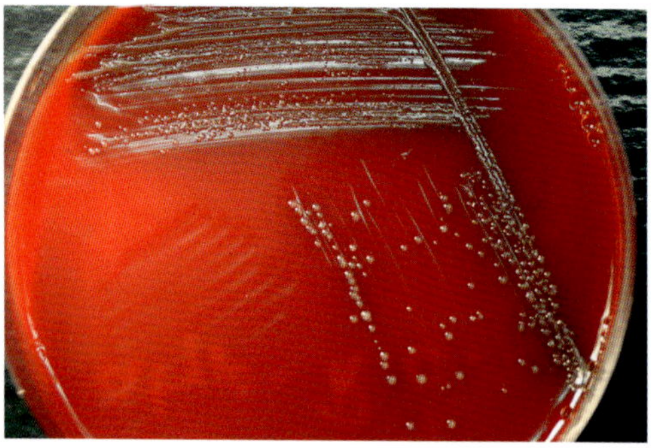

Abb. 8.63:
Positive Gelatinase-Reaktion von *Riemerella anatipestifer*.

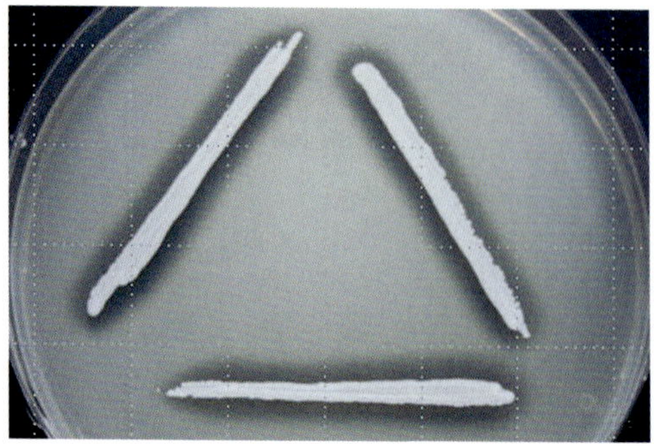

eine diffuse fibrinöse Meningitis mit Infiltrationen von Leukozyten und Mikrogliazellen in die periventrikulären Bereiche des ZNS. In Milz und Bursa cloacalis kommt es zu eine Nekrose und Depletion lymphozytärer Zellen.
Die Infektion hinterlässt bei den überlebenden Tieren eine belastbare Immunität, die wohl überwiegend humoral bedingt ist. Diese Immunität ist weitgehend serotypspezifisch. Legende Tiere übertragen die Antiköper über das Dotter auf die Küken, die dann in den ersten Lebenswochen gegen eine Infektion geschützt sind.

Diagnose

Die klinischen Symptome und die pathologisch-anatomischen Veränderungen erlauben nur beim Hauptwirt, dem Wassergeflügel, eine Verdachtsdiagnose. Eine Anzucht von *R. anatipestifer* erfolgt aus Tupferproben und/oder veränderten Organen auf Agar mit 5 bis 10 % Schafblutzusatz bei 37 °C innerhalb von 24 bis 48 Stunden (→ Abb. 8.62). Selektivnährböden mit Zusatz von Neomycin und Gentamycin (5 mg/l) haben sich zur selektiven Anreicherung bewährt.
Die weitere Diagnostik erfolgt über die Gramfärbung und die Testung auf die Katalase- und Oxidasereaktion. Zu den wichtigsten biochemischen Identifizierungsmerkmalen von *R. anatipestifer* zählt die Gelatinase-Reaktion. Der überwiegende Anteil (99 %) aller untersuchten *R.-anatipestifer*-Stämme weist eine positive Gelatinase-Reaktion auf. Diese kann direkt (→ Abb. 8.63) auf der Agarplatte oder im API-20NE®-System (Bio-Mérieux [Biocode: 001 0004]) getestet werden (→ Abb. 8.64).
Ergänzend kann das API-Zym®-System zur Absicherung der Diagnose herangezogen werden. Die PCR und das MALDI-TOF-System können für die sichere Identifikation des Erregers angewendet werden. *R. columbina* und *R. columbipharyngis*

Abb. 8.64:
Identifikation von *Riemerella anatipestifer* mit Hilfe des API-20NE®-Systems. (→ positive Gelatinase-Reaktion)

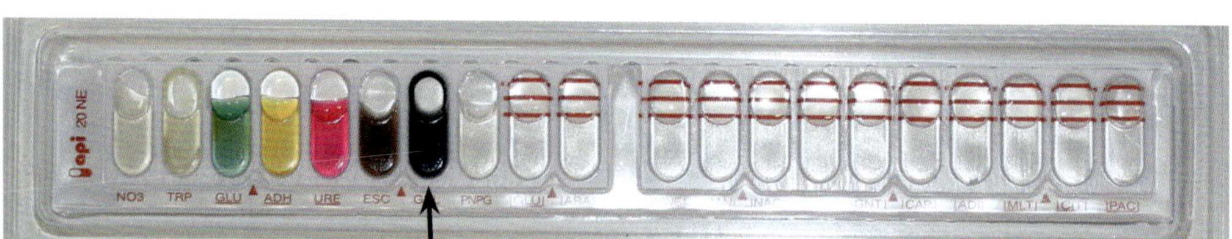

weisen als taubenspezifische *Riemerella*-Arten ebenfalls eine positive Gelatinase-Reaktion auf. Ursprünglich wurde *R. columbina* von *R. anatipestifer* durch den für *R. columbina* typischen Nachweis der Äskulinhydrolyse abgegrenzt. In letzter Zeit sind aber auch Äskulinhydrolyse-negative Varianten von *R. columbina* beschrieben worden, die mit den in der Praxis häufig angewendeten biochemischen Schnelltestverfahren nicht von *R. anatipestifer* zu differenzieren sind. *R. anatipestifer* wurde allerdings aus Tauben noch nicht isoliert, und über ein Vorkommen von *R. columbina* oder *R. columbipharyngis* im Nutzgeflügel ist nichts bekannt.
Eine Serotypisierung der isolierten *R.-anatipestifer*-Stämme kann über eine Agglutinationsreaktion mit Hilfe eines kommerziell angebotenen Testsystems (Biovac®) erfolgen. Dabei ist jedoch zu beachten, dass die angegebene Nummerierung der eingesetzten Antiseren in diesem Testsystem nicht mit der aktuellen taxonomischen Nummerierung der Serotypen von *R. anatipestifer* übereinstimmt. Eine speziesspezifische PCR ist beschrieben worden und kann zur Erregeridentifikation aus Tupfer-, Organmaterial und verdächtigen Bakterienkolonien eingesetzt werden. Eine alleinige Anwendung einer PCR zur *R.-anatipestifer*-Diagnostik hat den Nachteil, dass weder ein Resistenztest noch eine Serotypisierung erstellt werden kann. Dadurch ist es für die Diagnose und die Bekämpfung der *R.-anatipestifer*-Infektion zurzeit unumganglich, einen kulturellen Anzuchtversuch zu unternehmen. Der Nachweis von Antikörpern über ELISA-Systeme ist möglich. Solche Nachweissysteme sind allerdings kommerziell zurzeit nicht verfügbar.

Bekämpfung

Die Infektion kann durch vorbeugende Impfung oder im Fall der Erkrankung durch antibiotische Therapie bekämpft werden. Da die unterschiedlichen Serotypen kaum Kreuzreaktionen aufweisen, ist eine Serotypisierung der für den Bestand bedeutsamen *R.-anatipestifer*-Feldstämme notwendig. Somit kommt der autogenen Immunisierung eine große Bedeutung zu. Es werden Elterntiere (Pekingenten / Moschusenten) 2 und 4 Wochen vor Legebeginn geimpft. Die maternalen Antikörper schützen die Küken in den ersten 3 bis 4 Lebenswochen vor einer Infektion.
Eine antibiotische Therapie ist von Resistenzmustern der isolierten *R.-anatipestifer*-Feldstämme abhängig. Eine grundsätzliche Empfehlung der einzusetzenden Antibiotika kann aus diesem Grunde nicht gegeben werden.

8.3.8 Chlamydiose des Nutzgeflügels

ES BESTEHT MELDEPFLICHT.

ACHTUNG: Zoonose

Ätiologie

Diese Infektionskrankheit wird durch *Chlamydia (C.) psittaci* verursacht. *C. psittaci* gehört in die Familie der *Chlamydiaceae* und wurde zunächst als *Chlamydia psittaci*, dann als *Chlamydophila psittaci* bezeichnet. Auf Grund neuerer taxonomischer Untersuchungen wurde die Aufteilung der Familie in zwei Gattungen (*Chlamydia* und *Chlamydophila*) als nicht gerechtfertigt angesehen und so erhielt der Erreger seinen ursprünglichen Namen *Chlamydia psittaci* zurück. Kürzlich wurden mit *C. avium* (Tauben) und *C. gallinacea* (Hühnervögel) zwei weitere *Chlamydia*-Arten beschrieben, deren (veterinär)medizinische Bedeutung aber noch unklar ist. Beim Zier-, Zoo,- und Nutzgeflügel verursacht *C. psittaci* die meldepflichtige Chlamydiose. Eine Übertragung von *C. psittaci* von infizierten Vögeln auf den Menschen ist möglich. Es besteht somit im Umgang mit Ziervögeln und Nutzgeflügel ein Zoonoserisiko.
Alle Stadien von *C. psittaci* erscheinen gram-negativ. Die Gramfärbung eignet sich aber nicht zur Diagnose der Erkrankung. Das immundominante Antigen von *C. psittaci* ist das Major Outer Membrane Protein (MOMP). Dieses MOMP definiert die verschiedenen Serovare von *C. psittaci*. Es werden zurzeit neun Serovare (A–F, M 56 und WC) unterschieden. Eine genotypische Differenzierung durch die Sequenzierung des für das MOMP kodierenden Gens ompA und die Gesamtsequenzierung der einzelnen Genotypen bestäti-

Tab. 8.11:
Wirtstierzuordnung von *Chlamydia-psittaci* Serovaren/Genotypen

Serovar/Genotyp	Wirt
A	Psittaziden
B	Tauben, Hühner
C	Enten, Gänse
D	Puten, Hühner
E (E/B)	Tauben, Puten, Enten, Gänse
F	Psittaziden
M 56	Bisam, Schneehase
WC	Rinder

gen die phänotypisch-serologische Einordnung von *C. psittaci.* Diese Serovare oder Genotypen sind teilweise wirtsspezifisch. Eine diesbezügliche Zuordnung geht aus → Tabelle 8.11 hervor.
Die Serovare/Genotypen C, D und E (E/B) spielen beim Nutzgeflügel die größte Rolle. Die Virulenz hängt dabei vom Serovar/Genotyp ab, aber auch innerhalb eines Serovars/Genotyps kommen unterschiedliche virulente Stämme vor. Diese hochvirulenten *C.-psittaci*-Stämme werden auch als „toxigenic strains" beschrieben und besitzen eine beachtliche Virulenz für das Geflügel und den Menschen, wobei die Kenntnisse über Virulenzfaktoren unzureichend sind.

Epidemiologie und Pathogenese

C. psittaci kommt weltweit wohl bei allen Vogelarten vor (nachgewiesen in über 400 Arten) und ist für das Geflügel primär pathogen. *C. psittaci* wurde in unterschiedlichem Maße in allen Nutzgeflügelarten nachgewiesen. Es handelt sich bei der Chlamydiose um eine horizontale aerogene Infektion der Atmungsorgane. Virulente Stämme führen vor allem bei Jungtieren zu septikämischen Verlaufsformen mit hohen Mortalitätsraten und es besteht damit wahrscheinlich ein hohes zoonotisches Risiko. Vertikale Infektionen sind beschrieben worden, sind aber epidemiologisch wohl von untergeordneter Bedeutung.
Der Erreger vermehrt sich obligat intrazellulär und tritt in drei morphologisch unterscheidbaren Erscheinungsformen auf (→ Abb. 8.65). Die infektiösen Stadien werden als Elementarkörperchen (EK) bezeichnet. Diese EK (0,2–0,3 µm) werden über Mikrovilli in die empfängliche Zelle aufgenommen und wandeln sich in die intrazelluläre metabolisch aktive Form, die Retikularkörperchen (RK [0,5–2,0 µm]) um. Die RK vermehren sich durch Zweiteilung, und über sogenannte Initialkörperchen (0,3–1,0 µm) entstehen wiederum EK, die dann aus der Zelle ausgeschleust werden und neue Zellen infizieren können. Der Grad der Erkrankung hängt dabei vom Serovar/Genotyp, von der Virulenz der Erregerstämme, von der Anzahl der aufgenommenen Elementarkörperchen und von Sekundärinfektionen ab. Die letzten Ausbrüche von Chlamydiose beim Nutzgeflügel in Europa sind überwiegend durch das Serovar/Genotyp C verursacht worden.

Klinik und Pathologie

Die Inkubationszeiten schwanken je nach Virulenz im Feld zwischen etwa 5 und 14 Tagen. Die klinischen Symptome beziehen sich zunächst auf den gesamten Respirationstrakt und bei generalisierten Infektionen als Septikämie auch auf andere

Abb. 8.65:
Vermehrungszyklus von *Chlamydia psittaci.*

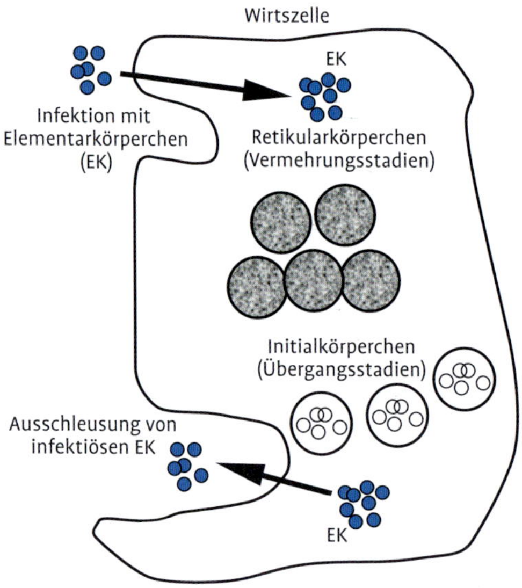

Organsysteme. Abhängig von der Virulenz und dem Serovar/Genotyp des beteiligten *C.-psittaci*-Stamms weisen Enten, Gänse und Puten oft deutlichere klinische Symptome als Hühner auf, die häufig latent infiziert sind und so den Erreger weitgehend unbemerkt weiterverbreiten können. Jüngere Tiere erkranken schwerer als ältere und wirken apathisch, kurzatmig und zeigen erhöhtes Wärmebedürfnis. Es treten klinisch Schnupfensymptome, ein- oder beidseitige Keratokonjunktivitis mit Augenausfluss, Tracheitis und Bronchopneumonie auf. Septikämische Verläufe sind durch Bronchopneumonie und katarrhalische Enteritis gekennzeichnet. Die Mortalität kann zwischen 5 und 30 % betragen.

Pathologisch-anatomisch kann eine klinisch manifeste Chlamydiose durch Tracheitis, Bronchopneumonie, fibrinöse Aerosacculitis, Perikarditis, Perihepatitis, Hepatomegalie und Splenomegalie gekennzeichnet sein (→ Abb. 8.66). Die Lungen erscheinen ödematös verändert und enthalten rot gefärbtes Transsudat. Histopathologisch dominieren in den betroffenen Organen massive Infiltrationen von Monozyten, Lymphozyten und heterophilen Granulozyten.

Abb. 8.66:
Spleno- und Hepatomegalie als Folge einer Chlamydiose.

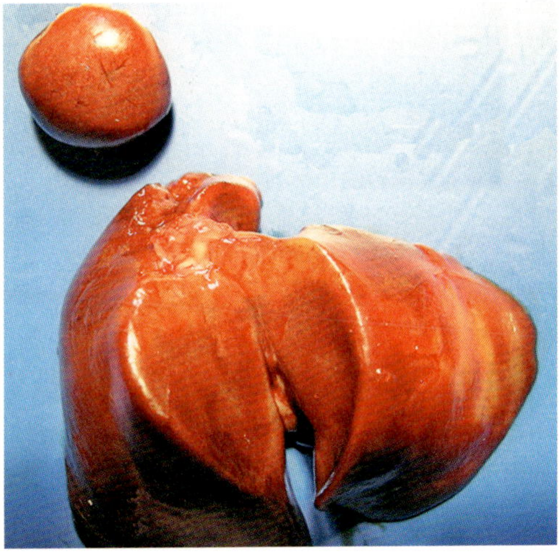

Diagnose

Der direkte Erregernachweis ist für die Diagnose wichtiger als der Antikörpernachweis. Der Nachweis kann dabei durch Anfärbung, Anzucht oder über den Nachweis von speziesspezifischen Genomabschnitten erfolgen. Als Material zum Nachweis der Chlamydiose eignen sich Lunge, Luftsäcke, Leber, Milz oder Herz. Aus lebenden Tieren können Tupferproben aus Choane oder Kloake eingesetzt werden. Organabklatschpräparate können nach Stamp oder Giménez angefärbt werden. Die Anzucht von *C. psittaci* erfolgt auf permanenten Zelllinien wie BGM-, McCoy-, HeLa-, oder Vero-Zellen. Die Elementar- oder Retikularkörperchen können unter anderem durch direkte Anfärbung, mittels Oxidase-Peroxidaseanfärbung sowie der direkten Immunfluoreszenz (→ Abb. 8.67) nachgewiesen werden. Die Methodik ist hoch sensitiv und hoch spezifisch. Die Nachteile des kulturellen Nachweisverfahrens über die Zellkultur sind die hohen Anforderungen an die Methodik, die Untersuchungsdauer und die, auf Grund des Zoonoserisikos, zwingend notwendig zu praktizierende Laborsicherheit. *C. psittaci* ist gemäß der Biostoffverordnung als Kategorie-3-Erreger gelistet.

Ein Antigen-ELISA, der ursprünglich zum Nachweis von *Chlamydia trachomatis* in der Humanmedizin konzipiert wurde, eignet sich auf Grund von unspezifischen Reaktionen nur sehr eingeschränkt für die Diagnostik der Chlamydiose.

Der Nachweis von *C.-psittaci-* sowie *C. avium-* und *C. gallinacea*-spezifischen Genomabschnitten mit

Abb. 8.67:
Nachweis von *Chlamydia psittaci* in der Zellkultur mit Hilfe der Immunfluoreszenz.

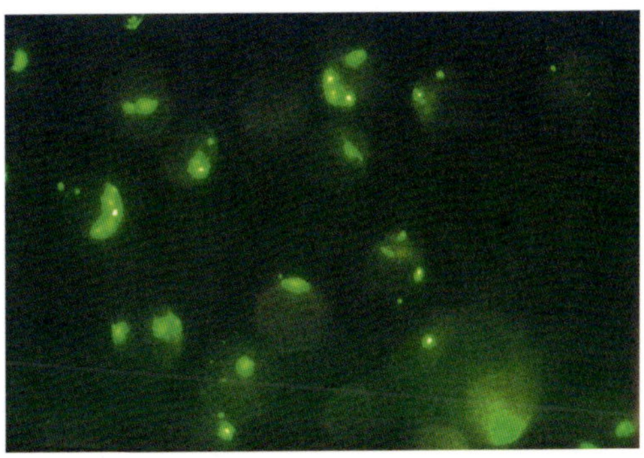

der PCR oder Real-time-PCR ist für die Routinediagnostik die Methode der Wahl. Diese Nachweisverfahren basieren oft auf der Amplifikation des für das MOMP kodierenden ompA-Gens. Eine weitere Methode ist die Anwendung eines DNA-Microarray-Systems, welche auch eine Differenzierung zu *C. gallinacea* ermöglicht. Diese Nachweismethode erlaubt in einem Analyseschritt eine Art- sowie eine Genotypdiagnose und ist somit auch ein wichtiges molekulargenetisches Werkzeug für die Untersuchung von epidemiologischen Fragestellungen bei Feldausbrüchen der Chlamydiose.

Bekämpfung
Eine Therapie mit Tetrazyklinen oder Enrofloxazin ist unter Berücksichtigung der Therapiedauer, einer möglichen Erregerlatenz und ein damit verbundenes Zoonoserisiko grundsätzlich möglich.

Die Chlamydiose ist eine Zoonose. Es handelt sich auch hier vorwiegend um eine akute bis chronische Erkrankung der Atmungsorgane mit hochgradigen Atembeschwerden bis hin zur Bronchopneumonie. Systemische Verläufe führen zu Durchfällen, Kopf- und Gliederschmerzen und Kreislaufinsuffizienz. Bei nicht behandelten Personen kann es zu Todesfällen mit einer Rate zwischen 20 und 40 % kommen. Nach rechtzeitiger Diagnose führt eine entsprechende antibiotische Therapie sehr schnell zur Linderung der klinischen Symptome. Die Prognose ist in diesen Fällen günstig zu bewerten. *C. gallinacea* weist möglicherweise auch ein Zoonosepotential auf.

8.3.9 Salmonellosen des Nutzgeflügels

Salmonelleninfektionen sind beim Nutzgeflügel weit verbreitet. Es kann dabei zwischen der Infektion mit speziespezifischen *Salmonella (S.)*-Serovaren, „Arizona"-*Salmonella*-Serovaren und unspezifischen *Salmonella*-Serovaren unterschieden werden (→ Tab. 8.12). Unspezifische *Salmonella*-Serovare führen beim Nutzgeflügel selten zu klinisch apparenten Erkrankungen, sind aber als Zoonoseerreger von sehr großer lebensmittelhygienischer Bedeutung.
Daneben sind noch weitere *Salmonella*-Serovare aus dem Nutzgeflügel isoliert worden.

8.3.9.1 Pullorumkrankheit und Hühnertyphus

ES BESTEHT MITTEILUNGSPFLICHT
gemäß der Geflügelsalmonellenverordung.

Ätiologie
Die spezifischen Salmonellosen des Nutzgeflügels werden von *Salmonella enterica* ssp. *enterica* Serovar Gallinarum Biovar Pullorum (*S.* Pullorum) und von *Salmonella enterica* ssp. *enterica* Serovar Gallinarum Biovar Gallinarum verursacht (*S.* Gallinarum). *S.* Pullorum und *S.* Gallinarum sind unbewegliche gram-negative Stäbchenbakterien. Es handelt sich dabei um Serovare der Serogruppe D mit den O-Antigenen 1, 9 und 12. Bei *S.* Pullorum kann noch zwischen $O12_1$, $O12_2$ und $O12_3$ unterschieden werden. Beide Biovare können durch serologische, biochemische, zytochemische und molekulargenetische Methoden differenziert werden. Die Kenntnisse über Virulenzfaktoren sind gering. Obwohl Chromosomal- und Plasmid-kodierte Endo- und Exotoxine für beide Biovare nachgewiesen worden sind, ist deren Bedeutung und Wirkungsmechanismus weitgehend unklar.

Epidemiologie und Pathogenese
Empfänglich sind Hühner, Puten, Wachteln, Perlhühner und Fasane, wobei Hühner am schwersten erkranken. Beide Biovare können vertikal und horizontal übertragen werden. Der Eintrag findet über latent infizierte Alttiere oder andere belebte und unbelebte Vektoren statt. Die Pullorumkrankheit betrifft überwiegend Jungtiere, die sich über das Brutei oder horizontal infizieren können. Am Hühnertyphus erkranken vorwiegend ältere Hühner, wobei die Empfänglichkeit gegenüber einer Infektion und Erkrankung rasse- und linienabhängig ist. Braune Linien erkranken schwerer als weiße Herkünfte.

Serovar	Erkrankung	Bedeutung
S. Pullorum	Pullorumkrankheit	spezifische Salmonellose
S. Gallinarum	Hühnertyphus	spezifische Salmonellose
S. *enterica arizonae*	Arizona-Salmonellose	spezifische Salmonellose
S. Typhimurium	Paratyphus	Zoonose (Kategorie 1)
S. Enteritidis	Paratyphus	Zoonose (Kategorie 1)
S. Hadar	-	Zoonose (Kategorie 2)
S. Infantis	-	Zoonose (Kategorie 2)
S. Virchow	-	Zoonose (Kategorie 2)

Tab. 8.12: Übersicht über die Salmonelleninfektionen des Nutzgeflügels

Klinik und Pathologie

Mit *S.* Pullorum vertikal infizierte Küken erkranken bereits im Brutschrank. Es tritt massiver Schlupfverlust auf. Die geschlüpften Küken sind apathisch (→ Abb. 8.68) und zeigen oft kalkweißen Durchfall (weiße Kükenruhr! → Abb. 8.69) und versterben wenig später.

Bei weniger akuten Krankheitsverläufen erkranken die Tiere etwa 5 Tage nach dem Schlupf und versterben nach 7 bis 10 Tagen. Überlebende Hühner zeigen Kümmerwachstum und schlecht entwickeltes Gefieder. Es können Blindheit und Lahmheit infolge von Arthritis (→ Abb. 8.70) und Skelettdeformationen auftreten. Ältere Tiere können mit *S.* Pullorum latent infiziert sein und zeigen kaum klinische Symptomatik.

Akute Verläufe des Hühnertyphus sind durch einen plötzlichen Abfall der Legeleistung und der Futteraufnahme gekennzeichnet. Die Tiere sind apathisch, weisen gesträubtes Gefieder und erhöhtes Wärmebedürfnis auf und versterben etwa 4 Tage nach Auftreten der ersten klinischen Symptome. Perakute Todesfälle ohne vorhergehende klinische Symptomatik kommen vor. Puten erkrankten unter ähnlichen klinischen Symptomen. Abhängig vom Herdenmanagement, Alter und der genetischen Herkunft kann die Mortalität zwischen 0 und 100 % schwanken. Größte Verluste treten durch *S.* Pullorum kurz nach dem Schlupf auf.

Nach einem perakuten Verlauf sind bei Küken keine pathologisch-anatomischen Veränderungen

Abb. 8.68: „Weiße Kükenruhr" bei Hühnerküken.

Abb. 8.69: Kalkweißer Kot als Folge einer *Salmonella*-Pullorum-Infektion.

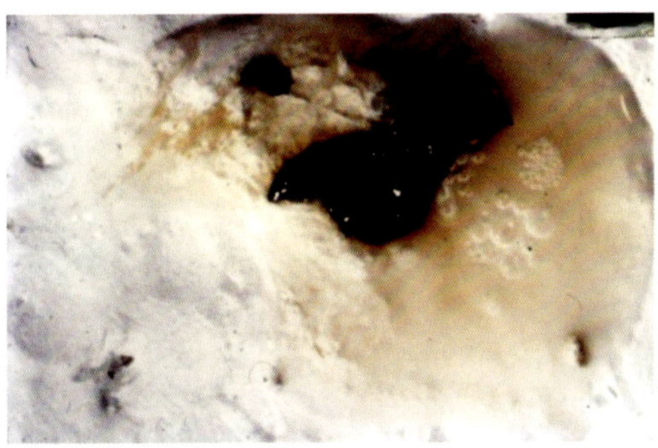

Abb. 8.70:
Arthritis der Intertarsalgelenke eines Huhns als Folge einer *Salmonella*-Pullorum-Infektion.

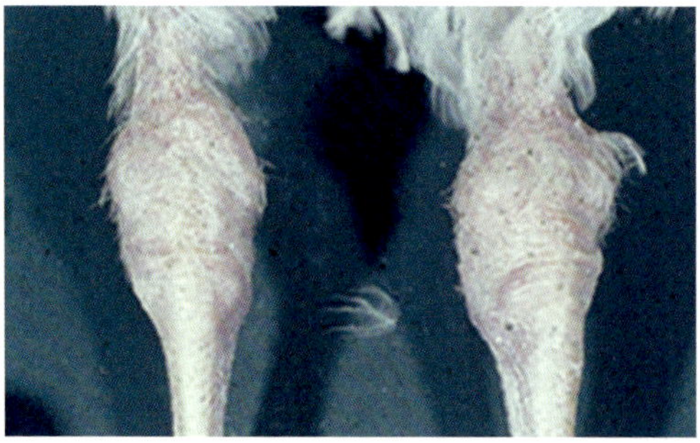

festzustellen. In akuten Fällen sind Leber, Milz und Nieren vergrößert. Der Dottersack persistiert. Lungengewebe, Lebergewebe, Herzmuskel und Pankreas können mit glasig-weißlichen Knötchen, sogenannten „Pullorumknoten“ durchsetzt sein. Das Perikard ist verdickt und mit gelblichem serösen oder fibrinösen Exsudat angefüllt (→ Abb. 8.71).

Der Hühnertyphus kann bei Legehennen perakut ohne deutliche pathologisch-anatomische Veränderungen verlaufen. Bei einer akuten Erkrankung sind Umfangsvermehrungen durch Kongestionen von Milz, Leber und Nieren festzustellen. Die Leber kann multiple 1 bis 2 mm große weißlich-gelbe Nekroseherde aufweisen. Die Pullorumkrankheit und der Hühnertyphus führen akut und chronisch bei älteren Tieren zur Rückbildung der Follikel im Ovar. Die Follikel degenerieren, sind grau-grün verfärbt und gestielt (→ Abb. 8.72). Durch die Dysfunktion des Ovars kommt es zur Verklebung des Infundibulums mit der Folge der Ovulation der Follikel in die Leibeshöhle. Es entwickeln sich eine fibrinöse Perikarditis, Peritonitis und Perihepatitis mit der Folge eines Aszites. Histopathologisch kommt es akut in den betroffenen Organen zur Einwanderung von heterophilen Granulozyten, Lymphozyten und Plasmazellen. Chronische Veränderungen sind durch Kongestion und interstitielle Fibrose von Leber und Milz gekennzeichnet. Im Herzen kommt es zur Nekrose der Muskelzellen, begleitet von der Infiltration von heterophilen Granulozyten, Lymphozyten und Plasmazellen. Im späteren Stadium werden diese Zellen durch eine massive Ansammlung von Histiozyten-ähnlichen Zellen ersetzt, die dann makroskopisch als „Pullorumknoten“ sichtbar werden. Im koagulierten Eigelb des veränderten Follikels sind heterophile Granulozyten, Fibrin und Bakterien nachweisbar.

Diagnose

Die Erkrankung wird durch die direkte Anzucht und anschließende Identifikation des Erregers und durch den Antikörpernachweis diagnostiziert. Der kulturelle Nachweis ist aus Tupferproben, Kotproben und Organproben mit oder ohne Anreicherung auf Blutagar und Selektivnährmedien möglich. Beide Biovare weisen eine negative H_2S-Reaktion auf, dies ist bei der Auswahl der entsprechenden Selektivnährmedien (z. B. Xylose-Lysine-Desoxycholate [XLD]-Agar) zu berücksichtigen.

Abb. 8.71:
„Pullorumknoten“ am Herzen eines Huhns als Folge einer *Salmonella*-Pullorum-Infektion.

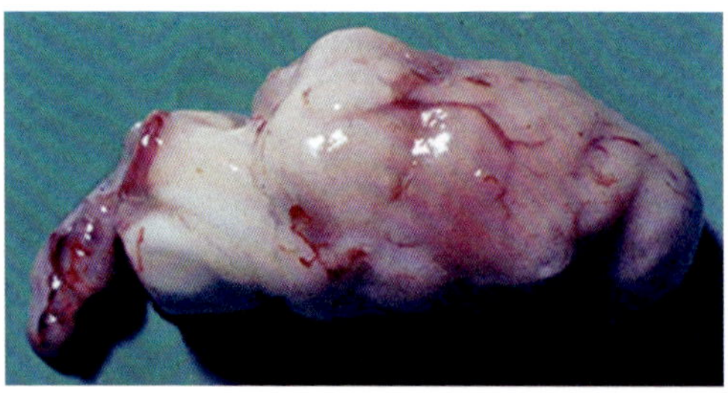

Abb. 8.72:
Oophoritis als Folge einer *Salmonella*-Pullorum-Infektion.

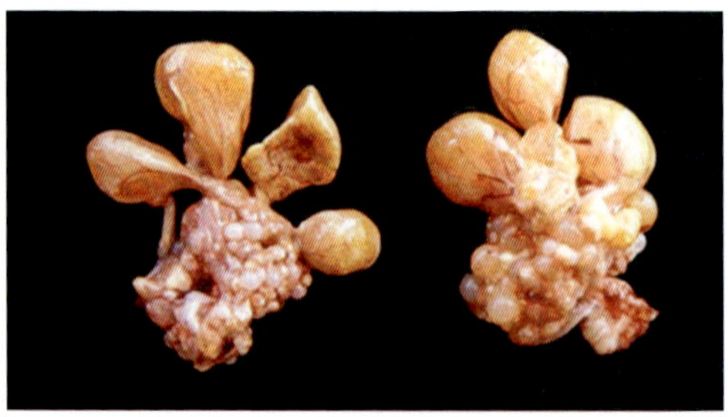

Abb. 8.73:
Identifikation von *Salmonella*-Serovaren mit Hilfe des API-20E®-Systems. (→ = H_2S-Reaktion)

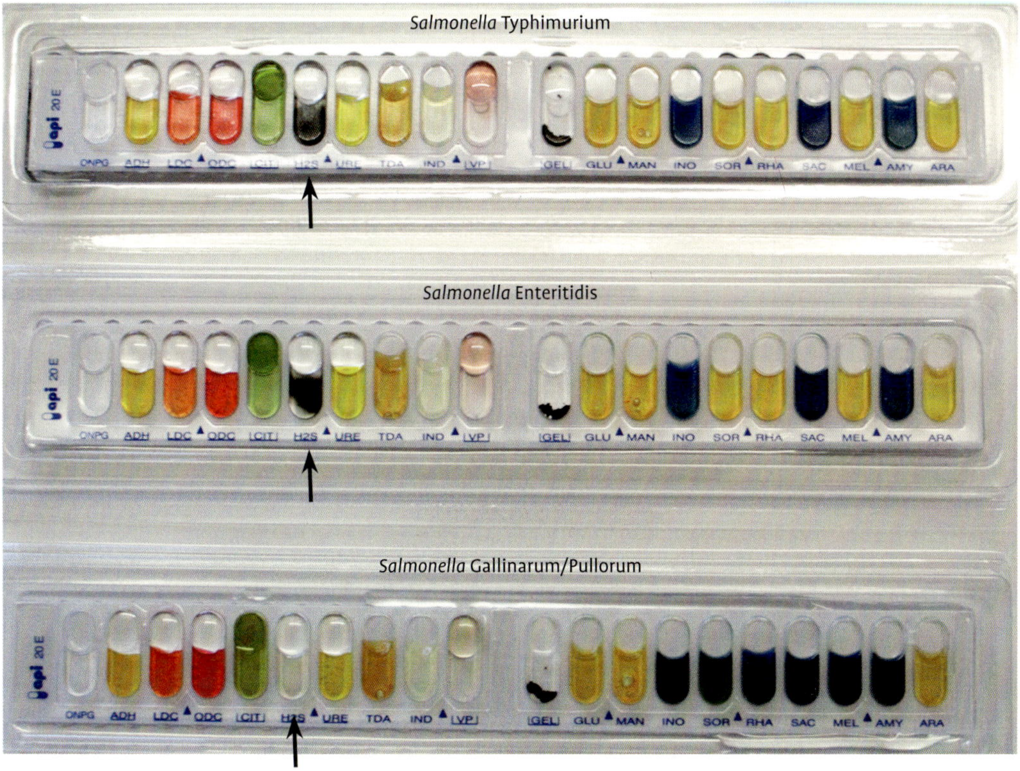

Die Identifikation kann über biochemische Reaktionsmuster im API-20E®-System und über die Agglutination mit Serogruppe-D-spezifischen polyvalenten Antiseren erfolgen (→ Abb. 8.73). PCR- und qPCR-Protokolle zum Nachweis spezifischer Genomsequenzen sind für die bedeutsamen *Salmonella*-Serovare beschrieben worden. Latent infizierte Tiere können auch mit Hilfe der Frischblutschnellagglutination (FSBA) identifiziert werden (→ Abb. 8.74). Dabei sind unspezifische Reaktionen („Non-Pullorum-/Non-Gallinarum-Reagenten") nicht auszuschließen und müssen im Zweifel mit kulturellen Nachweismethoden ergänzt und damit abgesichert werden.

Bekämpfung

Die Bekämpfung der spezifischen Salmonellose der Hühnervögel gilt als klassisches Beispiel für die erfolgreiche Bekämpfung einer vertikal übertragbaren Infektionskrankheit des Nutzgeflügels. Mit der FSBA war es möglich, latent infizierte Hühner in den Großeltern- und Elterntierherden

Abb. 8.74:
Frischblutschnellagglutination zum Nachweis von Antikörpern gegen *Salmonella* Pullorum / Gallinarum.

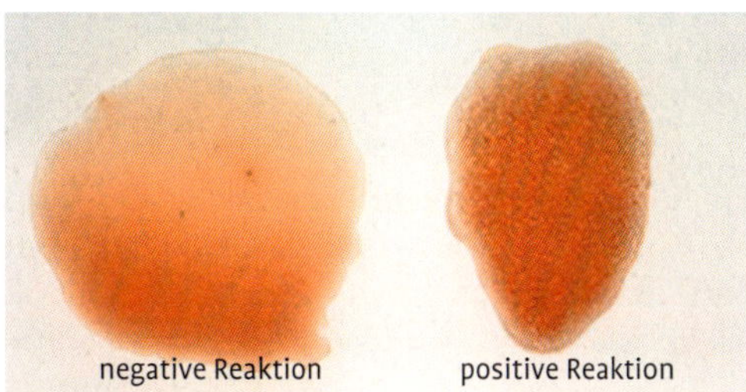

zu identifizieren und durch nachhaltige Ausmerzung der positiven Herden den, für die Übertragung so entscheidenden, vertikalen Infektionsweg zu unterbrechen. Dieses Verfahren hat in Nordamerika und Europa dazu geführt, dass die Elterntierbestände frei von *S.* Pullorum und *S.* Gallinarum sind. Somit spielt der Hühnertyphus nur noch in den weniger landwirtschaftlich industrialisierten Regionen eine Rolle. Dort muss aber immer wieder mit Ausbrüchen gerechnet werden. *S.* Pullorum ist in Rassegeflügelbeständen noch lokal verbreitet. Selbst wertvolle Zuchttiere sollten getötet werden, da ein Therapieversuch nicht zu Erregerelimination und damit zu latent infizierten Dauerausscheidern führt. Dies gilt auch für die Vakzination, sodass die Impfung gegen die Pullorumkrankheit und den Hühnertyphus nach der gültigen Hühner-Salmonellen-Verordnung in Deutschland grundsätzlich verboten und nur in Ausnahmefällen möglich ist.

8.3.9.2 Arizona-Salmonellose

ES BESTEHT MELDEPFLICHT.

Ätiologie

Die Arizona-Salmonellose ist eine septikämische Erkrankung junger Puten und wird von *Salmonella* (S.) *enterica* spp. *arizonae* verursacht. *S. enterica arizonae* gehört als Subgenus III zum Genus *Salmonella*. Von *S. enterica arizonae* sind zwei Serotypen bekannt. Es handelt sich um gram-negative bewegliche Stäbchen. Dieser Erreger ist weder von der Koloniemorphologie noch von der Mikromorphologie von anderen *Salmonella*-Serovaren zu unterscheiden. Über die Virulenzfaktoren von *S. enterica arizonae* ist nur sehr wenig bekannt.

Epidemiologie und Pathogenese

S. enterica arizonae ist weltweit in Reptilien, Wildvögeln sowie in Säugetieren weit verbreitet und kann von diesen Tieren in die Nutzgeflügelbestände eingetragen werden. Die Arizona-Salmonellose ist eine Jungtiererkrankung. Empfänglich sind vor allem Puten, aber auch Hühner und Enten können auf natürlichem Wege infiziert werden. Die Infektion erfolgt hauptsächlich vertikal über die Infektion des Ovars und Kontamination der Eierschale. Damit werden kontaminierte Brutschränke zu einer wichtigen Infektionsquelle, in der sich die Küken horizontal infizieren können.

Klinik und Pathologie

Putenküken erkranken am häufigsten an unspezifischen klinischen Symptomen eines septikämischen Krankheitsgeschehens. Es können alle Organsysteme betroffen sein. So kommt es zu Hepatomegalie, Splenomegalie, fokalen Leber- und Milznekrosen, fibrinöser Aerosacculitis und Perikarditis. Entzündliche Veränderungen der Augen können ebenso auftreten wie Entzündungen des Gehirns und der Hirnhäute. Mortalitäten zwischen 30 und 70 % sind beschrieben worden. Die Infektion kann zum Schlupfverlust bis zu 70 % führen. Histopathologisch sind die typischen Merkmale einer bakteriellen Allgemeininfektion zu verzeichnen.

Diagnose

Die Diagnose erfolgt durch die Anzucht von *S. enterica arizonae* und die anschließende Identifizierung mit Hilfe biochemischer Reaktionsmuster. Dabei ist zu berücksichtigen, dass *S. enterica arizonae* Laktose nicht oder verzögert fermentiert und so von anderen *Salmonella*-Serovaren zu differenzieren ist. Eine Identifizierung von *S.-enterica-arizonae*-verdächtigen Kolonien mit den kommerziell verfügbaren polyvalenten *Salmonella*-Antiseren ist nicht möglich. Der Antikörpernachweis kann durch Serumschnellagglutination oder ELISA erfolgen. In Deutschland sind solche Testsysteme kommerziell nicht verfügbar.

Bekämpfung

Da die vertikale Übertragung ein bedeutsamer Infektionsweg ist, kann die Arizona-Salmonellose nachhaltig durch Bruteibehandlung, strikte Bruthygiene, Impfung, gründliche Reinigungs- und Desinfektionsmaßnahmen auf Groß- und Elterntierebene bekämpft werden. Derartige Eradikations- und Kontrollprogramme sind in den USA und Europa erfolgreich etabliert worden. In den USA ist über den Einsatz von Lebend- und Inaktivatimpfstoffen bei Eltern- und Endprodukttieren berichtet worden. Eine alleinige Impfung ohne ergänzende Bekämpfungsmaßnahmen führt nicht zu einer Erregerelimination. Im akuten Krankheitsfall kann antibiotisch behandelt werden. Aber auch hier kommt es nicht zur Erregerelimination und somit ist die Behandlung für die Sanierung nicht geeignet.

8.3.9.3 Unspezifische Salmonellosen des Nutzgeflügels

ES BESTEHT MITTEILUNGSPFLICHT

ACHTUNG: Zoonose

Die unspezifischen Salmonellosen des Nutzgeflügels werden durch verschiedene *Salmonella*-Serovare verursacht. Dabei muss zwischen den eigentlichen Erkrankungen, dem sogenannten Paratyphus des Geflügels, und der Übertragung von *Salmonella*-Serovaren durch Lebensmittel tierischen Ursprungs unterschieden werden.

Ätiologie

Die unspezifischen Salmonellosen des Nutzgeflügels werden von *Salmonella enterica* ssp. *enterica* Serovar Enteritidis (*S.* Enteritidis) und *Salmonella enterica* ssp. *enterica* Serovar Typhimurium (*S.* Typhimurium) verursacht. Beide *Samonella*-Serovare sind gram-negative bewegliche Stäbchenbakterien. Salmonellen stellen keine hohen Ansprüche an Nährmedien und wachsen bei 37 °C auf konventionellem Blutagar, und verschiedene Selektivnährböden können zur Differenzierung gegenüber anderen Enterobacteriaceae verwendet werden. Nach dem Kaufmann-White-Schema kann *S.* Typhimurium in die Serogruppe B (1, 4, 5, 12) und *S.* Enteritidis in die Serogruppe D (1, 9, 12) eingeordnet werden. *S.* Enteritidis und *S.* Typhimurium besitzen Endotoxine (LPS) und unterschiedliche proteinassoziierte Enterotoxine. Adhärenzfaktoren, Flagellen- und Fimbrienantigene sind als Virulenzfaktoren bei invasiven Stämmen nachgewiesen worden. Salmonellen besitzen Plasmide, die Gene für Virulenzfaktoren und Resistenzgene enthalten können. Eine Virulenz ist dabei aber grundsätzlich nicht an die Existenz von Plasmiden gebunden.

Epidemiologie und Pathogenese

Es sind alle Nutzgeflügelarten betroffen. Die Übertragung erfolgt direkt von Tier zu Tier und, da sich Salmonellen außerhalb des Tieres vermehren können, auch indirekt über alle möglichen belebten und unbelebten Vektoren. Wildvögel kommen als Überträger von Salmonellen in Frage. Eine vertikale Übertragung ist zumindest für *S.* Enteritidis nachgewiesen worden.

Klinik und Pathologie

Die Besiedlung des Darms durch Salmonellen ist vermutlich abhängig von der Entwicklung der physiologischen Darmflora; daher erkranken nur junge Tiere. Immunsuppressionen aller Art begünstigten eine Infektion und die Entwicklung einer klinischen Erkrankung. Eierschalenkontaminationen führen zu Brutschrankinfektionen mit Embryomortalität, Schlupfverlust und Kükensterblichkeit. In den ersten 2 Lebenswochen kann es zu Entwicklungsstörungen mit Gewichtsverlust kommen. Die Jungtiere erkranken unter allen Anzeichen eines septikämischen Infektionsverlaufs mit unspezifischen Symptomen, wie allgemeine Apathie, gesträubtes Gefieder, vermehrtes Wärmebedürfnis, Durchfall, Blindheit und Lahmheiten. Bei älteren Tieren kommt es neben passageren Infektionen vor allem auch zur Besiedlung des Digestionstraktes ohne klinische Symptome. Diese Tiere spielen als symptomlose Überträger von Salmonellen eine große Rolle.

Diagnose

Die Diagnose des Paratyphus kann über Tupfer-, Organ- oder Kotproben nach den unten aufgeführten Methoden erfolgen.

In der Geflügel-Salmonellen-Verordnung sind die Vorgaben für die Probenentnahmen und die Untersuchungsmethoden einheitlich festgelegt. Das Probenmaterial wird dabei im Peptonmedium vorangereichert und dann über das halbfeste MSRV-Medium (Modified-Semi-Solid-Rappaport-

Abb. 8.75:
Salmonellenanreicherung auf MSRV-Medium (links: unbeimpft; rechts: beimpft).

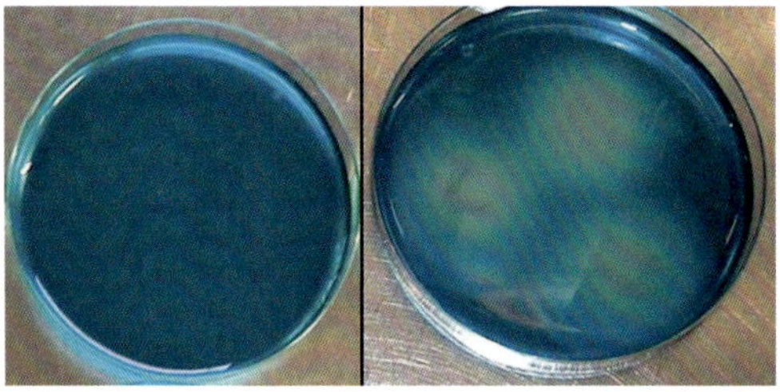

Vassiladis-Medium) als alleiniges selektives Anreicherungsmedium angereichert (→ Abb. 8.75). Dabei ist zu berücksichtigen, dass einige Impfstämme von *S.* Enteritidis auf diesem Medium nicht wachsen.
Die angereicherten Salmonellen werden dann auf Selektivnährböden (z. B. Xylose-Lysine-Desoxycholate [XLD]-Agar (→ Abb. 8.76), Cystine-Lactose-Electrolyte-Deficient [CLED]-Agar oder Brillantgrün-Phenolrot-Lactose-Saccharose [BPLS]-Agar) ausgestrichen und anschließend serologisch und über ihre biochemischen Reaktionsmuster identifiziert. Zur Stammdifferenzierung können die Lysotypisierung und molekulargenetische Methoden eingesetzt werden. Ferner

Abb. 8.76:
Wachstum von *Salmonella* Enteritidis mit der typischen schwarzen Kolonienpigmentierung auf XLD-Agar.

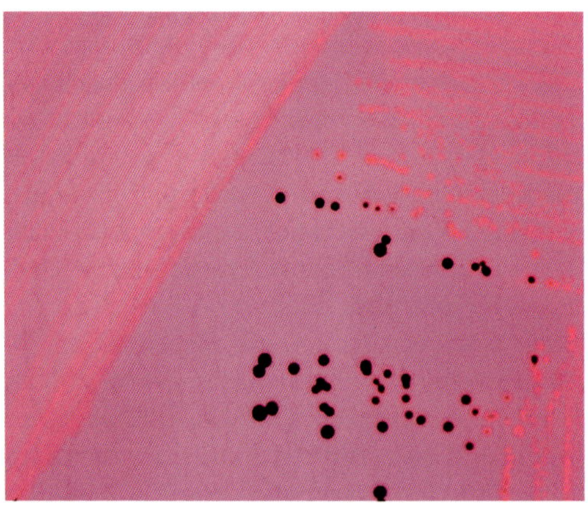

sind PCR-Protokolle zur Identifizierung und Differenzierung beschrieben worden und kommerziell erhältlich.

Bekämpfung
Eine antibiotische Behandlung führt nicht zur *Salmonella*-Freiheit der infizierten Tiere. Aus diesem Grund ist nur eine Eradikation der *Salmonella*-positiven Herden erfolgversprechend. Alle Maßnahmen der Abschirmung und eines umfassenden Betriebshygienemanagements können den Eintrag von Salmonellen zusätzlich verhindern oder zumindest deutlich verringern. Einer besonderen Bedeutung kommt dabei dem Futtermittel zu, über welches Salmonellen leicht in Bestände eingetragen werden können. Der Herstellungsprozess sollte eine Salmonellen-Freiheit garantieren und auch die Lagerung sollte so erfolgen, dass Insekten, Nager oder andere Kleintiere zu keiner Kontamination beitragen können.
Die Strategie zur Bekämpfung des Eintrags von zoonotischen *Salmonella*-Serovaren in die Lebensmittelkette ist national auf der Basis der EU-Vorgaben in der Zoonoseverordnung gesetzlich geregelt. Grundlage hierfür ist die Verordnung zum Schutz gegen bestimmte Salmonelleninfektionen beim Haushuhn und bei Puten-Gfl-Salmo-V-(Geflügel-Salmonellen-Verordnung vom 06.04.2009 mit der letzten Änderung vom 14.04.2014). Diese Verordnung kombiniert betriebseigene und staatliche Untersuchungsvorgaben. Sie schreibt Bekämpfungsstrategien mit dem Ziel der Schaffung *Salmonella*-freier Elterntierbestände und der deutlichen Reduktion des Eintrags von *Salmonella*-Serovaren in die Endproduktbestände vor.
Seit dem 01.01.2009 dürfen in Konsumeiern *Salmonella*-Serovare nicht mehr nachweisbar sein. Seit dem 01.12.2011 dürfen in 25 g frischem Geflügelfleisch (Huhn und Pute) und seit dem 01.01.2012 (Huhn) und dem 01.01.2013 (Pute) in Geflügelschlachtkörpern *S.* Enteritidis und *S.* Typhimurium in 25 g einer gepoolten Probe von der Halshaut nicht mehr nachweisbar sein (Verordnung [EU] Nr. 1086/2011), wenn die Produkte als Frischware vermarktet werden sollen. Zielsetzung der EU ist es, für Masthühner und Puten den jährlichen Höchstprozentsatz von wei-

terhin positiv auf *S.* Enteritidis und *S.* Typhimurium getesteten Masthühner- und Putenherden auf 1 % oder weniger zu verringern (Verordnung (EU) Nr. 200/2012 und Verordnung (EU) Nr. 1190/2012). Durch diese Maßnahmen wurde die Prävalenz der *Salmonella*-Infektionen in den Nutzgeflügelbeständen und offensichtlich demzufolge auch des Menschen kontinuierlich reduziert.

Es ist eindeutig belegt, dass Eier und Geflügelfleisch eine Haupteintragsquelle von Salmonellen in die Lebensmittelkette darstellen. Diese Infektionen können beim Menschen zu schweren Durchfallerkrankungen führen. Bei Kindern, älteren Menschen und immunsupprimierten Personen kann diese Erkrankung einen lebensbedrohlichen Verlauf nehmen. Aus diesem Grund sind EU-Richtlinien erlassen worden, die zum einen die Mitgliedsländer verpflichtet haben, Prävalenzuntersuchungen durchzuführen, und zum anderen auf Grundlage dieser Ergebnisse geeignete Bekämpfungsmaßnahmen einzuleiten. Für das Jahr 2012 wurden nach Angaben des Robert-Koch-Instituts in Deutschland 20849 *Salmonella*-Infektionen bei Menschen gemeldet, wobei von einer deutlich höheren Dunkelziffer auszugehen ist (Robert Koch Institut, Infektionsepidemiologisches Jahrbuch meldepflichtiger Krankheiten für 2012, Datenstand: 1. März 2013).

8.3.10 Colibazillose des Nutzgeflügels

Ätiologie

Die Colibazillose des Nutzgeflügels wird von aviär pathogenen *Escherichia (E.)-coli*-Stämmen (APEC) verursacht. Unter APEC sind solche *E.-coli*-Stämme zu verstehen, die durch spezifische Virulenzmechanismen gekennzeichnet sind, welche bei Hühnerembryonen oder Küken zur Mortalität führen und beim Nutzgeflügel primär oder sekundär Erkrankungen verursachen können. APEC-Stämme sind serologisch nicht einheitlich und haben unterschiedliche Oberflächen (O)-, Geißel (H)-, Kapsel (K)- und Fimbrien (F)-Antigene. Bestimmte Serovare, wie z. B. O1, O2, O35, O36 und O78 scheinen häufiger mit APEC-Infektionen assoziiert zu sein. Andere APEC-Stämme sind serologisch nicht klassifizierbar, sodass ein Bezug zwischen spezifischen Serovaren und APEC-Stämmen nicht nachweisbar ist. APEC besitzen im Gegensatz zu nicht-pathogenen *E.-coli*-Stämmen eine Vielzahl von Virulenzfaktoren und Toxinen, die chromosomal oder Plasmid-kodiert auf den sogenannten Pathogenitätsinseln (pathogenicity islands, PAI) lokalisiert sind. Die Virulenz- und Resistenzgene können inter- und intraspezifisch übertragen werden. Dies spielt bei der Übertragung und Neuentstehung von Antibiotikaresistenzen eine große Rolle. APEC verursachen vorwiegend extraintestinale Infektionen und können so den „extraintestinal pathogenic *E.-coli*-Stämmen" (ExPEC) zugerechnet werden. Seltener kommt es assoziiert mit den „intestinalen *E.-coli*-Stämmen" zu intestinalen Infektionen, zu denen die enteropathogenen (EPEC), die enterotoxigenen (ETEC), die enteroinvasiven (EIEC) und die enterohämorrhagischen *E.-coli*-Stämme (EHEC) gehören. APEC-Stämme können voneinander mit verschiedenen molekulargenetischen Methoden differenziert und typisiert werden.

Epidemiologie und Pathogenese

Alle Nutzgeflügelarten sind gegenüber einer APEC-Infektion empfänglich und es kommen, da die Erreger ubiquitär verbreitet sind, als Überträger alle nur denkbaren belebten und unbelebten Vektoren in Frage. Nutzgeflügel in Freilandhaltungen unterliegt einem größeren Infektionsrisiko. Vertikale Übertragungen, durch Infektion des Ovars und vor allem Eierschalenkontaminationen, sind nachgewiesen worden. Sie führen zum Embryotod, zu Kükensterblichkeit und spielen so in der Kunstbrut eine sehr große Rolle. Infektionen mit Viren, anderen Bakterien sowie alle möglichen nicht-infektiösen Belastungen können eine APEC-Infektion begünstigen.

Klinik und Pathologie

APEC-Infektionen verursachen beim Nutzgeflügel vermutlich gelegentlich primär, aber häufiger sekundär eine Vielzahl von unterschiedlichen Krankheitsbildern. APEC wird somit als typischer Sekundärerreger eingestuft. Dabei muss zwischen

Tab. 8.13:
APEC-Infektionen des Nutzgeflügels

Organsystem	Erkrankung
Nabel	Omphalitis/Dottersack-entzündung
Unterhaut	infektiöse Cellulitis
Sinus infraorbitalis	Swollen-head-Syndrom-ähnlich
Reproduktionsorgane	(siehe unveränderte Organe in → Abb. 8.77 a) akute Vaginitis/Salpingitis (→ Abb. 8.77 b)/Orchitis/Epididymitis
Darm	Enteritis „Coligranulomatose" (→ Abb. 8.78)
Respirationsorgane	Coliseptikämie der Respirationsorgane
ZNS, Augen, Knochen, Gelenke, Sehnen, Sehnenscheiden, Bursa sternalis, Herz, Leber, Serosa	Coliseptikämie des Gesamtorganismus (→ Abb. 8.79)

lokalen Infektionen und Coliseptikämien unterschieden werden. Einen Überblick über die verschiedenen APEC-Infektionen beim Nutzgeflügel gibt → Tabelle 8.13.

Die klinischen Symptome hängen naturgemäß von dem betroffenen Organsystem ab. Sie treten dann entweder lokal oder unspezifisch systemisch auf.
Die pathologisch-anatomischen Veränderungen umfassen entweder lokale adhäsive fibrinöse Entzündungen in dem entsprechenden Organsystem oder adhäsive fibrinöse Serositis, Aerosacculitis, Perikarditis und Perihepatitis. Die septikämischen adhäsiven fibrinösen Veränderungen der serösen Häute der inneren Organen sind typisch für eine APEC-Infektion. Histopathologisch sind solche Entzündungsvorgänge typischerweise durch die Einwanderung von heterophilen Granulozyten, Makrophagen, Thrombozyten und massiver Fibrinbildung gekennzeichnet.

Diagnose

E. coli lässt sich aus den veränderten Organen mühelos auf konventionellem Blutagar und Selektivnährmedien (z.B Cystine-Lactose-Electrolyte-Deficient [CLED]-Agar oder Brillantgrün-Phenolrot-Lactose-Saccharose- [BPLS]-Agar) anzüchten, auf denen man die durch Laktosevergärung typisch gelb gefärbten Kolonien als Merkmal nutzen kann (→ Abb. 8.80 und 8.81).
Die Diagnose ist auch mit Hilfe biochemischer Schnelltestsysteme (API-20E®-System) und dem MALDI-TOF-System möglich. Der Bezug zwischen den pathologisch-anatomischen Organveränderungen und den in Reinkultur vorliegenden Kolo-

Abb. 8.77:
(a) Aktives Ovar und unveränderter Legedarm einer Legehenne.
(b) Hochgradige adhäsive fibrinöse Salpingitis einer Legehenne als Folge einer APEC-Infektion.

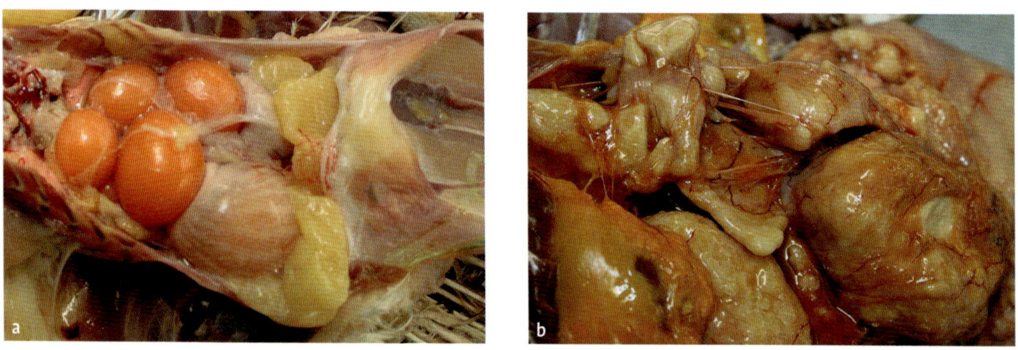

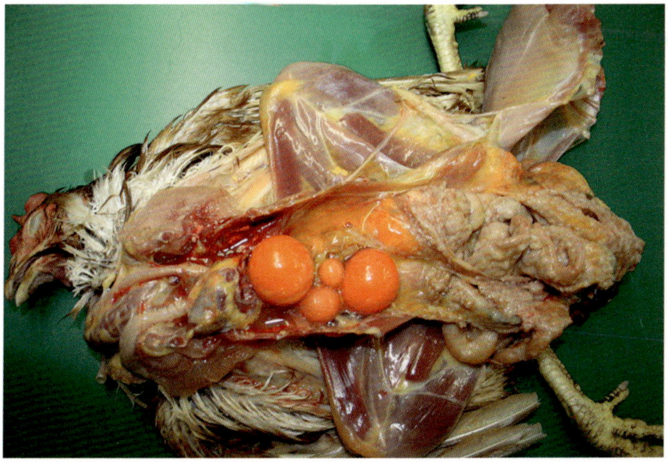

Abb. 8.78:
Coligranulomatose bei einer Legehenne.

nien erlaubt die Verdachtsdiagnose einer APEC-Infektion. Um APEC-Stämme von anderen *E.-coli*-Stämmen zu differenzieren, sollten diese durch den Nachweis von APEC-spezifischen Virulenzgenen abgesichert werden. In jedem Fall ist die Anfertigung eines Resistenzprofils unbedingt notwendig. Eine serologische Differenzierung ist möglich. Dabei muss aber berücksichtigt werden, dass spezifische Antiseren kommerziell nicht verfügbar sind und APEC-Stämme nur sehr eingeschränkt einem spezifischen Serovar zuzuordnen sind. Somit erlaubt die serologische Identifizierung nur den Verdacht einer vorliegenden APEC-Infektion. Beim Verdacht auf die Coligranulomatose sollte die Vogeltuberkulose ausgeschlossen werden.

Bekämpfung

Die Bekämpfung von APEC-Infektionen gestaltet sich unter Feldbedingungen sehr problematisch. Der vertikale Eintrag kann durch die Einhaltung einer strikten Bruthygiene in allen Phasen der Kunstbrut wirkungsvoll unterbrochen werden. In der Bekämpfung auf Endproduktebene hat auch hier ein gutes Betriebshygienemanagement obers-

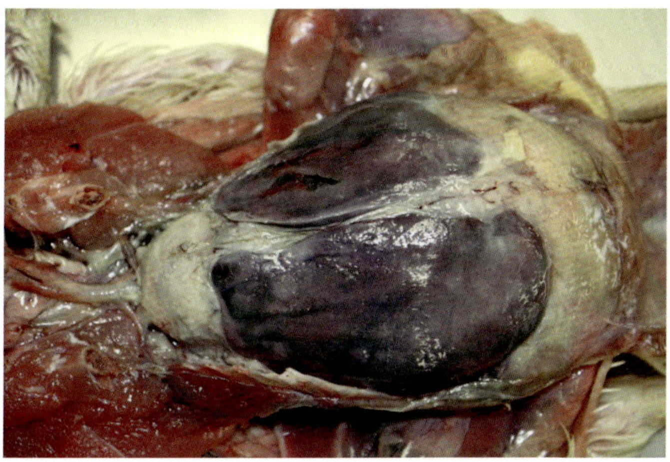

Abb. 8.79:
Perihepatitis, Perikarditis und Serositis eines Masthuhns als Folge einer APEC-Infektion.

Abb. 8.80:
Differenzierung von *E. coli* (unten) und *Salmonella*-Serovar (oben) auf CLED-Agar.

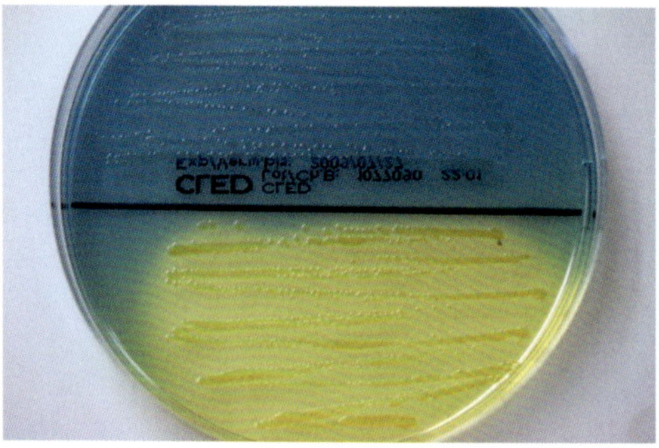

te Priorität. Inzwischen sind in Deutschland ein *E.-coli*-Lebendimpfstoff (aroA-Gen deletierte *Escherichia coli*, Typ O78) sowie Inaktivatimpfstoffe für das Huhn zugelassen. Ergänzend können nach spezifischer Identifikation Impfungen mit autogenen Impfstoffen versucht werden, wobei der entstehende Selektionsdruck zum Auftreten neuer Serovare führen kann und somit ein kontinuierliches Monitoring über die im Bestand vorkommenden Feldstämme erfolgen sollte, um eine Anpassung der Impfstoffe zu ermöglichen. Eine antibiotische Behandlung ist nur nach vorliegendem Resistenztest sinnvoll.

Abb. 8.81:
Differenzierung von *E. coli* (unten) und *Salmonella*-Serovar (oben) auf BPLS-Agar.

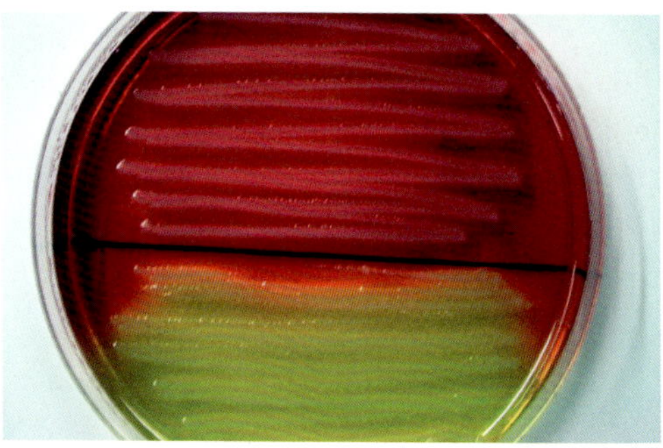

ESBL (extended-spectrum-beta-lactamasen)- und AmpC (AmpC-beta-lactamasen)-tragende Bakterien sind im Nutzgeflügel und auf Geflügelfleisch relativ häufig nachgewiesen worden. Sie gehören oft zu den Enterobacteriaceae, können durch Lebensmittel auf den Menschen übertragen werden und stellen so ein mögliches Zoonoserisiko dar.

8.3.11 Aviäre Pseudotuberkulose

ACHTUNG: Zoonose

Ätiologie
Die aviäre Pseudotuberkulose oder Yersiniose wird von *Yersina (Y.) pseudotuberculosis* verursacht. *Y. pseudotuberculosis* ist ein gram-negatives, kokkoides, bewegliches Stäbchenbakterium. Über Virulenzfaktoren ist wenig bekannt.

Epidemiologie und Pathogenese
Der Erreger ist unter Wildvögeln, Nagetieren und Hasenartigen weit verbreitet, und diese kommen somit als Überträger in Frage. Zudem besitzt *Y. pseudotuberculosis* eine hohe Tenazität und kann außerhalb des Tierkörpers bis zu einem Jahr überleben. Die Erkrankung tritt bei Hühnern, Puten und Enten sporadisch auf. Das Nutzgeflügel infiziert sich horizontal durch die orale Aufnahme des Erregers aus kontaminierter Einstreu, kontaminiertem Wasser, aus Kot und bei Kontakt zu latent infizierten Tieren.

Klinik und Pathologie
Akute Verläufe sind durch plötzliche Todesfälle gekennzeichnet. Die chronische Pseudotuberkulose führt zu allgemeinen Krankheitssymptomen wie Apathie, Gewichtsverlust und Durchfall.
Pathologisch-anatomisch kommt es zur Hepato- und Splenomegalie mit multiplen stecknadelkopfgroßen, grau-gelblichen granulomähnlichen Nekroseherden. Bei chronischen Verläufen können diese Nekrosen bis erbsengroß werden. Histopathologisch steht die Einwanderung von Makro-

phagen und heterophilen Granulozyten im Vordergrund.

Diagnose
Die Anamnese (Freilandhaltung, gemeinsame Haltung mit Nagetieren und Hasenartigen) und die pathologischen Veränderungen erlauben eine Verdachtsdiagnose. Die Anzucht erfolgt auf 5%igem Schafblutagar bei 37 °C unter mikroaerophilen Bedingungen. Der kulturellen Anzucht folgt die anschließende eindeutige Identifizierung von *Y. pseudotuberculosis* mit Hilfe des API-20E®-Systems, der PCR oder dem MALDI-TOF-System.

Bekämpfung
Die Pseudotuberkulose kann durch optimales Betriebshygienemanagement (Schadnagerbekämpfung!) gut kontrolliert werden. Klinisch erkrankte Herden können nach Resistenztesterstellung antibiotisch mit Tetrazyklinen oder Aminoglykosiden behandelt werden. Ferner ist eine Immunisierung mit autogenen Impfstoffen möglich.

Die Pseudotuberkulose ist eine Zoonose. Menschen infizieren sich über die orale Aufnahme des Erregers. Es treten dann Durchfallsymptome, Fieber und abszedierende mesenteriale Lymphadenitis auf. Komplikationen sind selten. Die Infektion ist prognostisch günstig zu therapieren.

8.3.12 *Campylobacter*-Infektionen des Nutzgeflügels und ihre zoonotische Bedeutung

! ES BESTEHT MELDEPFLICHT.

! ACHTUNG: Zoonose

Die *Campylobacter*-Infektionen des Nutzgeflügels sind überwiegend von humanmedizinischem Interesse. In älterem Schrifttum wurden die Infektionen mit *Campylobacter*-Arten in Zusammenhang mit infektiösen Erkrankungen bei Hühnern beschrieben. Infektionen beim gesunden immunkompetenten Nutzgeflügel führen selten zur klinischen Erkrankung. Experimentelle Infektionsversuche konnten dies weitestgehend bestätigen. Unter Feldbedingen wird aber durch das Zusammenwirken von *Campylobacter* und anderen infektiösen und nicht-infektiösen Faktoren eine Beteiligung dieses Erregers an Erkrankungen und Läsionen (Darm- und Leberveränderungen) vermutet. Bei jungen Hühnern und Puten kann eine Infektion mit *Campylobacter jejuni* gelegentlich eine wässrig-schleimige Enteritis verursachen, die zu Entwicklungsstörungen und Gewichtsverlust führt. Es ist umstritten, ob die *Campylobacter*-Arten beim Nutzgeflügel als Kommensalen angesehen werden dürfen, da der Erreger durchaus lokal im Darm Immunreaktionen induzieren kann.

Ätiologie
Die thermophilen gram-negativen *Campylobacter*-Arten *Campylobacter (C.) jejuni, C. coli*, seltener *C. lari* und *C. upsaliensis* verursachen beim Menschen überwiegend leichte bis mittelschwere Durchfallerkrankungen, die *Campylobacter*-Enteritis. Da die thermophilen *Campylobacter*-Arten an ein Wachstum bei über 40 °C gut adaptiert und im Nutzgeflügel weit verbreitet sind, hat der Eintrag dieser Zoonoseerreger aus Geflügelprodukten in die Lebensmittelkette eine sehr große Bedeutung für die Lebensmittelqualität und damit für die Gesundheit des Menschen. Es wird vermutete, dass etwa 40 % der humanen *Campylobacter*-Infektionen auf den Verzehr von Geflügelprodukten zurückgehen. Zudem ist *Campylobacter* auf Eierschalen von Konsumeiern nachgewiesen worden und kann so in die Lebensmittelkette eingetragen werden. Bisher ist wenig über die Virulenzfaktoren von *Campylobacter* und ihre Bedeutung beim Geflügel bekannt.

Epidemiologie und Pathogenese
Obwohl die Tenazität von *Campylobacter* gering ist, muss davon ausgegangen werden, dass der Erreger ubiquitär verbreitet ist und über alle denkbaren belebten und unbelebten Vektoren in die Geflügelherden eingebracht wird. Die Prävalenz von *Campylobacter* in den Nutzgeflügelherden

liegt etwa bei 10 bis 50 % (gelegentlich auch höher) und in Geflügelfleischprodukten zum Teil auch deutlich darüber. Die Infektion erfolgt oral zu unterschiedlichen Zeiten der Aufzucht. Maternale Antikörper, hormonelle Einflüsse, die Komposition des Futters und die Darmmikroflora können die Kolonisation beeinflussen. Die Bakterien besiedeln dann sehr schnell den Darm. Die Infektion breitet sich innerhalb weniger Tage in der Herde aus. Es kann davon ausgegangen werden, dass diese Herden dann bis zum Ende ihrer Nutzungsperiode oft mit verschiedenen Stämmen einer *Campylobacter*-Art infiziert bleiben. Ferner kommt es wohl während des Schlachtprozesses zu einer Kontamination zwischen den Schlachtkörpern und damit zum Eintrag in die Lebensmittelkette. Vertikale Infektionen werden diskutiert, scheinen aber unter Feldbedingungen von untergeordneter Bedeutung zu sein.

Campylobacter vermehrt sich nicht außerhalb des Tierkörpers, und es reichen geringe Keimzahlen (weniger als 400 bis 500 Kolonie-bildende-Einheiten [KbE]/ml) offenbar aus, um eine klinisch apparente Infektion beim Menschen zu verursachen.

Nachweis von *Campylobacter* im Nutzgeflügel

Der Nachweis im Rahmen der Hygieneüberwachung von Nutzgeflügelherden erfolgt über die Anzucht der thermophilen *Campylobacter*-Arten gegebenenfalls nach Anreicherung unter mikroaerophilen Bedingen bei 42 °C auf Selektivnährmedien (z. B. Charcoal-Cephoperazone-Desoxycholate [CCD]-Agar). *Campylobacter* wächst auf diesem Nährboden in typisch metallisch glänzenden Kolonien (→ Abb. 8.82)

Verdächtige Kolonien werden subkultiviert, mit Gram gefärbt, auf Beweglichkeit überprüft und dann mit Hilfe spezifischer, kommerziell erhältlicher biochemischer Schnelltestverfahren identifiziert. PCR-Protokolle zur Identifikation der einzelnen *Campylobacter*-Arten sind veröffentlicht worden. Ferner sind mehrere Methoden zur molekulargenetischen Folgedifferenzierung (z. B. multilocus sequence typing, MLST) auf Gattungs-, Art- und Stammebene publiziert worden.

Bekämpfung

Nach allen bisher vorliegenden Erkenntnissen erscheint es zurzeit schwierig, die Verbreitung von *Campylobacter* in den Nutzgeflügelherden zu reduzieren. Antibiotische Behandlungen führen nicht zur Erregerelimination und erzeugen Resistenzen. Impfungen erzeugen bisher keinen wirksamen Schutz vor Neuinfektionen. Der Einsatz der „competitive- exklusion" Flora und von *Campylobacter*-spezifischen Bakteriophagen kann zu einer Verhinderung oder zumindest einer Reduktion der *Campylobacter*-Besiedlung im Darm führen. Behandlungen des Schlachtkörpers während und nach dem Schlachtprozess mit Chemikalien (Peroxysäure, Milchsäure, ClO_2, $NaOCl_2$, Na_3PO_4, Mischung von Peroxysäuren und Cetylpyridinium-Chloride) sind in der EU (noch) verboten oder noch nicht praxistauglich. Nur eine strikte Betriebshygiene, Schlachthygiene, Hygiene der Lebensmittelweiterverarbeitung und der lebensmitteltechnologischen Verfahren können den Eintrag von *Campylobacter* in die Lebensmittelkette und damit letztendlich in den Menschen reduzieren. Ferner können Aufklärungskam-

Abb. 8.82:
Campylobacter jejuni auf CCD-Agar.

pagnen über den sorgfältigen hygienischen Umgang mit Lebensmitteln tierischer Herkunft während der Zubereitung von Speisen (Küchenhygiene) wirkungsvoll Infektionen mit *Campylobacter* verhindern.

Bundesweit sind für das Jahr 2012 62880 Infektionen mit *Campylobacter* gemeldet worden (Robert Koch Institut, Infektionsepidemiologisches Jahrbuch meldepflichtiger Krankheiten für 2012, Datenstand: 1. März 2013). Hinzu kommt sicher ein geschätzter vierfacher Anteil an nicht diagnostizierten Infektionen. Damit stehen die *Campylobacter*-Infektionen an erster Stelle der bakteriell bedingten Durchfallerkrankungen beim Menschen in Deutschland und auch in Europa. Es handelt sich in der Regel um eine selbstlimitierende katarrhalische oder hämorrhagische Enteritis. Die entstehenden Durchfallerkrankungen können bei jungen, älteren und immunsupprimierten Personen zu Komplikationen führen wie dem Guillain-Barré-Syndrom (eine postinfektiöse akute und progressive Autoimmunkrankheit) oder dem Reiters-Syndrom (eine reaktive, generalisierte Arthritis). Obwohl viele Informationen über Adhäsionsfaktoren, Invasionsfaktoren, Toxine und andere Virulenzfaktoren von *Campylobacter* vorliegen, ist die Frage nach den pathogenetischen Mechanismen einer *Campylobacter*-Infektion beim Menschen weitgehend ungeklärt.

8.3.13 Clostridieninfektionen des Nutzgeflügels

Clostridien oder die von ihnen gebildeten Toxine verursachen mehrere Erkrankungen beim Nutzgeflügel. Eine Übersicht über geflügelrelevante Clostridieninfektionen gibt → Tabelle 8.14.

8.3.13.1 Ulzerative Enteritis

Ätiologie

Clostridium (C.) colinum ist ein gram-positiver, pleomorpher, nicht beweglicher Endosporenbildner.

Epidemiologie und Pathogenese

Die ulzerative Enteritis ist eine Jungtiererkrankung. Sie wurde das erste Mal bei jungen japanischen Wachteln beschrieben und wird demnach auch „quail disease" bezeichnet. Neben Wachtel, Huhn und Pute sind auch Fasan, Taube und viele Wildvogelarten gegenüber einer Infektion empfänglich. Die Erkrankung ist weltweit verbreitet. Primär pathogen scheint der Erreger vor allem für die Wachtel zu sein, Huhn und Pute erkranken nicht so schwer. Die Übertragung erfolgt als orale Infektion über kontaminiertes Wasser, Futter, über Einstreu und Transportfahrzeuge. Eine klinische Erkrankung ist meistens die Folge einer Immunsuppression durch infektiöse und nichtinfektiöse Stressoren aller Art. Der Erreger dringt über die Darmschleimhaut ein und verursacht

Tab. 8.14:
Die Clostridieninfektionen des Nutzgeflügels

Erreger	Nutzgeflügelart	Erkrankung	Organsystem
Clostridium colinum	Huhn, Pute, Wachtel, Fasan	ulzerative Enteritis	Darm
Clostridium perfringens	Huhn, Pute, Wachtel, Fasan	nekrotisierende Enteritis	Darm
Clostridium perfringens, Clostridium septicum, Clostridium chauvoei	Huhn, Pute, Wachtel, Fasan	Gasödemerkrankung	Haut, Unterhaut, Skelettmuskulatur
Clostridium botulinum	Wassergeflügel, Huhn (Pute)	Botulismus	Nervensystem

neben lokalen Schädigungen der Darmschleimhaut auch septikämische Infektionen.

Klinik und Pathologie
Die Inkubationszeit beträgt etwa 3 Tage. Bei akutem Krankheitsverlauf versterben die Tiere ohne vorherige klinische Erscheinungen. Beim subakuten Verlauf treten unspezifische Krankheitssymptome wie Apathie, erhöhtes Wärmebedürfnis und Abmagerung auf. Die Mortalität kann bei jungen Wachteln 100 % betragen, bei Hühnerküken liegt sie zwischen 2 und 10 %. Die Krankheitsdauer beträgt etwa 3 Wochen.
Pathologisch-anatomisch steht akut eine hämorrhagische Enteritis der Duodenalschleimhaut im Vordergrund. Später entwickelt sich dann eine lokale, teilweise konfluierende Ulzeration der Serosa und Mukosa. Diese Ulzera führen durch Nekrosen und diphteroide entzündliche Veränderungen nicht selten zur Perforation des Darmes mit Folge von septikämischen Krankheitsverläufen. Im Lebergewebe entstehen multiple gelblich-grau gefärbte Gewebsnekrosen, und die Milz ist mit Blut angefüllt und vergrößert. Andere Organsysteme sind nicht betroffen. Histopathologisch kommt es zur Desquamation, Hämorrhagie und Nekrose der Mukosa mit Einwanderung von Lymphozyten und heterophilen Granulozyten. Die Clostridien lassen sich im nekrotischen Gewebe anfärben. Die histopathologischen Veränderungen der Leber stellen sich als entzündliche Veränderungen mit Koagulationsnekrosen dar.

Diagnose
Die pathologisch-anatomischen Veränderungen in Darm, Leber und Milz erlauben eine Verdachtsdiagnose. Abklatschpräparate können nach Gram gefärbt werden und sichern durch den Nachweis der gram-positiven plumpen Bakterien den Verdacht ab. *C. colinum* kann auf Tryptose-Phosphat-Agar mit Glukose-, Serum- und Hefezusatz angezüchtet und mit Hilfe biochemischer, molekulargenetischer Methoden und dem MALDI-TOF-System identifiziert werden. Antikörper können über Agar-Gel-Diffusion nachgewiesen werden. Dieser Test ist aber wenig spezifisch, da es zu Kreuzreaktionen mit Antikörpern gegen andere Clostridien-Arten kommen kann.

Bekämpfung
Gutes Betriebshygienemanagement ist auch hier die beste Prophylaxe gegen eine Infektion. Es minimiert Stressoren aller Art und reduziert auch den Eintrag von *C. colinum*. Erkrankte Herden können mit Tetrazyklinen, Penicillin, Ampicillin oder Tylosin behandelt werden. Eine Infektion hinterlässt offenbar eine belastbare Immunität, jedoch sind Impfungen gegen die ulzerative Enteritis unüblich, und so sind kommerzielle Impfstoffe nicht verfügbar.

8.3.13.2 Nekrotisierende Enteritis

Ätiologie
Die nekrotisierende Enteritis wird von *Clostridium (C.) perfringens* der Toxovar A und seltener der Toxovar C verursacht. *C. perfringens* ist ein grampositiver, obligat anaerob wachsender, unbeweglicher Endosporenbildner. Die Toxovar A produziert das Alpha-Toxin, die Toxovar C das Beta-Toxin. Die Quantität der Toxinbildung hängt von der Expression des entsprechenden Gens ab. Zudem sind weitere Toxine wie Hyaluronidase, Kollagenase und Deoxyribonuklease nachgewiesen worden. Welche Faktoren die Toxinbildung beeinflussen, ist weitgehend unklar.

Epidemiologie und Pathogenese
Die nekrotisierende Enteritis ist eine Erkrankung von jungen Hühnern, Puten und japanischen Wachteln. Es handelt sich um eine horizontale Infektion, bei der *C. perfringens* über kontaminiertes Wasser, über Einstreu und Futtermittel aufgenommen wird. Kontaminationen der Eierschalen, Brutschränke oder Küken-Transportbehälter können als Ursache für die Infektionen von Hühner- und Putenküken während der Kunstbrut in Frage kommen. Es scheint unzweifelhaft, dass prädisponierende Faktoren Voraussetzung für die Entstehung der nekrotisierenden Enteritis sind. Diese können Kokzidiosen, andere Darminfektionen, immunsupprimierende Infektionen oder eine fehlerhafte Zusammensetzung und Struktur des

Mischfuttermittels umfassen. Dies führt zu Störungen der physiologischen Darmflora und kann damit die nekrotisierende Enteritis fördern. Die Erkrankung hat seit dem Verbot der antibiotischen Leistungsförderer an Bedeutung zugenommen. Die genauen Voraussetzungen für das Entstehen der Erkrankung sind aber noch unklar. Es kommt zur Vermehrung von toxigenen Clostridien im Darm und durch die Toxinbildung zur Schädigung der Darmschleimhaut.

Klinik und Pathologie

Die klinischen Symptome, wie Fressunlust, Apathie, Diarrhoe mit schaumig-gelblichem Kot und gesträubtes Gefieder, sind wenig spezifisch. Oft versterben die Tiere akut nach sehr kurzer Krankheitsdauer.

Die pathologisch-anatomischen Veränderungen sind vor allem im Jejunum und Ileum vorzufinden und eine Folge des Einwirkens des Alpha-Toxins (Hydrolyse von Membranen) und des Beta-Toxins (Induktion von hämorrhagischen Nekrosen in der Darmschleimhaut). Diese Darmabschnitte erscheinen umfangsvermehrt und sind mit Gas angefüllt. Die Mukosa erscheint gestreift und mit einer gelblich-grünen Pseudomembran überzogen. Bei älteren Prozessen kommt es zu einer nekrotischen Entzündung mit fibrinartigen diphteroiden Belägen auf der Darmschleimhaut. Das Lebergewebe kann entzündlich verändert sein und ist dann mit multiplen fokalen Nekrosen durchsetzt.

Histopathologisch stehen massive nekrotische Veränderungen der Mukosa, der Submukosa und der Muskularis in Vordergrund. Die Lamina propria ist dicht mit Bakterien besiedelt und weist Koagulationsnekrosen auf, die kreisförmig von heterophilen Granulozyten und Lymphozyten umgeben sind. Diese Veränderungen können sich unter Mikrovilliverlust der Darmzotten von der Spitze bis zum Kryptengrund des Darmepithels erstrecken. Fibrin und Zellreste füllen die Darmfalten aus und sind makroskopisch als die oben beschriebenen Pseudomembranen auf der Darmschleimhaut sichtbar.

Abb. 8.83:
Doppelzonenhämolyse von *Clostridium perfringens* auf Blutagar.

Diagnose

Die pathologisch-anatomischen Veränderungen erlauben eine Verdachtsdiagnose. *C. perfringens* kann auf konventionellem Blutagar anaerob bei 37 °C angezüchtet werden und bildet dann eine charakteristische Doppelzonenhämolyse aus (→ Abb. 8.83). Diese ist so kennzeichnend, dass auf die Identifikation über biochemische Reaktionsmuster meistens verzichtet werden kann.

Zur Bestimmung der Toxovar kann ein kommerziell erhältliches Antigen-ELISA-System verwendet werden.

Bekämpfung

Zur Vermeidung von subklinischen und milden Formen der Erkrankung kann der Eintrag von *C. perfringens* in die Nutzgeflügelherden mit gutem Betriebshygienemanagement einschließlich der Qualitätsüberwachung der verwendeten Futtermittel kontrolliert werden. Die Gabe von Probiotika und der Einsatz einer „competitive-exclusion"-Flora reduzieren experimentell den Eintrag und die Folgen einer *C.-perfringens*-Infektion. Klinisch apparente Ausbrüche können antibiotisch mit Tylosin, Penicillin, Amoxicillin, Ampicillin oder Tetrazyklinen behandelt werden. Da die Infektion eine Immunität induziert, kann eine Vakzination erfolgreich sein. Zur Anwendung kommen dabei Lebendimpfstoffe mit Alpha-

Toxin-Deletionsmutanten. Ein Impfstoff ist in Deutschland für Hühner zugelassen, findet aber unter Praxisbedingungen selten Anwendung. Auch die Applikation von Toxinuntereinheiten des Alpha-Toxins führt, zumindest bei anderen Tierarten, zur Serokonversion und Protektion gegen die klinischen Folgen einer Infektion. In Deutschland ist ein Inaktivatimpfstoff zugelassen.

Infektionen mit *C. perfringens* oder die Aufnahme der Toxine A und C über kontaminierte Lebensmittel können beim Menschen Erkrankungen verursachen. *C.-perfringens*-Toxovar-A verursacht Diarrhoe und Toxovar C eine nekrotisierende Enteritis.

8.3.13.3 Gasödemerkrankung

Ätiologie
Diese Erkrankung wir durch Infektionen mit *Clostridium (C.) perfringens, C. septicum* und seltener *C. chauvoei verursacht.* Es handelt sich um bewegliche und unbewegliche (*C. perfringens*) anaerob wachsende Endosporenbildner.

Epidemiologie und Pathogenese
Empfänglich sind vor allem junge Hühner und Puten. Voraussetzung für das Entstehen der Erkrankung sind Verletzungen der äußeren Haut ohne oder mit infektiösen Ursachen (Staphylokokkeninfektion). Die Erreger dringen über die vorgeschädigte Haut ein und vermehren sich unter anaeroben Verhältnissen in schlecht durchbluteten Unterhautbindegewebsbereichen und der Muskulatur. Es handelt sich um eine Faktorenerkrankung, die durch mangelnde Durchblutung, Fehlernährung (Selenmangel) und Immunsuppressionen verschiedener Genese mit verursacht wird.

Klinik und Pathologie
Die Mortalität in der Herde steigt plötzlich sprunghaft an und kann bis zu 50 % betragen. Der Krankheitsverlauf verläuft perakut bis akut. Die Tiere weisen blau-rote, ödematisierte Veränderungen der Haut am Rumpf und den Extremitäten auf. Pathologisch fallen entzündlichen Ödeme und Emphyseme mit Blutungen und Nekrosen im Unterhautbindegewebe, der Skelett- und Herzmuskulatur auf. Histopathologisch kommt es zu hyalinscholliger Degeneration der Muskulatur, Einwanderung von heterophilen Granulozyten und Koagulationsnekrosen in den betroffenen Geweben, in denen die Erreger oft in großer Anzahl angefärbt werden können.

Diagnose
Die pathologischen und histopathologischen Veränderungen mit den angefärbten Bakterien im Organabklatschpräparat geben einen guten diagnostischen Hinweis. Die beteiligten Clostridien können zur Absicherung der Diagnose anaerob angezüchtet und biochemisch oder mit dem MALDI-TOF-System identifiziert werden.

Bekämpfung
Da es sich um eine Faktorenerkrankung handelt, kommt der Elimination der immunsuppressiven Einflüsse die Hauptbedeutung zu. Begleitend kann versucht werden, die betroffene Herde mit geeigneten Antibiotika zu behandeln. Sind nur einzelne Tiere erkrankt, sind diese aus der Herde zu entfernen und tierschutzgerecht zu euthanasieren.

8.3.13.4 Botulismus

ACHTUNG: Zoonoserisiko

Ätiologie
C. botulinum ist ein gram-positiver, obligat anaerob wachsender, beweglicher Endosporenbildner. Die älteren Kulturen färben sich bei der Sporulation gram-labil an. In der Bakterienzelle sind die Endosporen terminal oder subterminal lokalisiert. *C. botulinum* wird in vier kulturelle Untergruppen (I–IV) und in acht Toxovare (A, B, C alpha, C beta, D, E, F und G) eingeteilt. *C.-botulinum*-Toxovar-C produziert unter anaeroben Bedingungen zwischen 10 und 37 °C C1-, C2- und einen geringen Anteil an D-Toxin. Die Expression von C1- und D-Toxin ist Bakteriophagen-assoziert. Weiterhin können Enterotoxine gebildet werden.

Abb. 8.84:
Botulismus bei einer Legehenne mit gelähmten Hintergliedmaßen.

Epidemiologie und Pathogenese

Der Botulismus wird durch das Neurotoxin von *C. botulinum* verursacht. Vögel erkranken an Intoxikationen durch die Toxovare A, C und E und das Nutzgeflügel vor allem an Intoxikationen durch die Toxovar C.

Die Intoxikation kann durch die orale Aufnahme des Exotoxins erfolgen. Die Toxinbildung erfolgt unter anaeroben Bedingungen in eutrophierten Oberflächengewässern und Schlamm an warmen Sommertagen. Das Toxin reichert sich in wirbellosen Tieren an, und diese werden dann vor allem von Wasservögeln aufgenommen, die dann an Botulismus versterben. An diesen Kadavern vergiften sich dann wiederum Krähenvögel, Greifvögel oder Möwen, welche dann „nesterartig" um die Wasservögel aufgefunden werden. *C. botulinum* kann sich in Futtermittel vermehren oder das Toxin reichert sich in Insektenlarven im Futtermittel an und führt so zur Intoxikation des Nutzgeflügels. Eine weitere Vergiftungsmöglichkeit besteht durch die Bildung des Toxins von sich im Darm vermehrenden Clostridien. Die notwendigen Voraussetzungen für diese plötzliche Vermehrung von Toxinbildnern mit Darm sind unklar. Dabei werden die Clostridien über kontaminiertes Wasser, Futter oder Einstreu eingetragen. Die Wirkung des C1- und des D-Toxins besteht in der Hemmung der Freisetzung von Acetylcholin an der präsynaptischen Membran der neuromuskulären Endplatte. Es kommt zu Muskellähmung und damit letztendlich zum Tod durch Atemlähmung. Enterotoxine können außerdem zu Darmerkrankungen beim Wassergeflügel führen.

Klinik und Pathologie

Die klinischen Symptome hängen naturgemäß von der Menge des aufgenommen Toxins ab. Bei höheren Dosen versterben die Tiere innerhalb von Stunden, bei geringen Toxinmengen können sich die klinischen Symptome über 1 bis 2 Tage hinziehen. Geringgradige Intoxikationen können die Tiere auch überleben. Die Tiere zeigen Nickhautvorfall und Lähmungen im Bereich der Zungenmuskulatur, Kloakenvorfall, Paralysen von Flügeln, den Ständern mit ein- oder beidseitigen Lahmheiten (→ Abb. 8.84) und der Halsmuskulatur (Limberneck). Wasservögel können ertrinken. Bei Legehennen findet sich ein Einbruch in der Legeleistung begleitet von einem Kloakenvorfall, ohne dass weitere klinische Symptome auftreten können.

Diagnose

Beim Botulismus treten selten makroskopisch sichtbare pathologisch-anatomische Veränderungen auf. Die klinischen Erscheinungen in Zusammenhang mit dem geografischen Bezug, kranke und tote Tiere, die nestartig aufgefunden werden,

Abb. 8.85:
„Maus-Bio-Assay" mit Wespentaille zum Nachweis des Botulinumtoxins (unten).

die entsprechenden klimatischen Gegebenheiten sowie verschmutztes Futtermittel lassen eine Verdachtsdiagnose zu. Der Toxin-Nachweis sollte diesen Verdacht absichern. Methode der Wahl ist nach wie vor der Toxin-Nachweis im Tierversuch (Maus-Bio-Assay). Dabei wird Labormäusen Serum von kranken Tieren oder sterilfiltriertes Untersuchungsmaterial (Kropf-, Darminhalt, Futter, Wasser, Einstreu) injiziert und das Auftreten der klassischen klinischen Symptome (Wespentaille) protokolliert. Als Gegenprobe ist immer erhitztes Untersuchungsmaterial (121 °C / 15 min) mitzuführen. Als Kontrolle dienen Labormäuse, die vorher mit Antitoxin behandelt worden sind und demnach nicht erkranken dürfen (→ Abb. 8.85). Obwohl dieser Test als hoch sensitiv und spezifisch angesehen wird, ist die Durchführung nicht unproblematisch. Unspezifische Reaktionen (keine Wespentaille bei Toxinbelastung) sind beschrieben worden und ein Antiserum gegen das Botulinumtoxin ist kommerziell schwer erhältlich. Alternative Methoden, wie beispielsweise ein Antigen-Capture-ELISA-System zum Nachweis des Botulinumtoxins oder molekulargenetische Methoden zum Nachweis des Toxingens aus Organmaterial oder angezüchteten *C.-botulinum*-Stämmen, sind entwickelt worden. Diese sind jedoch zum Teil wesentlich weniger sensitiv als der Tierversuch, können aber alternativ oder ergänzend eingesetzt werden. Der Nachweis ist dabei allerdings nur in Zusammenhang mit eindeutigen klinischen Befunden beweisend.

Bekämpfung

Bei mildem klinischem Verlauf bei Einzeltieren kann durch die Gabe von Vitamin A, D_3 und E mit sehr viel Wasser eine Genesung der Tiere begünstigt werden. Der Erfolg ist vorsichtig zu prognostizieren. Bei schweren klinischen Verläufen sind die Tiere zu euthanasieren. Das Auftreten von Botulismus kann durch Anwendung von optimalem Hygienemanagement erfolgreich bekämpft werden, insbesondere ist auf das mehrfach täglich zu erfolgende Entfernen von verstorbenen Tieren aus dem Bestand zu achten. Besteht der Verdacht einer Futtermittelkontamination, ist das Futtermittel umgehend zu ersetzen. Die Anwendung einer antibiotischen Therapie mit Penicillin, Ampicillin oder Tetrazyklinen wird kontrovers diskutiert, da das Abtöten der Bakterien zu vermehrter Toxinfreisetzung führen kann. Eine Sanierung von Oberflächengewässern mit der Gewährleistung von ausreichender Sauerstoffzufuhr und vor allem durch die Reduktion vom frei verfügbaren Stickstoff sollte das Auftreten von Botulismus in warmen Sommermonaten nachhaltig verhindern. Aktive Immunisierung mit Toxoid-Impfstoffen und passive Immunisierung mit Hyperimmunseren können bei Einzelfällen erfolgreich angewandt werden, sind aber für eine Herdenbehandlung unter Praxisbedingungen ungeeignet.

Menschliche Botulismusfälle werden vor allem durch die Toxovare A, B, E und F verursacht. Das Bundesinstitut für Risikobewertung (BfR) hat das gesundheitliche Risiko von Geflügelfleisch bewertet, welches aus Beständen mit Botulismuserkrankungen stammt. Das BfR gab die Empfehlung, dass derartiges Geflügelfleisch nicht zum Verzehr geeignet ist. Das gilt auch dann, wenn lediglich der begründete Verdacht auf eine Botulismusinfektion besteht.

8.3.14 *Bacillus-cereus*-Infektion

Ätiologie, Epidemiologie und Pathogenese

Bacillus (B.) cereus ist ein gram-positiver, beweglicher Endosporenbildener. *B. cereus* wächst aerob und gilt als sekundär pathogen. Bei einzelnen Stämmen sind Lecithinasen, Hämolysine und Enterotoxine als Toxine nachgewiesen worden. *B. cereus* kommt verbreitet in der Einstreu, in Futtermitteln, Kot und im Erdboden vor. Das Entstehen einer Erkrankung hängt von belastenden infektiösen und nicht-infektiösen Faktoren ab.

Klinik und Pathologie

Es erkranken vor allem Jungtiere und seltener auch Alttiere. Die Krankheitsverläufe sind perakut bis akut mit Todesfolge, bei Alttieren verläuft die Erkrankung oft subklinisch. Betroffene Tier zeigen Ödeme und hämorrhagische Entzündungen im Unterhautbereich. Ältere Tiere weisen Leber- und Milzschwellungen mit herdförmigen Nekrosen auf, was histologisch bestätigt werden kann.

Diagnose

Die Diagnose erfolgt über die Anzucht und Identifizierung des Erregers mit Hilfe biochemischer, molekulargenetischer Methoden (PCR) und dem MALDI-TOF-System.

Bekämpfung

Da es sich um eine Faktorenerkrankung handelt, kommt auch hier der Prophylaxe über ein optimales Betriebshygienemanagement die größte Bedeutung zu. Betroffene Tiere können mit Makrolid- und Aminoglykosidantibiotika behandelt werden.

8.3.15 Staphylokokkose

Ätiologie

Dieser Erkrankungskomplex wird durch *Staphylococcus (S.) aureus* verursacht. *S. aureus* ist ein gram-positives, aerob oder fakultativ anaerob wachsendes, kokkoides Bakterium.

S. aureus weist bei Wachstum auf Blut eine Hämolysezone und oft weißlich bis gelblich pigmentierte Kolonien auf. Die antigene Struktur ist komplex. *S.-aureus*-Stämme sind oft von einer Kapsel umhüllt, die an das Fc-Fragment von Immunglobulinen binden kann (Protein A) und somit als Virulenzfaktor in Frage kommt. Für das Nutzgeflügel sind Koagulase-positive (Clumping-Faktor) Stämme obligat pathogen und Koagulase-negative Stämme fakultativ pathogen. *S. aureus* enthält Plasmide, die Träger von Resistenzgenen sein können. Ferner bilden virulente Stämme eine Reihe von Toxinen wie unter anderem Hyaluronidase (Spreading Faktor), Deoxyribonuklease, Fibrinolysin, Lipasen, dermatonekrotisches Toxin und Hämolysin. *S.-aureus*-Stämme können mit Hilfe molekulargenetischer Methoden und anhand der Resistenzmuster für epidemiologische Untersuchungen differenziert werden.

Epidemiologie und Pathogenese

S. aureus ist um und an den Tieren ubiquitär verbreitet. Eine klinisch apparente Infektion setzt eine Immunsuppression und/oder Verletzungen voraus; somit kann eine Staphylokokkose auch im Rahmen von Faktorenkrankheiten nachgewiesen werden. Die Empfänglichkeit gegenüber der Infektion mit *S. aureus* ist möglicherweise auch genetisch bedingt. Infektionen können sich von der besiedelten Schleimhaut oder über das Auge, aerogen und über die äußere Haut ausbreiten. Frisch geschlüpfte Küken können sich in der Brüterei über den noch nicht verheilten Nabel infizieren. Der Eintrag hoch-virulenter Stämme über belebte und unbelebte Vektoren kann zu schweren Krankheitsausbrüchen führen. Die Inkubationszeit beträgt 48 bis 72 Stunden. Morbidität und Mortalität sind in der Regel gering und nur bei septikämischen Verläufen der Küken hoch.

Klinik und Pathologie

Eine Übersicht über die *S. aureus*-Infektionen des Nutzgeflügels gibt → Tabelle 8.15.

Die Stapylokokkose führt zu unspezifischen klinischen Symptomen wie Apathie und gesträubtem Gefieder. Tiere mit Dermatitis erscheinen klinisch unauffällig und versterben dann plötzlich ohne weitere Krankheitsanzeichen.

In Zusammenhang mit einer Arthritis kommt es zu ein- oder beidseitigen hochgradigen Lahmheiten, die dazu führen, dass schwere Endmastputen vermehrt liegen und so sekundär schwere fibrinös

Tab. 8.15:
Staphylococcus-aureus-Infektionen des Nutzgeflügels

Organsystem	Klinik	Pathologie	Alter
Knochen	Lahmheit	Osteomyelitis	alle Altersstufen betroffen (ältere Tiere)
Gelenke	Lahmheit	Arthritis/Synovitis (→ Abb. 8.86)	alle Altersstufen betroffen (ältere Tiere)
Bursa sternalis	Apathie	Bursitis („breast buttons“) (→ Abb.8.87)	ältere Tiere
Dottersack	Apathie/Tod	Omphalitis (→ Abb. 8.88)	Küken
Blut	Apathie/Tod	septikämische Nekrosen	alle Altersstufen betroffen
Haut	Apathie/Tod	gangränöse Dermatitis	Jungtiere
Sohlenballen	Lahmheit	Sohlenballenabszesse (bumble foot)	alte Tiere

nekrotische Entzündungen der Bursa sternalis („breast buttons“) entstehen können. Die Ostemyelitis beginnt oft am proximalen Tibiotarsus oder Femur und führt ebenfalls zu hochgradigen Lahmheiten. Sohlenballenabszesse werden oft bei Puten und Masthühnern beobachten. Prädisponierend ist eine zu feuchte Einstreu.
Septikämische Verlaufsformen bei älteren Tieren sind durch Blutungen in der Unterhaut, Hydroperikard und Granulome in Leber und Milz gekennzeichnet. Die histopathologischen Veränderungen sind durch die Einwanderung von Entzündungszellen, vor allem von heterophilen Granulozyten, und die Anhäufung von Bakterien in den betroffenen Organsystemen gekennzeichnet. Die Staphylokokkose hinterlässt eine partielle Immunität.

Diagnose

Die klinischen Symptome und pathologisch-anatomischen Veränderungen erlauben eine Verdachtsdiagnose, die durch den Nachweis von *S. aureus* mit Pathogenitätsmerkmalen abgesichert werden kann. *S. aureus* lässt sich mühelos auf konventionellem Blutagar mit 5 % Schafblut

Abb. 8.86:
Fibrinöse Arthritis des Intertarsalgelenks einer Pute als Folge einer *Staphylococcus-aureus*-Infektion.

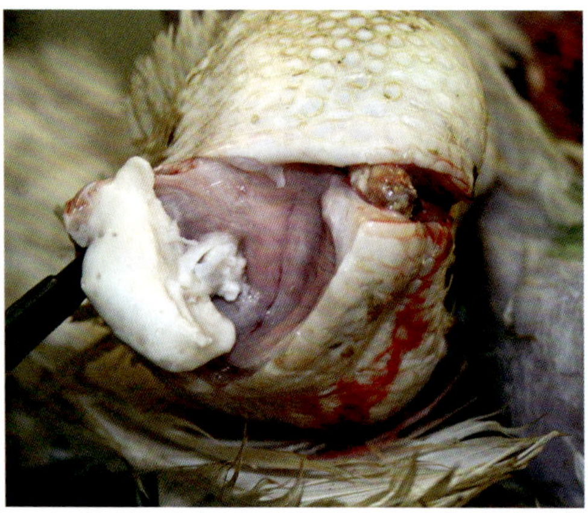

Abb. 8.87:
Fibrinöse Bursitis einer Pute als Folge einer *Staphylococcus-aureus*-Infektion

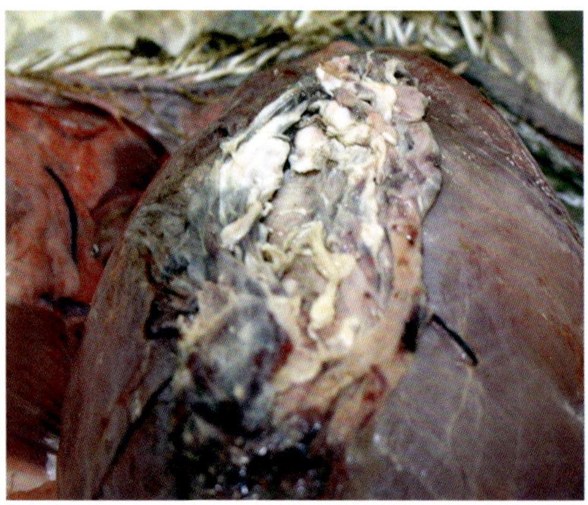

Abb. 8.88:
Nabelentzündung eines Hühnerkükens als Folge einer *Staphylococcus-aureus*-Infektion.

anzüchten (→ Abb. 8.89) und mit Hilfe kommerziell erhältlicher Schnelltestsysteme (z. B. API Staph®) identifizieren.
Der Nachweis der Koagulase und Hyaluronidase differenziert das ätiologische Agens von anderen gram-positiven Kokken und nicht-pathogenen *S.-aureus*-Stämmen (→ Abb. 8.90). Ferner kann *S. aureus* mit Hilfe molekulargenetischer Methoden und dem MALDI-TOF-System sicher identifiziert werden.

Bekämpfung

Wie bei allen Faktorenerkrankungen kann auch die Staphylokokkose durch bruthygienische Maßnahmen und optimales Betriebshygienemanagement kontrolliert werden. Da die Immunität nur teilweise ausgebildet wird, hat sich der Einsatz von Impfstoffen unter Praxisbedingungen nicht bewährt. In Einzelfällen ist eine antibiotische Behandlung möglich. Da Resistenzen von *S. aureus* weit verbreitet sind, ist die Applikation von Antibiotika erst nach Erstellung eines Resistenztestes vorzunehmen. Eine Prognose ist vorsichtig zu stellen.

Methicillin-resistente *S. aureus*-Stämme (MRSA) sind gegen eine Vielzahl von Antibiotika resistent. Zurzeit werden auf Grund molekulargenetischer Eigenschaften u. a. „hospital acquired" MRSA-Stämme, „community-acquired" MRSA-Stämme und „Livestock-associated (la)" MRSA-Stämme unterschieden. Diese la-MRSA-Stämme wurden im Nutzgeflügel, in den Ställen, im Schlachthof und in Geflügelprodukten sehr oft nachgewiesen. Menschen, die häufig einen direkten Umgang mit Nutzgeflügel haben, sind im hohen Maße einer Exposition mit diesem Erreger ausgesetzt. Zudem besteht die Gefahr eines möglichen Eintrags über die Lebensmittelkette. Eine la-MRSA-Infektion wird zurzeit noch nicht als klassische Zoonose definiert. Ein Risiko der Kolonisation und anschließender Infektion des Menschen über kontaminierte Lebensmittel ist aber nicht auszuschließen. Verdächtige MRSA-Stämme können mit Hilfe verschiedener kommerziell erhältlicher kultureller, biochemischer, und molekulargenetischer Methoden identifiziert werden.

Abb. 8.89:
Wachstum von *Staphylococcus aureus* auf Blutagar mit ß-Hämolyse.

Abb. 8.90:
Nachweis von Koagulase (rechts) im Koagulase-Test®.

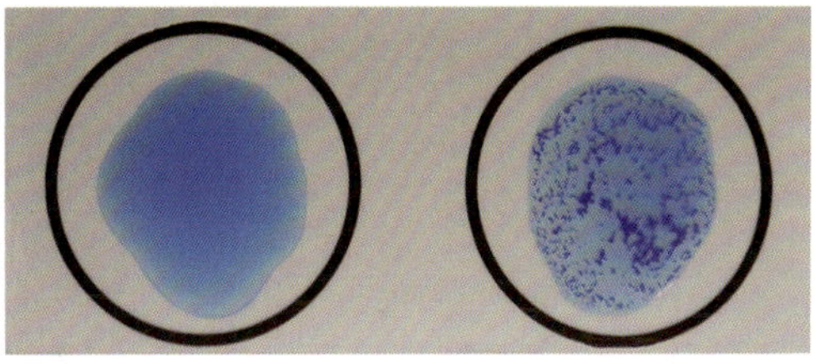

8.3.16 Streptokokkeninfektionen des Nutzgeflügels

Ätiologie

Streptokokken der Lancefield-Serogruppe C können zu Erkrankungen beim Nutzgeflügel führen. *Streptococcus (S.) zooepidemicus* wird am häufigsten in Zusammenhang mit Erkrankungen des Nutzgeflügels isoliert. *S. zooepidemicus* ist ein gram-positives, unbewegliches, meist in Reihen angeordnetes kokkoides Bakterium. Streptokokken sind Katalase-negativ und lassen sich serologisch von Enterokokken differenzieren. Als Virulenzfaktoren sind unter anderem Streptolysine, Hämolysine und Streptokinasen nachgewiesen worden. Streptokokken sind auf den Schleimhäuten der Respirations- und der Verdauungsorgane nachzuweisen.

Epidemiologie und Pathogenese

Vorwiegend erkranken Masthühner und Legehennen. Die Übertragung erfolgt oral oder aerogen. Die Inkubationszeit kann zwischen 5 und 21 Tagen betragen. Für die Entstehung einer Erkrankung sind oft zusätzliche infektiöse und nichtinfektiöse Belastungsfaktoren notwendig (siehe auch Faktorenkrankheiten).

Klinik und Pathologie

Perakut und akut septikamische Verläufe sind durch unspezifische Symptome wie Apathie, gesträubtes Gefieder, geschlossene Augen, blutige Hautbezirke und Federn in der Umgebung des Schnabels, zunächst Blässe und im Terminalstadium Zyanosen am Hals und an den Kehllappen gekennzeichnet. Die Mortalität kann 50 % betragen und die Legeleistung kann um 15 % sinken. Bei subakut bis chronischen Fällen sind Dyspnoe, Lahmheiten und ZNS-Störungen festzustellen.
Die makroskopischen Veränderungen sind durch Vergrößerung von Leber, Milz und Nieren, Hyperämie in peripheren Geweben und Entzündungen der serösen Häute gekennzeichnet. Histopathologisch weisen die betroffenen Organe Hyperämie und multiple Nekrosen sowie Infarzierungen auf. Chronische Veränderungen sind durch adhäsiv fibrinöse Arthritis, Perihepatitis, Perikarditis und Salpingitis gekennzeichnet. Oft sind die Streptokokken um diese Veränderungen ringförmig angeordnet. Im Herzen kann eine Endokarditis mit den typischen gelblichen bis weißlichen „blumenkohlartigen" Veränderungen durch Ablagerung von Fibrin und die Einwanderung von heterophilen Granulozyten, Makrophagen und Fibroblasten an den Herzklappen entstehen.

Diagnose

Die Diagnose erfolgt über die kulturelle Anzucht der Streptokokken auf 5 % Blutagar unter mikroaerophilen Bedingungen. *S. zooepidemicus* wächst nicht auf MacConkey-Agar. Durch die anschließende biochemische (z. B. API 20 Strep®), massenspekrometrische (MALDI-TOF) oder molekulargenetische Identifizierung kann die Differenzierung gegen Enterokokken der Seroguppe D vorgenommen werden. Serologische Diagnoseverfahren sind beschrieben worden, sind aber kommerziell nicht erhältlich und so für den Praxisgebrauch ungeeignet.

Bekämpfung

Auch hier eignet sich ein optimales Betriebshygienemanagement als die beste Prävention. Klinisch apparente Infektionen können nach Erstellung eines Resistenztestes antibiotisch mit Penicillin, Tetrazyklinen oder Erythromycin behandelt werden. Der Einsatz von autogenen Impfstoffen ist möglich. Die Streptokokken-Endokarditis ist therapieresistent.

8.3.17 Enterokokkeninfektionen des Nutzgeflügels

Ätiologie

Diese Infektionen werden von Kokken der Lancefield-Serogruppe D verursacht. Dazu gehören *Enterococcus (E.) faecalis, E. faecium, E. durans, E. avium, E. cecorum* und *E. hirae*. Enterokokken sind gram-positive, unbewegliche, fakultativ anaerob wachsende Bakterien, deren Virulenzfaktoren bisher nicht ausreichend bekannt sind. In verschiedenen *Enterococcus*-Arten konnten Gene zur Expression von Antibiotikaresistenzen nachgewiesen werden.

Epidemiologie und Pathogenese

Es handelt sich um eine orale oder aerogene Infektion, wobei *E. faecalis* und *E. cecorum* wohl die größte Bedeutung beim Nutzgeflügel haben. Empfänglich sind alle Nutzgeflügelarten jeden Alters. Erkrankungen sind aber vor allem bei Legehennen, Masthühnern und Pekingenten beschrieben worden. Es kann dabei zwischen akuten und subakut/chronischen Verläufen unterschieden werden. Möglicherweise führen fütterungsbedingte Veränderungen des Darmmikrobioms zu erhöhter Darmschleimhautpermeabilität und erlauben damit eine systemische Enterokokkeninfektion.

Klinik und Pathologie

Die akuten Verläufe sind vor allem durch Septikämien bedingt und deshalb in ihren klinischen Symptomen von einer septikämischen Streptokokkose nicht zu unterscheiden. Bei subakut bis chronischem Verlauf zeigen die erkrankten Tiere abnehmende Futterverwertung, schlechte Gewichtszunahme, Legeleistungsdepression, Apathie, Lähmung der Hintergliedmaßen und Tremor. Embryosterblichkeit kann über die Einwanderung der Enterokokken von der kontaminierten Eierschale verursacht werden.

Pathologisch-anatomisch sind Vergrößerung von Leber, Milz und Nieren, Nabelentzündungen, persistierender Dottersack, fibrinöse Perikarditis und Perihepatitis festzustellen. Chronische Veränderungen sind durch fibrinöse Arthritis, Femurkopfnekrosen, Tendosynovitis, Osteomyelitis, Spondylitis, nekrotische Myokarditis und eine valvulare Endokarditis gekennzeichnet. Die histopathologischen Organveränderungen unterscheiden sich nicht von der chronischen Streptokokkose.

Diagnose

Die Diagnose erfolgt über die Anzucht der Enterokokken auf konventionellem 5%igem Blutagar. Enterokokken wachsen nicht auf MacConkey-Agar mit Kristallviolettzusatz. Sie lassen sich so von anderen kokkoiden Bakterien unterscheiden. Die Differenzierung und Identifizierung kann mit Hilfe biochemischer Untersuchungsmethoden, dem MALDI-TOF-System, dem Einsatz einer Multiplex-PCR oder durch die Sequenzierung des Gens der 16S-rRNA durchgeführt werden. Serologische Nachweisverfahren sind entwickelt worden, aber kommerziell (noch) nicht erhältlich.

Bekämpfung

Die Bekämpfungsstrategie der Enterokokken-Infektion entspricht der Prävention und Kontrolle der Streptokokkose des Nutzgeflügels.

8.3.18 Rotlauf

ACHTUNG: Zoonose

Ätiologie

Der Rotlauf des Geflügels wird durch eine Infektion mit *Erysipelothrix (E.) rhusiopathiae* verursacht. *E. rhusiopathiae* ist ein gram-positives, unbewegliches, fadenförmig erscheinendes Stäbchenbakterium. Bisher sind 26 Serotypen von *E. rhusiopathiae* beschrieben worden, wobei die Serotypen 1, 2 und 5 beim Nutzgeflügel wohl die größte Bedeutung haben. Als Virulenzfaktoren sind Hyaluronidase, Neuraminidase, Koagulase und Kapselpolysaccharide nachgewiesen worden.

Epidemiologie und Pathogenese

Der Rotlauf ist weltweit verbreitet, tritt aber nur sporadisch auf. *E. rhusiopathiae* kommt als Kontaminant von Einstreu und Futtermittel vor. Tote Tiere und vermehrter Kannibalismus in der betroffenen Herde fördern die Weiterverbreitung des Erregers und damit die Erkrankung. Eine Übertragung vom Schwein auf das Nutzgeflügel ist möglich. Gegenüber einer Infektion sind alle Nutzgeflügelarten empfänglich, jedoch hat der Rotlauf bei Puten die größte Bedeutung. Hühner, Enten und Gänse können experimentell und unter Feldbedingungen infiziert werden, erkranken aber nicht so schwer wie die Pute. Infektiöse und nicht-infektiöse Belastungen begünstigen die Infektion. Es handelt sich um eine horizontale Infektion. Der Erreger dringt über Läsionen der Haut oder Schleimhaut ein und führt zu perakuten Verlaufsformen durch Septikämien oder zu chronischen Erkrankungen mit Entzündungen der Herzklappen, der Gelenke oder der Haut.

Klinik und Pathologie
E. rhusiopathiae ist für Puten jeden Alters und Geschlechts primär pathogen. Die Inkubationszeit kann wenige Stunden bis mehrere Tage betragen. In der betroffenen Herde fallen vermehrt plötzliche Verluste auf. Erkrankte Tiere zeigen eine erschlaffte unstete Fortbewegung mit schweren Gleichgewichtstörungen. Die Haut im Kopfbereich erscheint schmutzig-krustös und leicht blau verfärbt und die Kopfanhänge geschwollen. Plötzliche Todesfälle ohne vorherige Krankheitsanzeichen sind nicht selten und beruhen auf septikämischen Krankheitsverläufen mit der Folge von Verbrauchskoagulopathie. Die Mortalität kann zwischen 1 und 50 % in der Herde betragen.
Pathologisch-anatomisch stehen die hämorrhagischen Veränderungen von Muskulatur, Herz, Leber, Milz und auch der Nieren im Vordergrund. Es kommt zu Blutstauungen in den inneren Organen und exsudativen fibrinösen Entzündungen von Herzbeutel und Herzmuskel. Chronische Verläufe führen zur Endocarditis valvularis. Histopathologisch erscheinen die Körpergefäße erweitert und angestaut. In Lunge und Herz kommt es zu Ödembildung und Hämorrhagien. Die Gefäßwände zeigen vergrößerte Endothelzellen, im Gefäßlumen befinden sich Fibrinansammlungen und Bakterien. Zellen des monozytären Phagozyten-Systems sind ringförmig um die Gefäße angeordnet. Es kommt zur hyalinscholligen Degeneration von Hepatozyten mit Vergrößerung der sinusoidalen Endothelien und der Kupfferschen Sternzellen. Als Folge der akuten Infektion entstehen in Herz, Leber und Niere fokale infarzierte Nekroseherde. Die Infektion hinterlässt eine lang andauernde Serotyp-übergreifende Immunität.

Abb. 8.91:
Gramfärbung von *Erysipelothrix rhusiopathiae*.

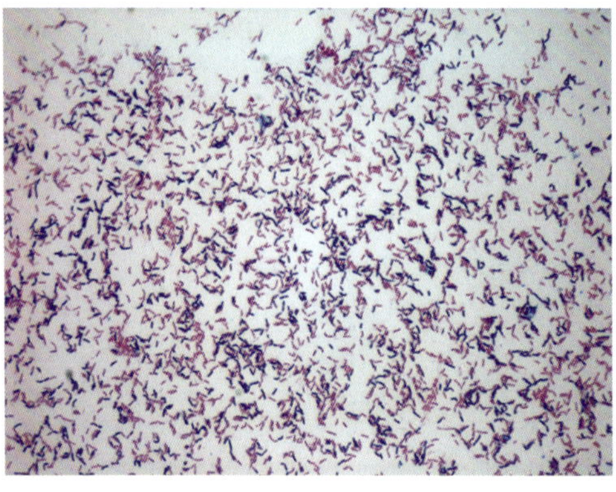

Diagnose
Der klinische Verlauf und die pathologisch-anatomischen Veränderungen erlauben eine Verdachtsdiagnose. *E. rhusiopathiae* kann relativ leicht auf 5%igem Blutagar unter mikroaerophilen Bedingungen bei 37 °C aus den veränderten Organen angezüchtet werden. Die Mikromorphologie mit Hilfe der Gramfärbung ist ein wichtiges Hilfsmittel, wobei die Gramlabilität des Rotlauferregers zu berücksichtigen ist (→ Abb. 8.91).
Die Biochemie, PCR-Systeme und das MALDI-TOF-System eignen sich zur Identifikation von *E. rhusiopathiae*. Die häufig vorhandene H_2S-Produktion ist ein wichtiges Identifizierungsmerkmal.

Bekämpfung
Der Rotlauf kann prophylaktisch durch die Applikation von autogenen Impfstoffen oder durch Umwidmung und Anwendung des für Schweine zugelassenen Impfstoffes bekämpft werden. Diese Impfung verhindert die Infektion und schützt mindestens 12 Monate vor einer Neuinfektion. Geimpft werden vor allem Putenelterntiere und Herden in Betrieben, die einer besonderen Erregerexposition ausgesetzt erscheinen. Ein einwandfreies Betriebshygienemanagement mit begleitender radikaler Bekämpfung der Schadnager und die weiträumige Trennung von anderen landwirtschaftlichen Nutztieren sind für die erfolgreiche Bekämpfung unerlässlich. Eine akute Infektion kann nach Erstellung eines Resistenztestes mit Penicillin, Erythromycin oder Ampicillin behandelt werden. Die antibiotische Behandlung führt nicht zur Erregerelimination.

Der Mensch infiziert sich über Hautläsionen vor allem beim Umgang mit infizierten Tieren. Nach 3 bis 5 Tagen entwickelt sich an der Infektionsstelle das sogenannte Erysipeloid mit der Folge von Schwellung der regionalen Lymphknoten und bei komplizierten Verläufen mit Septikämie, Endokarditis und/oder Enzephalitis. Die Prognose auf eine vollständige Heilung ist nach einer entsprechenden antibiotischen Therapie günstig.

8.3.19 Vogeltuberkulose

ES BESTEHT MELDEPFLICHT.

ACHTUNG: Zoonoserisiko

Ätiologie

Die Tuberkulose der Vögel einschließlich des Nutzgeflügels wird von *Mycobacterium* (*M.*) *avium* ssp. *avium* verursacht. *M. avium* gehört zu dem *M.-avium-intracellullare*-Komplex und ist ein gram-positives säurefestes Stäbchenbakterium, das sich durch die Ziehl-Neelsen-Färbung in Abklatschpräparaten spezifisch anfärben lässt. *M. avium* ist antigenetisch nicht einheitlich. Der *M.-avium-intracellullare*-Komplex umfasst bisher 28 Serotypen, wobei die Serotypen 1 bis 6 *M. avium* zugeordnet werden.

Epidemiologie und Pathogenese

Der Erreger besitzt eine sehr hohe Tenazität und bleibt außerhalb des Tierkörpers lange Zeit infektiös. Er kann im Erdboden bis zu 4 Jahre und in Tierkadavern bis zu 27 Monate überleben. Die Erkrankung ist weltweit verbreitet, aber heutzutage in den intensiv gehalten Nutzgeflügelbeständen fast bedeutungslos. Die Vogeltuberkulose ist in Rassegeflügelbeständen nur noch lokal verbreitet, spielt aber in der Zier-, Zoo- und Wildvogelmedizin eine sehr große Rolle. Vogeltuberkulose kommt wohl bei allen Vogelarten vor, wobei die Erkrankung der Hühnervögel beim Nutzgeflügel die größte Bedeutung hat. Besonders der Fasan scheint außergewöhnlich empfänglich gegenüber einer Infektion zu sein. Es handelt sich um eine horizontale Infektion. Die Ansteckung erfolgt über die orale Aufnahme der Mykobakterien durch die Ausscheidung von latent infizierten Tieren, über kontaminiertes Futter und kontaminierte Einstreu. Die Verbreitung und der Eintrag von *M. avium* finden vor allem über latent infizierte Wildvögel (Sperlinge, Stare, Tauben) und der Einstallung von latent infizierten Tieren statt. Nach der Aufnahme der Mykobakterien kommt es zur Besiedlung des Darms mit anschließender generalisierter Tuberkulose, wobei hauptsächlich Leber, Milz, Knochenmark und Herz betroffen sind. Die Virulenzfaktoren von *M. avium* sind weitgehend unbekannt.

Klinik und Pathologie

Die Inkubationszeit beträgt mehrere Wochen bis Monate. Die klinischen Symptome sind relativ unspezifisch. Die Tiere magern bei uneingeschränkter Fresslust stark ab und stellen die Legetätig ein. Das Federkleid wird struppig, die unbefiederte Haut im Kopfbereich erscheint vermehrt schuppig, eingefallen und bläulich verfärbt. Im Finalstadium kann ein Ikterus auftreten. Bei Gelenksbeteiligung kommt es zu ein- oder beidseitigen hochgradigen Lahmheiten. Plötzliche Todesfälle durch Leber- oder Milzruptur sind nicht selten.

Abb. 8.92:
Multiple tuberkulöse Granulome in der Leber einen Huhns als Folge einer *Mycobacterium-avium*-Infektion.

Die pathologisch-anatomischen Veränderungen sind beweisend für die Erkrankung. Typischerweise sind multiple stecknadelkopf- bis erbensgroße, grauweiß-gelbliche käsige Granulome in Herz, Leber (→ Abb. 8.92), Milz, Darm und Knochenmark festzustellen. Das Leber- und Milzgewebe erscheint brüchig und ist bei an Leber- und Milzruptur verstorbenen Tieren mit großen Blutkoagula bedeckt.

Histopathologisch handelt es sich um multiple Granulome mit zentral verkäsenden Nekroseherden. Zirkulär sind epitheloide Makrophagen und mehrkernige Riesenzellen angelagert. In der äußeren Region der Granulome sind Makrophagen, Lymphozyten und Granulozyten eingewandert. Die säurefesten Mykobakterien sind im Zentrum und im Bereich der Riesenzellen nachweisbar.

Diagnose

Die Diagnose erfolgt auf Grund der meist eindeutigen pathologisch-anatomischen Veränderungen und durch die Anfärbung der säurefesten Stäbchen mit Hilfe der Ziehl-Neelsen-Färbung (→ Abb. 8.93). Eine Anzucht wird, bedingt durch das sehr langsame Wachstum, nur selten durchgeführt und ist speziellen Fragestellungen vorbehalten.

Ein Tuberkulintest zur Identifizierung von symptomlosen Trägern wäre möglich, wird aber, obwohl ein kommerzielles Testsystem verfügbar ist, unter Praxisbedingung selten angewendet.

Abb. 8.93:
Säurefeste Mykobakterien (rot) im Abklatschpräparat (Färbung: Ziehl-Neelsen).

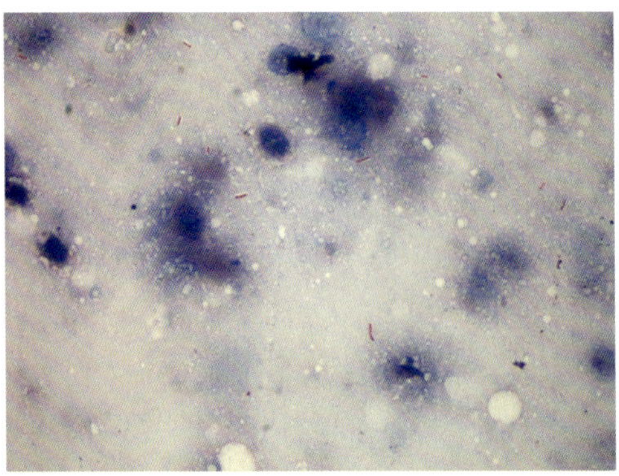

Bekämpfung

Eine antibiotische Bekämpfung der Vogeltuberkulose ist nicht möglich. Eine Erregerelimination ist ausgeschlossen, sodass nur die Tötung der gesamten Herde in Frage kommt. Nach gründlicher Reinigung (Abtragen und Umgraben der Erde in Freilandgehegen) und Desinfektion mit Aufbringen von Chlorkalk ist eine Wiederbelegung frühesten nach einem Jahr möglich. Es ist zu beachten, dass die Desinfektionsmittel auch Wirksamkeit gegenüber säurefesten Stäbchen zeigen.

Nach neueren Erkenntnissen ist das Zoonoserisiko gering. *M. avium* ist zwar aus klinisch erkrankten Menschen isoliert worden, aber molekulargenetische Studien zeigten, dass diese Stämme im Vergleich zu den aus Vögeln isolierten Stämmen unterschiedlich sind. Mit diesen humanen *M.-avium*-Stämmen ließen sich Vögel nicht oder nur sehr schwer infizieren. Für immunsupprimierte Menschen bleibt aber ein Restrisiko bestehen. Es sollte auf entsprechende Schutzkleidung unter Einschluss von Haut- und Augenschutz bei der Reinigung und Desinfektion eines betroffenen Bestandes geachtet werden.

8.3.20 Listeriose

! **ES BESTEHT MELDEPFLICHT.**

! **ACHTUNG:** Zoonose

Ätiologie

Die Listeriose des Nutzgeflügels wird von *Listeria (L.) monocytogenes* verursacht. *L. monocytogenes* ist ein gram-positives, bei 22 °C bewegliches Stäbchenbakterium, das sich serologisch nicht einheitlich darstellt. Zurzeit werden 17 Serotypen unterschieden, wobei die Serotypen 1/2a und 4 am häufigsten in Zusammenhang mit Erkrankungen des Nutzgeflügels isolierten wurden. Es sind unterschiedlich virulente Stämme beschrieben worden, wobei die Kenntnisse über die Virulenzmechanismen unzureichend sind.

Epidemiologie und Pathogenese
L. monocytogenes ist primär pathogen und führt zu sporadischen Infektionen von Hühnern, Puten, Wassergeflügel und Tauben, dabei sind Jungtiere empfänglicher als ältere Tiere. *L. monocytogenes* kann Monate bis Jahre im Erdboden, in Einstreu, Kot, Futter und Wasser überleben, welche dann als Infektionsquellen in Frage kommen. Eine Ansteckung zwischen den Tieren ist selten. Die Entstehung einer klinisch apparenten Listeriose hängt von der Virulenz der beteiligten Bakterienstämme und von zusätzlich belastenden Faktoren ab.

Klinik und Pathologie
Die Infektion erfolgt oral und kann zur Septikämie und zur Infektion des ZNS führen. Apathie, Diarrhoe und Abzehrung sind typisch für eine Septikämie. Die ZNS-Beteiligung ist durch Tortikollis, Ataxie, Inkoordination und Opisthotonus gekennzeichnet. Pathologisch-anatomisch sind Spleno- und Hepatomegalie, multifokale Nekroseherde in Leber, Milz und Myokard sowie Perkarditis festzustellen (→ Abb. 8.94).

Ferner kann es bei Masthühnern zu Aszites und Hämorrhagien in Herz, Leber, Milz und Nieren kommen. Bei chronischem Verlauf sind gelbliche, glatte granulomatöse Herde in Milz und Leber nachweisbar. Im ZNS kommt es zu Gliosis und Satellitosis, Hämorrhagien und Fibrinthromben im Kleinhirn. Im Mittelhirn und der Medulla oblongata sind die Listerien nachweisbar.

Diagnose
L. monocytogenes ist auf 5%igem Schafblutagar anzüchtbar. Eine Identifikation und Abgrenzung zu anderen Listerien-Arten erfolgt über biochemische Reaktionsmuster (API Listeria®), dem MALDI-TOF-System oder mit Hilfe von PCR-Systemen.

Abb. 8.94:
Multifokale Nekroseherde in Milz und Leber als Folge einer Listeriose.

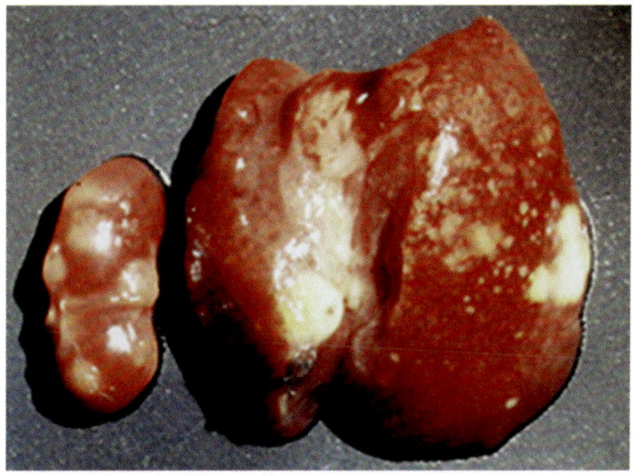

Bekämpfung
Da es sich meistens um sporadische Einzeltiererkrankungen handelt, ist eine Herdentherapie nicht sinnvoll. Erkrankte Tiere sind auszusondern und tierschutzgerecht zu euthanasieren. Mehr Bedeutung kommt der Prävention in Form der Vermeidung des Eintrages von Listerien in die Nutzgeflügelherde zu.

Menschen infizieren sich über kontaminierte Nahrungsmittel. Dabei sind Eier und Geflügelfleisch aber von untergeordneter Bedeutung. Es sind akut septikämische (Kinder und Jugendliche), chronisch septikämische, zentralnervöse, glanduläre und lokale Verlaufsformen beschrieben worden. Eine antibiotische Therapie nach schneller Diagnose ist für eine gute Prognose wichtig.

8.3.21 Aviäre intestinale Spirochäteninfektion des Nutzgeflügels

Ätiologie
Diese Erkrankung wird durch die Besiedlung von Zäkum und Rektum mit Spirochäten der Gattung *Brachyspira (B.)* verursacht. Für das Nutzgeflügel

Tab. 8.16: Brachyspira-Infektionen des Nutzgeflügels

Art	Nutzgeflügelart	Pathogenität
B. intermedia	Huhn	niedrig bis mittelgradig
B. pilosicoli	Huhn, Pute	niedrig bis mittelgradig (Zoonosepotenzial wird diskutiert)
B. alvinipulli	Huhn, Gans	niedrig bis mittelgradig
B. hyodysenteriae	Nandu	hochgradig

sind *B. intermedia, B. pilosicoli, B. alvinipulli* und *B. hyodysenteriae* von Bedeutung. *Brachyspira*-Arten sind langsam wachsende obligat anaerobe Spirochäten. Sie sind nur auf speziellen Nährmedien kultivierbar und aus diesem Grund ist die direkte Diagnose Speziallaboratorien vorbehalten. Die betroffenen Geflügelarten und die Pathogenität der entsprechenden *Brachyspira*-Arten sind in → Tabelle 8.16 dargestellt.

Epidemiologie und Pathogenese

Es bestehen erhebliche Virulenzunterschiede zwischen den Stämmen der einzelnen Arten, wobei die Kenntnisse über die Virulenzmechanismen unzureichend sind, da Informationen über die genetische Organisation der Spriochäten fehlen. Es handelt sich um eine fäkal-orale Infektion. Die Kolonisation im Zäkum und Rektum hängt wohl von den Virulenzmechanismen (Adhäsionsfaktoren), der übrigen Mikroflora und den verfügbaren Nährstoffen ab. Der Erreger ist in Legehennenbeständen relativ weit verbreitet.

Klinik und Pathologie

Auf Grund von experimentellen Infektionsversuchen und Feldinfektionen kann zwischen subklinischen, milden bis mittelgradigen und schweren Verlaufsformen unterschieden werden. Die klinisch apparenten Infektionen sind, abhängig von den beteiligten *Brachyspira*-Arten, durch katarrhalische Diarrhoe, Reduktion der Legeleistung mit Veränderungen der Eierschalen und verminderter Gewichtszunahme gekennzeichnet. Infektionen mit *B. hyodysenteriae* können beim Nandu zu schwerer Typhlitis mit Todesfolge führen.
Pathologisch-anatomisch kommt es zur massiven Hyperplasie der Darmschleimhaut der betroffenen Darmabschnitte. Es kommt zur Degeneration des Darmepithels durch Nekrose der Darmmukosa. Die Darmkrypten erscheinen erweitert und mit nekrotischem Zellmaterial, bestehend aus Schleim, heterophilen Granulozyten, abgestorbenen Epithelzellen und Bakterien, pseudomembranartig angefüllt. Milz und Leber können nach systemischer Ausbreitung des Erregers ebenfalls histopathologische Läsionen zeigen.

Diagnose

Die Diagnose kann über die (sehr aufwendige) Anzucht der Erreger und anschließende Identifizierung mit Hilfe biochemischer Reaktionsmuster, mit der PCR oder der Real-time-PCR erfolgen. Es sind für den Nachweis aller klinisch relevanten *Brachyspira*-Arten PCR-Protokolle entwickelt worden, die sich auch zum Direktnachweis von *B. intermedia* und *B. pilosicoli* aus Kotmaterial eignen. Eine Infektion mit *B. hyodysenteriae* lässt sich auch durch den Nachweis spezifischer Antikörper mit ELISA-Systemen, Serumschnellagglutination, Agar-Gel-Präzipitation und indirekter Immunfluoreszenz diagnostizieren.

Bekämpfung

Wie bei sehr vielen infektiösen Erkrankungen steht auch hier ein optimales Betriebshygienemanagement an oberster Stelle der Bekämpfungsmaßnahmen. Damit lassen sich Neuinfektionen und die Ausbreitung der Spirochäten in der Herde wirkungsvoll verhindern. Die Behandlung einer klinisch apparenten *Brachyspira*-Infektion mit Tetrazyklinen, Penicillin, Thiamulin oder Enrofloxacin ist möglich. Da aus den oben genannten Gründen die Erstellung eines Resitstenztestes schwierig ist, sollte bei Therapieversagen ein Wechsel des Antibiotikums vorgenommen werden.

8.3.22 Borreliose des Nutzgeflügels

Ätiologie, Epidemiologie und Pathogenese

Die Borreliose wird von *Borrelia (B.) anserina* verursacht. *B. anserina* gehört zu den Spirochäten, ist sehr beweglich, kulturell nicht anzüchtbar und kann sich außerhalb des Tierkörpers nicht vermehren. Hauptsächlich kommen Zecken und Insekten als Überträger in Frage. Ferner kann *B. anserina* durch Kannibalismus und kontaminierte Kanülen oder Injektionsnadeln übertragen werden. Neben dem Wassergeflügel können auch Hühner, Fasane und Puten erkranken. Bedingt durch die Übertragungswege sind dabei vor allem Tiere in Freilandhaltungen betroffen. Zwischen den einzelnen *B.-anserina*-Stämmen bestehen erhebliche Virulenzunterschiede, wobei die Kenntnisse über die Virulenzmechanismen gering sind.

Klinik und Pathologie

Erkrankte Tiere zeigen untypische Symptome wie Apathie, Zyanosen im Kopfbereich, gesträubtes Gefieder und grünlichen Durchfall mit erhöhtem Harnsäureanteil. Minder virulente Stämme führen zu milden klinischen Symptomen oder inapparentem Krankheitsverlauf.

Eine hochgradig umfangsvermehrte und marmorierte Milz ist das deutlichste pathologisch-anatomische Merkmal einer akuten Borreliose. Bei chronischen Verläufen kommt es, einhergehend mit Leber- und Nierenschwellung, zu Hämorrhagien von Leber- und Nierenparenchym. Die Harnleiter sind stark angestaut und der Magen-Darminhalt ist grünlich verfärbt und von muköser Konsistenz. Bei Fasanen sind Hämorrhagien und Nekrosen der Muskulatur beobachtet worden.

Diagnose

Die Borrelien lassen sich im akuten Krankheitsfall fixiert und nach Giemsa angefärbt im Hellfeldmikroskop oder als Lebendausstrich in Dunkelfeldmikroskop nachweisen. Da *B. anserina* sich kulturell nicht oder nur sehr aufwendig über embryonierte Hühnereier anzüchten lässt, ist der Antikörpernachweis mit Hilfe der Serumschnellagglutination, der Agar-Gel-Präzipitation, indirekter Immunfluoreszenz oder Spirochaetenimmobilisation diagnostisch bedeutsam.

Bekämpfung

Die Borreliose kann über die Bekämpfung von Zecken und Insekten wirksam kontrolliert werden. Da es sich meistens nur um einzeln erkrankte Tiere in der Herde handelt, kann bei Kleinbeständen eine antibiotische Einzeltiertherapie mit Penicillin oder Tetrazyklinen in der Regel erfolgreich durchgeführt werden.

8.3.23 Infektionen mit anderen bakteriellen Erregern

Bei erkranktem Nutzgeflügel sind auch Erreger isoliert worden, die für diese Tiere lediglich sekundär pathogen sind und aus diesem Grund zur klinischen Manifestation zusätzliche nicht-infektiöse und infektiöse Faktoren benötigen. Oft kommt es durch diese Belastungen zu schweren Immunsuppressionen, die dann das Angehen einer solchen Infektion begünstigen. Eine Übersicht gibt → Tabelle 8.17.

8.3.23.1 Pseudomonadose

Ätiologie, Epidemiologie und Pathogenese

Die Pseudomonadose ist eine lokalisierte oder septikämisch verlaufende Infektion. Es erkranken vorwiegend junge Tiere. *Pseudomonas (P.) aeruginosa* ist ein gram-negatives, bewegliches, Oxidase-positves Stäbchenbakterium. Der Erreger kann sich auch außerhalb des Tierkörpers vermehren und ist als Umweltopportunist vor allem in verschmutzten Tränke- und Futterbehältnissen sowie in feuchter Einstreu verbreitet und besitzt eine hohe Tenazität. *P. aeruginosa* wächst strikt aerob und bildet ein wasserlösliches Pigment, das Pyoverdin (Fluorescein) und Pyocyanin A enthält. *P. aeruginosa* ist als sekundär pathogen zu bewerten. Es existieren unterschiedlich virulente

Tab. 8.17:
Übersicht über bedeutsame sekundär pathogene bakterielle Erreger des Nutzgeflügels

Erreger	Wirt	Klinik	Pathologie	Gebräuchlichste diagnostische Methoden
Pseudomonas aeruginosa	Nutzgeflügel	Apathie, Abmagerung, Legeleistungsrückgang, Augenausfluss, Sinusitis	Septikämie, Keratokonjunktivitis, Hämorrhagien in Herz, Leber, Milz	Kultur (Mikromorphologie, fruchtiger Geruch), API 20NE®, MALDI-TOF
Klebsiella pneumoniae	Nutzgeflügel (Strauß) (Jungtiere)	Embryosterblichkeit, Augen-, Nasenausfluss, Dyspnoe „ostrich fading chick syndrome"	Salpingitis, Oopheritis, Keartokonjunktivitis, Sinusitis	Kultur (Mikromorphologie), API 20NE®, MALDI-TOF
Aeromonas hydrophila	Nutzgeflügel	Septikämie, Embryosterblichkeit, Kükensterblichkeit, Schlupfverlust	Hämorrhagien in Darmschleimhaut, Leber und Milz, Salpingitis, Aerosaculitis	Kultur, API 20NE®, MALDI-TOF

Stämme, ohne dass genauere Informationen über die Virulenzmechanismen verfügbar sind. Immunsupprimierende Faktoren infektiöser und nicht-infektiöser Art sind Voraussetzung für das Entstehen der Pseudomonadose. Die Aufnahme erfolgt über kontaminiertes Wasser, Futter und Einstreu. Infektionen können auch über kontaminierte Injektionsspritzen, Antibiotika und Impfstoffe erfolgen.

Klinik und Pathologie

Empfänglich sind vor allem Hühnervögel, aber auch das Wassergeflügel, die mit den unspezifischen Symptomen einer septikämischen Allgemeininfektion erkranken. Es kann aber auch lokal zu Sinusitis, Keratokonjunktivitis, Keratitis, Omphalitis und Dottersackinfektion kommen. Die klinischen Symptome hängen dabei naturgemäß von der Störung des betroffenen Organsystems ab und sind wenig spezifisch. Morbidität und Mortalität liegen zwischen 2 und 10 %. In extremen Fällen können aber auch sämtliche Tiere einer Herde erkranken.

Diagnose

Die Diagnose erfolgt durch den kulturellen Anzuchtversuch von *P. aeruginosa*. Der Erreger lässt sich auf konventionellem Blutagar aerob anzüchten (→ Abb. 8.95). Die Kolonien fallen durch ihr schleimiges Wachstum und ein fruchtigen Geruch auf.
Die Identifizierung erfolgt über die biochemischen Reaktionsmuster (z. B. API-20NE®-System) oder das MALDI-TOF-System.

Bekämpfung

Eine klinisch apparente Pseudomonadose des Nutzgeflügels ist immer die Folge von schweren

Abb. 8.95:
Pseudomonas aeruginosa auf Blutagar.

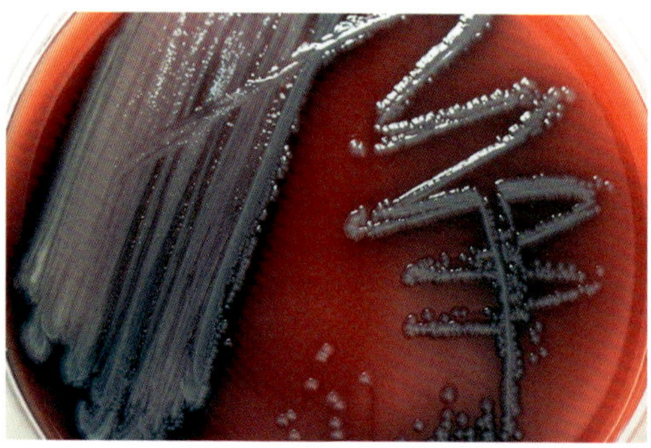

hygienischen Mängeln in der Brüterei oder im Bestand. Aus diesem Grund führt eine alleinig durchgeführte antibiotische Behandlung nach Erstellung eines Resistenztestes nur vorübergehend zum Erfolg. Vor Neueinstallungen muss eine grundlegende und nachhaltige hygienische Sanierung der Brutschränke, des Stalles und der Stallumgebung durch Reinigung und den Einsatz wirksamer Desinfektionsmittel durchgeführt werden.

8.3.23.2 Infektionen mit *Klebsiella pneumoniae*

Ätiologie, Epidemiologie, Pathogenese, Klinik und Pathologie

Klebsiella (K.) pneumoniae ist ein gram-negatives, unbewegliches, von einer Kapsel umgebenes Stäbchenbakterium. *K. pneumoniae* verursacht Embryomortalität, Dottersackinfektion und Mortalitäten bei jungen Hühnern, Puten und Straußen. Ferner konnte *K. pneumoniae* aus jungen Puten mit Cellulitis und respiratorischen Symptomen isoliert werden. Es lag aber immer eine primäre Infektion mit anderen Erregern vor. Bei Hühnerküken konnte *K. pneumoniae* mit *Staphylococcus aureus* aus entzündlichen Augenerkrankungen nachgewiesen werden. Bei Legehennen führt die Infektion zu Salpingitis und Oophoritis. Lokale und systemische Infektion führen bei jungen Straußen zu dem „ostrich fading chick syndrome“ mit oft letalem Ausgang.

Diagnose und Bekämpfung

K. pneumoniae lässt sich auf 5%igem Blutagar unter mirkroaerophilen Bedingungen bei 37 °C anzüchten. Das Wachstum der typisch schleimig aussehenden Bakterienkolonien ist ein guter diagnostischer Hinweis, der durch die biochemischen Reaktionsmuster (z. B. API 20 E®) oder die MALDI-TOF-Analyse abgesichert wird. Grundsätzlich handelt es sich immer um eine infektiöse Faktorenerkrankung, sodass die Prophylaxe mit optimaler Bruthygiene und gutem Betriebsmanagement die wirkungsvollste Bekämpfungsstrategie darstellt.

8.3.23.3 Infektionen mit *Aeromonas hydrophila*

Ätiologie, Epidemiologie, Pathogenese, Klinik und Pathologie

Aeromonas (A.) hydrophila verursacht sporadisch septikämische Erkrankungen beim Nutzgeflügel. Es handelt sich um ein gram-negatives, bewegliches Stäbchenbakterium. *A. hydrophila* gilt als sekundär pathogen für das Nutzgeflügel, obwohl einige Virulenzfaktoren wie Hyaluronidase, Hämolysin und Toxine nachgewiesen worden sind. Beim Wassergeflügel führt die Infektion zur Septikämie, bei Hühnern und Puten zu Durchfall, Embryomortalität und lebensschwachen Küken. *A. hydrophila* verursacht in Koinfektion mit *E. coli* Phallusentzündung beim Ganter. Die Kontamination der Eierschalen bei Straußen führt zu Schlupfverlust.

Diagnose und Bekämpfung

Der Nachweis erfolgt über die Anzucht bei 37 °C auf 5%igem Blutagar mit anschließender biochemischer (z. B. API 20 NE®) oder zytochemischer Identifizierung durch das MALDI-TOF-System. Die Erkrankung kann nach Erstellung eines Resistenztests durch Antibiose mit Tetrazyklinen, Ampicillin oder Enrofloxacin behandelt werden. Eine Impfung mit autogenen Impfstoffen ist möglich. Zur Vermeidung von Neuinfektionen ist die Elimination der Eintragsquelle (Tränkwasserhygiene!) unbedingt erforderlich.

8.4 Mykosen und Mykotoxikosen des Nutzgeflügels

Die Mykosen des Nutzgeflügels werden durch Infektionen mit Sprosspilzen (Candidose) und mycelbildenden Pilzen (Dermatomykose und Systemmykose) verursacht. Die Mykotoxikosen entstehen durch eine Intoxikation des Geflügels mit Pilzgiften. Beide Erkrankungen treten nur sporadisch auf, sind aber in ihren Verläufen besonders bei erkrankten Jungtieren meistens dramatisch, da die Mortalitätsraten in den betroffenen Herden oft sehr hoch sein können.

Abb. 8.96:
Candida-albicans-Infektion der Kropfschleimhaut;
(a) unveränderte Schleimhaut,
(b) veränderte Schleimhaut.

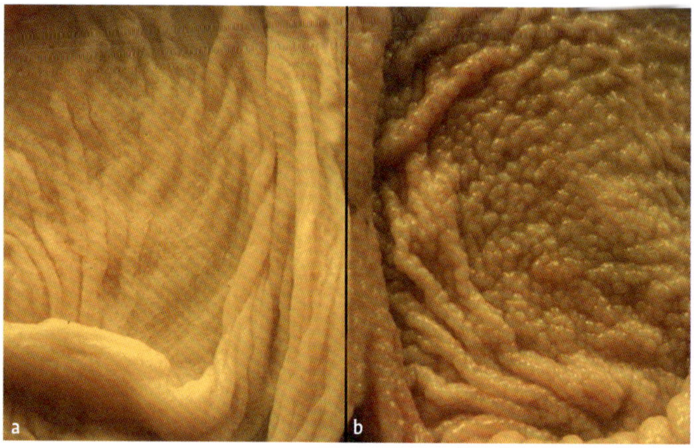

8.4.1 Candidose

Ätiologie, Epidemiologie und Pathogenese

Die Erkrankung ist die Folge von Infektionen mit Sprosspilzen, hauptsächlich der Spezies *Candida (C.) albicans.* Dieser Pilz ist ubiquitär verbreitet und auch Bestandteil der Mikroflora auf der Haut sowie der Schleimhaut von gesunden Tieren. Eine Erkrankung ist die Folge einer Immunsuppression oder eine Folge von Antibiotika-Gaben über einen längeren Zeitraum und damit der Störung der natürlichen Mikroflora. Es handelt sich um Infektionen der Kropfschleimhaut, der Speiseröhre und gelegentlich des Drüsenmagens.

Klinik und Pathologie

Junge Tiere sind empfänglicher als ältere. Die betroffenen Tiere nehmen schlecht zu, sind apathisch und weisen gesträubtes Gefieder auf. Die Schleimhaut der betroffenen Organe ist stark verdickt und mit weißlichen, runden Auflagerungen versehen, es kann zum Teil ein Bier-ähnlicher Hefegeruch wahrgenommen werden (→ Abb. 8.96). Gelegentlich sind auch Hautveränderungen oder systemische Formen zu beobachten. Die Schleimhaut kann tiefgehende diphteroide Nekrosen aufweisen, aus denen dann pseudomembranartige Beläge entstehen.

Abb. 8.97:
Sprosspilze mit Pseudomycelen auf der Kropfschleimhaut (Giemsafärbung).

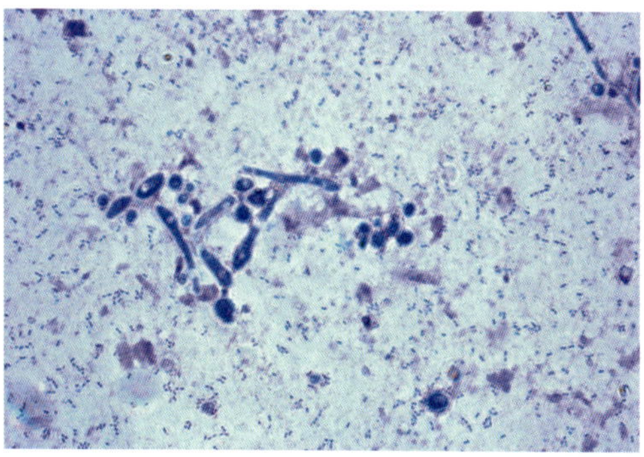

Abb. 8.98:
Wachstum von *Candida albicans* auf Sabouraud-Dextrose-Agar.

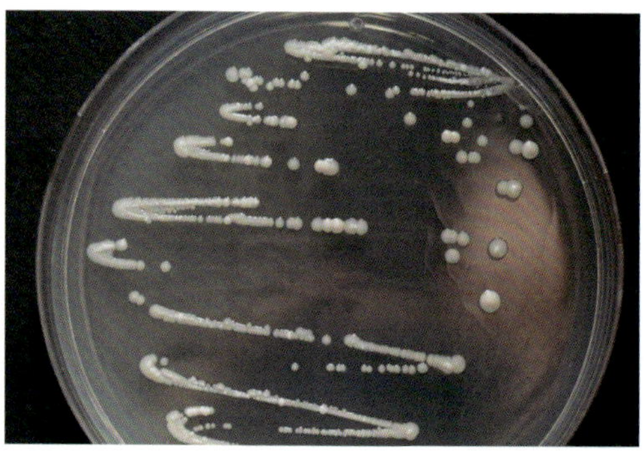

Diagnose
Die typischen Veränderungen der betroffenen Schleimhautregionen geben einen guten diagnostischen Hinweis. Dieser muss durch den histopathologischen Nachweis der Sprosspilze in dem veränderten Schleimhautmaterial und über die kulturelle Anzüchtung der Hefepilze aus verändertem Organmaterial auf Sabouraud-Dextrose-Agar bei 25 °C und 37 °C zwischen 48 und 72 Stunden abgesichert werden (→ Abb. 8.97 und 8.98).
Für die Erkrankung ist aber nur der Nachweis von *C. albicans* in Verbindung mit der Klinik und der Pathologie beweisend. Für andere Tierarten sind auch molekularbiologische Methoden zur Diagnose einer Hefepilzinfektion beschrieben, die aber keinen Eingang in die Geflügelmedizin erhalten haben.

Bekämpfung
Eine Therapie ist nicht möglich, weil die entsprechenden Antimykotika für das Nutzgeflügel in Deutschland nicht zugelassen sind. Da die Candidose nur sporadisch auftritt und selten eine große Anzahl von Tieren betroffen ist, müssen erkrankte Tiere aussortiert und tierschutzgerecht euthanasiert werden. Die Haltungsbedingungen und die Futtermittelqualität müssen überprüft und gegebenenfalls korrigiert werden.

8.4.2 Aspergillose

Ätiologie, Epidemiologie und Pathogenese
Die Infektionen werden durch Pilze der Arten *Aspergillus (A.) fumigatus* und *A. flavus*, seltener von anderen *Aspergillus*- oder *Penicillium*-Arten verursacht. *Aspergillus*-Arten sind mycelbildende Schimmelpilze. Bei Pilzinfektionen handelt es sich um Faktorenerkrankungen. Es ist keine primär pathogene Pilzinfektion beim Nutzgeflügel bekannt, und so gehen einer Mykose immer belastende Faktoren infektiöser und nicht-infektiöser Genese für das Immunsystem voraus, die das Entstehen der Erkrankung begünstigen. Während junge Tiere empfänglicher sind und vorwiegend akut erkranken, ist die chronische Form der Aspergillose eine Erkrankung der älteren Tiere. Der Sporeneintrag findet meist über mit Pilzen kontaminiertes Futtermittel oder kontaminierte Einstreu statt. Grundsätzlich ist jedoch davon auszugehen, dass diese natürlichen Rohstoffe niemals ganz frei von Pilzsporen sein können. Ungünstige Stallklimabedingungen wie unzureichende Lüftung, hohe Luftfeuchte, auch in Zusammenhang mit Wärme sowie erhöhter Feuchtigkeit der Einstreu, z. B. durch tropfende Tränken, begünstigen die Vermehrung der Pilze und erhöhen die Gefahr der Infektion der Tiere. Die Vögel atmen die Sporen ein, die sich dann in den kaudalen Luftsäcken als vegetative Form manifestieren. Von dort aus ist, je nach Immunitätslage, eine Streuung in andere Organe möglich. Brutschrankkontamination führt zur Besiedlung der Eierschale und Penetration der Schale bis zur Infektion des Embryos. Dies hat ein Absterben der Embryonen oder den Schlupf von lebensschwachen Küken zur Folge. Eine Übertragung von Tier zu Tier findet nicht statt.

Klinik und Pathologie
Es kann zwischen Infektionen des Gesamtorganismus (Systemmykosen), der Respirationsorgane, der Haut, des Dottersacks, der Augen und des Gehirns unterschieden werden. Die klinischen Symptome hängen dabei naturgemäß von der Organmanifestation ab. Mit dem Wachstum der Pilze kann es je nach beteiligtem *Aspergillus*-Stamm zur Toxinbildung kommen, welche dann zusätzliche toxische Wirkung auf den Gesamtorganismus hat. Die Mortalität ist bei jungen Tieren sehr viel höher als bei älteren und kann zwischen 50 und 90 % betragen.
Pathologisch-anatomisch fallen die multiplen miliaren bis granulomatösen Herde in den betroffenen Organsystemen auf. Diese können dann zur Kavernenbildung führen, in denen die Mycele schon mit bloßem Auge festzustellen sind. Diese Veränderungen sind pathognomonisch, und somit sind zusätzliche diagnostische Verfahren eigentlich nicht mehr notwendig (→ Abb. 8.99).
Histopathologisch handelt es sich um Granulome, in deren Zentren die Pilzhyphen lokalisiert sind (→ Abb. 8.100). Diese sind kreisförmig von nekrotischem Zellmaterial, heterophilen Granulozyten, multinukleären Riesenzellen und Epitheloid-

Abb. 8.99:
Aspergillose mit granulomähnlichen Veränderungen im Lungengewebe bei einer Pekingente.

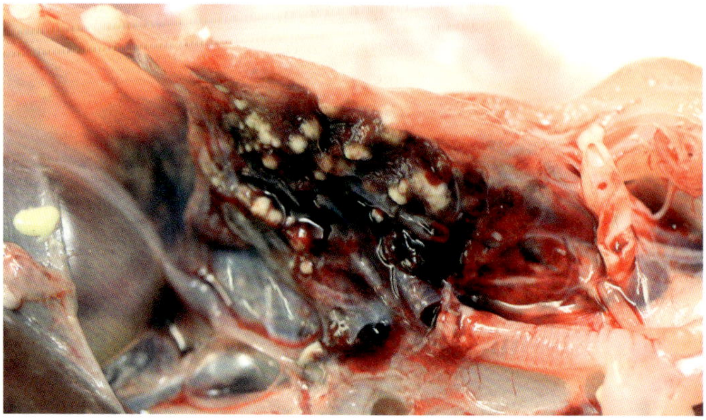

makrophagen umgeben. Diese Veränderungen können in den betroffenen Organsystemen unterschiedlich stark ausgeprägt sein.

Diagnose

Die Diagnose kann durch die Anfärbung der Pilzhyphen von den veränderten Organen im Abklatschpräparat abgesichert werden. *A. fumigatus* und *A. flavus* lassen sich auch mühelos auf Sabouraud-Dextrose-Agar zwischen 25° und 37 °C anzüchten und anschließend als Abklatschpräparat mit der Giemsa- oder Lactophenolblau-Färbung oder im histologischen Präparat mit der Perjod Acid-Schiff-Reagenz (PAS)-Färbung anfärben. Anhand der Morphologie der Konidienträger kann dann eine Artdiagnose erfolgen (→ Abb. 8.101).

Bei unspezifischen Organveränderungen ist ein kultureller Pilznachweis kritisch zu bewerten, da Pilze sehr weit in der Umgebung verbreitet sind und auch falsch-positive Ergebnisse nicht leicht ausgeschlossen werden können.

Bekämpfung

Im Gegensatz zur Zier-, Zoo- und Wildvogelmedizin ist eine Therapie der Mykosen beim Nutzgeflügel nicht möglich und auch nicht sinnvoll. Für das Nutzgeflügel gibt es in Deutschland keine zugelassenen Antimykotika. Zudem handelt es sich um eine Langzeittherapie, die somit völlig unwirtschaftlich und auch bezüglich der Rückstandsproblematik äußerst problematisch zu bewerten ist. So verbleibt als primäre Bekämpfungs-

Abb. 8.100:
Pilzgranulom mit Pilzhyphen (PAS-Färbung).

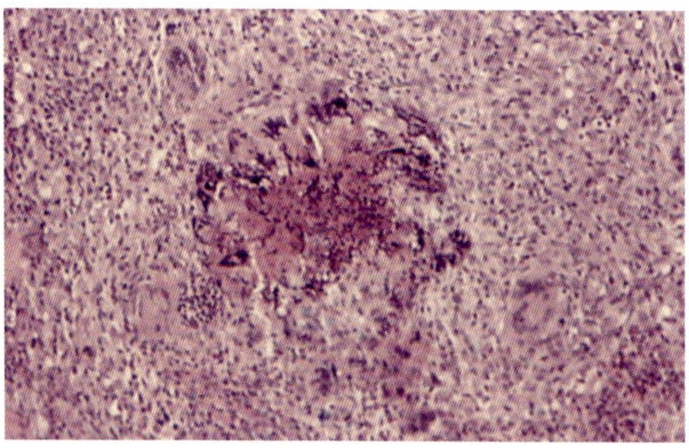

Abb. 8.101:
Konidienträger von *Aspergillus fumigatus* (Färbung: Lactophenolblau).

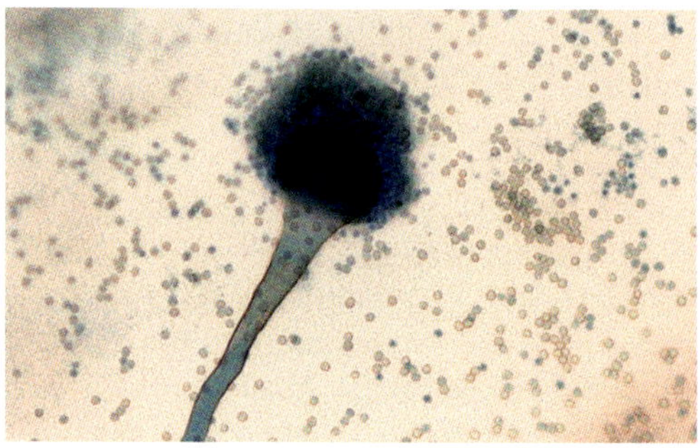

strategie eine optimale Bruthygiene und den Eintrag von stärker kontaminiertem Futtermittel und Einstreumaterial in die Nutzgeflügelherden nachhaltig zu verhindern. Dies muss durch regelmäßige Futtermittelanalysen und adspektorische Qualitätskontrolle der Einstreu erfolgen. Weiterhin ist für eine ausreichende Lüftung sowie Vermeidung von unnötigem Feuchtigkeitseintrag in die Einstreu zu sorgen.

8.4.3 Dermatomykosen

ACHTUNG: Zoonoserisiko

Ätiologie, Epidemiologie und Pathogenese
Dermatomykosen werden durch *Trichophyton*-Arten *(T. gallinae, T. mentagrophytes, T. megninii)*, *Rhodotorula*-Arten *(R. mucilaginosa, R. minuta)*, *Microsporum gallinae* und *Chrysosporum tropicum* verursacht. Es handelt sich um sporadisch auftretende Infektionen, die wohl hauptsächlich über Pilz-kontaminierte Einstreu eingetragen werden. Prädisponierend für das Entstehen einer Erkrankung ist eine Vorschädigung der Haut durch Primärinfektionen, Verletzungen oder eine Immunsuppression. Es sind meistens nur einzelne Tiere betroffen und die Infektion breitet sich sehr langsam in der Herde aus.

Klinik und Pathologie
Betroffen sind vor allem die federlosen Regionen an Kopf, Kamm, Kehllappen und der Ständer. Es treten grau-weiße Beläge mit borkenartigen Veränderungen der Haut auf. Sind befiederte Bereiche betroffen, kommt es durch die Schädigung des Federfollikels zum Federausfall. Die betroffenen Hautregionen weisen Epithelnekrosen und Hyperkeratosen auf.

Diagnose und Bekämpfung
Das klinische Bild gibt einen ersten Hinweis auf die Ursache der Erkrankung. Die Histopathologie und der kulturelle Anzüchtungsversuch können die Verdachtsdiagnose absichern. Die Bekämpfungsstrategie ist ensprechend der Bekämpfung anderer Mykosen des Nutzgeflügels auszurichten.

Durch direkten Kontakt mit erkrankten Tieren kann es zu Hautmykosen des Menschen kommen. Die Behandlungsaussichten derartiger Pilzinfektionen sind im Allgemeinen günstig zu prognostizieren.

8.4.4 Weitere Pilzerkrankungen des Nutzgeflügels

In den USA sind Infektionen der Atemwege und des Gehirns bei Hühnern und Puten durch *Ochroconis gallopava* (ehemals *Dactylaria gallopava)* mit entsprechenden zentralnervösen Symptomen beschrieben worden. Auch *Macrorhabdus ornithogaster* wurde in Zusammenhang mit Erkrankungen der Digestionsorgane bei Fasanen und Gänsen beschrieben. Für die Prophylaxe und die Therapie dieser Pilzinfektionen gilt das oben Beschriebene.

8.4.5 Mykotoxikosen des Nutzgeflügels

Ätiologie, Epidemiologie und Pathogenese
Mykotoxikosen treten beim Nutzgeflügel sporadisch auf. Obwohl Geflügel relativ unempfindlich gegenüber einigen Mykotoxinen zu sein scheint, können bei einer ausreichend aufgenommen Menge hohe Verluste auftreten. Mykotoxine können oral über kontaminierte Futtermittel wie Getreide, Soja oder Erdnuss-Schrot aufgenommen werden. Die Kontamination kann während der Ernte (*Fusarium*-Arten) oder bei der Lagerung des Futtermittels auftreten (*Aspergillus*- und *Penicillium*-Arten). Einige Schimmelpilzarten bilden bevorzugt in den feucht-warmen Klimazonen der Tropen und Subtropen Mykotoxine (Aflatoxine, Fumonisine). Diese gelangen vorwiegend über Importe von Lebensmitteln nach Deutschland. Andere Mykotoxine (Ochratoxin A, Deoxynivalenol, Zearalenon, Patulin) werden auch unter den feucht-kühlen Klimabedingungen Nord- und Mitteleuropas gebildet und können daher auch in einheimisch geernteten oder verarbeiteten Erzeugnissen vorkommen.

Tab. 8.18:
Mykotoxikosen des Nutzgeflügels

Pilzart	Mykotoxine u. a.	Wirkung	Klinik	Pathologie
Aspergillus flavus	Aflatoxine	Hemmung der DNA-Synthese, Hemmung der Proteinbiosynthese, Störung der Hämatopoese	Apathie, Blutungen, ZNS-Störungen, verminderte Gewichtszunahme, Immunsuppression, Abfall der Legeleistung, plötzlicher Tod	Fettleber, Anämie, Leberzirrhose, Nephrose, Thymusatrophie, Atrophie der Bursa cloacalis
Aspergillus spp. *Penicillum spp.*	Ochratoxin A	Hemmung der Proteinbiosynthese, Störung des Glukosestoffwechsels, Störung der Hämatopoese, nephrotoxisch, hepatotoxisch	Apathie, Blutungen, Diarrhoe, ZNS-Störungen, Viszeralgicht, verminderte Gewichtszunahme, Immunsuppression, Abfall der Legeleistung, plötzlicher Tod	Fettleber, Anämie, Leberzirrhose, Nephrose, Thymusatrophie, Atrophie der Bursa cloacalis, Enteritis
Stachybotrys alternans	Stachybotryotoxin	dermatotoxisch, hematotoxisch, neurotoxisch	Blutungen, ZNS-Störungen, verminderte Gewichtszunahme	Anämie, diphteroide Entzündungen auf der Schleimhaut in der Schnabelhöhle
Fusarium spp.	Moniliformin, Fumonisin, 2-Fusariotoxin, Deoxynivalenol (DON), Zearalenon Diacetoxyscirpenol	kardiotoxisch, hepatotoxisch (→ Abb. 8.103), myotoxisch, dermatotoxisch, teratogene Wirkung, östrogene Wirkung	akute Todesfälle, Diarrhoe, Herz-Kreislaufinsuffizienz, verminderte Gewichtszunahme, Immunsuppression, Abfall der Legeleistung, Blutungen, hormonelle Dysfunktion (→ Abb. 8.102), Haut- und Schleimhautirritationen, verminderte Nahrungsaufnahme, Immunsuppression, Embryotod und Schlupfverlust	Ventrikeldilatation, Myokardnekrose, Anämie, katarrhalische und hämorrhagische Diarrhoe, hämorrhagische Diathese, diphteroide Entzündungen auf der Schleimhaut in der Schnabelhöhle, Thymusatrophie, Atrophie der Bursa cloacalis

Klinik und Pathologie
Eine Übersicht über den Ursprung und die Wirkung der häufigsten Mykotoxine gibt → Tabelle 8.18.

Diagnose
Die Verdachtsdiagnose kann anamnestisch über einen zeitlichen Zusammenhang einer Futterlieferung mit Krankheits- oder Todesfällen erfolgen. Ferner geben die Qualität des Futtermittels, eine fehlende Kontagiosität und die fehlende Wirksamkeit eines antibiotischen Therapieversuchs Hinweise auf eine Mykotoxikose. Diese können durch die Besserung im klinischen Verlauf sowie die Reduktion der Mortalitätsrate nach Futtermittelwechsel abgesichert werden. Die genaue Diagnose wird dann durch die mykotoxikologische Futtermitteluntersuchung gestellt.

Abb. 8.102:
Zearalenon-Intoxikation eines Hühnerkükens mit unphysiologisch verstärkter Ausbildung des Kammes.

Bekämpfung

Eine hygienische Produktion und die entsprechende Lagerung des Futtermittels ist die beste Prophylaxe gegen eine Pilzkontamination mit möglicher Toxinbildung. Die Therapie einer bestehenden Vergiftung ist nicht möglich. Ein sofortiger Futterwechsel ist unumgänglich. Da sich eine Kontamination der Futtermittel mit Pilzen nie ganz verhindern lassen wird, können Versuche zur Dekontamination unternommen werden. Diese Verfahren beruhen auf physikalischen, chemischen und biochemischen Methoden. Weiterhin gibt es kommerziell erhältliche Futterzusatzstoffe, die Komponenten wie Tonmineralien oder Hefezellwandbestandteile und zum Teil auch Enzyme enthalten und unter den Bedingungen des Milieus des Verdauungstraktes Mykotoxine adsorptiv binden und auch abbauen sollen. Dadurch soll die Resorption der Mykotoxine und damit ihre biologische Wirkung weitestgehend verhindert werden. Die Wirksamkeit dieser Produkte ist jedoch stark von der Art und Menge des Mykotoxins abhängig. Gesetzlich sind die Höchstmengen von Mykotoxinen in Lebensmitteln und Futtermitteln national und europaweit reglementiert. In der geltenden Futtermittelverordnung sind die Höchstmengen von Aflatoxin B_1 in verschiedenen Futtermitteln aufgeführt. Mehrere Verordnungen der Europäischen Union (EU) geben Höchstmengen für den Gehalt an Aflatoxinen und Fusarientoxinen in Lebensmitteln und Futtermitteln vor. Ferner hat die EU Empfehlungen der Kommission betreffend des Vorhandenseine von DON, Zearalenon, Ochratroxin A, T-2- und HT-2-Toxin sowie von Fumonisinen in zur Verfütterung an Tiere bestimmten Erzeugnissen veröffentlicht. Es gibt bisher keine Vorgaben für Höchstmengen in der Einstreu. Das Referenzlabor für Mykotoxine ist dem Bundesinstitut für Risikobewertung (BfR) zugeordnet.

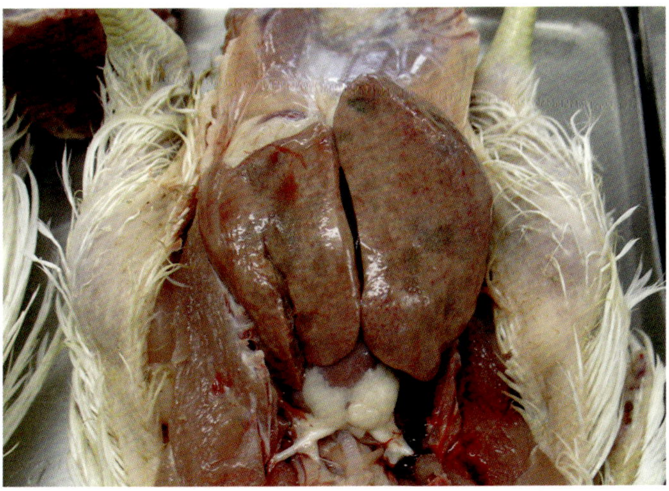

Abb. 8.103:
DON-Intoxikation eines IBDV-infizierten Masthuhns mit auffälligen Leberveränderungen.

8.5 Parasitosen des Nutzgeflügels

Die Parasitosen des Nutzgeflügels lassen sich in Ekto- und Endoparasitosen unterscheiden. Parasiten leben bevorzugt im Einklang mit dem Wirt, ohne ihn erheblich zu schädigen, und haben Mechanismen entwickelt, sich der Wirtsabwehr zu entziehen. Ist dieses Gleichgewicht gestört, können sich Parasitosen mit tiergesundheitlichen Folgen für den Endwirt entwickeln. Diese Parasitosen führen, auch in Zusammenhang mit einer häufig erhöhten Empfänglichkeit der betroffenen Tiere gegenüber Sekundärinfektionen, zu einer hohen Beeinträchtigung der Tiergesundheit. Viele parasitäre Infektionen betreffen insbesondere Tiere in Freiland- und Ökohaltungen, da diese dort in Bodenhaltungssystemen mit Auslauf gehalten werden und somit das Risiko der Aufnahme von möglichen Zwischenwirten oder auch Stapelwirten der Parasiten besteht. Aber auch in der konventionellen Bodenhaltung mit ganzjähriger geschlossener Stallhaltung kommt es durch den direkten Kontakt des Tieres mit dem Kot und infektiösen Parasitenstadien immer wieder zu Infektionen.

8.5.1 Ektoparasitosen des Nutzgeflügels

Ektoparasitosen werden durch Arthropoden (Spinnentiere und Insekten) verursacht, die temporär oder stationär auf oder in dem Wirtstier parasitieren. Einen Überblick über die häufigsten Ektoparasitosen des Nutzgeflügels gibt → Tabelle 8.19.

8.5.1.1 Rote Vogelmilbe

Epidemiologie und Pathogenese

Diese Parasitose hat neben der Kokzidiose zurzeit wohl die größte Bedeutung in der einheimischen Nutzgeflügelhaltung. Betroffen sind vor allem Legehennen in allen Haltungsformen, aber auch

Tab. 8.19:
Ektoparasiten des Nutzgeflügels

Ektoparasit		Lokalisation	Schadwirkung
Dermanyssus gallinae	rote Vogelmilbe	Haut (temporär)	Anämie, Unruhe, Todesfälle
Ornithonyssus sylvarium	nordische Vogelmilbe	Konturfeder (stationär)	Anämie, Unruhe, Todesfälle
Megninia spp.	Federmilbe	Federn (stationär)	Federschäden, Juckreiz, Unruhe
Epidermoptes bilobatus	Hautmilbe	Haut (stationär)	Juckreiz, Schuppen- und Borkenbildung, Unruhe
Knemidocoptes mutans	Kalkbeinmilbe	Ständer (stationär)	Juckreiz, Schuppen- und Borkenbildung, Unruhe
Cytodites nudus	Luftsackmilbe	Luftsäcke	Aerosacculitis, Bronchopneumonie, knackende und pfeifende Atemgeräusche
Argas reflexus	Lederzecke	Gefieder / Haut (temporär)	Anämie, Apathie
Ixodes ricinus	Schildzecke	unbefiederte Haut (temporär)	Anämie, Apathie
Ceratophyllus gallinae	Floh	Haut (temporär)	Anämie, Juckreiz, Unruhe

Abb. 8.104:
Massenbefall mit der roten Vogelmilbe *(Dermanyssus gallinae)*.

Puten, Fasane, Wachteln und das Wassergeflügel. Der häufige Befall von Legehennen mit *Dermanyssus gallinae* kann durch die relative lange Haltungsdauer der Tiere und die stallbaulichen Eigenschaften der Legehennenhaltung (Legenester als potenzielle Verstecke) erklärt werden. Der Eintrag in den Bestand erfolgt über alle möglichen belebten und unbelebten Vektoren. Die Milben parasitieren nachts auf ihren Wirten und schädigen diese durch Blutentzug (→ Abb. 8.104). Tagsüber ziehen sie sich in Verstecke zurück. Der Mensch kommt als Fehlwirt der roten Vogelmilbe in Frage, was zu lokalen Hautirritationen führen kann.

Der temperaturabhängige Entwicklungszyklus verläuft über das Ei, ein Larvenstadium, zwei Nymphenstadien bis zur adulten Milbe (→ Abb. 8.105). Er kann unter optimalen Umweltbedingungen innerhalb 1 Woche abgeschlossen sein, und so kommt es bei sommerlichen Temperaturen oft zur explosionsartigen Vermehrung der Milben. Unter 9 °C findet keine Larvalentwicklung mehr statt. Geschlechtsreife Milben können über 1 Jahr ohne Blutmahlzeit in ihren Schlupfwinkeln überleben.

Klinik und Pathologie

Je nach Befallsstärke kommt es durch die rote Vogelmilbe zu Leistungsabfall, Anämie, Schreckhaftigkeit, Unruhe und auch Tod durch den ständigen Blutverlust. Zudem kommen die Milben als Überträger von viralen (Pockenviren) oder bakteriellen Krankheitserregern in Frage. Sie können auch Legehennen mit *Salmonella*-Serovaren infizieren, und somit kann der Befall eine große lebensmittelhygienische Bedeutung haben.

Diagnose

Die Diagnose erfolgt durch die klinischen Symptome (Unruhe, Anämie) und den Nachweis der Milben am Tier und/oder an den Stalleinrichtungen, wobei sich die Verwendung von Milbenfallen bewährt hat. Die gefangenen Milben können dann

Abb. 8.105:
Die adulte rote Vogelmilbe *(Dermanyssus gallinae)*.

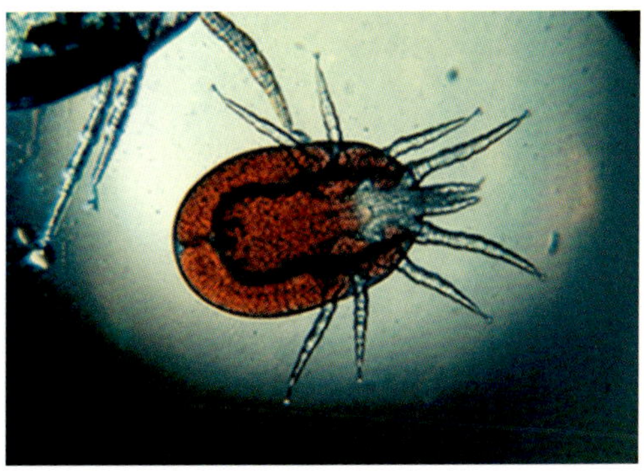

Abb. 8.106:
Massiver Befall der Federbälge mit der nordischen Vogelmilbe *(Ornithonyssus sylvarium)*.

auch einem Resistenztest unterzogen werden, um das wirksamste Bekämpfungsmittel für die Desinfektion des Stalles einsetzen zu können.

8.5.1.2 Nordische Vogelmilbe

Ätiologie, Epidemiologie und Pathogenese

Die nordische Vogelmilbe *(Ornithonyssus sylvarium)* ist ein stationärer Parasit des Nutzgeflügels. Die Milben sitzen oft an den Konturfedern ihrer Wirtstiere und entwickeln sich dort vom Ei über das Larven- und Nymphenstadium zur adulten Milbe. Ein Befall mit der nordischen Vogelmilbe (→ Abb. 8.106) ist weit seltener als mit der roten Vogelmilbe.

Klinik und Pathologie

Die klinischen Symptome sind nicht von denen eines Befalles mit der roten Vogelmilbe zu unterscheiden. Bei der Bekämpfungsstrategie ist die Biologie dieser Milbe in der Form zu berücksichtigen, dass hier nur Mittel eingesetzt werden dürfen, die im belegten Stall am Tier anzuwenden sind. Es gibt jedoch momentan keine für das Nutzgeflügel zugelassenen Präparate.

8.5.1.3 Befall mit anderen Arthropoden

Kalkbein- (→ Abb. 8.107), Federbalg- und Luftsackmilben sind stationäre Parasiten, die vor allem in Hobbyhaltungen sporadisch auftreten und sehr selten ein Bestandsproblem in Intensivhaltungen darstellen. Da keine Medikamente für das Nutzgeflügel zugelassen sind, ist eine Therapie nicht möglich. In der Hobbyhaltung kann bei hochgradigem Befall mit Kalkbeinmilben eine lokale Behandlung am Einzeltier mit 5%iger Salizylsäurelösung erfolgen.

Abb. 8.107:
Massiver Befall mit Kalkbeinmilben *(Knemidocoptes mutans)*.

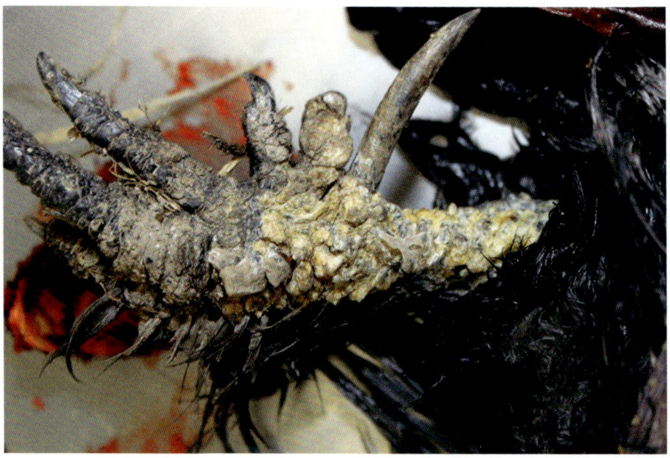

Verstärkter Zeckenbefall ist ein Hygieneproblem und kann durch optimales Betriebshygienemanagement kontrolliert werden.
Flöhe oder Federlinge treten selten gehäuft in Nutzgeflügelbeständen auf. Ein massiver Befall führt zu starker Unruhe und Anämie.

Der Mensch kommt als Fehlwirt von Flöhen in Frage.

Bekämpfung
Grundsätzlich kann bei der Bekämpfung (Schwerpunkt: rote Vogelmilbe) zwischen chemischen und bio-physikalischen Bekämpfungsstrategien unterschieden werden. Die Stalltemperatur sollte vor einer Behandlung im unbesetzten Stall auf 60 °C erhöht werden, damit die Milben ihre Schlupfwinkel verlassen und dann abgetötet werden können. Chemische Mittel wirken neurotoxisch oder durch Hemmung der metabolischen Stoffwechselaktivität des Parasiten. Es sollte vor Behandlungsbeginn in jedem Fall ein Resistenztest erstellt werden. Dieser ist bei einer Umwidmung vorgeschrieben. Die bio-physikalische Wirkung beruht auf der Austrocknung und Schädigung der Chitinhülle mit Zerstörung der Milbengelenke. Es gibt keine zugelassenen Präparate zur Bekämpfung der roten Vogelmilbe am Tier. Zugelassen sind Präparate zur Behandlung des Stalles in der Reinigungsphase (z. B. Silikatpräparate), welche staubförmig oder flüssig ausgebracht werden können. Es gibt auch Präparate, die in einem mit Tieren belegten Stall angewendet werden dürfen. Die Behandlungen müssen je nach Präparat möglicherweise zweimal im Abstand von mehreren Tagen halbjährlich wiederholt werden. Die Prognose hängt dabei naturgemäß von der Art der Behandlung ab. Unbefriedigende Ergebnisse sind oft die Folge von entstehenden Resistenzen. Hier darf das Mittel keinesfalls überdosiert werden, da dies zu unkontrollierten Rückständen in den Lebensmitteln führt. „Neue-Generations-impfstoffe" sind in der Entwicklung.

8.5.2 Endoparasitosen des Nutzgeflügels

Als Endoparasiten beim Nutzgeflügel kommen Protozoen und Metazoen vor. Die protozooischen Parasiten sind in intensiven Nutzgeflügelhaltungen mit und ohne Auslauf von Bedeutung, während die Wurminfektionen (Metazoen), abhängig vom Entwicklungszyklus, eher in Haltungen mit Auslauf zu erwarten sind.

8.5.2.1 Protozooische Parasiten des Nutzgeflügels

Hier spielen die Kokzidien, welche zu dem Stamm der Apicomplexa gehören, mit Abstand die größte Rolle. In den letzten Jahren sind aber auch, vor allem bei Puten, vermehrt schwere Ausbrüche der Histomonadose verzeichnet worden. Alle anderen durch Protozoen verursachten Parasitosen sind bisher nur sporadisch von Bedeutung.

Kokzidiosen
Diese Parasiten sind wirtsspezifisch, und so hat jede Nutzgeflügelart ihr eigenes Spektrum an Kokzidienarten.

Ätiologie
Eine Übersicht über die verschiedenen Kokzidienarten und ihre Bedeutung für die Nutzgeflügelarten gibt → Tabelle 8.20.

Epidemiologie und Pathogenese
Der Entwicklungszyklus beginnt mit der Aufnahme der sporulierten Oozyste durch das Wirtstier. Nach der Magenpassage exzystiert die Oozyste und aus den vier Sporozysten (*Eimeria* spp.) werden je zwei Sporozoiten frei und dringen in die Endothelzellen des Darms ein. Je nach Kokzidienart findet in verschiedenen Darmregionen die als Schizogonie bezeichnete drei- bis viermalige ungeschlechtliche Vermehrung statt (→ Abb. 8.108).
Diese Stadien sind hoch immunogen und induzieren eine speziesspezifische humorale und zelluläre Immunität, welche Neuinfektionen begrenzen. Es schließt sich die Gamogonie mit der Bildung von Mikro- und Makrogameten mit anschließender Befruchtung an. Die entstehenden nicht-spo-

Tab. 8.20:
Die bedeutsamsten Kokzidieninfektionen von Huhn, Pute, Ente und Gans

Kokzidienart	Nutzgeflügelart	Lokalisation	Pathogenität
Eimeria necatrix	Huhn	Jejunum / Ileum / Caeca	hochgradig
Eimeria tenella	Huhn	Caeca	hochgradig
Eimeria brunetti	Huhn	Ileum / Caeca / Rektum	mittelgradig
Eimeria maxima	Huhn	Duodenum / Jejunum / Ileum	mittelgradig
Eimeria acervulina	Huhn	Duodenum / Jejunum / Ileum	geringgradig
Eimeria praecox	Huhn	Duodenum / Jejunum	geringgradig
Eimeria mitis	Huhn	Duodenum / Jejunum / Ileum	geringgradig
Eimeria adenoides	Pute	Ileum / Caeca / Rektum	mittelgradig
Eimera meleagrimitis	Pute	Duodenum / Jejunum / Ileum / Caeca	mittelgradig
Eimera dispersa	Pute	Duodenum / Jejunum / Ileum	geringgradig
Eimera meleagridis	Pute	Caeca	geringgradig
Eimera gallovaponis	Pute	Ileum / Caeca / Rektum	geringgradig
Tyzzeria perniciosa	Ente	Duodenum / Jejunum / Ileum	geringgradig
Eimeria truncata	Gans	Nierenepithel	hochgradig
Eimera anseris	Gans	Jejunum / Ileum	mittelgradig
Eimeria kotlani	Gans	Caeca / Rektum	geringgradig
Eimeria nocens	Gans	Jejunum / Ileum	geringgradig
Tyzzeria parvula	Gans	Jejunum	geringgradig

Abb. 8.108:
Vermehrungszyklus von *Eimera* spp.

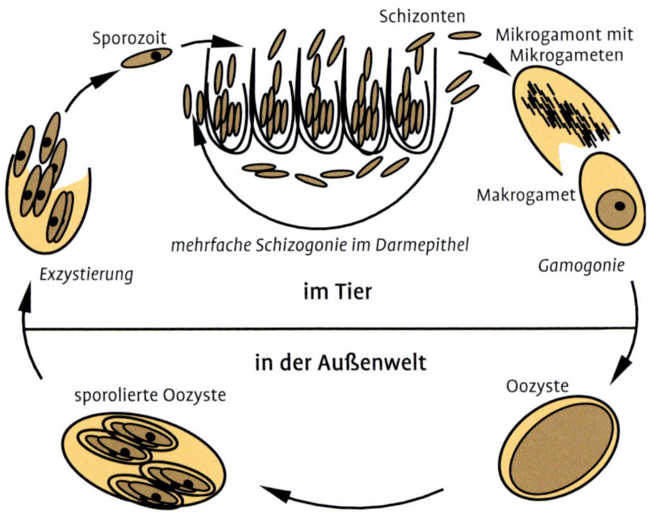

Abb. 8.109:
Schizonten in der Darmschleimhaut.

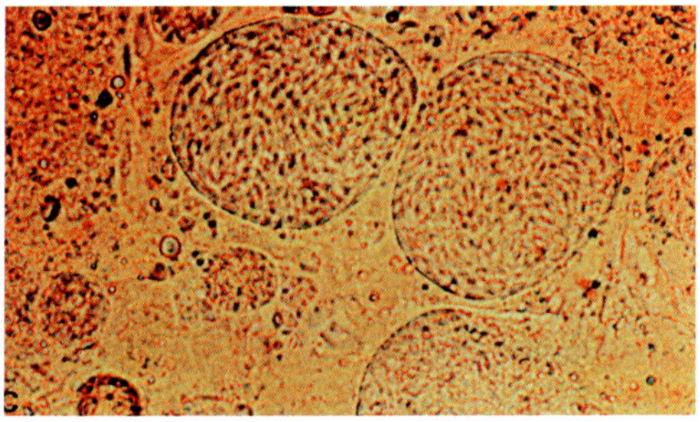

Abb. 8.110:
Eine nicht-sporolierte Oozyste.

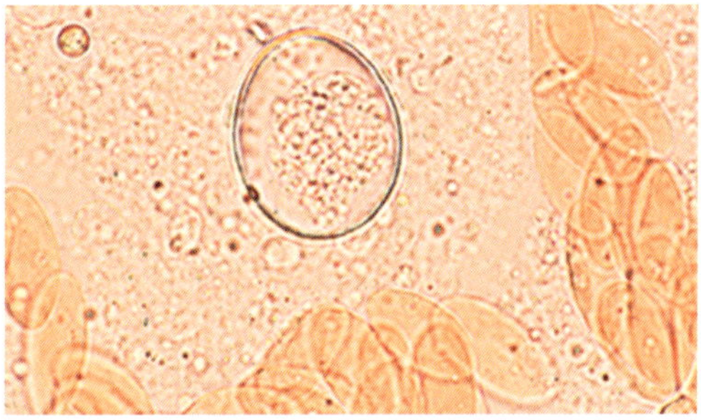

rolierten Oozysten werden als Dauerstadien ausgeschieden, sporolieren in der Außenwelt, und durch die Aufnahme dieser Oozysten schließt sich der Vermehrungszyklus der Kokzidien (→ Abb. 8.109 und 8.110).
Die Oozysten sind je nach Kokzidienart etwa zwischen 15 und 35 µm groß und in der Außenwelt gegen Einflüsse aller Art ganz außerordentlich widerstandsfähig, somit lange infektiös. Sie können durch alle möglichen belebten und unbelebten Vektoren in den Bestand eingetragen werden. Durch die Induktion einer protektiven Immunität des Wirtstieres ist die Kokzidieninfektion selbstlimitierend.

Klinik und Pathologie

Die Symptome einer klinisch apparenten Kokzidiose hängen von der Lokalisation der Vermehrung in der Darmschleimhaut, der beteiligten Kokzidienart, der Anzahl der aufgenommenen Oozysten, der autochthonen Bakterienflora und der Immunitätslage des Wirtes sowie dem Alter der betroffenen Tiere ab. Oft sind in der Praxis Mischinfektionen zu finden. Allgemeine Apathie, gesträubtes Gefieder, Blässe, geschlossene Augen (→ Abb. 8.111), „Buckelstellung“ und eine katarrhalische bis hämorrhagische Diarrhoe sind die klinischen Kennzeichen eine Kokzidiose.
Die betroffenen Darmschleimhautregionen sind verdickt und weisen eine katarrhalische bis hämorrhagische Enteritis auf (→ Abb. 8.112, 8.113 und 8.114). Darmkokzidiosen können in den ersten Wochen eine Infektion mit *Clostridium (C.)*

Abb. 8.111:
Klinisch apparente Kokzidiose.

Abb. 8.112:
Hämorrhagische Enteritis der Blinddärme als Folge einer Infektion mit *Eimeria tenella*.

Abb. 8.113:
Enteritis des Dünndarms mit petechialen Blutungen als Folge einer Infektion mit *Eimeria necatrix*.

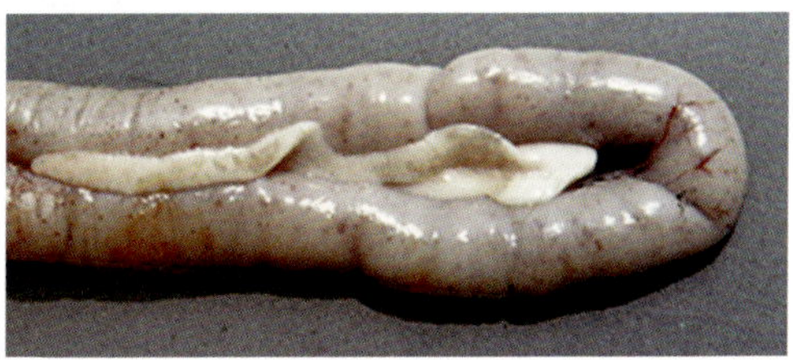

Abb. 8.114:
Katarrhalisch hämorrhagische Enteritis des Dünndarms als Folge einer Infektion mit *Eimeria acervulina*.

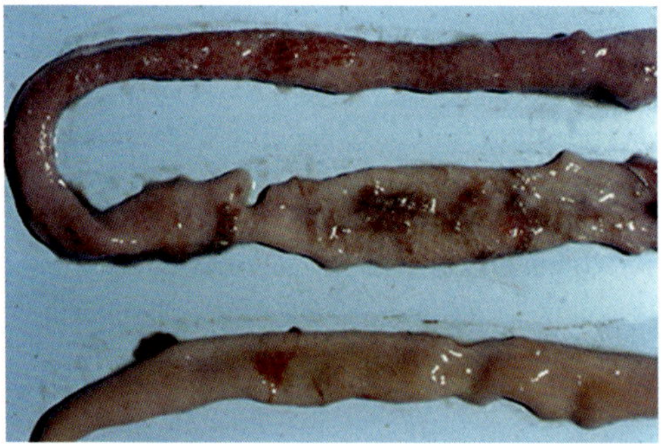

Abb. 8.115:
Nierennekrosen als Folge einer Infektion mit *Eimeria truncata*.

perfringens begünstigen, die dann durch eine katarrhalische Enteritis mit schaumig-gelblichem Kot gekennzeichnet sein kann.
Die Infektion mit *Eimeria (E.) truncata* führt bei Gänsen zu hochgradigen Nephritiden. Die Nieren sind bei deutlicher Renkulizeichnung geschwollen, gelblichweiß verfärbt und die Harnleiter sind angestaut (→ Abb. 8.115).

Diagnose

Die Diagnose erfolgt über den Nachweis der Oozysten von Abstrichpräparaten der Darmschleimhaut (bzw. Nieren) oder direkt aus der Kotprobe (→ Abb. 8.116 und 8.117). Die Diagnose und Bewertung subklinischer Erkrankungen ist schwierig. Ein Scoring-System und auch die Ermittlung der Anzahl der Oozysten/g Kot können helfen, eine Bewertung der klinischen Situation vorzunehmen. Ergänzend kann ein histopathologisches Präparat angefertigt werden (→ Abb. 8.118 und 8.119).
Die Art und die Lokalisation der Darmveränderungen sowie die Größe der Oozysten geben Hinweise auf die beteiligte Kokzidienart. Es sind weiterhin PCR-Methoden zur Diagnose von Eimerien beschrieben und erlauben gegebenenfalls auch eine Differenzierung der verschiedenen Spezies.

Bekämpfung

Grundsätzlich ist ein optimales Betriebshygienemanagement unbedingte Voraussetzung für eine

Abb. 8.116:
Nachweis von Oozysten im Darmabstrichpräparat.

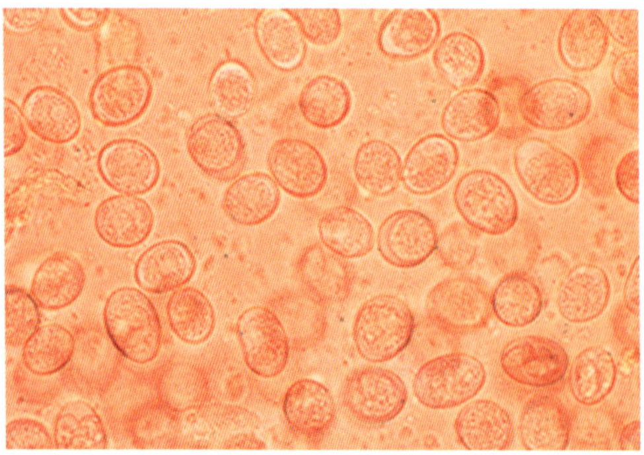

Abb. 8.117:
Eine sporolierte Oozyste von *Eimeria tenella* nach Kultivierung.

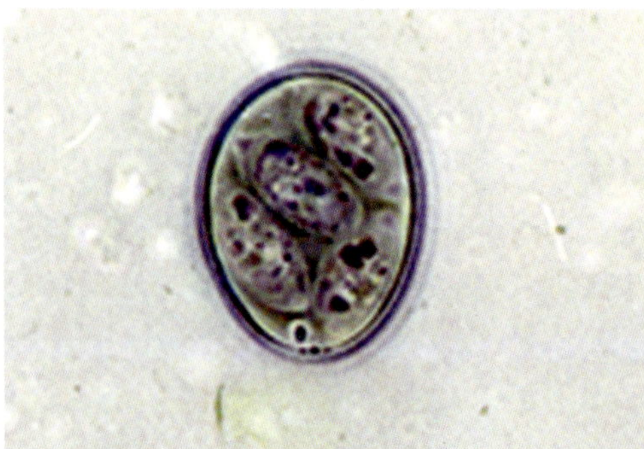

Abb. 8.118:
Histopathologischer Nachweis von *Eimeria tenella* in der Blinddarmschleimhaut (HE-Färbung).

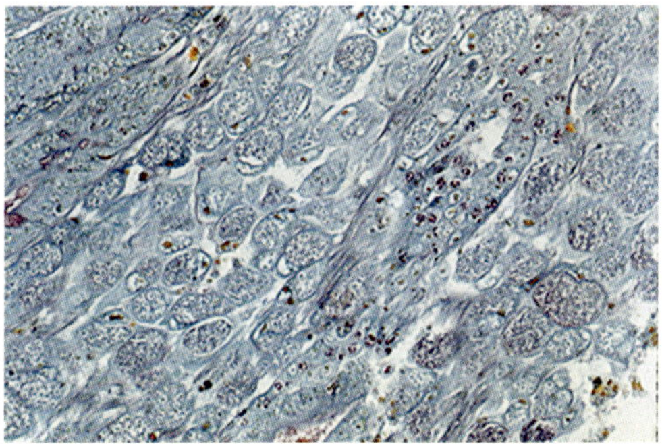

Abb. 8.119:
Histopathologischer Nachweis von *Eimeria truncata* im Nierengewebe einer Gans (HE-Färbung).

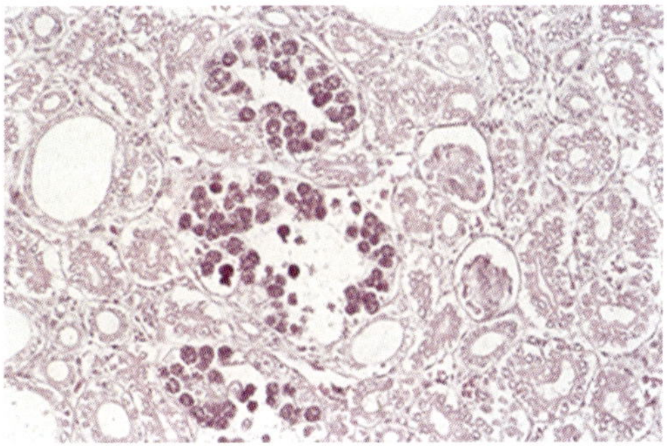

wirkungsvolle Bekämpfung der Kokozidiose des Nutzgeflügels. Die direkte Bekämpfung kann durch prophylaktische Gabe von Antikokzidia oder Kokzidiostatika über Futtermittelzusatzstoffe, eine Immunisierung und bei akutem Ausbruch durch eine Behandlung mit Antikokzidia erfolgen. Um Resistenzen vorzubeugen, wird in den Prophylaxe-Programmen zwischen „Rotation“ (Wechsel der Präparate in längeren Zeitabständen), „Switch“ (Wechsel der Präparate von Aufzucht zu Aufzucht) und „Shuttle“ (Wechsel der Präparate innerhalb einer Haltungsperiode mit den verschiedenen Fütterungsphasen) unterschieden. Die Kokzidiostatika im Futter sind den Wartezeiten entsprechend rechtzeitig vor der Schlachtung abzusetzen.

Eine Übersicht über die zurzeit zugelassenen Futtermittelzusatzstoffe für die Bekämpfung der Kokzidiose gibt → Tabelle 8.21.

Bei der gleichzeitigen Gabe von Ionophoren und Tiamulin bei Huhn und Pute, Ionophoren und Sulfonamiden bei Huhn und Pute sowie der Gabe von Salinomycin bei Puten ist mit hohen Mortalitätsraten durch Unverträglichkeiten zu rechnen. Klinisch zeigen die Tiere lähmungsähnliche Erscheinungen mit Bewegungsstörungen und nach kaudal gerichteten Hintergliedmaßen. Die Absicherung einer Diagnose einer Ionophorenvergiftung erfolgt durch den Vorbericht, histologische Untersuchungen der Muskulatur mit Hinweisen auf eine Nekrose und Infiltration von Entzündungszellen sowie durch Analyse von Futtermittelproben. Liegt ein derartiger Verdacht vor, ist sofort das Futter zu wechseln!

Für die aktive Immunisierung stehen in Deutschland zurzeit drei Impfstoffe für Masthühner und

Tab. 8.21:
Zugelassene Futtermittelzusatzstoffe zur Bekämpfung der Kokzidiose beim Nutzgeflügel (Stand 2011)

Nutzgeflügelart	Wirkstoff
Masthühner	Decoquinat
Masthühner, Junghennen, Puten	Monensin-Natrium*
Masthühner, Puten	Robenidin-Hydrochlorid
Masthühner, Junghennen, Puten	Lasalocid-A-Natrium*
Masthühner, Puten	Halofuginon
Masthühner	Narasin*
Masthühner, Junghennen	Salinomycin-Natrium*
Masthühner, Puten	Maduramicin*
Puten	Diclazuril
Masthühner	Senduramicin-Natrium*

* Ionophore (möglicherweise hoch toxisch bei der Anwendung an „Nichtzieltierart“)

Junghennen zur Verfügung, die attenuierte, frühreife sporulierte Eimerienarten (je nach Impfstoff vier bis sieben Arten mit jeweils fünf oder acht Stämmen) enthalten. In der kommerziellen Haltung werden meist nur Legehennen und Elterntiere, ansonsten Lang- und Weidemast-Hähnchen geimpft. Die Impfung erfolgt in der Brüterei über Sprayverfahren oder in der 1. Lebenswoche im Stall über das Versprühen des Impfstoffes auf das Futter. Diesem Impfstoff wird oft ein roter Lebensmittelfarbstoff zugesetzt. Durch diesen optischen Reiz wird die orale Aufnahme des Impfstoffes durch die Küken verbessert. Die Gabe von Kokzidiostatika ist vor oder während der Impfung natürlich kontraindiziert. Um eine wirksame Immunität zu erzeugen, sollen sich die Impfkokzidien vermehren und so die Hühner auch reinfizieren. Eine akute Kokzidiose kann mit Sulfaclozin, Toltrazuril (nicht bei Legehennen!) oder ähnlichen Medikamenten durchgeführt werden. Eine Behandlung mit Benzylpenicillin gegen die dann auch meist auftretende *C.-perfringens*-Infektion ist oft ebenfalls notwendig. Sulfonamide sollten nur bei milderen Kokzidiosen und der garantierten Abwesenheit von ionophoren Antikokzidia eingesetzt werden. Der Zeitpunkt der Behandlung ist dabei sehr wichtig. Eine milde Durchseuchung der Herde ist durchaus erwünscht und wird durch eine zu frühe Behandlung verhindert. Eine zu späte Behandlung führt zu schweren Darmschäden mit der Folge des „Auseinanderwachsens" der Herde. Die Gabe von Multivitaminpräparaten während und zwischen den Behandlungen hat sich als therapieflankierende Maßnahme bewährt. Es ist zu berücksichtigen, dass bei einer Medikation mit Ionophoren über das Tränkwasser die Wasseraufnahme abnehmen kann.

Kryptosporidiose

Diese Parasitose wird von *Cryptosporidium* spp. verursacht. Der Entwicklungszyklus verläuft über die Aufnahme dünnwandiger Oozysten durch Autoinfektion oder durch Ingestion/Inhalation von dickwandigen Oozysten aus der Umgebung. Die vier Sporozoiten exzystieren und infizieren Epithelzellen der Verdauungsorgane (Bursa cloacalis) oder der Respirationsorgane. Dort findet zunächst die ungeschlechtliche Vermehrung der Trophozoiten statt. Über die Merontentypen I bis III wird die geschlechtliche Vermehrung eingeleitet. Aus dem Merontentyp III werden Mikro- und Makrogameten gebildet, welche nach der Befruchtung eine Zygote bilden, aus der sich dünn- oder dickwandige Oozysten bilden.

Die Diagnose erfolgt über den Nachweis der Oozysten (Größe 47 µm) im Kot oder der Trophozoiten im histopathologischen Präparat im Bereich von Epithelien. Eine direkte Bekämpfung ist nicht möglich, sodass der Prophylaxe zur Vermeidung des Eintrags der Kryptosporidien durch optimales Betriebshygienemanagement die höchste Priorität zukommt.

Histomonadose

Ätiologie, Epidemiologie und Pathogenese

Diese auch Schwarzkopfkrankheit genannte Parasitose wird von *Histomonas (H.) meleagridis* verursacht. Der Erreger gehört innerhalb der Protozoen zu den Sarcomastigophora. Empfänglich sind vor allem Hühnervögel, insbesondere die Pute und gelegentlich auch andere Nutzgeflügelarten. *H.-meleagridis*-Stämme scheinen unterschiedlich virulent zu sein, wobei die Kenntnisse über die Virulenzmechanismen dieser Parasiten gering sind. Die Infektion erfolgt häufig über den Eintrag und die Aufnahme der Histomonaden durch die Larven von *Heterakis (H.) gallinarum* oder Stapelwirte wie Regenwürmer, in denen die Histomonaden vor schädlichen Umwelteinflüssen geschützt sind. Ferner ist eine direkte Infektion von Tier zu Tier über die Kloake („cloacal-drinking") und, zu einem weit geringeren Anteil, auch oral möglich. Oft ist der Eintragsweg in die Herde jedoch auch unklar. Eine Pseudozystenbildung wird vermutet. Wie die doch sehr empfindlichen Histomonaden die Magen-Darmpassage überleben, ist allerdings bisher nicht geklärt.Tiere in Freilandhaltungen haben ein höheres Risiko an der Histomonadose zu erkranken.

Klinik und Pathologie

Nach der Infektion vermehren sich die Histomonaden vor allem im Lumen und in der Mukosa des Blinddarms und wandern über den Pfortaderkreislauf in die Leber ein. Ein Befall der Bursa cloacalis, der Nieren, des Pankreas und der Milz

Abb. 8.120:
Fibrinöse Blinddarmentzündung als Folge einer Histomonadose.

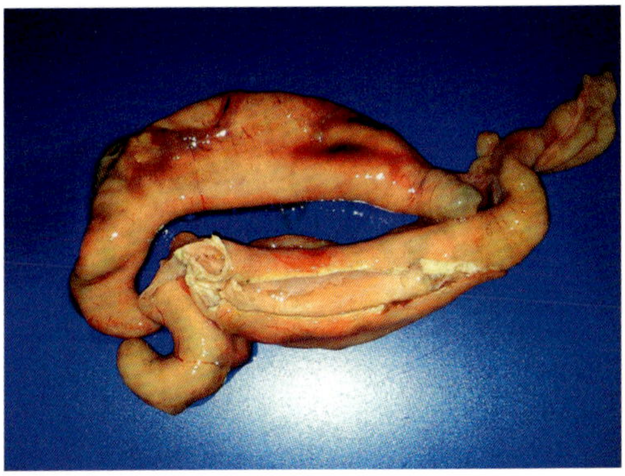

Abb. 8.121:
Kokardenförmige Nekroseherde in der Leber als Folge einer Histomonadose.

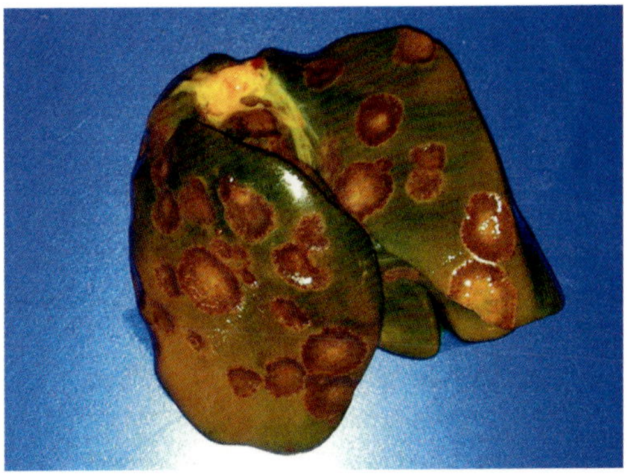

sowie auch eine systemische Verbreitung in beispielsweise Gehirn, Pankreas und Knochenmark kommt vor. Die Inkubationszeit beträgt 7 bis 12 Tage. Die Tiere zeigen Apathie, gesträubtes Gefieder, schwefelgelben Durchfall, erhöhtes Wärmebedürfnis und gelegentlich Zyanosen im Kopfbereich (Schwarzkopfkrankheit!). Die Mortalität in betroffenen Putenherden kann zwischen 80 und 100 % betragen, liegt aber auch oft deutlich darunter. Bei Legehennen liegt die Mortalität meist deutlich niedriger um die 10 %, und infizierte Tiere können sich auch wieder von einer Infektion erholen. Die Wände der Blinddärme sind geschwollen, hyperämisch und mit nekrotischem Material, welches nur schwer von der Darmwand ablösbar ist, gefüllt (→ Abb. 8.120). Die Leber ist mit multiplen herdförmigen Nekroseherden durchsetzt, die im späteren Stadium der Erkrankung „kokardenfömiges" Aussehen annehmen können (→ Abb. 8.121). Bei Hühnern sind solche Leberveränderungen nicht immer vorhanden.

Diagnose

Die Diagnose ist bei fortgeschrittenen Veränderungen der Leber in Zusammenhang mit fibrinösen Blinddarmentzündungen eindeutig. Bei Hühnern sowie im Anfangsstadium der Erkrankung bei Puten sind die Veränderungen nicht so ausgeprägt und müssen diagnostisch abgesichert werden. Da der Lebendnachweis von *H. meleagridis* auch aus frischem Material nicht immer gelingt bzw. möglich ist, müssen die Histopathologie mit einer Hämatoxylin-Eosin (HE)-Färbung (→ Abb. 8.122), einer Perjodsäure-Schiffsches-Reagenz (PAS)-Färbung oder die PCR als zusätzliche diagnostische Methoden herangezogen werden. ELISA-Systeme sind beschrieben, um zirkulierende Antikörper gegen *H. meleagridis* nachzuweisen.

Abb. 8.122:
Histomonas meleagridis in der Blinddarmschleimhaut (HE-Färbung; die Pfeile zeigen auf die zytoplasmatischen Gewebestadien der Histomonaden).

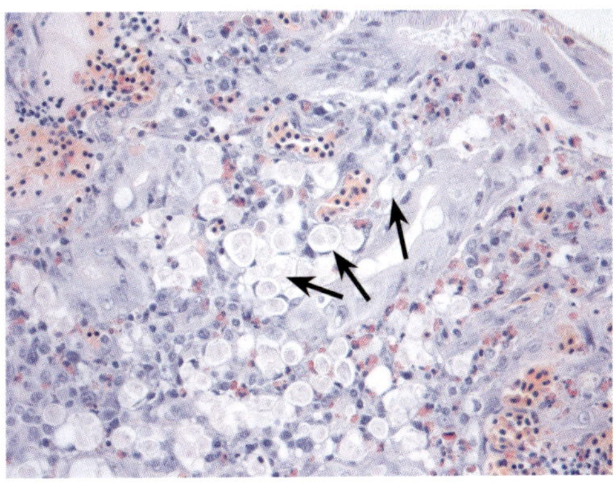

Bekämpfung
Die Bekämpfung der Histomonadose erfolgt über die Verhinderung des Eintrags von *H. gallinarum* und anderen Vektoren. Zurzeit gibt es in der EU für die direkte Behandlung der Histomonadose kein zugelassenes Medikament zur Anwendung an lebensmittelliefernden Tieren. Behandlungsversuche mit pflanzlichen Extrakten (z. B. Oreganumsaft) sind bei Puten weitestgehend erfolglos geblieben. Zur Vermeidung der gegenseitigen Infektion der Tiere durch die kloakale Aufnahme von Histomonaden müssen die Tiere, wenn möglich, umgestallt oder sollte zumindest die Einstreu im Stall ersetzt werden. Eine „Nestbildung" der Puten ist durch Auftreiben der Tiere zu vermeiden. Eine Notschlachtung ist bei einer hohen Mortalität in Erwägung zu ziehen. Erholt sich eine Herde wieder, können die nicht erkrankten Tiere weiter gemästet werden. Attenuierte Lebendimpfstoffe sind bisher nur experimentell getestet worden.

Die *Cochlosoma-anatis*-Infektion

Ätiologie, Pathogenese, Klinik, Pathologie, Diagnose, Bekämpfung
Cochlosoma (C.) anatis gehört innerhalb der Ordnung der Trichomonadida zur Familie Cochlosomatidae. Dieser Flagellat parasitiert im Darm von Ente, Gans und Pute. Es handelt sich um eine direkte orale oder auch kloakale Infektion. Infektionsversuche konnten die klinischen Symptome und pathologischen Veränderungen nicht eindeutig reproduzieren, sodass *C. anatis* wohl als sekundär pathogen einzustufen ist. Bei Dysbalancen der bakteriellen Darmflora und anderen bisher ungeklärten Störungen der Verdauungsorgane kommt es zur massenhaften Vermehrung dieser Darmflagellaten. Die betroffenen Tiere zeigen Apathie, gesträubtes Gefieder, gelblichen Durchfall und weisen eine geringe Gewichtszunahme auf. Die Schleimhaut der betroffenen Darmabschnitte ist geschwollen, und es liegt eine katarrhalische Enteritis vor. Die Flagellaten lassen sich dann mikroskopisch im Darmabstrich massenhaft nachweisen. Diese Parasitose lässt sich nicht therapieren. Sie tritt auch nur sporadisch auf, und somit hat die Einhaltung von optimaler Bestandshygiene einmal mehr die wichtigste Bedeutung in der Bekämpfungsstrategie.

Weitere Protozoa des Nutzgeflügels

Eine Übersicht der momentan klinisch weniger bedeutsamen protozooischen Parasitosen des Nutzgeflügels gibt → Tabelle 8.22.
Weiterhin sind insbesondere in feucht-warmen Gebieten auch Blutprotozoen insbesondere bei Freilandhaltungen und Kontakt zu Zwischenwirten wie Mücken nachweisbar. Oft führen diese Parasiten eher zu inapparenten Infektionen. Die

Tab. 8.22: Übersicht der wirtschaftlich weniger bedeutsamen protozooischen Parasitosen des Nutzgeflügels

Parasit	Wirt	Organsystem
Hexamita meleagridis	Pute	Dünndarm
Spironucleus meleagridis	Pute	Dünndarm
Trichomonas gallinae	Taube, Wachtel, Huhn u. a.	Schnabelhöhle, Kropf, bei Generalisation Herz, Lunge und Leber
Trichomonas gallinarum	Huhn	Blinddarm
Chilomastix gallinarum	Huhn, Gans, Ente, Wachtel	Blinddarm
*Toxoplasma gondii**	Nutzgeflügel	Muskulatur, Leber, Milz, Herz

* zoonotischer Erreger mit weltweiter Verbreitung auch bei anderen landwirtschaftlichen Nutztieren (aus Sicht der Lebensmittelsicherheit von Bedeutung)

Diagnose erfolgt in der Regel durch Untersuchungen von histologischen Präparaten oder Blutausstrichen.
Bei dem in Deutschland gehaltenen Nutzgeflügel spielen diese Erreger wie *Plasmodium* spp., *Haemoproteus* spp. und *Leukozytozoon* spp. momentan wirtschaftlich keine Rolle, deshalb sind weitere Informationen Spezialliteratur zu entnehmen.

8.5.3 Metazoische Parasitosen des Nutzgeflügels

8.5.3.1 Infektionen mit Trematoden

Ätiologie, Pathogenese, Klinik, Pathologie, Bekämpfung
Die auch als „Libellenkrankheit" bezeichnete Infektion der Eileiter beim Nutzgeflügel wird von *Prosthogonimus cuneatus* verursacht. Die Erkrankung ist sehr selten und tritt allenfalls bei Einzeltieren auf. Die Eier dieser Parasiten werden mit dem Kot ausgeschieden und die sich daraus entwickelnden Mirazidien dringen aktiv in Wasserschnecken als ersten Zwischenwirt ein. Dort entwickeln sie sich zur Zerkarie, verlassen die Wasserschnecke und dringen aktiv in Libellenlarven ein und entwickeln sich zur Metazerkarie. Die Libellen werden vom Geflügel als Nahrung aufgenommen, die Würmer schlüpfen im Darm aus und wandern über die Kloake in den Eileiter. Der Befall ist nur beim freilaufenden Nutzgeflügel zu erwarten, das auch Zugang zu wassernahen Flächen haben muss. Beim massiven Befall kommt es zur Reduktion bis zum Sistieren der Legeleistung. Pathologisch-anatomisch tritt dann eine adhäsive fibrinöse Salpingitis auf. Abschirmung der Tiere bei kontrolliertem Auslauf mit der Vermeidung des Zugangs zu Feuchtgebieten ist die beste Prophylaxe.
Die Bilharziose des Wassergeflügels wird durch *Bilharziella polonica* und *Trichobilharzia ocellata* verursacht. Diese Parasiten vermehren sich über Mirazidien- und Zerkarienstadien in Wasserschnecken, dringen nach dem Freiwerden aus den Wasserschnecken aktiv durch die Haut in den Endwirt ein und parasitieren in den Mesenterial- und Portalgefäßen von Wassergeflügelarten. Die Folge sind Gefäß- und Gewebeschädigungen. Die betroffenen Tiere müssen also Zugang zu freien Wasserflächen haben, um sich zu infizieren. Da dies in den praktizierten Intensivhaltungen der Enten selten der Fall ist, tritt diese Infektion heutzutage nur noch in Hobbyhaltungen auf.

Wildenten und Gänse sind häufiger befallen, und dies führt dann zur Kontamination von Badeteichen mit Zerkarien von *Trichobilharzia ocellata*, was zu Hautirritationen beim Menschen, der sogenannten Badedermatitis, führen kann.

8.5.3.2 Infektionen mit Zestoden

Ätiologie und Epidemiologie
Hier kann zwischen dem Befall mit kleinen oder großen Bandwürmern unterschieden werden. Wie die Trematoden sind Bandwürmer Zwitter. Jede Bandwurmart benötigt mindestens einen Zwischenwirt, der mit der Nahrung aufgenommen werden muss, sodass auch hier vor allem Nutzgeflügel in Auslaufhaltungen gefährdet ist. Es können aber auch Tiere in Stallhaltung bei Zugang zu Käfern und anderen Zwischenwirten betroffen sein.
Eine Übersicht über die wichtigsten Zestodeninfektionen des Nutzgeflügels gibt → Tabelle 8.23.

Klinik, Pathologie, Diagnose und Bekämpfung
Ein klinisch relevanter Bandwurmbefall ist meist ein Bestandshygieneproblem. Die Tiere zeigen Gewichtsverlust, blasse Kämme und schleimig-wässrigen Durchfall bedingt durch Darmverletzungen, verursacht durch den Parasiten selbst, aber möglicherweise auch durch seine Stoffwechselprodukte, sowie in seltene Fällen auch ZNS-Symptome. Pathologisch-anatomisch steht eine katarrhalische Enteritis im Vordergrund. Geringgradiger Befall verläuft ohne klinische Symptome. Die Diagnose erfolgt über den Nachweis der Proglottiden aus dem Kot oder der Bandwürmer aus dem Darmabstrich (→ Abb. 8.123 und 8.124). Kombiniert mit den entsprechenden Sanierungsmaßnahmen kann der Bandwurmbefall mit dem Einsatz von Flubendazol erfolgreich therapiert werden. Durch eine sehr geringe Löslichkeit von

Tab. 8.23:
Die bedeutsamsten Bandwurminfektionen des Nutzgeflügels

Bandwurmart	Größe	Zwischenwirt	Endwirt
Davaina proglottina	1,5 – 4 mm	Nacktschnecken	Hühnervögel
Amoebotaenia cuneata	2 – 4 mm	Regenwürmer	Hühnervögel
Raillietina cesticillus	9 – 13 cm	Käfer	Hühnervögel
Raillietina echinobothrida	> 25 cm	Ameisen	Hühnervögel
Choanoteania infundibulum	> 23 cm	verschiedene Insektenarten	Hühnervögel
Hymenolepis gracilis	> 40 cm	Krebstiere	Wassergeflügel
Hymenolepis collaris	> 16 cm	Krebstiere	Wassergeflügel

Flubendazol im wässrigen System kommt es nur zu einer marginalen Resorption über den Darm, sodass keine Wartezeit für Eier und nur 4 Tage Wartezeit auf essbares Gewebe festgesetzt sind. Reinfektionen sind bei unzureichender Bekämpfung der Zwischenwirte trotz Behandlung nicht ausgeschlossen.

8.5.3.3 Infektionen mit Nematoden

Eine Übersicht über die wichtigsten Nematodeninfektionen des Nutzgeflügels gibt → Tabelle 8.24. In der Regel sind Jungtiere besonders empfänglich gegenüber Wurminfektionen. Bei legenden Tieren kommt es bei massivem Befall zu einem Leistungsabfall.

Ascaridia (A.) galli verursacht die Ascaridiose des Nutzgeflügels. Betroffen sind alle Nutzgeflügelarten in allen Haltungssystemen. Die *A.-galli*-Infektion ist mit Nachweisraten von über 70 % bei Freilandtieren eine der am meisten verbreitetsten Wurminfektionen bei Legehennen. Die Infektion erfolgt über die direkte Aufnahme der äußerst widerstandfähigen Wurmeier oder über Regenwürmer als Stapelwirte, welche die infektiösen Larven III enthalten. Diese Larve schlüpft im Dünndarm und entwickelt sich während der Wan-

Abb. 8.123:
Befall mit großen Bandwürmern.

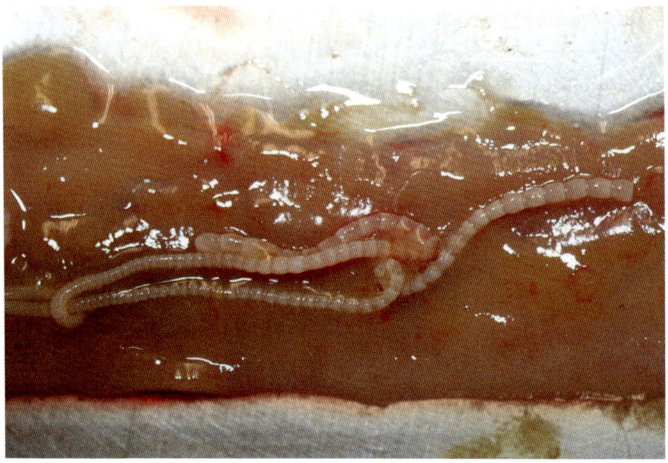

Tab. 8.24
Die bedeutsamsten Nematodeninfektionen des Nutzgeflügels

Nematodenart	Lokalisation	Zwischenwirt	Endwirt
Ascaridia galli	Dünndarm	–	Hühnervögel, Wassergeflügel
Heterakis gallinarum	Blinddarm	–	Hühnervögel, Wassergeflügel
Capillaria obsignata	Dünndarm	–	Hühnervögel
Capillaria caudinflata	Dünndarm	Regenwurm	Hühnervögel, Wassergeflügel, Tauben
Capillaria bursata	Dünndarm	Regenwurm	Hühnervögel, Wassergeflügel
Syngamus trachea	Luftröhre	–	Hühnervögel, Wassergeflügel
Amidostomum anseris	Muskelmagen	–	Wassergeflügel, Tauben

Abb. 8.124:
Mikroskopische Ansicht eines kleinen Bandwurmes (Länge bis zu 4 mm).

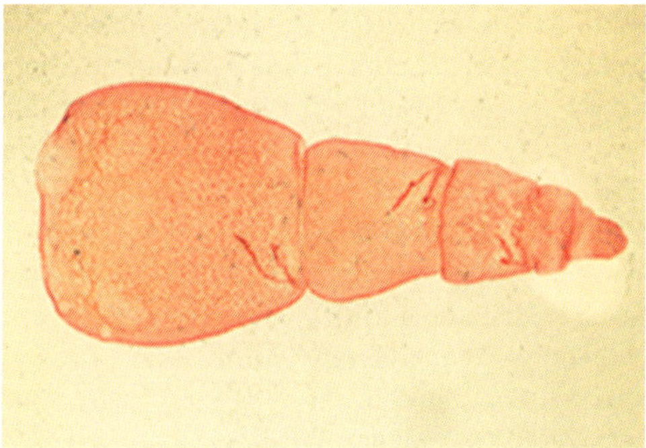

derungsphase in der Darmschleimhaut über die Larve IV zum adulten Wurm, der im Dünndarm parasitiert. Die Präpatenz beträgt 5 bis 8 Wochen. Bei massivem Befall kann es zum Darmverschluss kommen (→ Abb. 8.125). Infektionen mit *A. galli* können weiterhin zur Immunsuppression und verringertem Impferfolg führen.
Dann ist auch durch eine Auswanderung der Würmer aus dem Darm und über die Kloake ein Befall des Eileiters mit Wurmeinschlüssen in den Eiern möglich. Die histotrophe Wanderung der Larven verursacht entzündliche Gewebsläsionen und Blutungen in der Darmschleimhaut. Die Folgen sind schlechte Gewichtsentwicklung und katar-

Abb. 8.125:
Massiver Befall mit *Ascaridia galli.*

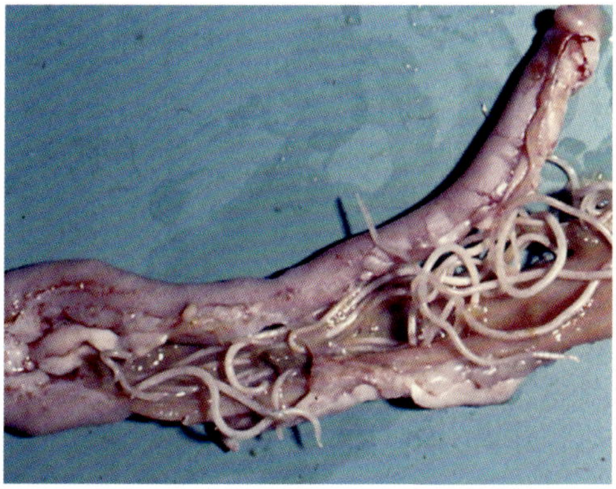

Abb. 8.126:
Embryoniertes Ei von *Ascaridia galli.*

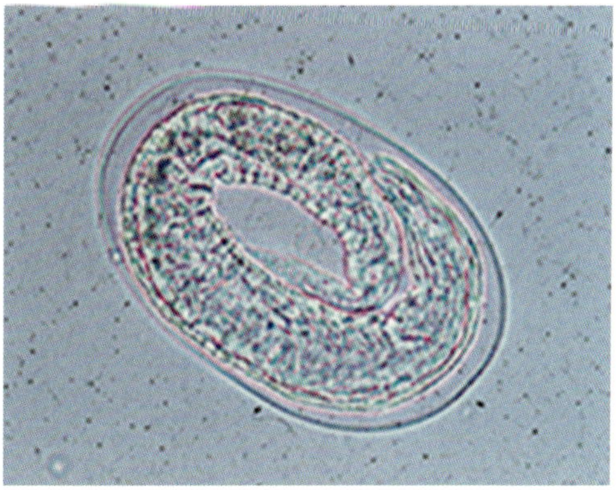

Abb. 8.127:
Ei von *Heterakis gallinarum*.

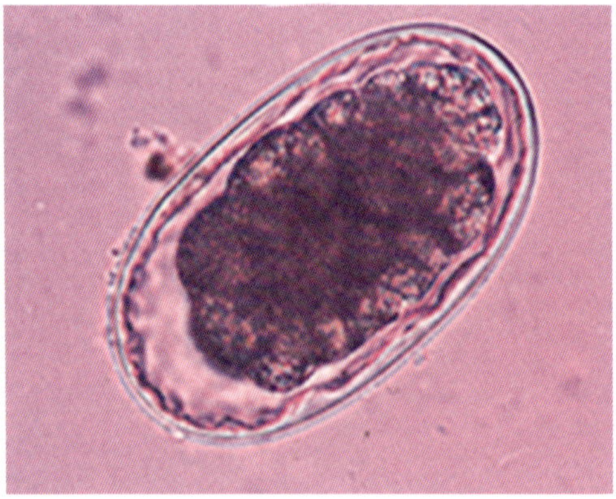

rhalische bis hämorrhagische Enteritiden. Der Nachweis erfolgt über die Eier im Kot mit Hilfe des Flotationsverfahrens (→ Abb. 8.126) oder durch die gut mit dem bloßen Auge sichtbaren über 4 cm großen adulten Würmer bei der pathologisch-anatomischen Untersuchung.

Die Heterakiose wird von *Heterakis (H.) gallinarum* verursacht. Die Infektion erfolgt über die Aufnahme der Eier oder über die in Stapelwirten angereicherten Eier. Hier kommen besonders Regenwürmer in Frage. Durch die Aufnahme von mit Histomonaden kontaminierten Eiern von *H. gallinarum* kann es auch zu einer Histomonadeninfektion kommen. Somit spielt *H. gallinarum* auch eine wichtige Rolle in der Epidemiologie der Histomonadose. Die adulten Würmer parasitieren in den Blinddärmen von Huhn, Pute, Ente und Gans. Läsionen entstehen nur durch massiven Befall. Es kommt dann zu Ödemen in der Mukosa der Blinddarmschleimhaut und zur katarrhalischen Enteritis. Die Diagnose erfolgt entsprechend dem Nachweis der Eier von *A. galli* mit dem Flotationsverfahren (→ Abb. 8.127). Die adulten Würmer sind mit nur 7 bis 20 mm deutlich kleiner als *A. galli*.

Haarwürmer der Gattung *Capillaria* (*C.*) verursachen die Capillariose des Nutzgeflügels (→ Abb. 8.128). Innerhalb dieser Gattung kommen mehrere Spezies in Frage, die, mit Ausnahme von *C. obsignata* und *C. contorta,* für ihre Entwicklung Zwischenwirte, meistens Regenwürmer, benötigen. Je nach beteiligter *Capillaria*-Art werden dabei Schlund/Kropf oder Dünndarm besiedelt. Beim hochgradigen Befall kommt es durch das Einbohren der Würmer in das Epithel zu katarrhalisch-exsudativen Schleimhautläsionen mit der Folge von Apathie, Abmagerung und Anämie. Todesfälle sind selten. Je nach *Capillaria*-Spezies beträgt die Präpatenz zwischen 3 und 4 Wochen oder auch für *C. contorta* 6 bis 7 Wochen. Die Diagnose entspricht derjenigen der bisher abgehandelten Nematodeninfektionen. Die adulten Würmer sind je nach Spezies mit 7 bis 19 mm recht klein, wobei die Eier von *Capillaria*-Arten typische Polkappen aufweisen und so schon eine Bestimmung der Gattung erlauben (→ Abb. 8.129).

Abb. 8.128:
Capillaria spp.

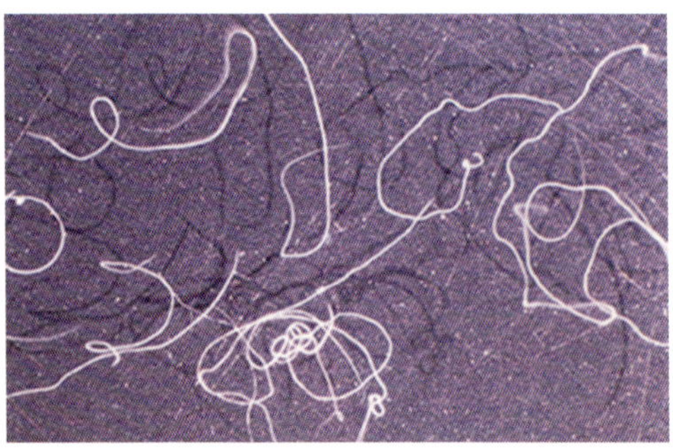

Abb. 8.129:
Ei von *Capillaria* spp. mit den typischen Polkappen.

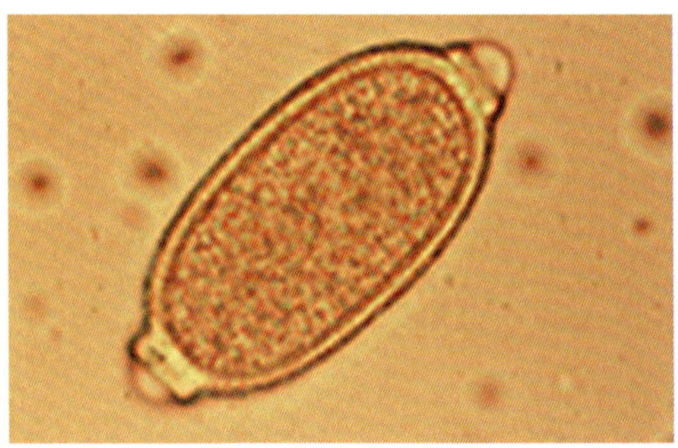

Syngamus (S.) trachea parasitiert in der Luftröhre von Huhn, Pute, Ente, Gans und vielen Wildvogelarten. Diese Parasiten leben in Dauerkopulation zusammen, was sich dann in der für sie typischen „Y-Morphologie" darstellt (→ Abb. 8.130). Wildvögel sind häufig infiziert und tragen den Erreger in Auslauf- und Freilandhaltungen ein. Die Endwirte infizieren sich über die Aufnahme der Eier mit der infektionsfähigen Larve, die Larven direkt oder angereicherte Eier mit Larven über Regenwürmer als Stapelwirte. Die Larven schlüpfen im Ösophagus oder Darm und wandern über die Portalgefäße zur Lunge und anschließend in die Trachea. Dort heften sie sich mit der Folge von katarrhalisch-hämorrhagischen Entzündungserscheinungen an die Trachealschleimhaut. Die Präpatenz kann bis zu 3 Wochen umfassen. Die produzierten Eier werden entweder ausgehustet oder gelangen über die Magen-Darmpassage in die Außenwelt, in der sie sich nach etwa 14 Tagen zum infektiösen Stadium weiterentwickeln. Da die Würmer häufig den Standort wechseln, kommt es auch schon bei geringgradigem Befall zu klinischer Symptomatik. Die Tiere zeigen Atemnot, indem sie mit weit geöffnetem Schnabel atmen (sogenanntes „Gähnen"), Atemgeräusche, Kopfschütteln und ausgeprägten Husten. Bei hochgradigem Befall kann es zu Verlegung der Trachea mit der Folge von Erstickungsanfällen kommen. Die Diagnose kann durch die optische Darstellung der Luftröhrenwürmer mit Hilfe eines Otoskops, den Nachweis der Eier im Kot über das Flotationsverfahren oder durch die pathologisch-anatomische Begutachtung erfolgen.

Amidostomum (A.) anseris parasitiert beim Wassergeflügel im Muskelmagen. Der direkte Entwicklungszyklus beginnt mit der oralen Aufnahme der embryonierten Eier mit der Nahrung. Die Larven schlüpfen im Muskelmagen und entwickeln sich dort zum adulten Parasiten, der sich dann in die Koilinschicht und die Schleimhaut des Muskelmagens einbohrt. In Abhängigkeit vom Alter kann die Präpatenz zwischen 2 und über 4 Wochen liegen. Die klinischen Folgen sind Anämie, Wachstumsstörungen, Apathie und bei hochgradigem Befall, vermutlich wegen der auftretenden starken Schmerzen, ein- oder beidseitige Lahmheiten. Pathologisch-anatomisch treten

Abb. 8.130:
Weibliche (bis zu 36 mm lang) und männliche (bis zu 8 mm lang) *Syngamus trachea.*

Hämorrhagien, Ulzera und Entzündungen der Muskelmagenschleimhaut auf. Die Diagnose erfolgt über den Nachweis der Wurmeier im Flotationsverfahren oder auf Grund des Sektionsbildes. Die adulten Würmer sind mit etwa 10 bis 24 mm Länge recht klein.

Bekämpfung von Nematodeninfektionen

Mit Flubendazol oder Levamisol (nicht bei Legehennen) stehen hoch wirksame Wirkstoffe mit keiner oder geringen Wartezeiten auf Eier und Geflügelfleisch für die Bekämpfung der Nematodeninfektionen des Geflügels zur Verfügung. Es muss aber unterstrichen werden, dass eine alleinige Chemotherapie ohne begleitende bestandshygienische Maßnahmen nicht zum nachhaltigen Erfolg führt. Dies ist bei Freilandhaltungen schwierig zu realisieren und führt somit zu häufigeren Behandlungen, als dies bei ganzjähriger Stallhaltung notwendig ist. Eine ausreichende protektive Immunität scheint sich nicht auszubilden. In kommerziellen Masthuhnbeständen ist bei kurzer Mastzeit auf Grund der geschlossenen Stallhaltung normalerweise eine Behandlung nicht notwendig.

9 Nicht-infektiöse Erkrankungen und Veränderungen

Als nicht-infektiöse Erkrankungen sind Mangelerkrankungen, Stoffwechselstörungen, Vergiftungen und Syndrome, die keine eindeutige Erregerätiologie zu haben scheinen, zu nennen. Weiterhin sind Erkrankungen aufzuführen, die genetische Ursachen haben.

9.1 Mangelerkrankungen

Durch Verwendung von Alleinfuttermitteln auf den verschiedenen Ebenen der industriellen Geflügelproduktion sind Mangelerkrankungen selten geworden. Sie kommen gelegentlich bei Entmischung und Fehlmischung im Mischfutterwerk oder bei Futterverderb vor. Bei der Verfütterung

Tab.: 9.1 Vitaminmangelerkrankungen

Vitamin	Häufige klinische Symptome
Vitamin A	Konjunktivitis, Immunsuppression, verminderte Schlupfrate, Keratinisierung von Epithelien
Vitamin D	Hypokalzämie, Dyschondroplasie, Rachitis/Osteomalzie
Vitamin E	exsudative Diathese, Enzephalomalazie, Myopathie, Legeleistungsdepression, verminderte Schlupfrate
Vitamin K	Blutgerinnungsstörungen, Skelettmineralisationsstörungen
Vitamin C	Hämorrhagien, Dyschondroplasie, Rachitis
Vitamin B_1 (Thiamin)	Ataxie, verminderte Schlupfrate, „Sudden death"-Syndrom
Vitamin B_2 (Riboflavin)	ZNS-Symptome, verminderte Schlupfrate, Skelettdeformationen (→ Abb. 9.1)
Vitamin B_6 (Pyridoxin)	ZNS-Symptome, Hämorrhagien
Vitamin B_{12} (Cobalamin)	Befiederungsstörungen, verminderte Schlupfrate, Muskelatrophie
Niacin	Befiederungsstörungen, Dermatitis, Skelettdeformationen, Schleimhautentzündung
Biotin	Hautveränderungen, Skelettdeformationen
Panthothensäure	Hautveränderungen, Befiederungsstörungen, Hämorrhagien
Folsäure	Skelettdeformationen, Befiederungsstörungen, verminderte Schlupfrate, Missbildungen, Hämorrhagien, Anämie
Cholin	Skelettdeformationen, Leberverfettung

Tab.: 9.2:
Mineralstoffmangelerkrankungen

Mineral	Klinische Symptome
Kalzium	Eierschalendefekte, Skelettdeformationen
Phosphor	Skelettdeformationen
Natrium	Hyperaktivität
Kupfer	Anämie, Herzhypertrophie
Jod	verminderte Schlupfrate, Leistungsdepression
Selen	exsudative Diathese
Zink	Befiederungsstörungen, Skelettdeformationen, verminderte Schlupfrate
Mangan	Eierschalendefekte, Skelettdeformationen, verminderte Schlupfrate

von Eigenmischungen, unausgewogener Ergänzung von betriebseigenem Futtermittel durch Ergänzungsfutter (kombinierte Fütterung), wie es insbesondere in "Bio-Haltungen", Rassegeflügelbeständen oder Hobbyhaltungen üblich ist, ist eher mit Mangelerkrankungen zu rechnen. Diese Erkrankungen sind dann hauptsächlich die Folge von Vitaminunter- oder auch Vitaminüberversorgung, Mangel an essenziellen Aminosäuren und Mineralstoffen. Gelegentlich kann es auch zur Überversorgung mit bestimmten Mengen- und Spurenelementen kommen, was sich meist in unspezifischen Symptomen wie Reduktion der Futter- und Wasseraufnahme (z. B. nach zu hohen Kupfer- und Kalziumgehalten im Futtermittel), Leistungsrückgang, Blutungen oder auch veränderter Eischalenqualität (Überdosierung von Phoshor, Chlorid, Fluorid) zeigen kann. Weitere Details sowie Hinweise zu Richtwerten für den Energie- und Nährstoffgehalt von Futtermitteln für die verschiedenen Nutzgeflügelarten sind der Speziallitertur zu entnehmen.
Eine Übersicht über die häufigsten Mangelerkrankungen geben die → Tabellen 9.1 und 9.2.

Abb. 9.1:
Skelettdeformationen durch Riboflavin (Vitamin B_2)-Mangel

9.2 Syndrome

Als Syndrome werden Erkrankungen bezeichnet, deren Ursachen nicht genau bekannt sind. → Tabelle 9.3 gibt eine Übersicht der bedeutsamsten Syndrome beim Nutzgeflügel.

9.2.1 Malabsorbtionssyndrom

Ätiologie, Klinik und Pathologie
Es wird angenommen, dass die Ursachen in einer Kombination aus infektiösen und nicht-infektiösen Einflüssen zu suchen sind. Es werden subklinische Verläufe von Infektionen mit Reo-, Entero- und Adenoviren diskutiert. Auch die infektiöse Bursitis und die infektiöse Hühneranämie sollen als infektiöse immunsuppressive Faktoren eine Rolle spielen. Diese Infektionen in Kombination

Abb. 9.2:
Malabsorbtionssyndrom von Masthühnern mit Befiederungsstörungen.

Tab. 9.3:
Die bedeutsamsten Syndrome des Nutzgeflügels

Syndrom	Nutzgeflügelart	Klinik / Pathologie	Vermutete Ursache	Prophylaxe
Malabsorbtion	Masthuhn, Legehenne	Auseinanderwachsen der Herde, Wachstumsverzögerung, Durchfall, Gliedmaßenschwäche, Federanomalien, Enteritis, Blutungen der Schleimhaut des Muskelmagens, Osteopathie	überbelegte Ställe, schlechte Ventilation, Stress, Immunsuppression durch infektiöse und nicht-infektiöse Faktoren	Immunisierung der Elterntiere und der Küken (v.a. gegen IBDV und CIAV), Vermeidung von Überbesatz, ausreichende Ventilation, Überprüfung der Haltungsbedingungen
Perosis	Pute, Masthuhn	meist einseitige laterale Abknickung des Tarsometatarsus am Intertarsalgelenk	genetische Disposition, Haltungsfehler, Fütterungsfehler	Überprüfung der Haltungsbedingungen und der Futtermittelzusammensetzung
Sohlenballenabszess (bumble foot)	Pute, Masthuhn	ein- oder beidseitige Lahmheiten, Entzündung der Bursa sternalis, Pododermatitis	zu feuchte Einstreu	regelmäßige Einstreukontrolle, Auflockern der Einstreu, Nachstreuen, Nippeltränken mit Auffangschalen nachrüsten, ggf. Anpassung in der Fütterung
systemische Hypertonie, „Sudden death“-Syndrom, perirenale Hämorrhagie	Pute, Huhn	plötzliche Todesfälle, Aortenruptur, Blutkoagula in der Leibeshöhle, Herzdilatation	Futtermittelzusammensetzung, Stress, Arterioskelerose, Genetik	Überprüfung der Futtermittelzusammensetzung, Stressvermeidung, Vermeidung von Überbesatz
Aszites	Pute, Masthuhn, Pekingente, Moschusente	Auseinanderwachsen der Herde, plötzliche Todesfälle, Zyanosen, Atemnot, Aszites, Hydroperikard, Leberschwellung mit fibrinös veränderter Leberkapsel, Lungenödem	Hypoxämie, überbelegte Ställe, schlechte Ventilation, Lungenfunktionsstörungen	Vermeidung von Überbesatz, ausreichende Ventilation, Überprüfung der Haltungsbedingungen
Fettleber	Legehenne	Legeleistungsreduktion, plötzliche Todesfälle, blasse Kopfanhänge, Übergewicht, Verfettung von Leber (Leberruptur), Nieren und Herz	Fütterung von kohlenhydratreichem Futtermittel in der Leistungsspitze, Bewegungsmangel	restriktive Fütterung, Verfütterung von Futtermitteln mit Ersatz von Kohlenhydraten durch Fette (paradoxe Fütterung) vor Legebeginn

mit Überbesatz, unausgewogener Fütterung, subklinischen Intoxikationen mit Mykotoxinen und schlechter Belüftung der Ställe sollen das Malabsobtionssyndrom verursachen.

Es sind Hühner der Lege- und Mastrichtung betroffen. Dieses Syndrom ist gekennzeichnet durch Diarrhoe in der ersten Mastwoche mit der Folge von feuchter Einstreu, schlechtem Stallklima und

Tab. 9.3:
Die bedeutsamsten Syndrome des Nutzgeflügels (Fortsetzung)

Syndrom	Nutzgeflügelart	Klinik / Pathologie	Vermutete Ursache	Prophylaxe
Gicht	Nutzgeflügel	gestörtes Allgemeinbefinden, erhöhte Wasseraufnahme, ein- oder beidseitige Lahmheiten, „Gichtknoten" an den Gelenken, mehltauartige Beläge auf Herz, Leber und Nieren, Nieren mit deutlicher Renkulizeichnung, Harnleiter mit Harnsäure angestaut, Niereninsuffizienz	Wassermangel, zu hoher Mineralstoffanteil im Futtermittel, Mykotoxikose und andere Vergiftungen, Infektionen (IBV, aviäres Nephritisvirus, *E. truncata*), Vit.-A-Mangel, zu geringe Luftfeuchte während der Vorbrut	Überprüfung der Futtermittelzusammensetzung, Kontrolle der Wasserversorgung, Optimierung der Kunstbrut
Muskelmagenerosion	Masthuhn	Auseinanderwachsen der Herde, Wachstumsverzögerung, erhöhte Abgänge, Erbrechen, Ulzera im Muskelmagen	Vit.-B_6- und Vit.-B_{12}-Mangel, erhöhter Histaminanteil im Futter, Mytoxikose	Überprüfung der Futtermittelzusammensetzung
Kropfdilatation (Pendelkropf)	Pute, Masthuhn	Abmagerung, hochgradige Kropfdilatation, Kropfentzündung	Fütterungsfehler, genetische Disposition	Überprüfung der Futtermittelzusammensetzung, leistungsgerechte Fütterung
Drüsenmagendilatation	Masthühner	Auseinanderwachsen der Herde, Anstieg in der Mortalität, fluktuierende Leibeshöhle, Aszites, dilatierter Drüsenmagen	Futtermittelstruktur	Futterwechsel, Erhöhung des Anteils an gröberen Bestandteilen (ganze Getreidekörner)
Legedarmzysten	Legehenne	keine Klinik, Zyste des rechten Müllerschen Ganges	unbekannt	keine

vermehrten Sohlenballengeschwüren. Ferner kann es zu Befiederungsstörungen und Lahmheiten kommen (→ Abb. 9.2 und 9.3). Dies führt zu einem Auseinanderwachsen der Herde.
Die Gewichtszunahmen und die Futterverwertung sind sehr unausgeglichen. Ökonomisch bedeutsam sind der vermehrte Medikamenteneinsatz auf Grund von Dysbakteriose sowie bakterieller Sekundärinfektionen und die erhöhten Verwurfraten auf dem Schlachthof.
Das Abdomen ist geschwollen und der Drüsenmagen vergrößert und entzündlich verändert. Zudem kann es zur katarrhalischen Enteritis kommen. Die Mukosa des Dünndarms erscheint brüchig, die Blinddärme sind aufgegast und mit flüssigem Inhalt angefüllt. Ferner kann es zur Atrophie von Bursa cloacalis und Thymus sowie zu rachitisähnlichen Veränderungen am Skelettsystem kommen.

Bekämpfung
Die Bekämpfung richtet sich dementsprechend nach den vermuteten Ursachen. Rechtzeitige Impfung der Elterntiere und der Küken gegen die infektiösen Faktoren, bedarfsgerechte Fütterung, Vermeidung von Überbesatz, optimales Stallkli-

Abb. 9.3:
Malabsorbtionssyndrom einer Junghenne mit Befiederungsstörungen.

ma und gute Stallhygiene stellen eine wirksame Prophylaxe gegen das Malabsobtionssyndrom dar.

9.2.2 Perosis

Ätiologie, Klinik und Pathologie, Bekämpfung
Betroffen sind vor allem Jungmasthühner und Puten. Als Ursachen werden eine genetische Disposition, Haltungsmängel, Überbesatz und Fütterungsmängel (Mangan, Vitamine, Kalzium) vermutet. Es kommt zum Abgleiten der Sehne des Musculus gastrocnemius über den lateralen Gelenkshöcker des Intertarsalgelenkes mit der Folge des lateralen Abknickens des Tarsometatarsus. Die Tiere zeigen demzufolge eine hochgradige Bewegungsstörung und können sich meist nur noch mit Hilfe der Flügel im Kreis fortbewegen (→ Abb. 9.4 a, b)
Betroffene Tiere sind nicht zu therapieren und müssen tierschutzgerecht euthanasiert werden. Tritt Perosis gehäuft in der Herde auf, ist die Haltung auf die vermuteten Ursachen zu untersuchen und gegebenenfalls zu korrigieren.

Abb. 9.4:
Rechtsseitige Perosis beim Masthuhn. **(a)** Ansicht von vorne; **(b)** Ansicht von oben.

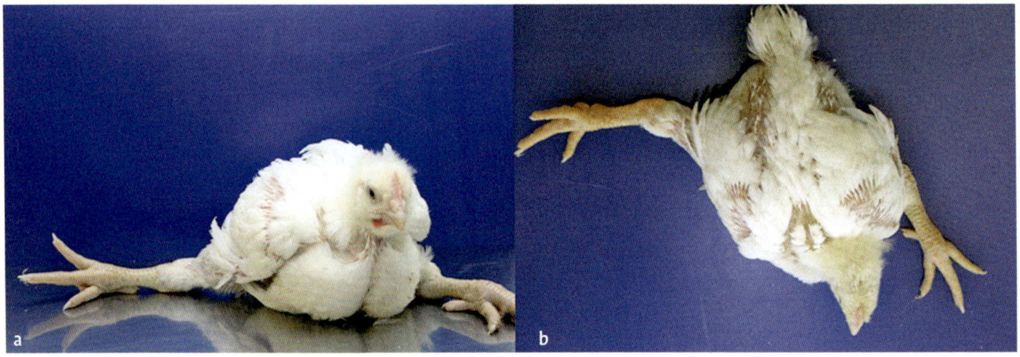

9.2.3 Sohlenballenabszesse

Ätiologie, Klinik, Pathologie, Bekämpfung
Sohlenballenabszesse (bumble foot) entstehen vor allem durch eine schlechte (zu feuchte) Einstreuqualität mit der Folge eines erhöhten Ammoniakgehalts im Stall. Sie kommen bei Puten und Masthühnern im Endmaststadium sehr häufig vor. Nach neueren Untersuchungen weist eine große Anzahl kommerziell gemästeter Puten, Masthühner und Enten diese Erkrankung in unterschiedlichem Grade auf. Die Veränderungen reichen dabei von oberflächlichen Hyperkeratosen über Epithelnekrosen bis zu ulzerativen Ballenabszessen (→ Abb. 9.5). Ganz zweifellos sind diese Veränderungen mit Schmerzen verbunden. Die Tiere zeigen dementsprechend ein- oder beidseitige hochgradige Lahmheiten und liegen vermehrt, was möglicherweise bei schweren Endmastputen das Entstehen von Entzündungen der Bursa sternalis, sogenannte Brustblasen („breast buttons"), fördert.
Dem Hygienemanagement kommt als Prophylaxe die größte Bedeutung zu. Putenställe müssen täglich auf zu feuchte Einstreu (Feuchtigkeitsgehalt über 30–35 %) überprüft werden. Die Einstreu ist regelmäßig aufzulockern und bei Bedarf muss nachgestreut werden. Überlaufende Tränkesysteme sind zu reparieren und Nippeltränken bei der Masthuhnhaltung können mit Auffangschalen versehen werden. Das Stallklima muss entsprechend der Tierdichte angepasst werden. Übermäßige Tränkwasseraufnahme bedingt durch Fütterungsfehler kann das Risiko einer feuchten Einstreu erhöhen. Durchfallerkrankungen (z. B. *Clostridium-perfringens*-Infektion und/oder Kokzidiosen) sind rechtzeitig zu diagnostizieren und gezielt zu therapieren. Die Vorgaben für die Besatzdichte sind einzuhalten. Die Nutzung einer Fußbodenheizung in der Anfangszeit der Mast bzw. Aufzucht kann sich positiv auf die Fußballengesundheit auswirken. Nach allen Erfahrungen kann durch diese Maßnahmen das Entstehen von Sohlenballenabszessen deutlich reduziert werden.

Abb. 9.5:
Hyperkeratose und Epithelnekrose am Sohlenballen eines Masthuhns.

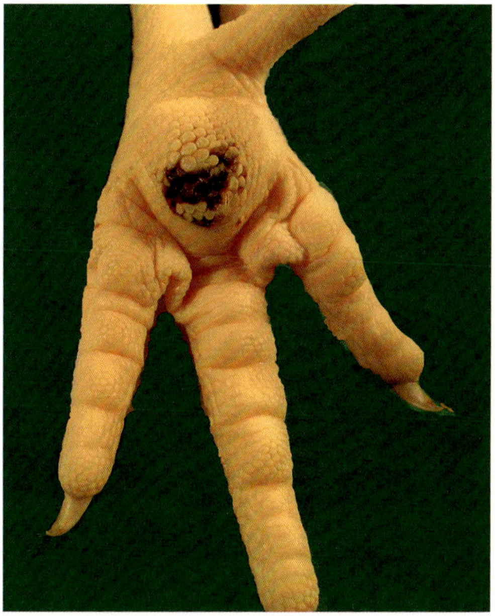

9.2.4 Systemische Hypertonie

Ätiologie, Klinik, Pathologie, Bekämpfung
Dieses Syndrom tritt vor allem bei Puten, seltener bei Masthühnern, im Endmaststadium auf. Als Ursache werden ein zu hoher Protein- und Fettgehalt sowie Kupfermangel im Futtermittel diskutiert. Dies fördert die Arteriosklerose und führt bei plötzlichen Stresssituationen durch ungewohnte Störungen aller Art über die plötzliche Blutdruckerhöhung zur Ruptur der Aorta. Eine genetische Disposition wird ebenfalls vermutet. Die Tiere versterben plötzlich und ohne vorhergehende Krankheitsanzeichen. Pathologisch-anatomisch fällt vor allem die scheinbare Anämie auf. Nach der Öffnung der Tierkörper sind in der Leibeshöhle auf den inneren Organen große Blutkoagula festzustellen. Das Herz ist hypertrophisch und die Aorta rupturiert (→ Abb. 9.6 und 9.7). Die Tiere versterben an innerer Verblutung. Der plötzliche Tod von Puten („Sudden death"-Syndrom) und die „perirenale Hämorrhagie" werden

Abb. 9.6:
Unverändertes Herz und Herzhypertrophie (links) von Puten gleichen Alters.

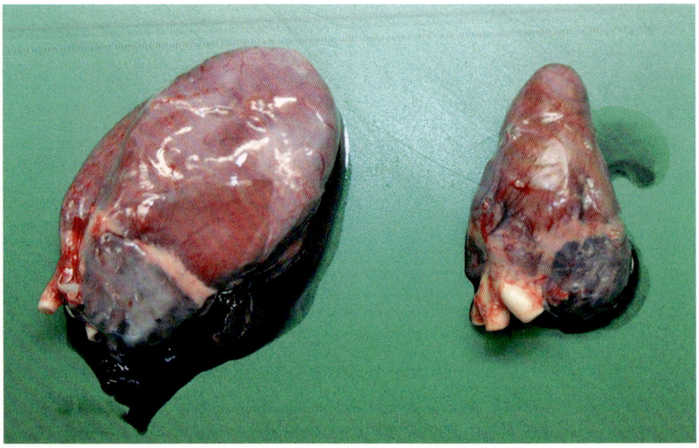

Abb. 9.7:
Blutkoagulum in der Leibeshöhle einer Pute als Folge einer Aortenruptur.

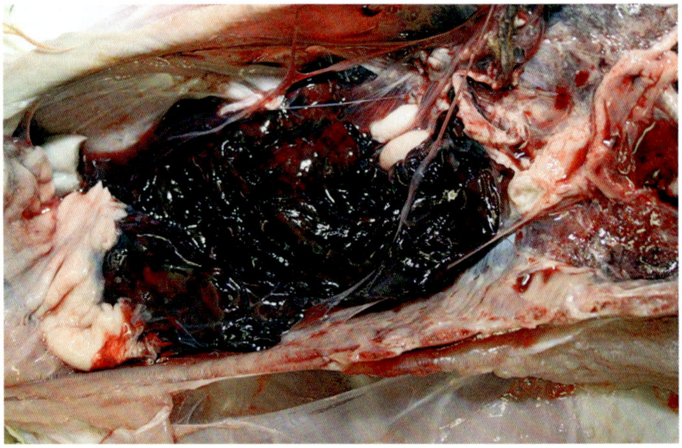

Abb. 9.8:
Aszitessyndrom bei einer Pekingente mit deutlich sichtbarer vermehrter Ansammlung von Flüssigkeit in der Leibeshöhle (Pfeil).

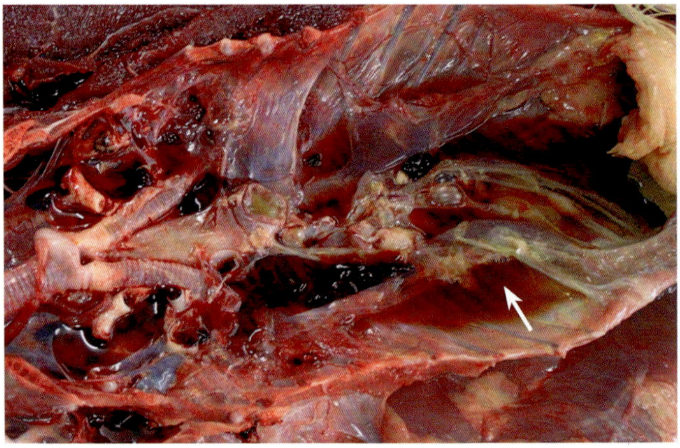

ebenfalls zu diesem Syndromkomplex dazu gerechnet. Er entsteht vermutlich durch ein akutes Stressgeschehen mit der Folge einer massiven Blutdruckerhöhung. Zur Vorbeuge müssen die Tiere in dieser Mastphase bedarfsgerecht gefüttert werden und jegliche Störungen, vor allem in der Endmastphase, sind zu vermeiden.

9.2.5 Aszitessyndrom

Ätiologie, Klinik, Pathologie, Bekämpfung

Es handelt sich bei dem Aszites des Nutzgeflügels vermutlich ursächlich um eine Hypoxämie als Folge von Überbelegung im Stall, schlechter Ventilation, infektiösen und nicht-infektiösen (toxischen) lungenschädlichen Einflüssen. Genetische Dispositionen bei schnell wachsenden Mastlinien von Huhn, Pute und Pekingente werden ebenfalls diskutiert. Dies führt zu einer dekompensatorischen Anpassung des Herzens mit Hypertrophie des rechten Herzventrikels und der Folge eines erhöhten vaskulärer Drucks mit Lungenfunktionsstörungen, Leberstau und Aszites. Der Aszites tritt bei Puten, Masthühnern, Pekingenten und Moschusenten in der Endmastphase auf. Die Herde wächst ungefähr ab der 5. Mastwoche auseinander und es treten vermehrt Todesfälle auf. Am Einzeltier fallen blasse Kopfanhänge, Zyanosen sowie Fluktuierung im Abdominalbereich und Atemnot auf.

Abb. 9.9:
Leberschwellung und Leberveränderungen als Folge eines Aszitessyndroms bei einer Pekingente.

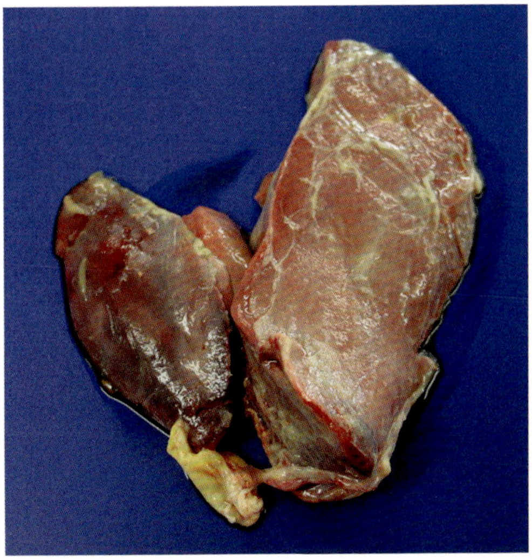

Pathologisch-anatomisch fallen Aszites, Hydroperikard, Hypertrophie des rechten Herzventrikels, Leberschwellung, milchig-gelatinös veränderte Leberkapsel und Blutstau in den Lungen auf (→ Abb. 9.8, 9.9 und 9.10).

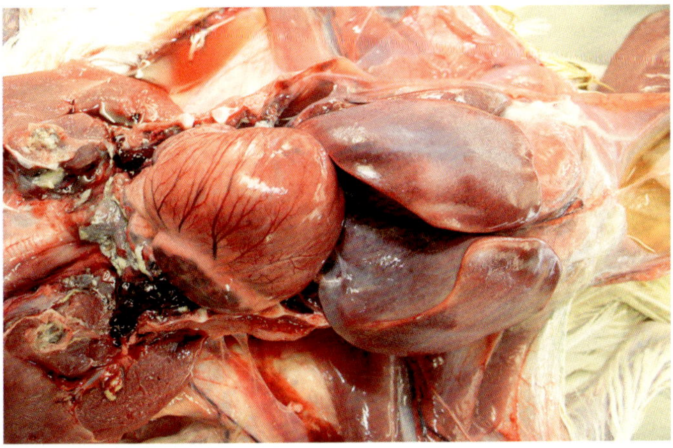

Abb. 9.10:
Herzdilatation und Leberveränderung als Folge eines Aszitessyndroms bei einer Pute.

Abb. 9.11:
Fettleber (hepatische Steatose) einer Legehenne.

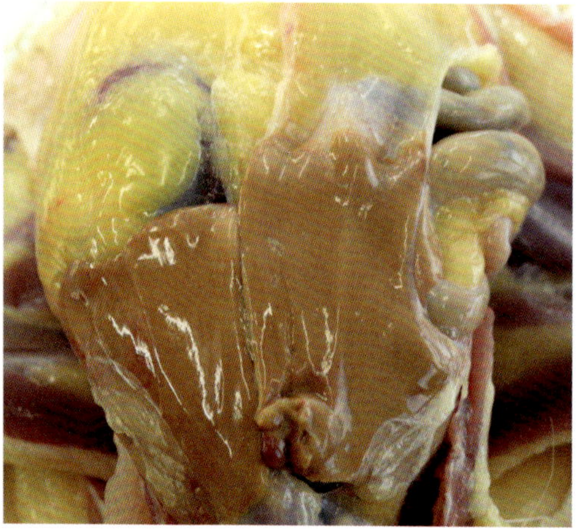

Die Prophylaxe richtet sich auf die Einhaltung der Empfehlungen bzw. gesetzlichen Vorgaben zur Besatzdichte, optimaler Ventilation und bedarfsgerechter Fütterung in der entsprechenden Mastphase.

9.2.6 Fettlebersyndrom

Ätiologie, Klinik, Pathologie, Bekämpfung
Kohlenhydratreiche Futtermittel führen während des Maximums der Legeleistung durch die Östrogen- und Insulindominanz sowie einen erniedrigten Kortikoidspiegel zur erhöhten Fettsynthese. Bewegungsarmut prädisponiert die Pathogenese dieses Syndroms. Das Fettlebersyndrom tritt bei Legehennen in Verbindung mit sehr hoher Legeleistung auf. Es kommt zu einem plötzlichen Legeleistungsrückgang. Die Tiere sind übergewichtig und zeigen blasse Kopfanhänge und gelegentlich Ikterus. Es kommt zu plötzlichen Todesfällen.
Die Hennen sind verfettet, die Lebern vergrößert, grünlich verfärbt und von brüchiger Konsistenz (→ Abb. 9.11).
Histologisch sind eine grobtropfige Leberverfettung (Leberzellen mit der typischen Siegelringform) sowie Ablagerungen in den Lebersinosoiden, die sich in der Hämatoxylin-Eosin (HE)-Färbung eosinophil amyloidartig darstellen, zu sehen. Bei perakut verstorbenen Tieren ist die Leber rupturiert und es finden sich große Blutkoagula auf der Leber und in der Leibeshöhle.
Die Prophylaxe kann durch restriktive Fütterung oder Änderung der Fütterungsrezeptur vor Beginn der Legephase mit Ersatz von Kohlenhydraten durch Fette mit hohem Linolsäureanteil erfolgen (paradoxe Fütterung). Mehr Bewegungsmöglichkeiten im Haltungssystem sind für die Prophylaxe gegen dieses Syndrom und auch ganz allgemein für die Gesundheit von Legehennen sehr förderlich.

9.2.7 Gicht

Ätiologie, Klinik, Pathologie, Bekämpfung
Als Ursachen kommen Wassermangel, Mineralstoffüberversorgung, Infektionen und Intoxikationen in Frage. Die Gicht stellt sich als Eingeweide (Viszeral)-gicht (→ Abb. 9.12) oder Gelenksgicht dar und ist immer die Folge von schweren Nierenfunktionsstörungen. Die Viszeralgicht beim Eintagsküken ist auf zu niedrige Luftfeuchte in der Vorbrut zurückzuführen. Die Tier sind apathisch, zeigen vermehrten Durst und bei Gelenksbeteiligung ein- oder beidseitige Lahmheiten. Betroffene Tiere zeigen eine Diarrhoe mit erhöhtem Harnsäureanteil.
Herz, Leber und Nieren sind von kristallinen mehltauartigen Belägen überzogen. Die Nieren sind geschwollen und weisen eine deutliche Renkulizeichnung auf. Die Harnleiter sind mit Harnsäure angestaut (→ Abb. 9.13).
Die Sicherstellung einer ausreichenden Wasserversorgung, eine bedarfsgerechte Fütterung und die Überprüfung der Luftfeuchte während der Vorbrutphase kommen als Prophylaxe in Frage.

9.2.8 Kropfdilatation (Pendelkropf)

Ätiologie, Klinik, Pathologie, Bekämpfung
Als Ursache werden eine nicht leistungs- und altersgerechte Fütterung und eine mögliche genetische Disposition betroffener Tiere angesehen. Die Erkrankung tritt vorwiegend bei älteren Puten

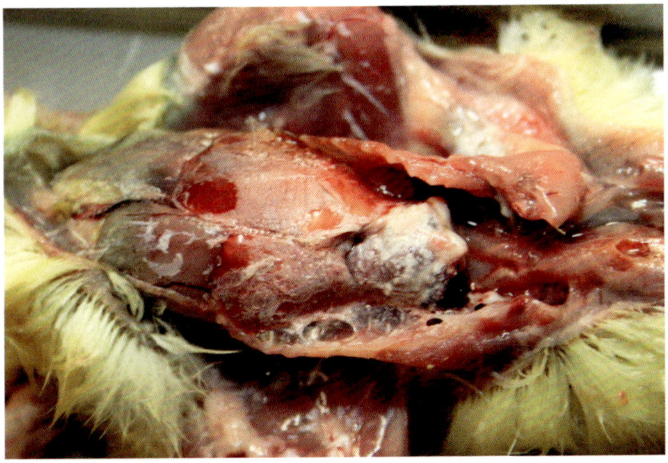

Abb. 9.12: Viszeralgicht eines Pekingentenkükens mit auffälligen weißlichen, kristallinen Auflagerungen auf Leber und Herz.

auf. Der Kropf ist dabei hochgradig umfangsvermehrt und mit flüssig-gasigem Inhalt angefüllt (→ Abb. 9.14).
Oft folgt eine Kropfentzündung. Die Tiere verdauen das Futter nicht mehr und magern ab. Tritt die Erkrankung gehäuft auf, ist die Futterrezeptur zu überprüfen. Der Therapieversuch beim Einzeltier bleibt erfolglos. Die Puten sind tierschutzgerecht zu euthanasieren.

9.2.9 Muskelmagenerosion

Ätiologie, Klinik, Pathologie, Bekämpfung
Als Ursache für Muskelmagenerosionen werden Mängel an Vitaminen des B-Komplexes, erhöhter Stress, zu hoher Histaminanteil im Futtermittel und Mykotoxikosen diskutiert. Dieses Syndrom tritt vor allem bei Masthühnern in der ersten Mastphase auf. Die Tiere sind apathisch, nehmen schlecht zu, es kommt zu erhöhten Abgängen und Verwerfen von Schlachtkörpern auf dem Schlachthof. Die Schleimhaut des Muskelmagens weist tiefgehende blutende Ulzerationen auf. Der Ma-

Abb. 9.13: Nierengicht eines Huhns.

Abb. 9.14: Pendelkropf einer Pute.

Abb. 9.15:
Muskelmagenerosion.

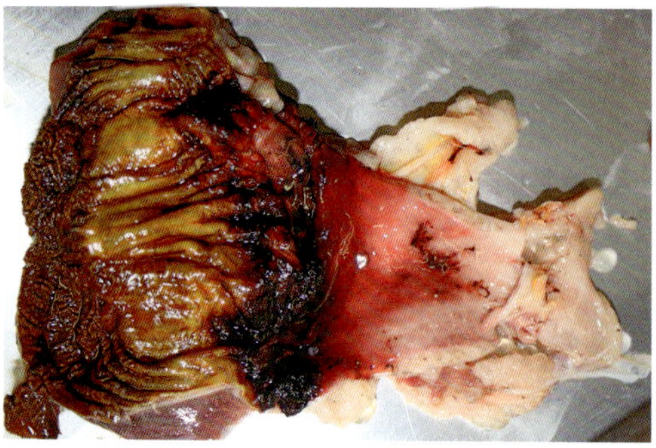

gen- und Darminhalt ist schwarzbraun verfärbt und von schleimig-pastöser Konsistenz (→ Abb. 9.15).
Eine bedarfsgerechte Fütterung, Vermeidung von Stress durch Überbesatz und ausreichende Futter- und Tränkeeinrichtungen können das Endstehen der Muskelmagenerosion verhindern.

9.2.10 Legedarmzyste

Ätiologie, Klinik, Pathologie, Bekämpfung
Bei Legehennen in der Legephase treten im Bereich des rechten Abdomens häufig Zysten auf. Diese sind auf eine zystische Entartung des rechten Müllerschen Ganges, der embryonalen Anlage des rechten Ovars und Legedarms, zurückzuführen und können in der Größe erheblich variieren. Sie sind mit einem wässrigen Inhalt angefüllt und führen in der Regel zu keinen klinischen Symptomen. Diese Zysten werden meistens erst bei einer Sektion als pathologischer Nebenbefund erhoben (→ Abb. 9.16). Die Ursachen dieser Zystenbildung sind unklar. Infektionen mit bestimmten Stämmen des Virus der infektiösen Bronchitis können zu großvolumigen Legedarmzysten führen; meist liegt dann aber ein inaktives Ovar vor.

Abb. 9.16:
Legedarmzyste.

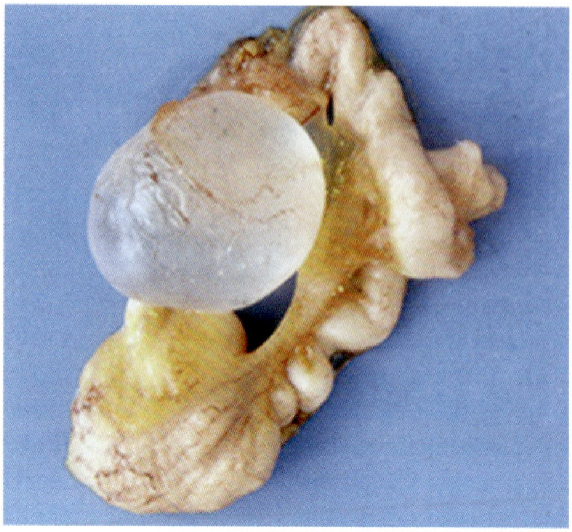

10 Verhaltensstörungen

10.1 Federpicken und Kannibalismus

Ätiologie, Klinik, Bekämpfung

Grundsätzlich ist Federpicken ein physiologisches Verhalten der Tiere. Übermäßiges Federpicken und Kannibalismus kommen in intensiv gehaltenen Nutzgeflügelherden, aber auch durchaus im Hobbybereich häufig vor und stellen oft ein großes Problem dar. Betroffen sind vor allem Legehennen-, Puten- und Moschusenten jeden Alters und unter unterschiedlichen Haltungsbedingungen. Als Ursachen werden genetische Disposition, ungünstige Tierdichte, schlechte Belüftung, zu hohe Lichtintensität und Fütterungsfehler sowie Langeweile auf Grund unzureichender Strukturierung der Haltungsform diskutiert. Auslösend sind vor allem bei Legehennen oft geringgradige Verletzungen im Kloakalbereich, welche dann von anderen Tieren bepickt werden (→ Abb. 10.1).
Dies führt oft zur Nachahmung mit der Folge der Ausbreitung innerhalb der Herde. Es kommt zum großflächigen Ausziehen von Federn im Hals-, Rücken- und Schwanzbereich. Die Haut in diesen Bereichen wird oberflächlich bis tiefgehend verletzt. Der Kannibalismus kann im Extremfall dazu führen, dass Legehennen große Anteile des Legedarms oder des Darmes von anderen Tieren herausziehen und auffressen (→ Abb. 10.2). Die Hennen „weiden" sich buchstäblich gegenseitig aus. Die betroffenen Tiere versterben durch Verbluten.
Eine deutliche Reduktion der Gruppengröße in den verschiedenen Haltungssystemen kann dazu beitragen, dass die Tiere eine stabile soziale Rangfolge aufbauen und beibehalten können, sodass dies einen Kannibalismus reduzieren kann. Es gibt aber noch keine wissenschaftlich abgesicherten Angaben zu einer optimalen Gruppengröße, denn das Haltungssystem, das Management und die Tierdichte können diese zusätzlich beeinflussen. Grundsätzlich leben Wildhühner eher in kleinen Gruppen mit einem Hahn und etwa sieben Hennen, was aus wirtschaftlicher Sicht schwierig umzusetzen ist. Somit kann aber die Einstallung von Hähnen in Legehennenherden zumindest einen positiven Einfluss auf die Herdendynamik haben. Eine begleitende Optimierung der Haltungsbedingungen bezüglich der Beleuchtung (Dauer, Lichtqualität in Bezug auf Intensität und Wellenspektrum) und des Stallklimas ist unerlässlich. Zudem können sich Strukturierungselemente (Pickblö-

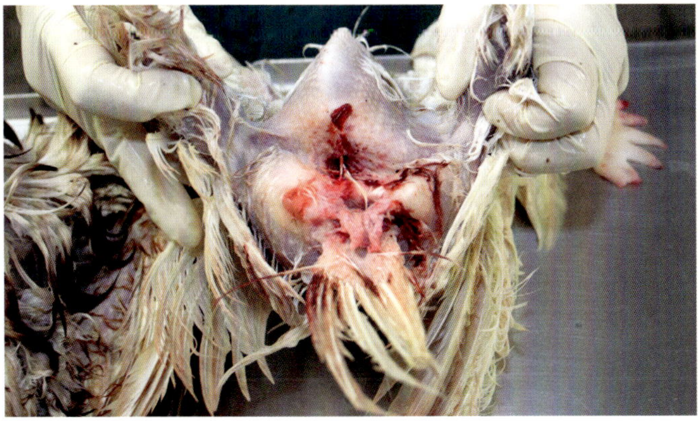

Abb. 10.1: Pickverletzungen im Kloakalbereich einer Legehenne.

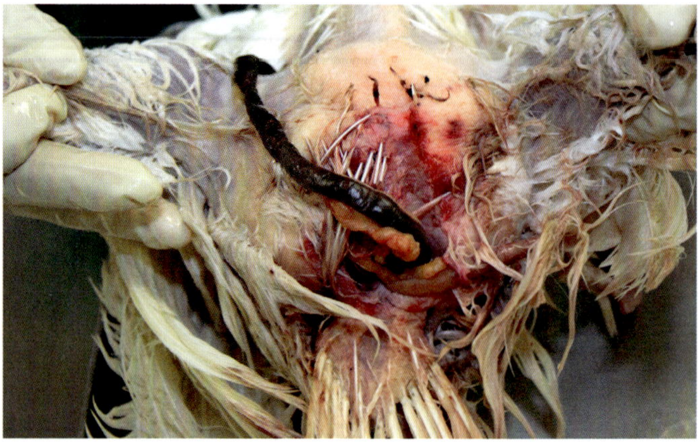

Abb. 10.2:
Vorfall eines Teils des Darmkonvolutes einer Legehenne als Folge von Kannibalismus.

cke, Heukörbe, bei Puten auch Bälle oder Bänder, Strohballen) im Stall positiv auf die Reduktion dieser Verhaltensstörung auswirken. Es ist darauf zu achten, dass die Tiere dabei keine toxischen Substanzen aufnehmen (wie z. B. bei dem Angebot von CDs) oder es futtermittelrechtliche Bedenken gibt. Das Beschäftigungsmaterial sollte dem Alter bzw. der Größe der Tiere entsprechen und immer wieder ausgetauscht werden. Bisher wird bei kommerziellen Legehennen in Bodenhaltung, Puten und Moschusenten meist noch das Kupieren bzw. Touschieren der Oberschnabelspitze durchgeführt, um die Tierverluste zu minimieren. Dies ist ein schmerzhafter Eingriff, der nach dem Tierschutzgesetzt verboten ist und deshalb in jedem Fall einer zeitlich befristeten Ausnahmegenehmigung bedarf. Das Kupieren wird bei Legehennen und Puten bereits in der Brüterei vorgenommen. Bei Moschusenten erfolgt der Eingriff meistens nach der 1. Lebenswoche. Es ist damit zu rechnen, dass es möglicherweise in näherer Zukunft (Moschusenten ab 2014, Legehennen ab 2016 und Puten ab 2018) es zu Einschränkungen und Verboten dieser Eingriffe kommen kann (siehe Niedersächsischer Tierschutzplan).

10.2 Eierfressen

Ätiologie, Klinik, Bekämpfung

Es handelt sich bei dieser Verhaltensstörung um das vollständige oder teilweise Fressen von meist frisch gelegten Eiern. Hierbei sind besonders Bodenhaltungssysteme betroffen. Als Ursachen werden zu spätes Umstallen von Aufzucht in die Bodenhaltungssysteme, nicht haltungsgerechte Aufzucht der Junghennen in einem nicht den Haltungsbedingungen des Legebetriebs angepassten System (bspw. kein Erlernen des Nutzens der dritten Dimension für den Fall eines Volierenhaltungssystems im Legebetrieb), welches zum Verlegen der Eier in den ungewohnten Bodenhaltungssystemen führt. Weiterhin können eine Verfütterung von Eierresten, stallbauliche Konstruktionsmängel bezüglich der Abrollneigung in den Nestern sowie unzureichende Blenden im Bereich des Eierbandes und schlechte Ausleuchtung des Stalles als mögliche Faktoren diskutiert werden. Auslösend ist wahrscheinlich das zuerst nur neugierige Anpicken der aufgefundenen Eier, das dann in der Herde schnell zur Nachahmung führt. Die eierfressenden Hühner weisen Verschmutzungen des Gefieders mit Eierresten auf. Es kommt zu einer scheinbaren Reduktion der Legeleistung. Die ökonomischen Verluste können sehr hoch sein.

Um dieser Verhaltensstörung vorzubeugen, sollten Junghennen in den Haltungssystemen aufgezogen werden, in die sie später für die Legeperiode umgestallt werden. Die Umstallung sollte 2 bis 4 Wochen vor Beginn der Legetätigkeit erfolgen. Die Hennen sollten wenig Kontakt zu ihren Eiern haben. Der Stall sollte angemessen ausgeleuchtet sein und verlegte Eier sind so schnell wie möglich aus dem Stall abzusammeln. Stallbauliche Mängel sind zu beheben und die identifizierten „Eierfresser" sollten aus dem Stall entfernt werden.

11 Differenzialdiagnosen

Erkranktes Geflügel zeigt in der Regel unabhängig vom auslösenden Agens gesträubtes Gefieder, häufig hängende Flügel sowie halb- oder vollständig geschlossene Augenlider (→ Abb. 11.1). Die Tiere sind meist bewegungsunlustig, nehmen vermindert oder kein Wasser und Futter auf. Es ist eine geringere Gewichtszunahme bei Masttieren oder eine verminderte Legeleistung bei Legetieren zu beobachten. Je nach Infektionserreger können jedoch noch weitere Symptome auftreten, die nachfolgend differenzialdiagnostisch nach Organkomplexen dargestellt werden.

Abb. 11.1:
Klinisch erkrankte Pute nach einer Infektion mit *Ornithobacterium rhinotracheale*.

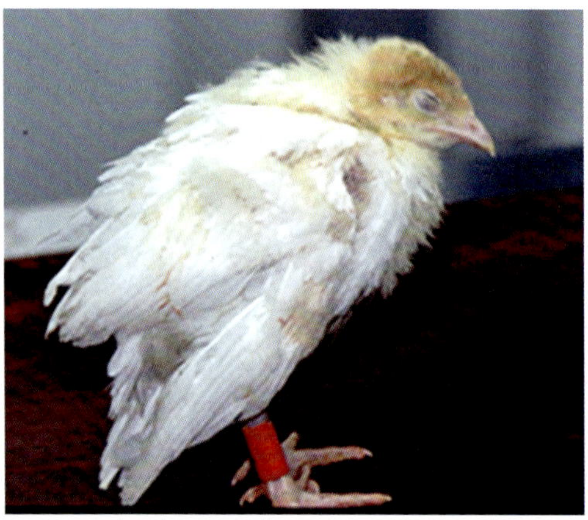

11.1 Systemische Erkrankungen

	Erkrankung	Erreger	Wirt	Klinik und Pathologie	Kapitel
Virale Erreger	Klassische Geflügelpest	hoch-virulentes aviäres Influenza-A-Virus (HPAIV)	Nutzgeflügel, Wildvögel	ZNS-Symptome (Tremor, Tortikollis), Zyanosen, katarrhalische Entzündung der Kopfschleimhäute, grünliche Diarrhoe, ggl. respiratorische Symptome, Hämorrhagien, hohe Mortalität	→ 8.2.5
	Newcastle Disease	mesogene und velogene Paramyxovirus-1-Stämme	Hühnervögel, Wildvögel		→ 8.2.6.1
	Entenpest	anatides Herpesvirus	Pekingente, Gans, Moschusente, Wildwasservögel	ältere Tiere; plötzliche Todesfälle, starke wässrige Diarrhoe, ZNS-Symptome, Augen- und Nasenausfluss, petechiale Blutungen (perlschnurartig), ringförmige Nekrosen in der Kloake	→ 8.2.13.3
Bakterielle Erreger	Aviäre Pasteurellose (Geflügelcholera)	*Pasteurella multocida*	Nutzgeflügel, (Wildvögel)	perakut: Tod ohne klinische Symptome; akut: Zyanosen an Kamm und Kehllappen, hämorrhagische Diathesen und multifokale Nekrosen, Kongestionen in der Lunge, massive Blutungen aus der Schnabelhöhle; chronisch: respiratorische Symptome mit Mittelohrentzündung, Entzündung der Bursa sternalis und der Fußballen, Schwellung der Kehllappen	→ 8.3.5
	Riemerellose (exsudative Septikämie; infektiöse Serositis)	*Riemerella anatipestifer*	Wassergeflügel, Pute, Huhn	Dyspnoe, Rhinitis, Keratokonjunktivitis, Sinusitis, fibrinös-exsudative Serositis, Arthritis, Meningitis	→ 8.3.7
	Chlamydiose	*Chlamydia (C.) psittaci* *C. gallinacea* *(C. avium)*	Nutzgeflügel	Dyspnoe, Rhinitis, Keratokonjunktivitis, Sinusitis, fibrinöse Serositis; bei Septikämie: Bronchopneumonie, Enteritis, Hepato- und Splenomegalie, Perihepatitis und Perikarditis	→ 8.3.8
	Weiße Kükenruhr (Pullorumkrankheit)	*Salmonella* Pullorum	Hühnervögel	Schlupfverlust, kalkweiße Enteritis, Blindheit, Lahmheit (Skelettdeformationen) bei Küken, Legeleistungsdepression, Pullorumknoten an Herz und Pankreas, gestielte grau-grüne Follikel bei Hennen (Oophoritis), Lebernekrosen	→ 8.3.9.1
	Hühnertyphus	*Salmonella* Gallinarum	Hühnervögel	Diarrhoe, Nephritis, Arthritis, Oopheritis, Hepatitis, Perikarditis	→ 8.3.9.1
	Arizona-Salmonellose	*Salmonella enterica arizonae*	Pute, Huhn, Ente	entzündliche Augenveränderungen, Schlupfverluste, Hepatomegalie, Splenomegalie, fokale Leber- und Milznekrosen, Polyserositis, Meningitis	→ 8.3.9.2

11.1 Systemische Erkrankungen (Fortsetzung)

	Erkrankung	Erreger	Wirt	Klinik und Pathologie	Kapitel
Bakterielle Erreger	Parathyphus	*Salmonella (S.)* Enteritidis, S. Typhimurium	Nutzgeflügel (Jungtiere / selten)	Diarrhoe, Blindheit und Lahmheiten; ältere Tiere: symptomlose Besiedlung	→ 8.3.9.3
	aviär-pathogene-*Escherichia coli* (APEC)-Infektionen (Colibazillose)	*E. coli*	Nutzgeflügel	Respirationssymptome, Omphalitis/ Dottersackentzündung, Cellulitis, Entzündung der Reproduktionsorgane, Polyserositis, Coligranulomatose	→ 8.3.10
	Pseudotuberkulose (Yersiniose)	*Yersina pseudotuberculosis*	Huhn, Pute, Ente	Hepatomegalie, Splenomegalie, multiple fokale Nekrosen in Leber und Milz, Perikarditis, Perihepatitis, Salpingitis	→ 8.3.11
	Staphylokokkose	*Staphylococcus aureus*	Nutzgeflügel	Faktorenerkrankung; Osteomyelitis, Arthritis, Synovitis, Sohlenballenabszesse, Omphalitis, gangränöse Dermatitis, septikämische Nekrosen	→ 8.3.15
	Streptokokkose Lancefield Serogruppe C	*Streptococcus zooepidemicus*	Nutzgeflügel	Faktorenerkrankung; perakut-akut: Zyanosen; chronisch: Arthritis, Polyserositis, Endokarditis mit blumenkohlartigen weißlichen Veränderungen an Herzklappen	→ 8.3.16
	Enterococcus spp. Lancefield Serogruppe D	*Enterococcus (E.) faecalis, E. cecorum*	Nutzgeflügel	Perikarditis, Perihepatitis, Salpingitis, Nabelentzündung, Arthritis, Osteomyelitis, Endokarditis, Spondylitis	→ 8.3.17
	Rotlauf	*Erysipelothrix rhusiopathiae*	Pute, Huhn, Wassergeflügel	plötzliche Todesfälle, Dyspnoe, hämorrhagische Veränderungen, Zyanosen, Lungenödem, Endocarditis valvularis	→ 8.3.18
	Vogeltuberkulose	*Mycobacterium avium* ssp. *avium*	Nutzgeflügel, (Fasan)	Abmagerung, plötzliche Todesfälle durch Milz- und Leberruptur, käsige Granulome in Herz, Leber, Milz, Darm und Knochenmark, ggl. Gelenksbeteiligung	→ 9.3.19
	Listeriose	*Listeria monocytogenes*	Huhn, Pute, Taube, Wassergeflügel	ZNS-Beteiligung (Gliosis u. a.) mit Tortikollis, Aszites, Hämorrhagien innerer Organe, granulomatöse Herde in Milz, Myokard und Leber	→ 8.3.20
	Infektion mit Pseudomonaden	*Pseudomonas aeruginosa* (Sekundärerreger)	Nutzgeflügel	Keratokonjunktivitis, Rhinitis, Hämorrhagien	→ 8.3.23.1
Pilze	Aspergillose	*Aspergillus (A.) fumigatus, A. flavus* (Sekundärerreger)	Nutzgeflügel	Systemmykose, Pneumo- und Dermatomykosen, Beteiligung von Dottersack, Augen und Gehirn möglich, granulomatöse Veränderungen, Kavernenbildung	→ 8.4.2

Weiterhin kommen differenzialdiagnostisch auch nicht-infektiöse Ursachen wie unter anderem Vergiftungen in Frage.

11.2 Erkrankungen des Respirationsapparates

	Erkrankung	Erreger	Wirt	Besonderheiten neben respiratorischen Symptomen in Klinik und Pathologie	Kapitel
Virale Erreger	Klassische Geflügelpest	Orthomyxovirus, HPAI-Viren	Nutzgeflügel, Wildvögel	ZNS-Symptome (Tremor, Tortikollis), Zyanosen, grünliche Diarrhoe, Hämorrhagien, hohe Mortalität	→ 8.2.5
	Aviäre Influenza	Orthomyxovirus, LPAI-Viren	Nutzgeflügel (insb. Pute)	Pankreasnekrosen	→ 8.2.5
	Newcastle Disease	PMV-1	Nutzgeflügel, Wildvögel	ZNS-Symptome (Tremor, Tortikollis), Zyanosen, grünliche Diarrhoe, Hämorrhagien, hohe Mortalität	→ 8.2.6.1
	PMV-2-Infektionen (Yucaipa-Virusinfektion)	PMV-2	Pute, Finkenvögel, (Huhn, Papageienvögel)	keine	→ 8.2,6.2
	PMV-3-Infektion (Wisconsin-Virusinfektion)	PMV-3	Pute	keine	→ 8.2.6.3
	PMV-4-Infektion	PMV-4	Ente, (Gans)	keine	→ 8.2.6
	PMV-6-Infektion	PMV-6	Ente, (Pute, Gans)	keine	→ 8.2.6
	PMV-7-Infektion	PMV-7	Taube, (Pute, Strauß)	keine	→ 8.2.6
	PMV-9-Infektion	PMV-9	Ente	keine	→ 8.2.6
	Putenrhinotracheitis / swollen head syndrome	aMPV A, B, C, D	Pute, Huhn, Fasan, Perlhuhn	Entzündung des Gehörganges beim Huhn mit Tortikollis und Kopfschütteln, Legeleistungsabfall	→ 8.2.6.4
	Infektiöse Bronchitis	Coronavirus	Huhn, (Fasan)	unterschiedliche Pathotypen, „falsche Leger“	→ 8.2.7
	Adenovirusinfektionen	Fowl-Adenoviren	Nutzgeflügel	keine	→ 8.2.12
	Einschlusskörperchen-Hepatitis (IBH)	Fowl-adenovirus	Huhn, Pute	Atrophie lymphatischer Organe	→ 8.2.12.1
	Marble Spleen Disease	Siadenovirus	Fasan (Jungtiere)	Marmorierung der Milz	→ 8.2.12.1
	Infektiöse Laryngotracheitis	Gallides Herpesvirus 1	Huhn, Fasan, Pfau	Dyspnoe mit Pinguinhaltung, hämorrhagische Läsionen (Trachea, Kloake)	→ 8.2.13.1

11.2 Erkrankungen des Respirationsapparates (Fortsetzung)

	Erkrankung	Erreger	Wirt	Besonderheiten neben respiratorischen Symptomen in Klinik und Pathologie	Kapitel
Bakterielle Erreger	Ornithobakteriose	*Ornithobacterium rhinotracheale*	Nutzgeflügel	Legeleistungsdepression, adhäsive fibrinöse Aerosacculitis, Serositis, Osteomyelitis, Arthritis, Enzephalomyelitis	→ 8.3.1
	Aviäre Bordetellose (Putenschnupfen)	*Bordetella avium*	Hühnervögel (insb. Pute), Wassergeflügel	keine	→ 8.3.2
	Putenschnupfen-ähnliche Erkrankung	*Bordetella hinzii*	Pute	keine	→ 8.3.2
	Chronische Sinusitis Chronic respiratory disease (CRD)	*Mycoplasma (M.) gallisepticum, M. synoviae, M. meleagridis, M. iowae*	Pute, Huhn, Finkenvögel (*M. gallisepticum*)	Legeleistungsdepression, Embryo- und Kükenmortalität, Serositis, Salpingitis	→ 8.3.3
	Ansteckender Hühnerschnupfen (Coryza contagiosa)	*Avibacterium paragallinarum*	Hühnervögel	keine	→ 8.3.4
	Hühnerschnupfen-ähnlich	*Avibacterium gallinarum*	Hühnervögel	Sekundärerreger bei septikämischen Erkrankungen	→ 8.3.4
	Aviäre Pasteurellose (Geflügelcholera)	*Pasteurella multocida*	Nutzgeflügel, (Wildvögel)	perakut: Tod ohne klinische Symptome; akut: Zyanosen am Kamm und Kehllappen, hämorrhagische Diathesen und multifokale Nekrosen, Kongestionen in der Lunge, massive Blutungen aus der Schnabelhöhle; chronisch: respiratorische Symptome mit Mittelohrentzündung, Entzündung der Bursa sternalis und der Fußballen, Schwellung der Kehllappen	→ 8.3.5
	Gallibacterium-anatis-Komplex	*Gallibacterium anatis*	Huhn, (Pute)	Legeleistungsstörungen, Hepatitis, Salpingitis, Peritonitis	→ 8.3.6
	Riemerellose (exsudative Septikämie; infektiöse Serositis)	*Riemerella anatipestifer*	Wassergeflügel, Pute, Huhn	Arthritis, Meningitis	→ 8.3.7
	Chlamydiose	*Chlamydia (C.) psittaci C. gallinacea (C. avium)*	Nutzgeflügel (Taube)	bei Septikämie: Bronchopneumonie, Enteritis, Hepato- und Splenomegalie, Perihepatitis und Perikarditis	→ 8.3.8

11.2 Erkrankungen des Respirationsapparates (Fortsetzung)

	Erkrankung	Erreger	Wirt	Besonderheiten neben respiratorischen Symptomen in Klinik und Pathologie	Kapitel
Bakterielle Erreger	Aviär-pathogene-*Escherichia coli* (APEC)-Infektionen (Colibazillose)	*E. coli*	Nutzgeflügel	Omphalitis/Dottersackentzündung, Cellulitis, Entzündung der Reproduktionsorgane, Coligranulomatose	→ 8.3.10
	Infektion mit Pseudomonaden	*Pseudomonas aeruginosa* (Sekundärerreger)	Nutzgeflügel	Hämorrhagien	→ 8.3.23.1
	Klebsiellen-Infektion	*Klebsiella pneumoniae* (Sekundärerreger)	Nutzgeflügel	Embryosterblichkeit, „ostrich fading chick syndrome“, Salpingitis, Oopheritis	→ 8.3.23.2
Pilze	Aspergillose	*Aspergillus fumigatus*, *A. flavus* (Sekundärerreger)	Nutzgeflügel	Systemmykose, Dermatomykose, Beteiligung des Dottersacks, Augen und Gehirn möglich, granulomatöse Veränderungen, Kavernenbildung	→ 8.4.2
Parasiten	Luftsackmilben	*Cytodites nudus*	Nutzgeflügel	keine	→ 8.5.1.3
	Luftröhrenwurm	*Syngamus trachea*	Nutzgeflügel Wildvögel	katarrhalisch-hämorrhagische Tracheitis	→ 8.5.3.3

Weiterhin kommen differenzialdiagnostisch auch nicht-infektiöse Ursachen, insbesondere Managementfehler, in Frage.

11.3 Immunsuppressive Erkrankungen

	Erkrankung	Erreger/ Ursache	Wirt	Besonderheiten in Klinik und Pathologie	Kapitel
Virale Erreger	Reovirus-infektion der Moschusente	Reovirus	Moschusente	Durchfall, verklebte Augenlider, marmorierte Milz, vergrößerte Leber	→ 8.2.3.3
	Infektiöse Bursitis	Birnavirus	Huhn, (Pute)	Bursaödem, -atrophie und Hämorrhagien	→ 8.2.4
	Leukose / Retikuloendotheliose / lymphoproliferative Krankheit der Pute	Retroviren	Huhn, Pute	tumoröse Veränderungen in lymphoiden und nicht-lymphoiden Organen	→ 8.2.8.13
	Hämorrhagische Enteritis / Marmormilzerkrankung	Siadenovirus	Pute, Huhn, Fasan	blutige Diarrhoe, marmorierte, vergrößerte Milz, Respirationsprobleme	→ 8.2.12.3
	Marekscher Krankheit	Gallides Herpesvirus 2	Huhn, (Pute, Wachtel)	andere Formen der Marekschen Krankheit möglich (Tumoren, Nervenveränderungen, Iridozyklitis u. a.)	→ 8.2.13.2
	Hühneranämie	Circovirus	Huhn	Anämie, Thymusatrophie Knochenmarksdegeneration	→ 8.2.15.1
	Circovirusinfektionen des Wassergeflügels	Circovirus	Gans	Federverlust, Depletion lymphoider Zellen in primär und sekundär lymphoiden Organen	→ 8.2.15.2
	Hämorrhagische Nephritis und Enteritis der Gänse	Polyomavirus	Gans	Blutungen, übelriechende Diarrhoe, Gicht, entzündliche Veränderungen der Niere	→ 8.2.16

11.3 Immunsuppressive Erkrankungen (Fortsetzung)

	Erkrankung	Erreger/ Ursache	Wirt	Besonderheiten in Klinik und Pathologie	Kapitel
Bakterielle Erreger	Aviäre Pasteurellose (Geflügelcholera)	*Pasteurella multocida*	Hühnervögel, Wassergeflügel	perakut: Tod ohne klinische Symptome; akut: Zyanosen an Kamm und Kehllappen, hämorrhagische Diathesen und multifokale Nekrosen, massive Blutungen aus der Schnabelhöhle; chronisch: respiratorische Symptome mit Mittelohrentzündung, Entzündung der Bursa sternalis und der Fußballen, Schwellung der Kehllappen	→ 8.3.5
	Salmonellose	*Salmonella* spp.	Geflügel	Veränderungen am Verdauungstrakt, systemische Veränderungen	→ 8.3.9
Parasitäre Erreger	Kokzidiose	*Eimeria* spp.	Geflügel	Veränderungen am Magen-Darmtrakt	→ 8.5.2.1.1
	Ascaridiose	*Ascaridia galli*	Hühnervögel	Darmveränderungen	→ 8.5.3.3
Toxine und Mangelerscheinungen	Mykotoxikosen	*Aspergillus* spp., *Penicillium* spp., *Fusarium* spp., durch Mykotoxine	Geflügel	ZNS-Störungen, Viszeralgicht, Hämorrhagien, Embryotod	→ 8.4.4
	Vitaminmangel	unausgewogene Fütterung	Geflügel	in Abhängigkeit vom Vitamin; Epithelschäden	→ 9.1
	Intoxikationen	Medikamente, Umweltgifte (z. B. PCB)	Geflügel	vielfältig	→ 8.5.2.1.1. und n.a.

Autoimmunerkrankungen und genetische Defekte sind differenzialdiagnostisch nicht dargestellt.

11.4 Erkrankungen des Magen-Darmtraktes

	Erkrankung	Erreger	Wirt	Besonderheiten in Klinik und Pathologie neben Veränderungen am Magen-Darmtrakt und/oder der Leber	Kapitel
Virale Erreger	Virushepatitis der Pute	Picornavirus	Pute (Jungtiere)	meist subklinisch, akut mit plötzlichen Todesfällen möglich (bis 25 % innerhalb von etwa 1 Wo), Küken bis 6. LW	→ 8.2.1.2
	Virushepatitis der Pekingente: Typ I Typ II Typ III	Picornavirus und Astrovirus	Pekingente	50–100 % Morbidität und Mortalität in Abhängigkeit vom Alter (je jünger desto höher), Apathie, Gleichgewichts- und Koordinationsstörungen, Seitenlage mit Ruderbewegungen, Blauverfärbung des Schnabelgrundes und Robbenstellung in der Agonie, Opisthotonus, ggl. Wachstumsdepressionen (ältere Küken)	→ 8.2.1.3
	Enteritis	Enterovirus-like-Virus	Hühnervögel	Jungtiere betroffen, ungleichmäßiges Wachstum	→ 8.2.1.4
	Kümmerwuchs-Syndrom (Runting-and-Stunting-Syndrom, Poult-Enteritis-Mortality-Syndrom)	Astroviren	Pute	keine	→ 8.2.2.2
	Reovirusinfektion der Moschusente und der Gans	Reovirus	Moschusentenküken, Gans	Entwicklungsstörungen, hohe Morbidität (enzootisch-epizootisch), Beeinträchtigung der Schlachttierkörperqualität	→ 8.2.3.3
	Rotavirusinfektionen	Rotaviren	Huhn, Pute, Ente, Fasan, Perlhuhn, Taube (meist Jungtiere)	oft subklinisch, Reduktion der Futteraufnahme, Aufnahme von Einstreu, Wachstumsdepression, Auseinanderwachsen der Tiere, ggl. gerötete Kloaken, Kloakenpicken, erhöhte Mortalitäten	→ 8.2.3.4
	Infektiöse Bronchitis	Coronavirus	Huhn	Dyspnoe, Rhinitis , Sinusitis, Tracheitis, Nieren- und Legedarmveränderungen	→ 8.2.7.1
	Infektiöse Enteritis der Pute	Coronavirus	Pute	dunkle Kopfanhänge, jüngere Tiere erkranken schwerer, kann an Syndromen beteiligt sein, übelriechende, wässrig grün-bräunliche Diarrhoe z. T. mit Uratbeimischungen	→ 8.2.7.2
	Torovirusinfektion	Torovirus	Pute (Jungtiere)	Beteiligung am Runting-and-Stunting-Syndrom, Malabsorptionssyndrom	→ 8.2.7.3
	Hepatitis E (big liver and spleen disease)	Hepevirus	Huhn (Legehennen/Mastelterntiere), Pute?	hämorrhagische Veränderungen	→ 8.2.10

11.4 Erkrankungen des Magen-Darmtraktes (Fortsetzung)

	Erkrankung	Erreger	Wirt	Besonderheiten in Klinik und Pathologie neben Veränderungen am Magen-Darmtrakt und/oder der Leber	Kapitel
Virale Erreger	Parvovirushepatitis (Derzsysche Krankheit)	Parvovirus	Gans, Moschusente	Jungtiererkrankung, protrahiert mit Mortalität bis 90 %, Befiederungsstörungen, Aszites, blasser Herzmuskel	→ 8.2.11
	Muskelmagenläsionen (Gizzard-Syndrom)	Fowl-Adenovirus 1	Huhn	Läsionen am Muskelmagen, Zerstörung der Koilin-produzierenden Zellen	→ 8.2.12
	Einschlusskörperchen-Hepatitis (IBH)	Fowl-Adenovirus	Huhn, Pute	Jungtiere: Dyspnoe, Rhinitis, Sinusitis; ältere Tiere: ggl. Diarrhoe, blasse Köpfe, Atrophie lymphatischer Organe	→ 8.2.12.1
	Hämorrhagische Enteritis	Siadenovirus	Pute, (Huhn), Fasan, Perlhuhn	schneller Tod, ggl. hämorrhagische Diarrhoe, Splenomegalie	→ 8.2.12.3
	Egg-Drop-Syndrom-1976	Atadenovirus	Huhn, Wachtel, (Wassergeflügel natürliches Reservoir)	Depigmentierung der Eischale, raue Schalenoberfläche	→ 8.2.12.4
	Hydroperi--kard-/Hepatitis-Syndrom	Fowl-Adenovirus	Huhn	plötzliche Todesfälle, Dyspnoe, Hydroperikard (bis 10 ml Flüssigkeit)	→ 8.2.12.2
	Entenpest	Anatides Herpesvirus	Wassergeflügel, Wildwasservögel	ältere Tiere, plötzliche Todesfälle, starke wässrige Diarrhoe, ZNS-Symptome, Augen- und Nasenausfluss, petechiale Blutungen (perlschnurartig), ringförmige Nekrosen in der Kloake	→ 8.2.13.3
Bakterielle Erreger	Riemerellose (exsudative Septikämie; infektiöse Serositis)	*Riemerella anatipestifer*	Wassergeflügel, Pute, Huhn	Dyspnoe, Rhinitis, Keratokonjunktivitis, Sinusitis, fibrinös-exsudative Serositis, Arthritis, Meningitis	→ 8.3.7
	weiße Kükenruhr (Pullorumkrankheit)	*Salmonella* Pullorum	Hühnervögel	Schlupfverlust, kalkweiße Enteritis, Blindheit, Lahmheit (Skelettdeformationen) bei Küken, Legeleistungsdepression, Pullorumknoten an Herz und Pankreas, gestielte grau-grüne Follikel bei Hennen (Oophoritis)	→ 8.3.9.1
	Hühnertyphus	*Salmonella* Gallinarum	Hühnervögel	systemisch, Nephritis, Arthritis, Oopheritis, Perikarditis	→ 8.3.9.1

11.4 Erkrankungen des Magen-Darmtraktes (Fortsetzung)

	Erkrankung	Erreger	Wirt	Besonderheiten in Klinik und Pathologie neben Veränderungen am Magen-Darmtrakt und/oder der Leber	Kapitel
Bakterielle Erreger	Arizona-Salmonellose	*Salmonella enterica arizonae*	Nutzgeflügel	Schlupfverluste, entzündliche Augenveränderungen, Hepatomegalie, Splenomegalie, fokale Leber- und Milznekrosen, Polyserositis, Meningitis	→ 8.3.9.2
	Paratyphus	*Salmonella (S.)* Enteritidis, S. Typhimurium	Nutzgeflügel (Jungtiere/ selten)	jüngere Tiere: septikämisch, Blindheit und Lahmheiten; ältere Tiere: symptomlose Besiedlung	→ 8.3.9.3
	Aviär-pathogene-*Escherichia-coli* (APEC)-Infektionen (Colibazillose)	*E. coli*	Nutzgeflügel	Respirationssymptome, Omphalitis/ Dottersackentzündung, Cellulitis, Entzündung der Reproduktionsorgane, Polyserositis, Coligranulomatose	→ 8.3.10
	Pseudotuberkulose	*Yersina pseudotuberculosis*	Nutzgeflügel	Hepatomegalie, Splenomegalie, multiple fokale Nekrosen in Leber und Milz, Perikarditis, Perihepatitis, Salpingitis, Arthritis	→ 8.3.11
	Campylobakteriose	*Campylobacter (C.) jejuni, C. coli*	Huhn, Pute	keine, sehr selten bei Jungtieren: wässrig-schleimige Diarrhoe, Beteiligung an Leberveränderungen	→ 8.3.12
	Ulzerative Enteritis (quail disease)	*Clostridium colinum*	Pute, Huhn, Wachtel	hämorrhagisch bis ulzerative Enteritis, ggl. zusammen mit septikämischem Bild	→ 8.3.13.1
	Nekrotisierende Enteritis	Toxine von *Clostridium perfringens*	Hühnervögel	schaumig-gelblicher Kot, Mukosa erscheint gestreift mit gelblich-grüner Pseudomembran, zusammen mit anderen Darminfektionen (z. B. Kokzidien)	→ 8.3.13.2
	*Bacillus-cereus-*Infektion	*Bacillus cereus*	Nutzgeflügel	meist Jungtiere; Ödeme und hämorrhagische Entzündungen der Unterhaut (ältere Tiere: Leber- und Milzschwellung mit Nekrosen)	→ 8.3.14
	Stapylokokkose	*Staphylococcus aureus*	Nutzgeflügel (Wildvögel i.d.R. ohne Symptome)	Osteomyelitis, Arthritis/Synovitis, septikämische Nekrosen, gangränöse Dermatitis, Sohlenballenabszesse (bumble foot)	→ 8.3.15
	Streptokokkose Lancefield Serogruppe C	*Streptococcus* spp.	Nutzgeflügel	Faktorenerkrankung; perakut-akut: septikämisch, Zyanosen chronisch: Arthritis, Polyserositis, Endokarditis mit blumenkohlartigen weißlichen Veränderungen an Herzklappen	→ 8.3.16

11.4 Erkrankungen des Magen-Darmtraktes (Fortsetzung)

	Erkrankung	Erreger	Wirt	Besonderheiten in Klinik und Pathologie neben Veränderungen am Magen-Darmtrakt und/oder der Leber	Kapitel
Bakterielle Erreger	*Enterococcus* spp. Lancefield Serogruppe D	*Enterococcus (E.) faecalis, E. cecorum*	Nutzgeflügel	Septikämie mit Perikarditis, Perihepatitis, Salpingitis, Nabelentzündung, Arthritis, Osteomyelitis, Endokarditis, Spondylitis	→ 8.3.17
	Rotlauf	*Erysipelothrix rhusiopathiae*	Nutzgeflügel, (insb.Pute)	plötzliche Todesfälle, Septikämie, hämorrhagische Veränderungen, Zyanosen, Atemnot, Lungenödem, Endocarditis valvularis	→ 8.3.18
	Vogeltuberkulose	*Mycobacterium avium* ssp. *avium*	Nutzgeflügel, (insb. Fasan)	Abmagerung, plötzliche Todesfälle durch Milz- und Leberruptur, käsige Granulome in Herz, Leber, Milz, Darm und Knochenmark	→ 8.3.18.3
	Listeriose	*Listeria monocytogenes*	Nutzgeflügel	Aerosacculitis, Hepatomegalie, Splenomegalie, multiple fokale Nekrosen in Herz, Leber und Milz, Aszites, Hämorrhagien, Gliosis, Satellitosis im ZNS	→ 8.3.20
	intestinale Spirochäten	*Brachyspira* spp.	Huhn, Pute, Gans, Nandu	Abmagerung, Legeleistungsdepression, Eierschalendefekte, Hyperplasie und Nekrosen der Darmschleimhaut, Septikämie, Kongestion in Herz und Milz, Lungenödem, Endocarditis valvularis	→ 8.3.21
	Borreliose	*Borrelia anserina*	Wassergeflügel	Anämie, Zyanosen, Splenomegalie, Hämorrhagien von Leber- und Nierenparenchym und der Muskulatur, Hepatomegalie, Splenomegalie, multiple fokale Nekrosen in Leber und Milz	→ 8.3.22
	Aeromonas-Infektion	*Aeromonas hydrophila*	Nutzgeflügel	Septikämie, Dyspnoe, Splenomegalie	→ 8.3.23.3
Pilze	Sprosspilzerkrankung	*Candida albicans* (Sekundärerreger)	Nutzgeflügel	diphteroide Beläge auf den Schleimhäuten, Abmagerung, Eierschalendefekte, Hyperplasie und Nekrosen der Darmschleimhaut	→ 8.4.1
	Aspergillose	*Aspergillus (A.) fumigatus, A. flavus* (Sekundärerreger)	Nutzgeflügel	Systemmykose, Pneumo- und Dermatomykosen, Beteiligung von Dottersack, Augen und Gehirn möglich, granulomatöse Veränderungen, Kavernenbildung	→ 8.4.2

11.4 Erkrankungen des Magen-Darmtraktes (Fortsetzung)

	Erkrankung	Erreger	Wirt	Besonderheiten in Klinik und Pathologie neben Veränderungen am Magen-Darmtrakt und/oder der Leber	Kapitel
Parasiten	*Cochlosoma*-Infektion	*Cochlosoma anatis* (Sekundärerreger)	Wassergeflügel	gelbliche Diarrhoe, katarrhalische bis hämorrhagische Enteritis, Schwellung der Darmschleimhaut	→ 8.5.2.1.4
	Kokzidiosen	*Eimeria* spp. (wirtsspezifisch)	Nutzgeflügel	Nephritis	→ 8.5.2.1.1
	Kryptosporidiose	*Cryptosporidium* spp.	Nutzgeflügel	Embryo-, Kükensterblichkeit, Schlupfverlust, Septikämie, Hämorrhagien in Darmschleimhaut, Leber und Milz, Salpingitis, Aerosacculitis	→ 8.5.2.1.2
	Histomonadose (Schwarzkopfkrankheit)	*Histomonas meleagridis*	Hühnervögel	schwefelgelber Durchfall, Schwellung der Schleimhaut des Zäkums, herdförmige (kokardenförmige) Nekrosen der Leber, diphteroide Beläge auf den Schleimhäuten	→ 8.5.2.1.3
	Bandwurmbefall	*Davaina* spp., *Amoebotaenia* spp. *Railletina, Choanoteania* spp. *Hymenolepis* spp., *Cryptosporidium* spp.	Nutzgeflügel	Anämie	→ 8.5.3.2
	Nematodeninfektionen	*Ascaridia* spp. *Heterakis* spp. *Capillaria* spp. *Amidostomum anseris* (z. T. spezies-spezifisch)	Nutzgeflügel	Anämie	→ 8.5.3.3

Weiterhin müssen nicht-infektiöse Ursachen wie Intoxikationen (z. B. mit Rodentiziden) und Traumata in die Liste der Differenzialdiagnosen eingeschlossen werden.

11.5 Tumorvirus-Erkrankungen

Tumorerkrankung und Ursache		Betroffene Zellen und Histologische Veränderungen (Tumorarten)	Inkubationszeit	Vogelart
Leukose/ Sarcoma- Gruppe	aviäres Leukose-/ Sarkomvirus (ALV) Subgruppen A* B C D E J (F, G bei Fasan, endogene Viren) (H bei Strauß und I bei Wachtel; endogene Viren)	B-Zelllymphome, extravaskulär (lymphoide Leukose)	5–8 Monate	Huhn
		azidophile Myelozyten (Myelozytomatose, Subtyp J)	vermutlich Wochen	Huhn, insb. Masttelterntiere
		Sarkomatose (Rous-Sarkom)	Wochen bis Monate	Huhn
		Knochenzellproliferation, sporadisch (Osteopetrose)	Wochen bis Monate	Huhn, Pute, Fasan, Perlhuhn
		Erythroblasten in Parenchym und Blut, Knochenmarksaplasie mit Polychromasie (Erytroblastose)	3–16 Wochen	Huhn
		Myeloblastose des Blutes, extravaskuläre Myeloblastenansammlungen	3–16 Monate	
		Endotheliome	Wochen bis Monate	
		Hämangiome		
		Nephroblastome		
		Epitheliome		
Retikuloendotheliosevirus, Oncornavirus		T- und B-Zell-Lymphome, Retikularzelltumore	chronisch (Wochen bis Monate)	Huhn, Pute, Ente, Gans, Fasan, Wachtel u. a.
Chick Syncytial Virus				Huhn
Trager Duck Spleen Nekrose Virus				Ente
Lymphoproliferatives Virus			4–6 Wochen	Pute
Marieksche Krankheit	Gallides Herpesvirus 2	T-Zelllymphoma, sogenannte „Marekzellen“	wenige Wochen	Huhn, Pute, Wachtel, Fasan
spontane Tumoren		zahlreiche Zellarten und Tumorformen	Wochen bis Monate	Vögel

* häufigste und damit wirtschaftlich bedeutsamste retrovirale Neoplasie neben der Marekschen Krankheit

Weitere Differenzialdiagnosen zu tumorähnlichen Veränderungen:
- Neural: Newcastle Disease, Botulismus, Toxoplasmose, Listeriose, Vitaminmangel (D_3, B_1, B_2, E)
- Okulär: Streptokokken-, Arizona-, *Salmonella*-Infektionen des Auges, AE, Toxoplasmose, Ammoniakverätzungen
- Toxoplasmose, NK, neurale Form der MD
- Pullorumknoten (*Salmonella* Pullorum)
- Coligranulomatose
- Pseudotuberkulose (Yersiniose) und Tuberkulose

11.6 Erkrankungen des ZNS und des Nervensystems

	Erkrankung	Erreger/ Ursache	Wirt	Besonderheiten in Klinik und Pathologie	Kapitel
Virale Erreger	Zitter-krankheit	aviäres Enzephalomy-elitisvirus	Huhn, Pute, Fasan, Wachtel (Ente, Taube, Perlhuhn experimentell)	Diarrhoe, Apathie, ataktischer Gang, Paresen bis Paralysen, Umfallen, feiner Tremor Überlebende: schlaffe Lähmungen und Linsentrübung (Erblindung)	→ 8.2.1.1
	Klassische Geflügelpest	hoch-virulentes aviäres Influenza-A-Virus (HPAIV)	Nutzgeflügel, Wildvögel	ZNS-Symptome (Tremor, Tortikollis), Zyanosen, katarrhalische Entzündung der Kopfschleimhäute, grünliche Diarrhoe, ggl. respiratorische Symptome, Hämorrhagien, hohe Mortalität	→ 8.2.5
	Newcastle Disease	mesogene und velogene Paramyxovirus-1-Sämme	Hühnervögel, Wildvögel		→ 8.2.6.1
	Swollen-Head-Syndrom	aMPV	Huhn	Opistotonus, Tortikollis, Zittern, respiratorische Symptome	→ 8.2.6.3
	West Nile	Flavivirus	Wildvögel, Pute, (Huhn), Gans, (evtl. Moschusente)	Legeleistungsdepression, ZNS-Symptome, Tortikollis, Opisthotonus	→ 8.2.9.1
	Meningo-Enzephalitis der Pute	Flavivirus	Pute, Wachtel	Parese der Flügel, tödliche Paralyse	→ 8.2.9.1
	Amerikanische Pferde-Enzephalomyelitis	Togavirus	Wildvögel, Hausgeflügel, Fasan, Wachtel	anfänglich unspezifisch, später ZNS-Symptome, Lähmungen	→ 8.2.9.2
	Mareksche Krankheit	Gallides Herpesvirus 2	Huhn, (Pute, Wachtel)	einseitige Lähmungen, Iridozyklitis, aber auch Tumore	→ 8.2.13.2
	Tollwut	Rhabdovirus	Nutzgeflügel (sehr selten), Wildvögel (sehr selten)	Erregungszustände, Angriffslust gefolgt von schlaffen Lähmungen	n. a.

11.6 Erkrankungen des ZNS und des Nervensystems (Fortsetzung)

	Erkrankung	Erreger/ Ursache	Wirt	Besonderheiten in Klinik und Pathologie	Kapitel
Bakterielle Erreger	Ornithobakteriose	*Ornithobacterium rhinotracheale*	Huhn, Pute	neben Arthritis und Osteomyelitis auch Schäden am Respirationstrakt und Enzephalomyelitis	→ 8.3.1
	Riemerellose (exsudative Septikämie; infektiöse Serositis)	*Riemerella anatipestifer*	Wassergeflügel, Pute, Huhn	Dyspnoe, Rhinitis, Keratokonjunktivitis, Sinusitis, fibrinös-exsudative Serositis, Arthritis, Meningitis	→ 8.3.7
	Arizona-Salmonellose	*Salmonella enterica arizonae*	Pute, Huhn, Wassergeflügel	entzündliche Augenveränderungen, Hepatomegalie, Splenomegalie, fokale Leber- und Milznekrosen, Polyserositis, Meningitis	→ 8.3.9.2
	Botulismus	Neurotoxin von *Clostridium botulinum*	Nutzgeflügel	Kloakenvorfall, Paralyse, Lähmung der Halsmuskulatur	→ 8.3.13.4
	Enterokokkus-Infektion	*Enterococcus cecorum*	Huhn	Inkoordination, Bewegungsstörungen, Spondylitis, Femurkopfnekrosen, Knochenmarksentzündung	→ 8.3.17
	Listeriose	*Listeria monocytogenes*	Huhn, Puten, Taube, Wassergeflügel	Aszites, Hämorrhagien innerer Organe, granulomatöse Herde in Milz, Myokard und Leber, ZNS-Beteiligung (Gliosis u. a.) mit Tortikollis	→ 8.3.20
Pilze	Aspergillose	*Aspergillus (A.) fumigatus*, *A. flavus* (Sekundärerreger)	Nutzgeflügel	Systemmykose, Pneumo- und Dermatomykosen, Beteiligung von Dottersack, Augen und Gehirn möglich, granulomatöse Veränderungen, Kavernenbildung	→ 8.4.2
	Ochroconosis	*Ochroconis galloparva*	Huhn, Pute	Tremor, Tortikollis, Augenveränderungen, Pilznachweise in Gehirn und Lunge	→ 8.4.3
	Mykotoxikose	*Stachybotrys altemans*, durch Mykotoxin	Nutzgeflügel	Blutungen, Entzündung der Schleimhäute	→ 8.4.4
Mangel	Vitaminmangel	Vitamin E	Nutzgeflügel	Enzephalomalazie, Myopathie, verminderte Schlupfrate	→ 9.1
	Vitaminmangel	Vitamin B_1 (Thiamin)	Nutzgeflügel	Ataxie, Sudden-death-Syndrom	→ 9.1
	Vitaminmangel	Vitamin B_2 (Riboflavin) und B_6 (Pyridoxin)	Nutzgeflügel	ZNS-Symptome, Skelettdeformationen	→ 9.1

n.a.: nicht aufgeführt

Weiterhin müssen nicht-infektiöse Ursachen wie Intoxikationen in die Liste der Differenzialdiagnosen eingeschlossen werden, die jedoch hier nicht weiter gelistet werden.

11.7 Erkrankungen des Urogenitaltraktes

	Erkrankung	Erreger	Wirt	Klinik und Pathologie	Kapitel
Virale Erreger	Aviäre Enzephalomyelitis	Picornavirus	Huhn, Pute	Legeleistungsdepression	→ 8.2.1.1
	Aviäre Nephritis	Astrovirus	Huhn (Jungtiere)	Wachstumsstörungen, ggr. erhöhte Mortalitätsrate, ggl. kurzzeitige Diarrhoe	→ 8.2.2.1
	Infektiöse Bronchitis	Coronavirus	Huhn (insb. Legetiere)	„falsche Leger", Zystenbildung im Bereich des Legedarms, dünnflüssiges Eiweiß, unterschiedliche Pathotypen, Respirationssymptome, Nephritis	→ 8.2.7.1
	Adenoviruserkrankungen	Fowl-Adenoviren	Hühnervögel	Legeleistungsdepression	→ 8.2.12
	Egg-Drop-Syndrom-1976	Atadenovirus	Huhn, Wachtel, (Wassergeflügel natürliches Reservoir)	Legeleistungsdepression von bis zu 50 %, Depigmentierung der Eischale, raue Schalenoberfläche, viele Windeier, ggl. Diarrhoe	→ 8.2.12.4
	Hämorrhagische Nephritis und Enteritis der Gänse	Polyomavirus	Gans	Blutungen, übelriechende Diarrhoe, Gicht, entzündliche Veränderungen der Niere	→ 8.2.16
Bakterielle Erreger	Chronische Sinusitis Chronic Respiratory Disease	*Mycoplasma (M.) gallisepticum, M. synoviae, M. iowae*	Pute, Huhn, Finkenvögel	Dyspnoe, Keratokonjunktivitis, Rhinitis, Sinusitis, Tracheitis, Bronchopneumonie, Legeleistungsdepression, Embryo- und Kükenmortalität, Serositis, Salpingitis	→ 8.3.3.1
	„Eggshell Apex Abnormalities"	*M. synoviae*	Huhn	meist zusammen mit Infektiöser Bronchitis, Eierschalenveränderung am spitzen Pol	→ 8.3.3.2
	Mykoplasmose	*M. meleagridis, M. iowae*	Pute	Entzündung der Atemorgane, Skelettdeformationen, Schlupfverluste	→ 8.3.3.3 → 8.3.3.4
	Gallibacterium-anatis-Komplex	*Gallibacterium anatis*	Huhn, (Pute)	Dyspnoe, Rhinitis, Sinusitis, Tracheitis, Legeleistungsstörungen mit Hepatitis, Salpingitis, Peritonitis	→ 8.3.6
	Aviär-pathogene-*Escherichia-coli* (APEC)-Infektionen (Colibazillose)	*E. coli*	Nutzgeflügel	Respirationssymptome, Omphalitis/Dottersackentzündung, Cellulitis, Entzündung der Reproduktionsorgane, Polyserositis, Coligranulomatose	→ 8.3.10
	Klebsiellen-Infektion	*Klebsiella pneumoniae*	Nutzgeflügel	Embryosterblichkeit, „ostrich fading chick syndrome", Salpingitis, Oopheritis	→ 8.3.23.2
Parasiten	Kokzidiose	*Eimeria truncata*	Gans	Nephritis, deutliche Renkulizeichnung	→ 8.5.2.1.1
	Libellenkrankheit	*Prosthogonimus cuneatus*	Nutzgeflügel	adhäsive fibrinöse Salpingitis, Legeleistungsdepression	→ 8.5.3.1

Weiterhin müssen nicht-infektiöse Ursachen wie Intoxikationen, Fehlmischungen in der Futtermittelzusammensetzung (z. B. Kalzium-Phoshorverhältnis) und Traumata in die Liste der Differenzialdiagnosen eingeschlossen werden. Viele infektiöse Erkrankungen führen weiterhin zu einem Einbruch in der Legeleistung wie die viralen Erreger der ILT, IBD, TRT/SHS, MD oder aviären Influenza unter Einschluss von Geflügelpest sowie Newcastle Disease. Weitere bakterielle Erreger können auch noch zu Legeleistungseinbußen führen: *Pasteurella multocida, Erysipelothrix rhusiopathiae,* möglicherweise *Campylobacter* sowie intestinale Spirochaeten (*Brachyspira*-Spezies). Die rote Vogelmilbe führt bedingt durch die Beunruhigung der Tiere ebenfalls zu Legeleistungseinbrüchen, aber auch Parasitosen ausgelöst durch Histomonaden und Rundwürmer.

11.8 Erkrankungen des Herz-Kreislaufsystems

	Erkrankung	Erreger/ Ursache	Wirt	Klinik und Pathologie	Kapitel
Virale Erreger	Infektiöse Myokarditis des Gössels	Reovirus	Gans (Jungtiere)	Schnabelatmung, Nasenausfluss, Festliegen, dünnflüssige, weißliche Diarrhoe, Perikarditis	→ 8.2.3.2
	Parvovirushepatitis (Derzsysche Krankheit)	Parvovirus	Gans, Moschusente	Befiederungsstörungen, Aszites, blasser Herzmuskel, Leberveränderungen	→ 8.2.11
	Hydroperikard-/ Hepatitis-Syndrom	Fowl-Adenovirus	Huhn	plötzliche Todesfälle, ggl. wässrige Diarrhoe, Dyspnoe, Hydroperikard (bis 10 ml Flüssigkeit), Leberschwellung mit Nekrosen	→ 8.2.12.2
Bakterielle Erreger	Endokarditis	*Avibacterium endocarditidis*	Huhn	Endokarditis	→ 8.3.4
	Weiße Kükenruhr (Hühnertyphus)	*Salmonella* Pullorum	Huhn, Pute	Dyspnoe, Rhinitis, Keratokonjunktivitis, Sinusitis, fibrinöse Serositis; bei Septikämie: Bronchopneumonie, Enteritis, Hepato- und Splenomegalie, Perihepatitis und Perikarditis	→ 8.3.9.1
	Streptokokkose Lancefield Serogruppe C	*Streptococcus zooepidemicus*	Nutzgeflügel	Faktorenerkrankung; perakut-akut: Zyanosen chronisch: Arthritis, Polyserositis, Endokarditis mit blumenkohlartigen weißlichen Veränderungen an Herzklappen	→ 8.3.16
	Enterococcus spp. Lancefield Serogruppe D	*Enterococcus (E.) faecalis, E. cecorum*	Nutzgeflügel	Perikarditis, Perihepatitis, Salpingitis, Nabelentzündlung, Arthritis, Osteomyelitis, Spondylitis	→ 8.3.17
	Rotlauf	*Erysipelothrix rhusiopathiae*	Nutzgeflügel (insb. Pute)	plötzliche Todesfälle, Septikämie, hämorrhagische Veränderungen, Kongestion im Herz, Zyanosen, Atemnot, Lungenödem	→ 8.3.18
	Vogeltuberkulose	*Mycobacterium avium* ssp. *avium*	Nutzgeflügel (insb. Fasan)	Abmagerung, plötzliche Todesfälle durch Milz- und Leberruptur, käsige Granulome in Herz, Leber, Milz, Darm und Knochenmark, Enteritis	→ 8.3.19

11.8 Erkrankungen des Herz-Kreislaufsystems (Fortsetzung)

	Erkrankung	Erreger/ Ursache	Wirt	Klinik und Pathologie	Kapitel
Nicht-infektiöse Ursachen	Mykotoxikosen	*Aspergillus* spp. *Penicillium* spp. *Fusarium* spp. durch Mykotoxine	Nutzgeflügel	ZNS-Störungen, Leistungsabfall, Viszeralgicht, Hämorrhagien, Embryotod	→ 8.4.4
	Vitaminmangel	Vitamin D	Nutzgeflügel	Dyschondroplasie, Rachitis/ Osteomalazie, ggl. Hämorrhagien	→ 9.1
	Mineralstoffmangel	Kupfer / Selen	Nutzgeflügel	exsudative Diathese	→ 9.1
	genetische und Haltungs-Ursachen		Pute, Masthuhn, Pekingente	Herzhypertrophie, Kardiomyopathie, Aszites, Aortenruptur	→ 9.2

Andere septikämische Erreger können auch zu entzündlichen Veränderungen an Organen des Herzkreislaufsystems wie z. B. Perikarditis führen und sollten in die erweiterte Liste der Differenzialdiagnosen einbezogen werden (s. → Tab. 11.1).

11.9 Erkrankungen des Bewegungsapparates

	Erkrankung	Erreger/ Ursache	Wirt	Klinik und Pathologie	Kapitel
Virale Erreger	Virusarthritis	Reovirus	Huhn, Pute	geringe Morbidität 5–20 %, neben Gelenks- und Sehnenscheidenveränderungen gelbliche Foci in Leber, Milz, Niere, Herz, Lunge, Bursa cloacalis, Darm	→ 8.2.3.1
	Mareksche Krankheit	Gallides Herpesvirus 2	Huhn, (Pute, Wachtel)	einseitige Lähmungen, Iridozyklitis, aber auch Tumore	→ 8.2.13.2
Bakterielle Erreger	Ornithobakteriose	*Ornithobacterium rhinotracheale*	Huhn, Pute	neben Arthritis und Osteomyelitis auch Schäden am Respirationstrakt und Enzephalomyelitis	→ 8.3.1
	Mykoplasmose	*M. synoviae*	Pute, Huhn	Gelenkserkrankung neben Erkrankung des Atem- und Urogenitaltraktes und der Bursa sternalis	→ 8.3.3.2
	Mykoplasmose	*M. meleagridis, M. iowae*	Pute, (Huhn)	Entzündung der Atemorgane, Skelettdeformationen (nach vertikaler Infektion), Schlupfverluste	→ 8.3.3.3 → 8.3.3.4
	Riemerellose (exsudative Septikämie; infektiöse Serositis)	*Riemerella anatipestifer*	Wassergeflügel, Pute, Huhn	Dyspnoe, Rhinitis, Keratokonjunktivitis, Sinusitis, fibrinös-exsudative Serositis, Arthritis, Meningitis	→ 8.3.7
	Weiße Kükenruhr (Hühnertyphus)	*Salmonella* Pullorum	Huhn, Pute	Schlupfverlust, kalkweißer Durchfall, Blindheit, Lahmheit (Skelettdeformationen) bei Küken, Pullorumknoten an Herz und Pankreas, Legeleistungsdepression, gestielte grau-grüne Follikel bei Hennen, Lebernekrosen	→ 8.3.9.1
	Staphylokokkose	*Staphylococcus aureus*	Nutzgeflügel	Osteomyelitis, Arthritis, Synovitis, Sohlenballenabszesse, Omphalitis, gangränöse Dermatitis, septikämische Nekrosen	→ 8.3.15
	Streptokokkose Lancefield Serogruppe C	*Streptococcus zooepidemicus*	Nutzgeflügel	perakut-akut: septikämisch, Zyanosen; chronisch: Arthritis, Polyserositis, Endokarditis mit blumenkohlartigen weißlichen Veränderungen an Herzklappen; Faktorenerkrankung	→ 8.3.16
	Enterococcus spp. Lancefield Serogruppe D	*Enterococcus (E.) faecalis, E. cecorum*	Nutzgeflügel	Septikämie mit Perikarditis, Perihepatitis, Salpingitis, Nabelentzündung, Arthritis, Osteomyelitis, Endokarditis, Spondylitis	→ 8.3.17
	Vogeltuberkulose	*Mycobacterium avium ssp. avium*	Nutzgeflügel, (insb. Fasan)	Abmagerung, plötzliche Todesfälle durch Milz- und Leberruptur, käsige Granulome in Herz, Leber, Milz, Darm und Knochenmark, ggl. Gelenksbeteiligung	→ 8.3.19

11.9 Erkrankungen des Bewegungsapparates (Fortsetzung)

	Erkrankung	Erreger/ Ursache	Wirt	Klinik und Pathologie	Kapitel
Parasiten	Kalkbein-milben	*Knemidocoptes mutans*	Nutzgeflügel, (Huhn)	Schuppen- und Borkenbildung	→ 8.5.1.3
	Toxoplasmose	*Toxoplasma gondii*	Nutzgeflügel	Zystenbildung in Muskulatur, Leber, Milz	→ 8.5.2.1.5
Nicht-infektiöse Ursachen	Vitamin-mangel	Vitamin D Vitamin C	Nutzgeflügel	Dyschondroplasie, Rachitis/ Osteomalazie, ggl. Hämorrhagien	→ 9.1
	Vitamin-mangel	Vitamin K	Nutzgeflügel	Skelettmineralisierungsstörungen, Blutbildungsstörungen	→ 9.1
	Vitamin-mangel	Cholin	Nutzgeflügel	Skelettdeformation, Leberverfettung	→ 9.1
	Vitamin-mangel	Vitamin E	Nutzgeflügel	Bewegungsstörungen, Muskel-nekrosen, Enzephalomalazie	→ 9.1
	Mineralstoff-mangel	Kalizium, Phosphor, Zink, Mangan	Nutzgeflügel	Skelettdeformationen, ggl. Effekt auf Schlupfrate	→ 9.1
	Sohlenballen-abszesse	Haltungspro-bleme (Einstreu-qualität, Futter-komposition)	Nutzgeflügel	Lahmheiten bedingt durch Nekrosen im Bereich der Sohlenballen	→ 9.2.3
	Gicht	metabolische Störungen, Wassermangel	Huhn, Pute	Lahmheiten, ein oder beidseitige Gelenksveränderungen	→ 9.2.7

Genetische Disposition kann auch zu tibialer Dyschondroplasie bei Masthühnern und Puten führen.

11.10 Erkrankungen der Haut und ihrer Anhangsorgane

	Erkrankung	Erreger/ Ursache	Wirt	Klinik und Pathologie	Kapitel
Virale Erreger	Parvovirus-hepatitis (Derzsysche Krankheit)	Parvovirus	Gans, Moschusente	Befiederungsstörungen, Aszites, blasser Herzmuskel, Leberveränderungen	
	Mareksche Krankheit	Gallides Herpesvirus 2	Huhn, (Pute, Wachtel)	Hautveränderungen im Bereich der Federfollikel, aber auch einseitige Lähmungen, vorübergehende Lähmungen, Iridozyklitis, aber auch Tumore	→ 8.2.13.2
	Vogelpocken	Avipox (spezies-spezifisch)	Nutzgeflügel, Wildvögel	Pockenbildung, diphtheroide Beläge in der Schnabelhöhle, Nekrosen und Degenerationen in Leber und Herzmuskel sowie Haut- und Schleimhautveränderungen	→ 8.2.14
Bakterielle Erreger	Aviär-pathogene-*Escherichia-coli* (APEC)-Infektionen (Colibazillose)	*E. coli*	Nutzgeflügel	Respirationssymptome, Omphalitis/ Dottersackentzündung, Cellulitis, Entzündung der Reproduktionsorgane, Polyserositis, Coligranulomatose	→ 8.3.10
	Gasödem-erkrankung	*Clostridium (C.) perfringens, C. septicum, (Clostridium chauvoei)*	Huhn, Pute	blau-rote ödematisierte Veränderungen der Haut, Ödeme, Nekrosen im Unterhautbindegewebe, Folge von Vorschädigung der Haut; Faktorenkrankheit	→ 8.3.13
	*Bacillus-cereus-*Infektion	*Bacillus cereus*	Nutzgeflügel	meist Jungtiere; Ödeme und hämorrhagische Entzündungen der Unterhaut; (ältere Tiere: Leber- und Milzschwellung mit Nekrosen)	→ 8.3.14
	Staphylo-kokkose	*Staphylococcus aureus*	Nutzgeflügel	Osteomyelitis, Arthritis, Synovitis, Sohlenballenabszesse, Omphalitis, gangränöse Dermatitis, septikämische Nekrosen; Faktorenkrankheit	→ 8.3.15
Pilze	System- und Derma-tomykosen	*Aspergillus (A.) fumigatus, A. flavus Trichophyton (T.) gallinae, T. mentagrophytes, T. megnini, Rhodotorula (R.) mucilaginosa, R. minuta, Microsporum gallinae, Chrysoporum tropicum* (Sekundärerreger)	Nutzgeflügel	Systemmykose, Mykosen des Respirationstraktes, von Haut, Dottersack, Augen und Gehirn möglich, granulomatöse Veränderungen, Kavernen	→ 8.4.2

11.10 Erkrankungen der Haut und ihrer Anhangsorgane (Fortsetzung)

	Erkrankung	Erreger/ Ursache	Wirt	Klinik und Pathologie	Kapitel
Parasiten	Milben	*Dermanyssus gallinae*, *Ornithonyssus sylvarium*, *Magninia* spp., *Leptosphyra* spp., *Epidermoptes bilobatus*	Hühnervögel (Huhn), Wassergeflügel	Anämie, Unruhe, z. T. Federschäden, Schuppen- und Borkenbildung	→ 9.5.1
	Zecken	*Argas reflexus*, *Ixodes ricinus*	Nutzgeflügel, Wildvögel	Anämie, Unruhe	→ 8.5.1.3
	Federlinge	*Menopon* spp.	Nutzgeflügel, Wildvögel	Federschäden, Juckreiz	→ 8.5.1.3
	Flöhe	*Ceratophyllus gallinae*	Nutzgeflügel, Wildvögel	Anämie, Juckreiz	→ 8.5.1.3
	Vitaminmangel	Vitamin-A-Mangel	Nutzgeflügel	Immunsuppression, verminderte Keratinisierung der Epithelien	→ 9.1
	Vitaminmangel	Mangel an Pantothensäure (Vit. B_5), Niacin, Vitamin B_{12}, Biotin (Vit. B_7), Folsäure	Nutzgeflügel	Hautveränderungen und Befiederungsstörungen, Hämorrhagien, z. T. Skelettveränderungen	→ 9.1
	Verletzungen	Kannibalismus, Einrichtungsgegenstände u. a.	Nutzgeflügel, Wildvögel	variable	→ 10.1

u. a.: unter anderem

11.11 Erkrankungen des Wassergeflügels

	Erkrankung	Virus	Betroffene Vogelspezies	Klinische Symptome oder Pathologie	Kapitel
Virale Erreger	Enten-heptatitis	Virushepatitis der Pekingente: Typ I Typ II Typ III Picornavirus und Astrovirus	Pekingente	50–100 % Morbidität und Mortalität in Abhängigkeit vom Alter (je jünger desto höher), Apathie, Gleichgewichts- und Koordinationsstörungen, Seitenlage mit Ruderbewegungen, Blauverfärbung des Schnabelgrundes und Robbenstellung, in der Agonie Opisthotonus, ggl. Wachstumsdepressionen (ältere Küken)	→ 8.2.1.3
	Infektiöse Myokarditis	Reovirus	Gans (Jungtiere)	Schnabelatmung, Nasenausfluss, Festliegen, dünnflüssige, weißliche Diarrhoe, Perikarditis	→ 8.2.3.2
	Reovirus-infektion	Reovirus	Moschusente, Gans	Jungtiere; verklebte Augen, Diarrhoe, Perikarditis, Lebernekrosen, marmorierte Milz	→ 8.2.3.3
	Klassische Geflügelpest / aviäre Influenza	Orthomyxo-viren	Wasser-geflügel, Wildwasser-vögel	oft symptomlos, je nach Spezies bei HPAIV hohe Mortalität	→ 8.2.5
	Paramyxo-virusinfektion	Paramyxoviren Typ 1, 4, 6, 8, 9	Wasser-geflügel	i. d. R. asymptomatisch	→ 8.2.6
	Metapneumo-virusinfektion	Metapneumo-viren	Wasser-geflügel, Wildwasser-vögel	ggl. respiratorische Symptome (Subtyp C)	→ 8.2.6.4
	West Nile	Flaviviren	Wasser-geflügel	neurologische Symptome, Depression, Gewichtsverlust	→ 8.2.9.1
	Parvovirus-hepatitis (Derszysche Krankheit)	Parvovirus der Gans Parvovirus der Moschusente	Gans, Moschusente	hohe Mortalität bis etwa 2. Lebenswoche, Gefiederstörungen im Rückenbereich, Leber- und Herzmuskeldegenerationen	→ 8.2.11
	Gänseenteritis	Adenoviren	Gans	Durchfall, bisher in Asien beschrieben	n.a.
		Atadenovirus	Ente	natürlicher Wirt von EDS-76	→ 8.2.12.4
	Entenpest	Anatides Herpesvirus 1	Wasser-geflügel, Wildwasser-vögel	ältere Tiere; plötzliche Todesfälle, starke wässrige Durchfälle, ZNS-Symptome, Augen- und Nasenausfluss, petechiale Blutungen (perlschnurartig), ringförmige Nekrosen in der Kloake	→ 8.2.13.3
	Pocken	Pockenvirus	Gans, Ente	Hautläsionen	→ 8.2.14
	Hämorrhagische Nephritis und Enteritis der Gänse	Polyomavirus	Gans	Blutungen, übelriechende Diarrhoe, Gicht, entzündliche Veränderungen der Niere	→ 8.2.16

11.11 Erkrankungen des Wassergeflügels (Fortsetzung)

	Erkrankung	Virus	Betroffene Vogelspezies	Klinische Symptome oder Pathologie	Kapitel
Virale Erreger	Circovirusinfektion	Circoviren	Ente, Gans	Entwicklungs- und Befiederungsstörungen, Immunsuppression; (Sekundärinfektionen)	
Bakterielle Erreger	Aviäre Pasteurellose (Geflügelcholera)	*Pasteurella multocida*	Nutzgeflügel, (Wildvögel)	perakut: Tod ohne klinische Symptome; akut: Zyanosen am Kamm und Kehllappen, hämorrhagische Diathesen und multifokale Nekrosen, massive Blutungen aus der Schnabelhöhle; chronisch: respiratorische Symptome mit Mittelohrentzündung, Entzündung der Bursa sternalis und der Fußballen, Schwellung der Kehllappen	→ 8.3.5
	Riemerellose (exsudative Septikämie; infektiöse Serositis)	*Riemerella anatipestifer*	Wassergeflügel, Pute, Huhn	Dyspnoe, Rhinitis, Keratokonjunktivitis, Sinusitis, fibrinös-exsudative Serositis, Arthritis, Meningitis	→ 8.3.7
	Chlamydiose	*Chlamydia psittaci*	Nutzgeflügel	Dyspnoe, Rhinitis, Keratokonjunktivitis, Sinusitis, fibrinöse Serositis; bei Septikämie: Bronchopneumonie, Enteritis, Hepato- und Splenomegalie, Perihepatitis und Perikarditis	→ 8.3.8
	Parathyphus	*Salmonella (S.)* Enteritidis, *S.* Typhimurium	Nutzgeflügel (Jungtiere)	Diarrhoe, Blindheit und Lahmheiten; ältere Tiere: symptomlose Besiedlung	→ 8.3.9.3.
	Botulismus	Neurotoxin von *Clostridium botulinum*	Nutzgeflügel	Nickhautvorfall, Paralyse, Lähmung der Halsmuskulatur	→ 8.3.13.4
	Enterococcus spp. Lancefield Serogruppe D	*Enterococcus cecorum*	Nutzgeflügel	Septikämie mit Perikarditis, Perihepatitis, Salpingitis, Nabelentzündung, Arthritis, Osteomyelitis, Endokarditis; Spondylitis, (Elterntiere)	→ 8.3.17
	Rotlauf	*Erysipelothrix rhusiopathiae*	Pute, Huhn, Wassergeflügel	plötzliche Todesfälle, Dyspnoe, hämorrhagische Veränderungen, Zyanosen, Lungenödem, Endocarditis valvularis	→ 8.3.18
Pilze	Aspergillose	*Aspergillus (A.) fumigatus, A. flavus* (Sekundärerreger)	Nutzgeflügel	Systemmykose, Pneumo- und Dermatomykosen, Beteiligung von Dottersack, Augen und Gehirn möglich, granulomatöse Veränderungen, Kavernenbildung	→ 8.4.2

11.11 Erkrankungen des Wassergeflügels (Fortsetzung)

	Erkrankung	Virus	Betroffene Vogelspezies	Klinische Symptome oder Pathologie	Kapitel
Parasiten	Renale Kokzidiose	*Eimeria (E.) boschadi* *E. somatarie* (Ente) *E. truncata* (Gans) *E. christianseni* (Schwan)	Enten, Gänse u. a.	klinisch unauffällig, bei Stress Mortalität, Nierenhypertrophie, Nieren blass mit fokalen Nekrosen	→ 8.5.2.1.1
	Bilharziose	*Bilharziella polonica* *Trichobilharzia ocellata*	Wassergeflügel	Gefäß- und Gewebeschäden; (Zugang zu Wasser Voraussetzung)	→ 8.5.3.1

Bei Enten können auch zahlreiche andere Erreger wie *Aeromonas, Acinetobacter* und auch Herpesviren isoliert werden, deren klinische Bedeutung ist allerdings ungeklärt.

12 Allgemeine Grundsätze zur Prävention und Therapie

Grundsätzlich ist es unabhängig vom Haltungssystem wichtig, die Managementbedingungen so optimal wie möglich zu gestalten. Eine Abschirmung gegen Erreger, insbesondere den Eintrag durch Wild- und Schadtiere, ist essenziell. Gegebenenfalls sind bei einer Erkrankung der Tiere bakterielle Erreger oder auch parasitäre Infektionen zu therapieren. Bei einer antibiotischen Behandlung ist die richtige Auswahl des für die jeweilige Nutzgeflügelart zugelassenen Antibiotikums vor allem nach Wirkungstyp und -spektrum, pharmakinetischen Eigenschaften, Verträglichkeit und Wartezeit vorzunehmen. Ein Resistenztest sollte vorher immmer durchgeführt werden. Wenn ein sofortiger Therapiebeginn notwendig ist, muss nach der Behandlungskontrolle ggf. eine Behandlungskorrektur auf Grundlage des Ergebnisses des Resistenztests vorgenommen werden. Präventive Maßnahmen stehen beim Nutzgeflügel jedoch im Vordergrund, um die notwendigen Behandlungen auf ein Minimum zu reduzieren (→ Tab. 12.1). Dies ist aus Gründen des Verbraucherschutzes unbedingt zu fordern, um mögliche gesundheitsschädliche Rückstände in tierischen Lebensmitteln auszuschließen und auch der Entstehung von Resistenzen bei Erregern vorzubeugen.

Die zugelassenen Impfstoffe sind der Internetseite des Paul-Ehrlich-Institutes zu entnehmen.

Tab. 12.1:
Interventionsstrategien beim Nutzgeflügel zum Schutz der Tiergesundheit auf der Produktionsebene

	Maßnahme	Beispiele für Ziel-Erreger oder Erkrankungen
Pedigree-Tiere	Züchtung robuster, möglichst krankheitsresistenter Tiere	• Mareksche Krankheit • Kokzidiose • *E.-coli*-Infektionen u. a., jedoch meist schlechte Korrelation in der Krankheitsresistenz zwischen Erregern
Elterntiere	Schaffung von erregerfreien Beständen zur Vermeidung vertikaler Infektionen	Salmonellen, Mykoplasmen, Leukoseviren, Parvoviren, Circoviren, Enzephalomyelitisviren
	Induktion von maternalen Antikörpern zum Transfer auf die Nachkommen	Enzephalomyelitis, infektiöse Bursitis, hämorrhagische Enteritis, infektiöse Anämie
Produktionsebene	ausreichend Abstand zu weiteren Geflügelbetrieben	insb. luft- und staubgetragene Erreger
	Schadnagerbekämpfung, Arthropodenbekämpfung (als Zwischenwirte und Vektoren)	Pasteurellen, Listerien, Salmonellen, *Campylobacter*
	Abschirmung gegenüber Wildvögeln und Wildtieren	insb. Influenzaviren, Salmonellen, *Campylobacter*
	keine weiteren Haus- oder Nutztiere auf dem Betrieb	viele Erreger
	All-in-all-out-Verfahren mit Tieren möglichst gleicher Herkunft und gleichen Alters	alle Erreger
	Trennung von Herden unterschiedlichen Alters	alle Erreger, z. B. ILT
	fachgerechte Reinigung und Desinfektion	viele Erreger
	Leerstehphase	viele Erreger
	getrennte Verkehrswege für Futteranlieferung, Abholung von Tierkadavern, gezielte Verkehrsführung auf und um den Betrieb herum	viele Erreger, z. B. NDV, AIV u. a.
	regelmäßige Kontrolle des Bestandes auf und Entfernung von verstorbenen Tieren (mind. 2 x/Tag)	viele Erreger, z. B. Clostridien, Histomonaden
	Futter- und Tränkwasserhygiene	Salmonellen, Nasskeime, Pilze u. a.
	Mitarbeiterhygiene und Mitarbeiterschulung	viele Erreger
	Impfstrategien / ggf. Notimpfungen	viele Erreger je nach Spezies und Nutzungsrichtung, z. B. Pocken, ILT
Alle Ebenen	Stabilisierung der Tiergesundheit • Reduktion von Stress • Stabilisierung der Darmflora • optimales Stallklima (Lüftung, Temperatur, Luftfeuchtigkeit) • optimale Futterzusammensetzung und Qualität • Lichtprogramm angepasst an die Bedürfnisse der Tiere	alle Erreger

Bildquellen/Danksagung/Quellen

Bildquellen

Alle Bilder entstammen der Bildsammlung der Klinik für Geflügel, Stiftung Tierärztliche Hochschule Hannover mit Ausnahme folgender Abbildungen:

- Abb. 5.4b und Abb. 5.4c, mit freundlicher Genehmigung der Firma Merial GmbH, München (Dr. B. Simon)
- Abb. 54d, mit freundlicher Genehmigung der Firma Zoetis (ehemals Pfizer Poultry Health Division, P. Chomé)
- Abb. 8.8. und 8.9, mit freundlicher Genehmigung Dr. Nazeer Hussain Kalhoro (Karachi, Pakistan)

Danksagung

Wir bedanken uns ganz herzlich bei unseren Familien, die die Vorbereitungen dieses Buches in allen seinen Phasen so geduldig mitgetragen haben. Auch danken wir allen Kolleginnen und Kollegen aus Wissenschaft und Praxis, die durch interessante Diskussionen zum Thema Nutzgeflügelmedizin unseren Horizont und unser Wissen erweitert haben, was dann in dieses Buch einfließen konnte. Unser besonderer Dank gilt Dr. Lydia Teske und Dr. Ronald Günther für die kritische Durchsicht des Manuskriptes sowie unserer Lektorin Frau Dr. Lackhoff für ihre unermüdliche Unterstützung und die stets aufbauenden Rückmeldungen. Weiterhin danken wir den MitarbeiterInnen des Verlages für die Umsetzung dieses Buchprojektes.

Quellen

Dieses Buch stützt sich auf den aktuellen Wissensstand von Wissenschaft und Praxis und ist nach bestem Wissen und Gewissen verfasst worden. Fehler und fehlende Informationen sind jedoch nicht vollständig auszuschließen. Als Grundlage wurden folgende Quellen unter anderem genutzt:

- Diseases of Poultry, 13th Edition. Swayne, D. E., Glisson, J. R., McDougald, L. R., Nolan, L. K., Suarez, D. L., Nair, V. Wiley-Blackwell, AAAP, 2013.
- Diseases of Poultry, 12th Edition. Saif, Y. M., Fadly, A. M., Glisson, J. R., McDougald, L. R., Nolan, L. K., Swayne, D. E., Wiley-Blackwell, 2008.
- Poultry Diseases, 6th Edition. Pattison, M., McMullin, P. F., Bradbury, J. M., Alexander, D. J., Elsevier, 2008.
- A laboratory manual for the isolation and identification of avian pathogens,5th Edition, Dufour-Zavala, L., Glisson, J. R., Jackwood, M. W., Pearson, J. E., Reed, W. M., Swayne, D. E., Woolcock, P. R., AAAP, 2008.
- Avian Pathology, Journal of the World Veterinary Poultry Association, Taylor & Francis, ISSN 0307-9457
- Avian Diseases, an international journal dedicated to avian health, published quarterly by the American Association of Avian Pathologists, AAAP, ISSN 0005-2086
- Kompendium der Geflügelkrankheiten, 7. Auflage, Siegmann, O., Neumann, U., Schlütersche, 2012.
- Geflügeljahrbuch 2013, Geflügeljahrbuch 2014, Damme, K., Jahrbuch des Zentralverbandes der Deutschen Geflügelwirtschaft e.V. und seiner Mitgliedsverbände, Ulmer Verlag, ISSN 0614-8304
- Webseiten: www.poultrymed.com; www.fli.bund.de; www.pei.de
- Literaturdatenbanken: Web Science, Pubmed

Sachregister

A

B

C

J

K

L

M

N

O

P